Qt 应用编程系列丛书

QML 和 Qt Quick 快速入门

霍亚飞　编著

北京航空航天大学出版社

内 容 简 介

本书是基于 Qt 6.4 的 QML 和 Qt Quick 入门书籍，详细介绍了 QML 语言的语法和编写 Qt Quick 程序需要用到的基本知识点。本书内容主要包括 QML 语法、Qt Quick 基础知识及其在图形动画、3D、数据处理、多媒体和移动开发方面的应用等。本书全面系统讲解了 Qt Quick 编程的方方面面，与主要讲解 Qt Widgets 编程的《Qt Creator 快速入门（第 4 版）》相辅相成，可以帮助初学者快速入门 Qt Quick 编程。

本书内容全面、实用，讲解通俗易懂，适合希望学习 QML 语言进行 Qt Quick 编程以及希望使用 Qt 开发移动应用的读者。对于没有任何 Qt 基础或者想学习 C++ Widgets 编程的读者，可以学习《Qt Creator 快速入门（第 4 版）》一书。对于想进一步学习 Qt 开发实例的读者，可以关注即将出版的《Qt Widgets 及 Qt Quick 开发实战精解》一书。

图书在版编目(CIP)数据

QML 和 Qt Quick 快速入门 / 霍亚飞编著. -- 北京 ：
北京航空航天大学出版社，2023.5
    ISBN 978 - 7 - 5124 - 4073 - 9

Ⅰ. ①Q… Ⅱ. ①霍… Ⅲ. ①移动终端－应用程序－
程序设计 Ⅳ. ①LINKTN929.53

中国国家版本馆 CIP 数据核字(2023)第 059826 号

QML 和 Qt Quick 快速入门
霍亚飞　编著
责任编辑　董立娟

*

北京航空航天大学出版社出版发行

北京市海淀区学院路 37 号(邮编 100191)　http://www.buaapress.com.cn
发行部电话：(010)82317024　传真：(010)82328026
读者信箱：emsbook@buaacm.com.cn　邮购电话：(010)82316936
艺堂印刷（天津）有限公司印装　各地书店经销

*

开本：710×1 000　1/16　印张：27.5　字数：619 千字
2023 年 5 月第 1 版　2024 年 10 月第 2 次印刷　印数：3 001～4000 册
ISBN 978 - 7 - 5124 - 4073 - 9　定价：98.00 元

前　言

2020 年 12 月，Qt 6.0 发布。Qt 6 是 Qt 的一个新的重大版本，被重新设计为面向未来的生产力平台，提供了更强大、更灵活、更精简的下一代用户体验以及无限的可扩展性。不过新推出的前期版本缺乏了 Qt 5.15 提供的一些常用功能，直到 2021 年 9 月 Qt 推出了 6.2 版本，作为 Qt 6 系列中第一个长周期支持版本，包含了 Qt 5.15 中的所有常用功能以及为 Qt 6 添加的新功能，作者感觉是时候引领读者进入 Qt 6 时代了。

本书的前身是《Qt 5 编程入门（第 2 版）》。从 Qt 4.7 引入 Qt Quick 用户界面技术开始，Qt 包含 Qt Widgets(基于 C++)和 Qt Quick(基于 QML)两种编程技术，前者侧重于传统的桌面用户界面应用，后者则是为了适应全新的触摸式用户界面。在 Qt 5 时代，两种用户界面技术几乎平分秋色，而随着手机移动设备的普及，Qt 6 中 Qt Quick 得到了越来越多的关注和发展。2022 年 9 月，主要讲解 Qt Widgets 编程的《Qt Creator 快速入门（第 4 版）》已经基于 Qt 6 完成了再版；而《Qt 5 编程入门（第 2 版）》侧重讲解 Qt Quick，鉴于该书书名和内容关联不明显，本次基于 Qt 6 将该书进行了重写，并更名为《QML 和 Qt Quick 快速入门》。

Qt 应用编程系列丛书

本系列丛书现在包括 3 本：《QML 和 Qt Quick 快速入门》《Qt Creator 快速入门（第 4 版）》和《Qt 及 Qt Quick 开发实战精解》，下面作简单说明，以方便读者的选购和学习。

本书即《QML 和 Qt Quick 快速入门》中讲解了 QML 语言、Qt Quick 编程和移动开发的相关内容，主要用于为移动设备等开发动态触摸式界面应用（当然也可以开发桌面应用）。QML 和 Qt Quick 是全新的语言和技术，但是直接包含在 Qt 框架之中，很多机制和理念都与经典的 C++ Widgets 编程一致，所以建议先学习《Qt Creator 快速入门（第 4 版）》，再来学习本书。

《Qt Creator 快速入门（第 4 版）》基于 Qt 6.2.3，讲解了经典的桌面端 C++ Widgets 编程和 Qt Creator 的使用，包含了 Qt 最基础、最核心的内容，涉及图形动画、影音媒体、数据处理和网络通信等各个方面，这些都是 Qt 开发入门必学的内容。学习该书需要读者具备必要的 C++ 基础，对于没有基础的读者，也可以在学习该书的同时来学习 C++ 基础知识。

《Qt 及 Qt Quick 开发实战精解》的早先版本包括 C++ Widgets 综合实例程序和 Qt Quick 的基础内容。由于已经将 Qt Quick 的基础内容移至《QML 和 Qt Quick 快速入门》，计划在今年下半年基于 Qt 6 对该书进行重写，专注于 C++ Widgets 和 Qt Quick 的综合实例程序，并更名为《Qt Widgets 及 Qt Quick 开发实战精解》。

3 本书都完成更新后，将覆盖 Qt 6 几乎全部基础内容，并提供应用了所有知识点的综合实例程序，读者使用该系列丛书可以轻松入门 Qt 编程世界。

本书特色

与其他相关书籍最大的不同之处在于，本书是基于网络教程的。综合来说，本书主要具有以下特色：

➢ 最新（截至本书完成时）。本书基于最新的 Qt 6.4.0 和 Qt Creator 8.0.1 版本进行编写。其中，包含了 Qt Quick Particle System 粒子系统、Qt Quick 3D、Qt Data Visualization 数据可视化等最新内容。

➢ 基于社区。本书以 Qt 开源社区（www.qter.org）为依托，同时读者可以通过论坛、邮件、QQ 群、微信公众号等方式和作者零距离交流。

➢ 持续更新。本书对应的网络教程是持续更新的，还会在微信公众号和社区网站同步更新最新的咨询和优秀教程资源。

➢ 全新风格。本书力求以全新的视角，引领开发者进行程序代码的编写和升级。同时以初学者的角度进行叙述，每个小知识点都通过从头编写一个完整的程序来讲解，让读者看到整个示例的创建过程。尽量避免晦涩难懂的术语，使用初学者易于理解的平白的语言编写，目标是与读者对话，让初学者在快乐中掌握知识。

➢ 授之以渔。整书都是在向读者传授一种学习方法，告诉读者怎样发现问题、解决问题，怎样获取知识，而不是向读者灌输知识。本书的编写基于 Qt 参考文档，所讲解的知识点多数是 Qt 参考文档中的相关内容，读者学习时一定要多参考 Qt 帮助文档。本套书籍讲解的所有的知识点和示例程序中，都明确标出了其在 Qt 帮助中对应的关键字，从而让读者对书中的内容有迹可循。

书中使用的 Qt 版本的说明

为了避免读者因使用不同的操作系统而带来不必要的问题，本书采用了常用的 Windows 10 操作系统。这里要向对 Qt 版本不是很了解的读者说明一下，对于 Qt 程序开发，只要没有平台相关的代码，无论是在 Windows 系统下进行开发，还是在 Linux 系统下进行开发；无论是进行桌面程序开发，还是进行移动平台或者嵌入式平台的开发，都可以做到编写一次代码，然后分别进行编译。这也是 Qt 最大的特点，即所谓的"一次编写，随处编译"。当然，这一特点要求没有平台相关代码，在实际应用中，由于种种原因（主要是性能以及平台特色），做到这一点并不容易。不过，对于本书讲述的这些

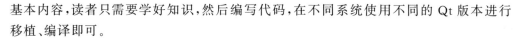

基本内容,读者只需要学好知识,然后编写代码,在不同系统使用不同的 Qt 版本进行移植、编译即可。

学习本书时,推荐读者使用指定的 Qt 和 Qt Creator 版本,因为对于初学者来说,任何微小的差异都可能导致错误的理解。当然,这不是必须的。

使用本书

本书共 13 章,前 5 章是基础内容,包括 QML 语言语法、Qt Quick 编程基础等,建议读者学习完前 5 章再学习后面的内容。对于有 Qt Quick 编程基础的读者,可以根据需要选择性地进行学习。

在学习过程中,建议读者多动手,尽量自己按照步骤编写代码。只有遇到自己无法解决的问题时,再去参考本书提供的源代码。每当学习一个知识点时,书中都会给出 Qt 帮助中的关键字,建议读者详细阅读 Qt 帮助文档,看下英文原文是如何描述的。不要害怕阅读英文文档,因为很难在网上找到所有文档的中文翻译;有时即使有中文翻译,也可能偏离原意,所以最终还是要自己去读原始文档。Qt 文档非常详细,学会查看参考文档是入门 Qt 编程的重要一步。不要说自己英文不好,只要坚持,掌握了一些英文术语和关键词以后,阅读英文文档是不成问题的。

致　谢

首先要感谢北京航空航天大学出版社,是他们的鼓励和支持,才让我们更有信心继续前行,使得 Qt 应用编程系列丛书更加丰富。

感谢那些关注和支持 Qt 开源社区的朋友们,是他们的支持和肯定,才让我们有了无穷的动力。感谢曾对本书出版做出贡献的周慧宗(hzzhou)、董世明、刘柏燊(紫侠)、白建平(XChinux)、吴迪(wd007)、程梁(豆子)和 Joey_Chan 等的大力支持。是众多好友的共同努力,才使本书可以在最短的时间内以较高的质量呈现给广大读者,这里一并对他们表示感谢。

由于作者技术水平有限,Qt 6 又是全新的技术和概念,并且没有统一的中文术语参考,所以书中难免有各种理解不当和代码设计问题,恳请读者批评指正。读者可以到 Qt 开源社区(www.qter.org)下载本书的源码,查看与本书对应的不断更新的系列教程,也可以与作者进行在线交流和沟通,我们在 Qt 开源社区等待大家。

编　者
2023 年 2 月

目　　录

第1章

走进 Qt Quick 的世界

欢迎来到 Qt Quick 的世界——一个与 C++完全不同的全新世界。在这里，我们可以使用一种极具革命性的方式来创建现代用户界面，即可以把 UI 设计和业务逻辑完全分开。不同于传统的基于 Qt C++ API 的开发，Qt Quick 应用程序使用一种叫QML 的声明式语言，用于应用程序表示层的开发。程序开发人员和 UI 设计师可以同时使用 QML 文件进行高效的工作，不再需要额外的原型：Qt Quick 使快速 UI 原型开发成为可能。QML 主要为小屏幕设备开发可伸缩的界面，使用 QML 可以很方便地创建漂亮、流畅、细腻的动画，使手势交互变得非常简单。

1.1　QML 和 Qt Quick 简介

Qt 6 中包含两种用户界面技术：Qt Quick 和 Qt Widgets。Qt Quick 的界面流畅、动态，适合于触摸界面；而 Qt Widgets 用于创建复杂的桌面应用程序。Qt Quick 最早出现在 Qt 4.7 版本，作为一种全新的用户界面技术被引入，其目的就是应对现代化的移动触摸式界面。经过不断优化，直到 Qt 5 发布，Qt Quick 才真正发展壮大，并且能够与 Qt Widgets 平分秋色。与 Qt Widgets 使用 C++进行开发不同，Qt Quick 使用一种称为 QML 的声明式语言来构建用户界面，并使用 JavaScript 来实现逻辑。

本节将分别对 QML 和 Qt Quick 进行介绍，然后对 Qt Quick 和 Qt Widgets 用户界面进行比较，让读者清楚开发应用时应该首选哪种技术，也进一步加深对 Qt Quick 的理解。可以在 Qt 帮助中通过 QML Applications 和 User Interfaces 关键字查看本节相关内容。

1.1.1　QML

QML(Qt Meta-Object Language，Qt 元对象语言)是一种用于描述应用程序用户界面的声明式编程语言，它使用一些可视组件以及这些组件之间的交互、关联来描述用户界面。QML 是一种高可读性的语言，可以使组件以动态方式进行交互，并且组件在用户界面中可以很容易地实现自定义和重复使用。

QML 允许开发者和设计者以类似的方式创建高性能的、具有流畅动画效果的、极具视觉吸引力的应用程序。QML 提供了一个具有高可读性的、类似 JSON 的声明式语法，并提供了必要的 JavaScript 语句和动态属性绑定的支持。QML 语言和引擎框架由 Qt QML 模块提供。

Qt QML 模块为 QML 语言开发应用程序和库提供了一个框架，它定义并实现了语言及其引擎架构，并且提供了一个接口，允许应用开发者以自定义类型和集成 JavaScript、C++代码的方式来扩展 QML 语言。Qt QML 模块提供了 QML 和 C++两套接口。第 2 章将详细讲述 QML 的语法知识。

1.1.2　Qt Quick

Qt Quick 是 QML 类型和功能的标准库，包含了可视化类型、交互类型、动画、模型和视图、粒子特效和渲染特效等。在 QML 应用程序中，可以通过一个简单的 import 语句来使用 Qt Quick 模块提供的所有功能。Qt QML 模块提供了 QML 的引擎和语言基础，而 Qt Quick 模块提供了 QML 创建用户界面所需的所有基本类型。Qt Quick 模块提供了一个可视画布，并提供了丰富的类型，用于创建可视化组件、接收用户输入、创建数据模型和视图、生成动画效果等。Qt Quick 模块提供了两种接口：使用 QML 语言创建用户界面的 QML 接口和使用 C++语言扩展 QML 的 C++接口。使用 Qt Quick 模块，设计人员和开发人员可以轻松地构建流畅的动态式 QML 用户界面，并且在需要的时候可以将这些用户界面连接到任何 C++后端。

从 Qt 5.7 开始，Qt Quick 引入了一组界面控件，使用这些控件可以更简单地创建完整的界面。这些控件包含在 Qt Quick Controls 模块中，包括各种窗口部件、视图和对话框等。有关 Qt Quick Controls 的内容将在第 4 章进行详细介绍。

对于 Qt Quick 的概念，在 Qt 4 时，Qt Quick 被表述为一种技术，包括一个改进的 Qt Creator IDE、新增的 QML 语言和新加入 Qt 的 QtQeclarative 模块；而从 Qt 5 开始，Qt Quick 则更明确地表述为一个 QML 类型和功能库。当然，从广义上来说，Qt Quick 也是这门技术的名称。

注意：在本章及后面的内容中，读者可能会发现 Qt QML 的写法不固定：有时使用 Qt QML，有时使用 QtQml。这里应该这样理解：QML 和 Qt Quick 是概念性的描述，QML 是语言名称，Qt Quick 是 QML 类型库的名称，QML 和 Qt Quick 在一些地方还指代这种新的界面编程技术或界面效果。Qt QML 和 Qt Quick 则是 Qt 6 中两个模块的名称：Qt QML 模块是 QML 语言的具体实现，Qt Quick 模块是 Qt Quick 库的具体实现，而 QtQml 和 QtQuick 是实际编写代码时使用的模块名称。所以，"Qt QML 模块""Qt Qml 模块"和"QtQml 模块"是一个意思。对于这种写法不一致的问题，建议初学者不要纠结于此，在 Qt 帮助文档等其他地方看到这种混用的情况，读者理解实际含义即可。

1.1.3　Qt Quick 和 Qt Widgets 用户界面对比

前面提到 Qt Quick 和 Qt Widgets 两种用户界面技术,对于初学者而言,选择哪种技术可能是一个头疼的问题,下面将对两种界面进行多方面对比,如表 1-1 所列,让读者对 Qt Quick 有一个更全面的认识。本书主要讲解基于 QML 语言的 Qt Quick 编程,如果想学习 Qt Widgets 编程,可以参考《Qt Creator 快速入门(第 4 版)》一书。

表 1-1　Qt Quick 和 Qt Widgets 用户界面对比

对比内容	Qt Quick、Qt Quick Controls	Qt Widgets	备　注
使用的语言	QML/JS	C++	
原生外观和视觉	√	√	Qt Widgets 和 Qt Quick Controls 在目标平台上都支持原生的外观
自定义样式	√	√	Qt Widgets 可以通过样式表进行样式自定义,Qt Quick Controls 具有可自定义样式的选择
流畅的动画 UI	√		Qt Widgets 不能很好地缩放来进行动画,而 Qt Quick 提供了一种方便且自然的方法通过声明方式来实现动画
触摸屏支持	√		Qt Widgets 通常需要使用鼠标指针来进行良好的交互,而 Qt Quick 提供了 QML 类型来完成触摸交互
标准行业小部件		√	Qt Widgets 提供了构建标准行业类型应用程序所需的丰富的部件和功能
模型/视图编程	√	√	Qt Quick 提供了方便的视图,但是 Qt Widgets 提供了更方便和完整的框架。除了 Qt Quick 视图外,Qt Quick Controls 还提供了 TableView 控件
快速 UI 开发	√	√	Qt Quick 是快速 UI 原型制作和开发的最佳选择
硬件图形加速	√	√	Qt 为 Qt Quick 界面提供了完整的硬件加速,而 Qt Widgets 界面通过软件进行渲染
图形效果	√		一些 Qt Quick 模块提供了图形效果,而 Qt Widgets 界面可以使用 Qt GUI 模块来实现一些效果
富文本处理	√	√	Qt Widgets 为实现文本编辑器提供了全面的基础支持,Qt 的富文本文档类也可以在 Qt Quick 和 Qt Quick Controls 的 TextArea 控件中使用,但可能需要一些 C++实现

1.2　Qt 6 的下载安装和 Qt Creator 开发环境简介

1.2.1　Qt 6 的下载与安装

下面从 Qt 和 Qt Creator 的下载与安装讲起，正式带读者开始 QML 和 Qt Quick 的学习之旅。需要说明的是，本书使用的开发平台是 Windows 10 桌面平台，主要讲解 Windows 版本的 Qt 6，使用其他平台的读者可以参照学习。

为了避免由于开发环境的版本差异而产生不必要的问题，建议学习本书前下载和本书相同的软件版本。本书使用 Qt 6.4.0 版本，其中包含了 Qt Creator 8.0.1。

安装 Qt 和 Qt Creator 需要下载 Qt Online Installer 进行在线安装，读者可以到 Qt 官网（www. qt. io）下载，选择下载开源版（Downloads for open source users）。也可以直接到下载站点进行下载，地址为 https://download. qt. io/official_releases/online_installers/，单击下载 qt-unified-windows-x64-online. exe。

下载完成后双击运行，首先出现的是欢迎界面，这里需要登录 Qt 账户，如果没有，可以单击下面的"注册（Sign up）"进行注册，当然也可以到 Qt 官网进行注册。在安装文件夹选择界面，读者可以指定安装的路径，注意路径中不能包含中文。在选择组件界面可以选择安装一些模块，将鼠标指针移到一个组件上，则可以显示该组件的简单介绍。这里主要选择了 MinGW 版本的 Qt 6.4.0 和一些附加库，建议初学者使用相同的选择；为了方便后面学习移动开发内容，也可以先选中 Android 选项，如图 1－1 所示（注意，读者可以直接安装最新版本，如果想安装和本书相同的版本，则可以选中右侧的 Archive 复选框后单击下面的"筛选（Filter）"按钮。后期还可以使用 Qt 安装目录里的 MaintenanceTool. exe 工具添加或者删除组件）。后面的过程按照默认设置即可。

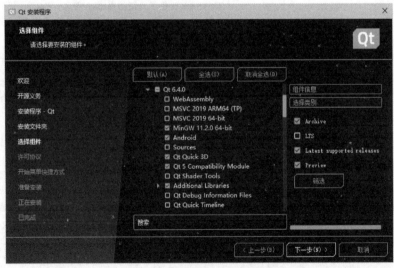

图 1－1　Qt 安装选择组件界面

组件中的 MinGW 表明该版本 Qt 使用了 MinGW 作为编译器。MinGW 即 Minimalist GNU For Windows，是将 GNU 开发工具移植到 Win32 平台下的产物，是一套 Windows 上的 GNU 工具集，用其开发的程序不需要额外的第三方 DLL 支持就可以直接在 Windows 下运行。更多内容可查看 https://www.mingw-w64.org 。在 Windows 系统中还可以使用 MSVC 版本 Qt，需要使用 Visual C++ 作为编译器。

1.2.2　Qt Creator 开发环境

打开 Qt Creator，界面如图 1-2 所示。它主要由主窗口区、菜单栏、模式选择器、构建套件选择器、定位器和输出窗口等部分组成，简单介绍如下：

图 1-2　Qt Creator 欢迎界面

1. 菜单栏(Menu Bar)

这里有 9 个菜单选项，包含了常用的功能菜单：

➢ 文件菜单，包含新建、打开和关闭项目或文件、打印及退出等基本功能菜单。

➢ 编辑菜单，这里有撤销、剪切、复制、查找和选择编码等常用功能菜单，高级菜单中还有标示空白符、折叠代码、改变字体大小和使用 vim 风格编辑等功能菜单。这里的 Preferences 菜单中包含了 Qt Creator 各个方面的设置选项：环境设置、文本编辑器设置、帮助设置、构建和运行设置、调试器设置和版本控制设置等。在环境设置的 Interface 页面可以设置用户界面主题。

➢ View 菜单,包含控制侧边栏和输出窗口显示等相关菜单。

➢ 构建菜单,包含构建和运行项目等相关的菜单。

➢ 调试菜单,包含调试程序等相关的功能菜单。

➢ Analyze 菜单,包含 QML 分析器、Valgrind 内存和功能分析器等相关菜单。

➢ 工具菜单,这里提供了快速定位菜单、外部工具菜单等。

➢ 控件菜单,这里包含了设置全屏显示、分栏和新窗口打开文件等一些菜单。

➢ 帮助菜单,包含 Qt 帮助、Qt Creator 版本信息、报告 bug 和插件管理等菜单。

2. 模式选择器(Mode Selector)

Qt Creator 包含欢迎、编辑、设计、调试(Debug)、项目和帮助 6 个模式,各个模式完成不同的功能,也可以使用快捷键来切换模式,各自对应的快捷键依次是 Ctrl + 数字1~6。

➢ 欢迎模式。图 1-2 就是欢迎模式,主要提供了一些功能的快捷入口,如打开帮助教程、打开示例程序、打开项目、新建项目、快速打开以前的项目和会话、联网查看 Qt 官方论坛和博客等。Projects 页面显示了最近打开的项目列表,在这里可以快速打开一个已有项目;示例页面显示了 Qt 自带的大量示例程序,并提供了搜索栏从而实现快速查找;教程页面提供了一些基础的教程资源;Marketplace 页面分类展示了 Qt 市场的一些内容,如 Qt 库、Qt Creator 插件和马克杯及 T 恤等商品。

➢ 编辑模式。其主要用来查看和编辑程序代码,管理项目文件。Qt Creator 中的编辑器具有关键字特殊颜色显示、代码自动补全、声明定义间快捷切换、函数原型提示、F1 键快速打开相关帮助和全项目中进行查找等功能。也可以在"编辑→Preferences"菜单项中对编辑器进行设置。

➢ 设计模式。这里整合了 Qt 设计师的功能。编写 Qt Widgets 程序时,可以在这里设计图形界面进行部件属性设置、信号和槽设置、布局设置等操作。编写 QML 代码时,也可以使用 Qt Quick Designer,以"所见即所得"的方式设计界面。需要通过"帮助→关于插件"菜单项打开已安装插件对话框,然后在其中勾选 QmlDesigner 项即可启用。不过,现在更推荐使用独立的 Qt Design Studio 可视化设计器,它提供了更多更强大的功能,可以将设计的 2D 或 3D 界面直接转换为 QML 代码。该工具在安装 Qt 时一般会默认勾选,有需要的读者可以自行学习。

➢ 调试模式。对于 C++代码支持设置断点、单步调试和远程调试等功能,包含局部变量和监视器、断点、线程等查看窗口。对于 QML 代码,可以使用 QML Profiler 工具对 QML 代码进行分析。可以在"编辑→Preferences"菜单项中设置调试器的相关选项。

➢ 项目模式。包含对特定项目的构建设置、运行设置、编辑器设置、代码风格设置和依赖关系等页面。构建设置中可以对项目的版本、使用的 Qt 版本和编译步骤进行设置;编辑器设置中可以设置文件的默认编码和缩进等;在代码风格设置中可以设置自己的代码风格。

➢ 帮助模式。在帮助模式中将 Qt 助手整合了进来,包含目录、索引、查找和书签
等几个导航模式,可以在帮助中查看和学习 Qt 和 Qt Creator 的各方面信息。
可以在"编辑→Preferences"菜单项中对帮助进行相关设置。

3.　构建套件选择器(Kit Selector)

构建套件选择器包含了目标选择器(Target selector)、运行按钮(Run)、调试按钮
(Debug)和构建按钮(Building)4 个图标。目标选择器用来选择要构建哪个项目、使用
哪个 Qt 库,这对于多个 Qt 库的项目很有用。还可以选择编译项目的 Debug 版本、
Profile 版本或是 Release 版本。运行按钮可以实现项目的构建和运行;调试按钮可以
进入调试模式,开始调试程序;构建按钮完成项目的构建。

4.　定位器(Locator)

Qt Creator 中可以使用定位器来快速定位项目、文件、类、方法、帮助文档以及文件
系统,可以使用过滤器来更加准确地定位要查找的结果。可以在帮助中通过 Searching
with the Locator 关键字查看定位器的相关内容。

5.　输出窗口(Output panes)

这里包含了问题、搜索结果(Search Results)、应用程序输出、编译输出、QML De-
bugger Console、概要信息、版本控制(Version Control)、Test Results 这 8 个选项,它
们分别对应一个输出窗口,相应的快捷键依次是 Alt ＋ 数字1～8。问题窗口显示程序
编译时的错误和警告信息,搜索结果窗口显示执行了搜索操作后的结果信息,应用程序
输出窗口显示在应用程序运行过程中输出的所有信息,编译输出窗口显示程序编译过
程输出的相关信息,版本控制窗口显示版本控制的相关输出信息。本书也经常将这些
输出窗口称为输出栏,如应用程序输出栏。

本书的核心是讲解 Qt Quick 编程,所以对 Qt Creator 开发环境不会进行过多介绍,
读者可以在后面的学习中逐步了解,也可以参考《Qt Creator 快速入门(第 4 版)》一书。

1.3　运行示例程序

为了体验 Qt Quick 程序的真实效果、感受 QML 语言的强大,可以先运行一些 Qt
自带的示例程序。打开 Qt Creator 的欢迎界面(快捷键 Ctrl＋1),选择查看示例,然后
在搜索框中输入"qml"关键字并按下回车键进行搜索,这样会筛选出所有 qml 相关的
示例程序。读者可以选择自己感兴趣的程序进行查看,如选择 Clocks 程序,这时会跳
转到项目模式进行套件选择,因为这里只有一个 Desktop Qt 6.4.0 MinGW 64 - bit 构
建套件,所以直接单击 Configure Project 按钮即可。下面便进入了编辑模式。每当打
开一个示例程序,Qt Creator 会自动打开该程序的项目文件,然后进入编辑模式,并且
打开该示例的帮助文档。可以在编辑模式左侧的项目树形视图中查看该示例的源代
码。现在单击左下角的▶运行按钮或者按下 Ctrl ＋ R 快捷键,则程序开始编译运行。

在下面的应用程序输出栏会显示程序的运行信息和编译输出信息,如图 1-3 所示。通过运行这些示例程序可以看到,Qt Quick 应用的界面非常漂亮,并且其中的滑动、选中、透明等效果在传统 Qt Widgets 程序中是很难实现的。

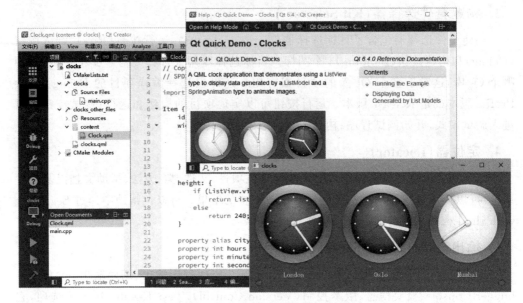

图 1-3 Clocks 程序运行效果

注意,最好不要在示例程序中直接修改代码。如果想按照自己的想法更改,则应该先对项目目录进行备份。例如,在编辑模式左侧项目树形视图中 main.cpp 文件上右击,在弹出的菜单中选择“在 Explorer 中显示”,这样就会在新窗口中打开该项目目录了。可以先将该目录进行备份,然后再运行备份程序进行修改等操作。

1.4 Qt Quick 应用

到底什么是 Qt Qml、什么是 Qt Quick、Qt Quick 应用程序与 C++ Widgets 程序有何区别?为了让读者在学习 QML 语法之前对这些问题有一个直观的认识,这里通过介绍并创建一个 Qt Quick 项目,让读者先睹为快。

如果将程序的用户界面称为前端,将程序中的数据存储和业务逻辑称为后端,那么传统 Qt 应用程序的前端和后端都是使用 C++ 来完成的。对于现代软件开发而言,这里有一个存在已久的冲突:前端的演化速度要远快于后端。当用户希望在项目中改变界面,或者重新开发界面时,这种冲突就更明显地显现出来。快速演化的项目必然要求快速的开发。那么,可不可以让应用程序的后端依然使用以前的 C++ 实现,而界面则使用全新的 Qt Quick 完成呢?

事实上，Qt Quick 提供了一个特别适合于开发用户界面的声明式环境。在这里，可以像 HTML 代码一样声明界面，后端依然使用本地的 C++代码。这种设计使得程序的前端和后端分为两个相互独立的部分，能够分别演化。Qt Quick 应用程序可以同时包含 QML 和 C++代码，可以将 Qt Quick 应用部署到桌面或者移动平台。在 Qt Creator 中，这种项目被称为 Qt Quick Application。下面演示如何创建这种项目，并讲解 Qt 资源文件的一些内容，最后还会涉及 Qt Quick 程序发布的相关内容。

1.4.1　创建 Qt Quick 应用

（本小节采用的项目源码路径：src\01\1-1\helloworld）打开 Qt Creator，选择"文件→新建项目（New Project）"菜单项（也可以直接按下 Ctrl+Shift+N 快捷键），这时会弹出 New Project 对话框，如图 1-4 所示。

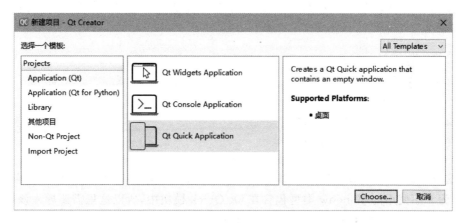

图 1-4 新建项目对话框

在这里可以选择项目的模板来快速创建一个项目，要创建 Qt Quick 项目，则可以在左侧选择 Application（Qt）选项，这时右侧会出现相应的模板，这里选择使用 Qt Quick Application 模板，它会创建一个最基础、最简单的 Qt Quick 应用，便于我们入门学习。

在接下来的项目位置对话框中，设置项目的名称，如 helloworld。然后指定创建路径，比如笔者这里设置为 E:\app\src\01\1-1，注意路径中不能包含中文。在选择构建系统（Build System）时，选择 qmake。在选择最低需要的 Qt 版本（Minimal required Qt version）时，根据自己需要使用的功能来进行选择，比如没有使用 Qt 6 中的一些功能模块，那么可以选择 Qt 5.x 版本，本书例程中默认选择 Qt 6.2。对于后面指定翻译文件（Translation File），因为现在不涉及国际化的内容，所以直接跳过即可。在构建套件选择（Kit Selection）时，因为现在只有一个桌面版构建套件 Desktop Qt 6.4.0 MinGW 64-bit，所以保持默认即可。

创建完成后会自动在编辑模式打开项目，整个项目结构和 main.qml 文件内容如图 1-5 所示。

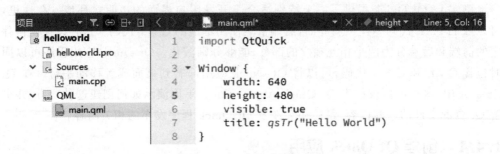

图 1-5 helloworld 项目目录和 main. qml 文件内容

可以看到这是个标准的 Qt 程序,左侧的项目树形视图中显示了项目的所有文件,其中包含了 helloworld. pro 项目文件、main. cpp 文件和 main. qml 文件。QML 源代码文件以. qml 作为扩展名,这里的 main. qml 文件就是一个 QML 源代码文件,其内容如下:

```
import QtQuick

Window {
    width: 640
    height: 480
    visible: true
    title: qsTr("Hello World")
}
```

这段代码就是 QML 语言编写的代码了。前面的 import 语句用于导入相应的模块,因为下面使用的 Window 类型包含在 Qt Quick 模块中,所以这里需要导入该模块。下面的 Window 对象用来为 Qt Quick 场景创建一个新的顶层窗口,作为自动生成的代码,只是简单设置了其大小和标题,这里的 qsTr()是为了方便以后使用国际化机制(第2章会详细讲解)翻译程序文本。Window 默认是不显示的,需要将其 visible 属性设置为 true。单击 Qt Creator 左下角的▶图标或者使用 Ctrl+R 快捷键运行程序,可以看到,程序只是一个空白窗口,并且与常见的 Qt Widgets 界面没有区别。

下面来了解一下 Qt Quick Application 项目自动生成的其他文件,它们分别是:

➢ helloworld. pro:项目文件。这就是个普通的 Qt 项目文件,其中指定程序使用的模块、源文件、资源文件等;

➢ main. cpp:其中包含了 main()函数,用于加载 QML 文件。

下面先来看一下 helloworld. pro 文件的主要内容:

```
QT += quick

SOURCES += \
        main.cpp

resources.files = main.qml
resources.prefix = /$$ {TARGET}
RESOURCES += resources
```

因为前面创建项目时选择了使用 qmake 作为构建系统，所以项目中会生成这个 .pro 项目文件，其中包含了 qmake 构建应用程序所需的所有信息。这里的 QT、SOURCES 和 RESOURCES 等变量分别用来添加使用的模块、源码和资源文件。因为前面代码中使用了 Qt Quick 模块，所以这里需要添加"QT += quick"；而项目中只有一个 main.cpp 文件，所以需要添加"SOURCES += main.cpp"，"\"用来分隔多个文件，因为这里只有一个文件，也可以省略；而 main.qml 文件被作为资源放到了资源文件中，关于资源文件会在下一小节详细介绍，这里只须知道 resources.files 指定文件为 main.qml 了，前缀 resources.prefix 为/$${TARGET}也就是/helloworld，所以这里通过代码指定了资源文件/helloworld/main.qml，编译程序时会自动生成相应的 qmake_resources.qrc 文件。关于 qmake 的详细介绍和使用说明，可以在帮助中通过 qmake Manual 关键字查看。

然后再来看一下 main.cpp 文件的内容：

```cpp
#include <QGuiApplication>
#include <QQmlApplicationEngine>

int main(int argc, char *argv[])
{
    QGuiApplication app(argc, argv);

    QQmlApplicationEngine engine;
    const QUrl url(u"qrc:/helloworld/main.qml"_qs);
    QObject::connect(&engine, &QQmlApplicationEngine::objectCreated,
                     &app, [url](QObject *obj, const QUrl &objUrl) {
        if (!obj && url == objUrl)
            QCoreApplication::exit(-1);
    }, Qt::QueuedConnection);
    engine.load(url);

    return app.exec();
}
```

主函数中实现的主要功能就是加载 QML 文件。这里使用了 QQmlApplicationEngine 对象来加载 QML 文件，这个类提供了一种简易的方式，将一个 QML 文件加载到正在运行的程序中。因为项目自动生成的 main.qml 文件被放到资源文件中，所以这里需要使用 qrc:/前缀从资源文件中进行加载。这里还使用了 connect()进行信号和槽的关联，这些代码先不进行解释，读者只需要知道在 main.cpp 中生成的这些代码是为了加载 main.qml 文件即可。当然，这只是当前版本的 Qt 通过模板生成的现成代码，读者也可以使用其他方式进行设置，相关内容以及 QQmlApplicationEngine 的更多介绍可以查看 12.1.1 小节。

为了便于初学者理解，main.cpp 中 QQmlApplicationEngine 的相关代码可以略写为：

```cpp
QQmlApplicationEngine engine;
engine.load(QUrl("qrc:/helloworld/main.qml"));
```

如果不想使用资源文件，也可以直接使用本地相对路径来指定 main. qml 文件：

```
engine.load(QUrl::fromLocalFile("/helloworld/main.qml"));
```

这里的当前路径为编译生成的目录，所以需要通过"/helloworld"来指定源码
目录。

1.4.2 使用 Qt 资源文件

通过前面的代码可以看到，QML 文件被放到了资源文件中。Qt 中的资源系统
(The Qt Resource System)是一个独立于平台的机制，可以将资源文件打包到应用程
序可执行文件中，并且使用特定的路径来访问它们。如果在应用程序中经常使用一些
文件(如图标、翻译文件、图片等)，而且不想使用系统特定的方式来打包和定位这些资
源，那么就可以将它们放入资源文件中。下面通过例子来具体看一下资源文件的使用
方式。

在前面例 1-1 源码目录中新建文件夹，命名为 images，向其中放一张图片，比如
logo. png。然后到 Qt Creator 编辑模式，在左侧的项目树形视图中最上面的 hel-
loworld 目录上右击，在弹出的级联菜单中选择"添加新文件"项，如图 1-6 所示。在弹
出的新建文件对话框中，模板选择 Qt 分类下的 Qt Resource File，文件名设置为 ima-
ges. qrc。完成后会在编辑模式打开新建的 images. qrc 文件，这时先单击 Add Prefix
按钮添加前缀，这里设置为"/"即可，然后单击 Add Files 按钮将 logo. png 图片添加进
来。完成后按下 Ctrl+S 快捷键保存更改，最后如图 1-7 所示。

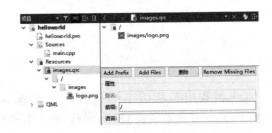

图 1-6　向项目中添加新文件　　　　　图 1-7　向项目中添加资源文件

下面通过添加代码来使用资源文件中的图片，在 main. qml 文件的 Window 对象
声明最后添加如下代码：

```
Image {
    id: logo
    source: "qrc:/images/logo.png"
    anchors.centerIn: parent
}
```

这里的 Image 类型用来显示一张图片，通过 source 属性来指定图片的路径，代码
中的 qrc:/images/logo. png 就是资源文件中图片的路径，路径以"qrc:"开头；接着是添

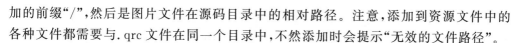

加的前缀"/",然后是图片文件在源码目录中的相对路径。注意,添加到资源文件中的各种文件都需要与.qrc 文件在同一个目录中,不然添加时会提示"无效的文件路径"。

下面在项目树形视图中 images.qrc 文件上右击,在弹出的级联菜单中选择"Open With→普通文本编辑器",这时可以看到,.qrc 文件其实是一个 XML 文件:

```
<RCC>
    <qresource prefix = "/">
        <file>images/logo.png</file>
    </qresource>
</RCC>
```

在这里也可以添加或者删除一些资源或者前缀。在一个应用程序中,将不同类型的资源进行分类存放是一个好的习惯,可以添加一个.qrc 文件,然后通过不同的前缀将不同类型的资源分开,也可以添加多个.qrc 文件,每个文件中添加不同类型的资源。

现在打开 helloworld.pro 项目文件,可以看到,添加资源文件会自动在这里添加代码:

```
RESOURCES += resources \
    images.qrc
```

如果以后自己手动添加已有的资源文件,那么还需要手动在这里添加资源文件的名称。另外需要说明的是,编译时会对加入的资源自动压缩,关于这些内容或者其他 Qt 资源系统的相关内容,可以在 Qt 帮助中通过 The Qt Resource System 关键字查看。

接下来,我们再来看一下添加新的 QML 文件的情况。像前面添加资源文件一样,继续向项目中添加新文件,模板选择 Qt 分类中的 QML File(Qt Quick 2),文件名设置为 MyText.qml。在项目管理页面,将"添加到项目"选择为 helloworld.pro,就是直接将新文件添加到项目中,如图 1-8 所示。这里还可以选择添加到资源文件中,其中显示的 qmake_resources.qrc 文件就是前面讲到的在 helloworld.pro 文件中通过代码生成的资源文件,这个文件是在编译程序时自动生成。一般不要对其直接进行修改,需要在其中添加删除文件,可以在.pro 文件中通过修改代码来进行更改。

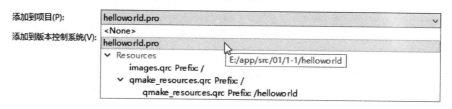

图 1-8　添加新文件时项目管理页面

添加文件完成后,打开 helloworld.pro 文件,然后在这里将 MyText.qml 文件添加到资源文件中:

```
resources.files += main.qml \
    MyText.qml
```

这里新建的 MyText.qml 其实就是自定义了一个 MyText 类型,将其与 main.qml 放到一起,那么在 main.qml 文件中就可以直接使用 MyText 类型,而不再需要导入。下面双击 MyText.qml 文件,更改其内容如下:

```
import QtQuick

Text {
    text: qsTr("欢迎关注 yafeilinux 的微信公众号")
    color: "green"
}
```

接下来到 main.qml 文件中,在 Window 对象声明最后添加如下代码:

```
MyText {
    anchors.top: logo.bottom
    anchors.horizontalCenter: logo.horizontalCenter
}
```

这样会在图片下面显示一行文字来表明图片的作用。现在 main.qml 文件的内容如图 1-9 所示。因为这里只是为了演示创建项目的流程和注意事项,所以没有对其中的代码进行详细讲解。现在可以运行程序查看效果。

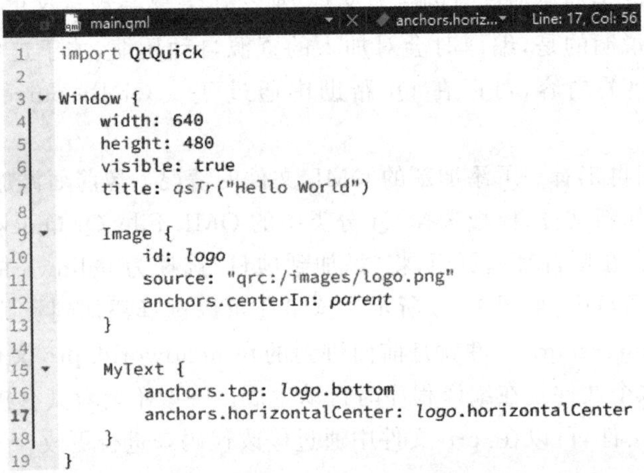

```
import QtQuick

Window {
    width: 640
    height: 480
    visible: true
    title: qsTr("Hello World")

    Image {
        id: logo
        source: "qrc:/images/logo.png"
        anchors.centerIn: parent
    }

    MyText {
        anchors.top: logo.bottom
        anchors.horizontalCenter: logo.horizontalCenter
    }
}
```

图 1-9　main.qml 文件最终内容

注意,这里介绍的流程只是为了迎合当前 Qt 版本的项目模板自动生成的内容。如果 main.qml 不是通过 .pro 文件中的代码添加到资源文件中,而是放置在一个普通的 .qrc 文件中,那么 MyText.qml 就可以在图 1-8 中选择加入相应的资源文件,也可以像前面添加 logo.png 图片那样添加到资源文件中;又或者 main.qml 没有添加到资源文件中,那么 MyText.qml 也可以不添加到资源文件中。这里想告诉初学者的是,在开始学习新的知识时,先不要纠结一些流程性的东西,等以后用多了熟悉后就会发现这些都不是重点,完全可以自定义一个空项目,全部由自己添加文件和内容,而不再依赖于模板。所以,既然这里这么用了,就先这样学习,等后面有了更多知识的积累再按自己的想法进行修改。

1.4.3　设置应用程序图标

一般应用程序可执行文件都有一个漂亮的图标,在 Windows 系统上可以通过如下步骤进行设置:

第一步,创建.ico 文件。可以直接在网上生成,完成后将.ico 图标文件复制到项目目录的 helloworld 源码目录中,然后重命名,如 myico.ico。

第二步,修改项目文件。在 Qt Creator 编辑模式双击 helloworld.pro 文件,在最后面添加下面一行代码:

```
RC_ICONS = myico.ico
```

第三步,运行程序。发现窗口左上角的图标已经更换了。然后到源码目录(笔者这里路径为 E:\app\src\01\1-1\build-helloworld-Desktop_Qt_6_4_0_MinGW_64_bit-Debug\debug)查看一下编译生成的可执行文件,可以看到,helloworld.exe 文件已经更换了新的图标。

更多相关内容可以在帮助中通过 Setting the Application Icon 关键字查看,这里列出了在不同系统上设置应用程序图标的方法。

1.4.4　Qt Quick 程序的发布

通过查看源码目录中生成的 helloworld.exe 文件可以发现,前面生成的 Debug 版本程序文件很大,这是因为 Debug 版本程序中包含了调试信息,可以用来调试。而真正发布程序时要使用 Release 版本,不带任何调试符号信息,并且进行了多种优化。另外还有一种 Profile 概述版本,带有部分调试符号信息,在 Debug 和 Release 之间取一个平衡,兼顾性能和调试,性能更优但是又方便调试。

要将程序发布出去,首先需要使用 Release 方式编译程序,然后将生成的.exe 可执行文件和需要的库文件放在一起打包进行发布。要确定发布时需要哪些动态库文件,可以直接双击.exe 文件,提示缺少哪个.dll 文件,就到 Qt 安装目录的 bin 目录(笔者这里路径为 C:\Qt\6.4.0\mingw_64\bin)中将该.dll 文件复制过来。如果只是这样做,有时候程序还是无法运行,并且具体程序使用到的模块往往不同,所以依赖的文件也不同,为了更简单地进行程序的发布,可以使用 Qt 提供的 windeployqt.exe 工具,该工具也在 bin 目录中。

下面通过例子来演示该工具的使用。回到 Qt Creator 中对 helloworld 程序进行 Release 版本的编译。在左下角的目标选择器(Target selector)中将构建目标设置为 Release,如图 1－10 所示,然后单击运行图标。编译完成后再查看项目目录中生成的 build-helloworld-Desktop_Qt_6_4_0_MinGW_64_bit－Release 目录,在其 release

图 1－10　设置目标选择器

子目录中已经生成了 helloworld. exe 文件。

下面将这里生成的 helloworld. exe 复制到要发布的文件夹中,如 D 盘根目录新建的 myapp 文件夹,然后打开"开始菜单→Qt 目录"中的 Qt 6.4.0 (MinGW 11.2.0 64 - bit)命令行工具,在其中输入下面的命令:

```
windeployqt  -- qmldir  E:\app\src\01\1-1\helloworld  D:\myapp
```

对于使用了 QML 文件的程序,需要使用-- qmldir 指定项目中 QML 文件的路径,最后是可执行文件所在的目录路径。回车执行命令后,首先会扫描指定的 QML 文件目录,检测使用的模块,然后将需要的文件复制到可执行文件所在目录,如图 1 - 11 所示。

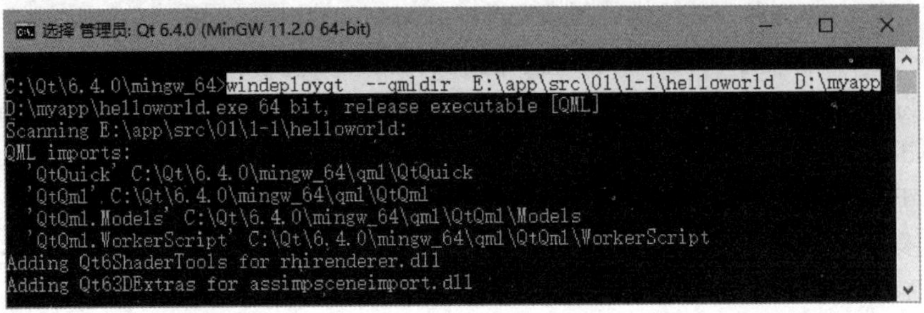

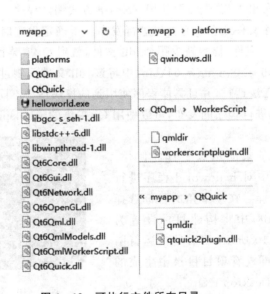

图 1 - 11 在命令行使用 windeployqt 工具

打开可执行文件所在目录(笔者这里是 D:\myapp),可以看到已经包含了所需要的文件,这时双击可执行文件,发现已经可以运行了。使用这种方式可以快捷地获取程序运行所依赖的库文件,但是其中一些文件有可能不是必须的,如果对发布文件的体积很在意,可以对这里的文件分别进行删除测试,不影响程序的执行就可以删除掉,比如现在的 helloworld. exe 最终需要的文件如图 1 - 12 所示。

图 1 - 12 可执行文件所在目录

1.5　创建 Qt Quick UI 项目

有些时候可能只想测试 QML 相关内容,希望可以快速显示界面效果,这时可以创建 Qt Quick UI 项目,该项目中只包含 QML 和 JavaScript 代码,没有添加任何 C++ 代码。对于 QML 文件,无须编译就可以直接在预览工具中显示界面效果。特别提醒,如无明确说明,本书后面示例程序都使用该项目。当然,如果读者需要编译发布完整的程序,那么需要使用前面讲到的 Qt Quick Application。

(本节采用的项目源码路径:src\01\1-2\helloqml)打开 Qt Creator,按下 Ctrl+ Shift+N 快捷键创建新项目,模板选择“其他项目”分类中的 Qt Quick UI Prototype。 将项目名称设置为 helloqml,创建完成后整个项目结构和 helloqml. qml 文件内容如图 1-13 所示。

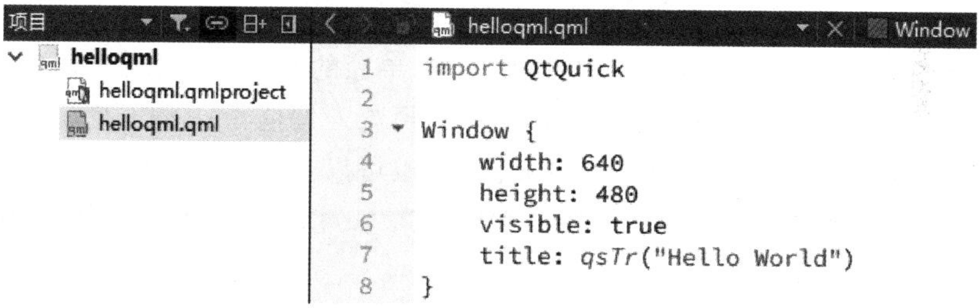

```
项目      ▼ ⌄ ⊙ 日+ 国  <  >        qml helloqml.qml          ▼  × | Window
⌄  qml helloqml                        1    import QtQuick
     qml helloqml.qmlproject           2
     qml helloqml.qml                  3 ▼  Window {
                                       4        width: 640
                                       5        height: 480
                                       6        visible: true
                                       7        title: qsTr("Hello World")
                                       8    }
```

图 1-13　Qt Quick UI 项目文件目录结构

可以看到,这里 helloqml. qml 文件内容与上一节中 main. qml 文件内容一样,但整个项目简洁了许多,除了 helloqml. qml 文件以外,只包含一个 helloqml. qmlproject。 该文件内容如下:

```
import QmlProject 1.1

Project {
    mainFile: "helloqml.qml"

    /* Include .qml, .js, and image files from current directory and subdirectories */
    QmlFiles {
        directory: "."
    }
    JavaScriptFiles {
        directory: "."
    }
    ImageFiles {
        directory: "."
    }
    /* List of plugin directories passed to QML runtime */
    // importPaths: [ "asset_imports" ]
}
```

这个 helloqml. qmlproject 是项目文件,其中包含了项目配置信息。可以看到,其主要指定了项目中所用的 QML 文件、JavaScript 文件和图片文件所在的目录(默认为当前目录),也就是说,只需要将所用的文件放到源码目录,在代码中就可以直接使用,不用再列出具体的路径。

按下左下角运行按钮(或者使用 Ctrl＋R 快捷键),程序会立即运行并显示界面。我们查看下面的编译输出窗口和应用程序输出窗口,可以看到,项目并没有编译,而只是启动了 qml. exe 工具,如图 1－14 所示。

图 1－14　应用程序输出窗口

在程序运行时并没有编译的过程,这就是说,单独的 QML 文件并不需要进行编译就能够直接进行预览。在 Qt 6 中,QML 文件的预览工具是 qml. exe,使用它可以在开发应用时直接加载 QML 文件进行预览和测试,也可以在"工具→外部→Qt Quick"菜单项中运行该工具(菜单中可能还包含了 QML Scene,该工具现在已经被弃用,后面的 Qt 版本中会被移除)。

1.6　Qt 帮助和本书源码的使用

1.6.1　Qt 帮助的使用

初学一个软件,无法马上掌握其全部功能,而且可能对某些功能很不理解,这时软件的帮助文档就很有用了,学习 Qt 也是如此。虽然 Qt 的帮助文档目前还是全英文的,但是读者必须要掌握它,毕竟这才是"原生"的东西,而网上的一些中文版本是广大爱好者翻译的,效果差强人意;再说,如果要深入学习,以后接触到的也以英文文档居多。

按下 Ctrl ＋ 6 快捷键(也可以直接单击左侧"帮助"图标)进入帮助模式。在左上方的目录栏中单击 Qt 6.4.0 Reference Documentation 打开 Qt 参考文档页面,这里的分类几乎涵盖了 Qt 的全部内容,如图 1－15 所示。下面对其中比较重要的内容进行说明。

在 Reference 分类中列举了所有的 C＋＋类、QML 类型、Qt 模块和 Qt 参考文档,这里是整个 Qt 框架的索引。在 Getting Started 分类中,Introduction to Qt 对 Qt 6 进行了简单介绍;Getting Started 包含了初学者开始 Qt 学习的入门介绍;Examples and Tutorials 包含了 Qt 所有的示例程序和入门教程,以此帮助初学者进行 Qt 开发;Supported Platforms 中通过表格形式展示了 Qt 对各个系统平台和编译器的支持情况;Qt

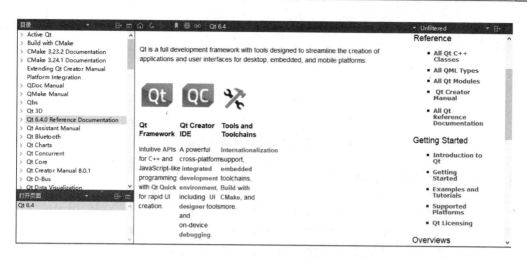

图 1-15　Qt 参考文档

Licensing 中对 Qt 的授权方式进行了介绍。在 Overviews 分类中,分领域介绍了 Qt 最重要的内容,如开发工具、用户界面、核心机制、数据存储、网络连接、图形、移动开发、QML 应用等,学习或者使用某方面内容时可以从这里进入。

　　查看帮助时可能想为某一页面添加书签,以便以后再次查看,则可以按下快捷键 Ctrl + M,或者单击界面上方边栏 图标。打开帮助模式时默认是目录视图,其实帮助的工具窗口中还提供了"索引""查找"和"书签"3 种方式对文档进行导航,如图 1-16 所示。在书签方式下,可以看到以前添加的书签;在查找方式下,可以输入关键字在整个文档的所有文章中进行全文检索;在索引方式下,只要输入关键字,就可以罗列出相关内容的列表。

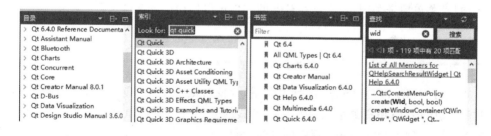

图 1-16　帮助导航模式

　　还有一种快速打开帮助的方式,就是在编辑模式编写代码时,将鼠标指针放到类型或者函数上会弹出工具提示,如图 1-17 所示,然后按下 F1 键就可以在编辑器右侧快速打开其帮助文档,再次按下 F1 键或者按下上方 Open in Help Mode 按钮都可以在帮助模式打开该文档。另外还需要说明,本书后面所有章节中涉及的关键字查找,如果没有特别说明,都是指在索引方式下进行查找。关于帮助模式的使用,可以在帮助中通过 Using the Help Mode 关键字查看。

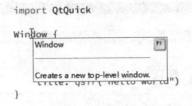

图 1-17 编辑代码时弹出帮助工具提示

1.6.2 本书源码的使用

在这本书的编写过程中,每个示例开始都明确注明了项目源码的路径,因为编写代码过程中难免出现这样或那样的问题,所以最好的办法就是先下载本书的源码,然后出错了再和下载的源码对比,找出错误原因。在以后的章节中,由于程序源码可能过长,或者有些代码重复出现,就会使用省略部分代码的方法,这样下载源码就更加必要了。可以到 Qt 开源社区(www.qter.org)的下载页面下载本书源码。所有源码都放在 src 文件夹中,可以根据书中的提示来找到对应的源码目录。注意,书中有的地方会使用例如"2-2 程序"这样的方式来指定一个例子,这表示项目源码路径为"src\02\2-2\"下的程序。

找到对应的源码后,建议先将这个例程的整个源码目录复制出来,但路径中一定不要有中文。然后可以直接双击.pro 文件在 Qt Creator 中打开项目;也可以使用 Qt Creator 的"文件→打开文件或项目"菜单项打开源码中的.pro(对于 Qt Quick UI 项目则是.qmlproject)项目文件;还可以直接将源码目录中的项目文件拖入 Qt Creator 界面来打开,然后在项目模式重新选择构建套件。要关闭一个项目时,可以使用"文件→关闭项目"菜单项来关闭;对于已经打开的文件可以使用关闭文件菜单来关闭。

1.7 小 结

本章对 QML 和 Qt Quick 进行了介绍,为读者演示了 Qt Quick 程序的创建和发布过程,其中还对 Qt 资源系统以及帮助模式的使用进行了简单介绍。本章作为后面章节学习的基础,对 Qt Quick 程序的创建、帮助模式的使用和本书源码的使用都进行了讲解,在后面章节中会着重知识点的讲解,不会再对一些流程类的内容进行赘述。

第2章

QML 语法

通过第 1 章的学习,读者应该已经了解到 QML 是一种专门用于构建用户界面的编程语言,它允许开发人员和设计者构建高性能的、具有流畅动画特效的可视化应用程序。QML 文档是高度可读的、声明式的文档,具有类似 JSON 的语法,支持使用 JavaScript 表达式,具有动态属性绑定等特性。

Qt 6 中通过导入 Qt QML 模块来使用 QML 语言,它定义并实现了 QML 语言及其解释引擎的基础构件,提供了供开发人员进行扩展的接口,以及将 QML 代码、JavaScript 和 C++集成在一起的接口。Qt QML 模块既提供了 QML 接口,又提供了 C++ 接口。本章主要讲解 QML 接口的语法,C++接口部分会在第 12 章讲解。

本章内容繁多,初学者可以先学习前面基础的语法、了解一些概念,然后结合后面章节的内容进行学习。可以在 Qt 帮助中索引 The QML Reference 关键字,查看本章内容对应的帮助文档。

2.1 QML 语法基础

本节将通过一些简单的例子和代码片段来介绍 QML 语法中的基础概念,让读者对 QML 语言有一个大体的了解,后面的内容会对这里提到的术语概念以及 QML 更加详细的语法进行全面介绍。本章所有示例程序都默认使用 Qt Quick UI 项目,项目创建过程可参看第 1 章,这里不再赘述。

QML 的代码一般是这样的(项目源码路径:src\02\2-1\myqml):

```
import QtQuick

Rectangle {
    id: root
    width: 400
    height: 400
    color: "blue"
```

```
    Image {
        source: "pics/logo.png"
        anchors.centerIn: parent
    }
}
```

1. 导入语句(import)

代码中的 import 语句导入了 QtQuick 模块,它包含各种 QML 类型,这个模块会在第 3 章详细讲解。如果不使用这个 import 语句,下面的 Rectangle 和 Image 类型就无法使用。

2. 对象(object)和属性(property)

QML 文档就是一个 QML 对象树。这段代码中创建了两个对象,分别是 Rectangle 根对象及其子对象 Image。QML 对象通过对象声明(Object Declarations)来定义,对象声明由其对象类型(type)的名称和一对大括号组成,括号中包含了对象的特性定义,比如这个对象的 id、属性值等,还可以使用嵌套对象声明的方式来声明子对象。

一个对象声明一般都会在开始指定一个 id,可以通过它在其他对象中识别并引用该对象,其值在一个组件的作用域中必须是唯一的。id 看起来像是一个属性,但 id 特性并不是一个属性。除了设置 id,这里的 Rectangle 对象还设置了 width、height 和 color 属性,并添加了一个 Image 子对象。

读者需要注意的是:Rectangle 是一个对象类型。在 QML 代码中,一旦使用了 Rectangle,代码中的 Rectangle 便称为对象,它是对象类型的一个实例。一般对象都会指定具体的属性值,如矩形要设置宽、高、颜色等,所以这里 Rectangle 对象定义了 width、height 和 color 等属性。

属性通过"属性:值"语法进行初始化,属性和它的值使用一个冒号隔开。比如在代码中,Image 对象有一个 source 属性,被指定了"pics/logo.png"值。属性可以分行写,此时,每行末尾的分号不是必须的。例如:

```
Rectangle {
    id: rect
    width: 100
    height: 100
}
```

也可以将多个属性写在一行,例如:

```
Rectangle {id: rect; width: 100; height: 100 }
```

当多个"属性:值"写在一行时,它们之间必须使用分号分隔。

3. 布   局

Image 的 anchors.centerIn 起到了布局的作用,它会使 Image 处于一个对象的中心位置,比如这里就是处于其 parent 父对象即 Rectangle 的中心。除了 anchors,QML 还提供了很多其他布局方式,这些会在第 3 章讲到。

4. 注　释

QML 的注释和 JavaScript 是相似的：

➢ 单行注释使用"//"开始，直到行末结束；

➢ 多行注释使用"/ ＊"开始，以"＊/"结尾。

其实，QML 中的注释与 C/C++中的注释的用法也是一样的，例如：

```
Text {
    text: "Hello world!"    //要显示的文本
    / *
    设定文本的字体
    可以通过设置 font 属性来完成
    * /
    font.family: "Helvetica"
    font.pointSize: 24
    //opacity: 0.5
}
```

5. 表达式和属性绑定

JavaScript 表达式可以用于设置属性的值，例如：

```
Item {
    width: 100 * 3
    height: 50 + 22
}
```

这些表达式中可以包含其他对象或属性的引用，这样做便创建了一个绑定：当表达式的值改变时，以该表达式为值的属性会自动更新为新的值。例如：

```
Item {
    width: 300
    height: 300

    Rectangle {
        width: parent.width - 50
        height: 100
        color: "yellow"
    }
}
```

Rectangle 对象的 width 属性被设置为与它的父对象的 width 属性相关，只要父对象的 width 属性发生改变，Rectangle 的 width 就会自动更新。属性绑定的内容在 2.5.1 小节还会详细讲解。

6. 调试输出

在 QML 代码中可以使用 console. log()、console. debug()等输出调试信息，类似于进行 Qt C++编程时使用的 qDebug()。例如：

```
Rectangle {
    width: 200
    height: 200
```

```
    color: "blue"

    MouseArea {
        anchors.fill:parent
        onClicked: console.log("矩形的颜色:", parent.color)
    }
}
```

2.2　import 导入语句

导入语句可以告知引擎在 QML 文档中使用了哪些模块、JavaScript 资源和组件目录。QML 文档必须导入必要的模块或者类型的命名空间,以便 QML 引擎加载文档中使用到的对象类型。默认情况下,QML 文档可以访问到与该 .qml 文件同目录下的对象类型。除此以外,如果 QML 文档还需要其他对象类型,就必须在 import 部分导入该类型的命名空间。

import 语句看起来非常像 C/C++ 的 include 预处理指令,但是它们完全不同。import 语句不是预处理语句,不会将其他代码复制到当前文档,而是向 QML 引擎说明要如何处理文档中使用的对象类型。QML 文档中使用的任意组件,比如 Rectangle,以及那些在 JavaScript 或属性绑定中用到的对象,都需要利用 import 语句消除歧义。QML 文档的 import 部分至少要包含一条语句:

```
import QtQuick
```

import 语句有 3 种类型,下面依次进行介绍。可以在 Qt 帮助中通过 Import Statements 关键字查看本节内容。

2.2.1　模块(命名空间)导入语句

模块导入语句是最常见的 import 语句,用于将注册了 QML 对象类型或 JavaScript 资源的 QML 模块导入到一个指定的命名空间。这类 import 语句的语法是:

```
import <ModuleIdentifier> [<Version.Number>] [as <Qualifier>]
```

其中,

➢ <ModuleIdentifier>是使用点分割的 URI 标识符,该标识符唯一确定模块的对象类型命名空间。

➢ <Version.Number>是"主版本号.子版本号"形式的版本信息,指明由此 import 语句导入的可用的对象类型和 JavaScript 资源的集合。此项可以省略,这样会导入最新版本的模块,也可以只省略子版本号,这样会导入主版本的最新子版本。

➢ <Qualifier>是可选的限定符,用于给导入的对象类型和 JavaScript 资源一个文档内部的命名空间。如果不给出这个限定符,那么导入的对象类型和 JavaScript 资源将会被导入到全局命名空间。

以 QML 文件所必需的 import QtQuick 语句为例,该语句导入了 QtQuick 模块提供的所有对象类型。由于没有给出限定符,这些对象类型可以被直接使用,正如前面的例子一样。然而,当我们需要给出一个这样的限定符的时候,可以使用如下形式(项目源码路径:src\02\2-2\myqml):

```
import QtQuick as Quick

Quick.Rectangle {
    width: 300
    height: 200
    color: "blue"
}
```

这种情况下,原本没有限定符的 Rectangle 对象类型必须添加定义的 Quick 限定符。这种带限定符的形式在同时导入多个包含了同名对象类型的模块时非常有用。例如,在 QtQuick 模块和自定义的 textwidgets 模块中都包含 Text 类型,如果要在一个文档中同时使用这两个模块,就需要使用带限定符的导入语句:

```
import QtQuick as CoreItems
import "../textwidgets" as MyModule

CoreItems.Rectangle {
    width: 100; height: 100

    MyModule.Text { text: "Hello from my custom text item!" }
    CoreItems.Text { text: "Hello from Qt Quick!" }
}
```

如果 QML 文档使用了一个没有导入的对象类型,QML 引擎会直接报错,并拒绝加载这个文件。比如在没有导入 QtQuick 模块的情况下就使用 Rectangle 类型,那么就会报错。

另外,如果使用了带版本号的模块,例如:

```
import QtQuick 2.10
```

那么 QtQuick 2.11 或更高版本中的类型在当前文档中将无法使用。需要说明,从 Qt 6 开始,已经移除了 QML 版本控制,所以导入模块时不需要再指定版本号。

2.2.2　目录导入语句

QML 文档支持直接导入包含有 QML 文档的目录,这样便提供了一种简单的方式,可以通过文件系统的目录将 QML 类型划分成可重复使用的分组。这类 import 语句的语法是:

```
import "<DirectoryPath>" [as <Qualifier>]
```

其中,

➢ <DirectoryPath>既可以是本地目录,也可以是远程目录。

➢ <Qualifier>和前面介绍的模块导入语句完全一致。

1. 导入本地目录

导入本地的目录不需要进行任何的设置,只需要导入该目录的相对路径或者绝对

路径,就可以在 QML 文档中使用目录中定义的对象类型。例如,一个 QML 项目中有如下的目录结构:

```
myapp
    |- mycomponents
        |- CheckBox.qml
        |- DialogBox.qml
        |- Slider.qml
    |- main
        |- application.qml
```

顶层 myapp 目录包含一个 mycomponents 目录和一个 main 目录。mycomponents 目录包含了 3 个 QML 文档,它们各自定义了一个 UI 组件。main 目录包含了一个 application. qml 文件,在这个文件中就可以使用相对路径导入 mycomponents 目录,这样就可以在 application. qml 文件中使用 mycomponents 目录中定义的对象类型了。如下面的代码片段所示(项目源码路径:src\02\2-3\myapp):

```
import "../mycomponents"

DialogBox {
    CheckBox {
        // ...
    }
    Slider {
        // ...
    }
}
```

也可以将目录导入一个使用限定符的本地命名空间,这样使用目录中任何类型的时候都需要指定限定符。如下面的代码片段所示:

```
import "../mycomponents" as MyComponents

MyComponents.DialogBox {
    // ...
}
```

2. 导入远程目录

与导入本地目录不同,如果要导入一个远程的目录,则该目录中需要包含一个 qmldir 文件(注意,该文件没用后缀)。qmldir 文件中罗列了目录中的文件列表。例如,前面例子中的 myapp 目录在远程的 http://www. my-example - server. com 上,而在 mycomponents 目录中包含一个 qmldir 文件,其内容如下:

```
CheckBox CheckBox.qml
DialogBox DialogBox.qml
Slider Slider.qml
```

这样便可以使用 URL 来导入远程的 mycomponents 目录,如下面的代码片段所示:

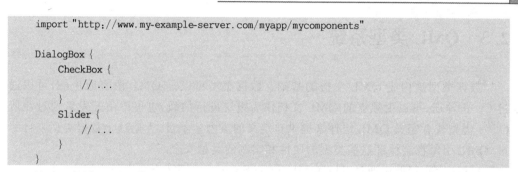

```
import "http://www.my-example-server.com/myapp/mycomponents"

DialogBox {
    CheckBox {
        // ...
    }
    Slider {
        // ...
    }
}
```

注意,当导入了网络上的目录时,只能访问该目录的 qmldir 文件中指定的 QML
文件和 JavaScript 文件。

3. 目录清单 qmldir 文件

除了远程目录,本地目录也可以包含一个 qmldir 文件,使用该文件可以快速方便
地共享一组 QML 文档,并且只暴露 qmldir 中指定的类型给导入该目录的客户端。另
外,如果目录中的 JavaScript 资源没有声明在一个 qmldir 文件中,那么它们不能暴露
给客户端。目录清单 qmldir 文件的语法如表 2 - 1 所列。

表 2 - 1　目录清单 qmldir 文件语法介绍

命　令	语　法	描　述
对象类型 声明	＜TypeName＞ ＜FileName＞	＜类型名＞＜文件名＞,对象类型声明允许将 QML 文档使用指定的 ＜类型名＞进行暴露。例如: RoundedButton RoundedBtn. qml
内部对象 类型声明	internal ＜TypeName＞ ＜FileName＞	internal ＜类型名＞＜文件名＞,内部对象类型声明允许 QML 文档使 用＜类型名＞进行暴露,但是只能暴露给该目录中的 QML 文档。 例如: internal HighlightedButton HighlightedBtn. qml
JavaScript 资源声明	＜Identifier＞ ＜FileName＞	＜标识符＞＜文件名＞,JavaScript 资源声明允许 JavaScript 文件通过 给定的标识符进行暴露。例如: MathFunctions mathfuncs. js

关于导入 QML 文档目录的更多内容,可以在 Qt 帮助中通过 Importing QML
Document Directories 关键字查看。

2.2.3　JavaScript 资源导入语句

JavaScript 也可以直接导入到 QML 文档。这类 import 语句的语法是:

```
import "＜JavaScriptFile＞" as "＜Identifier＞"
```

每一个导入的 JavaScript 文件都要指定一个标识符,以便能够在 QML 文档中访
问。该标识符必须在整个 QML 文档中唯一。关于这部分内容,本章的 2.5.4 小节还
会深入讲解。

2.3 QML 类型系统

数据类型是构成 QML 文档的基础。数据类型可以是 QML 语言原生的,可以通过 C++注册,可以由独立的 QML 文档作为模块进行加载,也可以由开发者通过注册 C++类型或者定义 QML 组件来提供自定义的类型。不过,无论这个数据类型来自哪里,QML 引擎都会保证这些类型的属性和实例的类型安全。

可以在 Qt 帮助中通过 The QML Type System 关键字查看本节内容。

2.3.1 基本类型

QML 支持 C++常见的数据类型,包括整型、双精度浮点型、字符串和布尔类型。在 QML 中,将这种仅指向简单数据的类型称为基本类型,比如 int 或 string。相对地,将可以包含其他属性、能够具有信号和函数等的类型,称为对象类型。不同于对象类型,基本类型不能用来声明一个 QML 对象,比如 int{}是不允许的。基本类型一般用于以下两种值:

- ➢ 单值(例如,int 是单个数字,var 可以是单个项目列表);
- ➢ 一个包含了一组简单的"属性-值"对的值(例如,size 指定的值包含了 width 和 height 属性)。

1. 基本类型

部分基本类型是引擎默认支持的,不需要导入语句即可正常使用;另外的基本类型则在模块中提供,需要导入才能使用。另外,Qt 全局对象提供了一些非常有用的函数操作基本类型的值,如 darker()、formatDate()、hals()、md5()、qsTr()、quit()等,可以在帮助中索引 QML Global Object 关键字查看更多内容。

QML 语言原生支持的基本类型如表 2-2 所列。

表 2-2　QML 默认支持的基本类型表

类　型	描　　述	类　型	描　　述
int	整型,如 0、10、-10	url	资源定位符
bool	布尔值,二进制 true/false 值	list	QML 对象列表
real	单精度浮点数	var	通用属性类型
double	双精度浮点数	enumeration	枚举值
string	字符串		

QML 其他基本类型由某些模块提供,如 QtQuick 模块提供的基本类型如表 2-3 所列。

表 2－3　QtQuick 模块提供的基本类型表

类　型	描　述
color	ARGB 颜色值,可以用多种方法表示,第 5 章详细讲解
font	QFont 的 QML 类型,包含了 QFont 的属性值
matrix4x4	一个 4 行 4 列的矩阵
quaternion	一个四元数,包含一个标量以及 x、y 和 z 属性
vector2d	二维向量,包含 x 和 y 两个属性
vector3d	三维向量,包含 x、y 和 z 共 3 个属性
vector4d	四维向量,包含 x、y、z 和 w 共 4 个属性
date	日期值
point	点值,包含 x 和 y 两个属性
size	大小值,包含 width 和 height 两个属性
rect	矩形值,包含 x、y、width 和 height 共 4 个属性

2. 基本类型的属性改变行为

一些基本类型也包含属性,如 font 类型包含 pixelSize、family 和 bold 属性。不过这里所说的属性与 QML 类型(如 Rectangle)的属性不同:基本类型的属性没有自己的属性改变信号,只能为基本类型自身创建一个属性改变信号处理器。例如:

```
Text {
    //不可用
    onFont.pixelSizeChanged: doSomething()
    //不可用
    font {
        onPixelSizeChanged: doSomething()
    }
    //可用
    onFontChanged: doSomething()
}
```

另外,每当基本类型的一个特性改变时,该基本类型都会发射自身的属性改变信号,例如(项目源码路径:src\02\2-4\myfont):

```
import QtQuick

Text {
    onFontChanged: console.log("font changed")
    text: "hello Qt!"
    Text { id: otherText }
    focus: true
    //按下键盘数字键 1、2、3 都会调用 onFontChanged 信号处理器
    Keys.onDigit1Pressed: font.pixelSize += 1
    Keys.onDigit2Pressed: font.italic = ! font.italic
    Keys.onDigit3Pressed: font = otherText.font
}
```

2.3.2　JavaScript 类型

QML 引擎直接支持 JavaScript 对象和数组,任何标准 JavaScript 类型都可以在 QML 中使用 var 类型进行创建和存储。例如,下面的代码(项目源码路径:src\02\2-5\myjs)在 QML 中使用了 JavaScript 的 Date 和 Array 类型:

```
import QtQuick

Item {
    property var theArray: []
    property var theDate: new Date()

    Component.onCompleted: {
        for (var i = 0; i < 10; i++)
            theArray.push("Item " + i)
        console.log("There are", theArray.length, "items in the array")
        console.log("The time is", theDate.toUTCString())
    }
}
```

更多的相关内容会在 2.5 节讲解。

2.3.3　对象类型

QML 对象类型用于 QML 对象的实例化。对象类型与基本类型最大的区别是,基本类型不能声明一个对象,而对象类型可以通过指定类型名称并在其后的一组大括号里面包含相应属性的方式来声明一个对象。例如,Rectangle 是一个 QML 对象类型,它可以用来创建 Rectangle 类型的对象。

QML 对象类型继承自 QtObject,由各个模块提供。应用程序通过导入模块使用各种对象类型。QtQuick 模块包含了创建用户界面所需要的最基本的对象类型。除了导入模块,还可以通过另外两种方式自定义 QML 对象类型:一是创建 .qml 文件来定义类型,这会在 2.6.1 小节详细讲解;二是通过 C++定义 QML 类型,然后在 QML 引擎中注册该类型,这会在第 12 章详细讲解。

2.4　对象特性(Attributes)

每一个 QML 对象类型都包含一组已定义的特性。每个对象类型的实例在创建时都会包含一组特性,这些特性是在该对象类型中定义的。一个 QML 文档中的对象声明定义了一个新的类型,其中可以包含如下特性:

> ➤ id 特性;
> ➤ 属性(property)特性;
> ➤ 信号(signal)特性;
> ➤ 信号处理器(signal handler)特性;

➢ 方法（method）特性；

➢ 附加属性（attached properties）和附加信号处理器（attached signal handler）特性；

➢ 枚举（enumeration）特性。

本节将详细介绍这几种特性，读者也可以在 Qt 帮助中通过 QML Object Attributes 关键字查看。

2.4.1　id 特性

每一个对象都可以指定一个唯一的 id，这样便可以在其他对象中识别并引用该对象。这个特性是语言本身提供的，不能被 QML 对象类型进行重定义或重写。我们可以在一个对象所在组件（component）中的任何位置使用该对象的 id 来引用这个对象。因此，id 值在一个组件的作用域中必须是唯一的。例如，下面的代码中有两个 Text 对象，第一个 Text 对象的 id 值为 text1。现在第二个 Text 对象可以使用 text1.text 来设置自己的 text 属性，使其与第一个 Text 对象的 text 属性具有相同的值（项目源码路径：src\02\2-6\myid）：

```
import QtQuick

Row {
    Text {
        id: text1
        text: "Hello World"
    }
    Text { text: text1.text }
}
```

对于一个 QML 对象，id 值是一个特殊的值，不要把它看作一个普通的对象属性。例如，我们无法像普通属性那样，使用 text1.id 获得这个值。一旦对象被创建，它的 id 值就无法改变。尽管 id 看上去非常像字符串，但它不是字符串，而是由语言提供的一种数据类型。

注意，id 值必须使用小写字母或者下划线开头，并且不能使用字母、数字和下划线以外的字符。

2.4.2　属性特性

属性是对象的一个特性，可以分配一个静态的值，也可以绑定一个动态表达式。属性的值可以被其他对象读取。一般而言，属性的值也可以被其他对象修改，除非显式声明不允许这么做（即声明为只读属性）。

1. 声明属性特性

属性可以在 C++ 中通过先注册一个类的 Q_PROPERTY 宏，再注册到 QML 类型系统进行创建，这个会在第 12 章讲解。此外，还可以在 QML 文档中使用下面的语法声明一个属性：

```
[default] [required] [readonly] property <propertyType> <propertyName>
```

使用这种机制可以很容易地将属性值暴露给外部对象或维护对象的内部状态。与 id 类似,属性的名字 propertyName 也必须以小写字母开始,可以包含字母、数字和下划线。另外,JavaScript 保留字不能作为属性的名字。前面的 default、required 和 readonly 等修饰符是可选的,分别用来声明默认属性、必需属性和只读属性。

声明一个自定义的属性,则会隐式地为该属性创建一个值改变信号以及一个相应的信号处理器 on<PropertyName>Changed。其中,<PropertyName>是自定义属性的名字,并且要求首字母大写。下面来看一个例子(项目源码路径:src\02\2-7\myproperty):

```
import QtQuick

Rectangle {
    property color previousColor
    property color nextColor
    onNextColorChanged:
        console.log("The next color will be: " + nextColor.toString())
    nextColor: "red"
    width: 400; height: 300; color: nextColor
    MouseArea {
        anchors.fill: parent
        onClicked: nextColor = "yellow"

    }
}
```

在这个例子中,从 Rectangle 基类型派生了一个新类型,它包含两个新属性:previousColor 和 nextColor。我们希望在 nextColor 属性发生改变时得到通知,所以增加了一个信号处理器 onNextColorChanged,以此达到这一目的。

除 enumeration 外,QML 的基本类型都可以用作自定义属性的类型。例如,下面的声明都是正确的:

```
Item {
    property int someNumber
    property string someString
    property url someUrl

}
```

由于 enumeration 其实就是整型 int,所以,当需要使用 enumeration 的时候,可以选择使用 int 类型替代。

对于 QML 其他基本类型,只要导入相应模块,也可以作为属性类型。需要注意的是 var 类型:var 是一种通用的占位符类型,类似于 QVariant,它可以包含任意类型的值,包括列表和对象。例如,下面的代码片段:

```
property var someNumber: 1.5
property var someString: "abc"
property var someBool: true
property var someList: [1, 2, "three", "four"]
property var someObject: Rectangle { width: 100; height: 100; color: "red" }
```

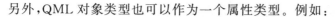

另外,QML 对象类型也可以作为一个属性类型。例如:

```
property Item someItem
property Rectangle someRectangle
```

不仅如此,除了这些 QML 内置的对象类型,还可以将自定义的对象类型作为属性类型使用。

2. 初始化和赋值

QML 属性的值可以通过初始化或者赋值操作来给出,这两种途径都可以直接给定一个静态数据值或绑定一个表达式。

(1) 初始化

属性可以在初始化时直接赋值,其语法是:

```
<propertyName> : <value>
```

也可以将属性声明和属性初始化结合成一条语句:

```
[default] property <propertyType> <propertyName> : <value>
```

下面来看一个例子,代码中 color 属性使用了初始化语句;而 nextColor 则将属性声明与属性初始化结合在一起(项目源码路径:src\02\2-8\myproperty):

```
import QtQuick

Rectangle {
    color: "yellow"
    property color nextColor: "blue"
}
```

(2) 代码中赋值

赋值操作与 JavaScript 相同,使用赋值运算符(=)完成。其语法是:

```
[<objectId>.]<propertyName> = value
```

在下面的例子中使用赋值运算符,将 rect.color 的值赋成 red:

```
import QtQuick

Rectangle {
    id: rect
    Component.onCompleted: {
        rect.color = "red"
    }
}
```

(3) 有效的属性值

一个属性可以分配两种类型的值:静态值和绑定表达式的值。

➤ 静态值:与属性要求的类型相匹配(或者可以转换成属性要求的类型)的值。

➤ 绑定表达式:该 JavaScript 表达式可以运算出结果,并且运算结果的类型与属性要求的类型匹配(或者可以转换成属性要求的类型)。当绑定表达式使用的变量值发生变化时,表达式可以自动更新运算结果。

下面是一个简单的示例(项目源码路径:src\02\2-9\myproperty):

```
import QtQuick

Rectangle {
    //使用静态值初始化
    width: 400
    height: 200
    color: "red"
    Rectangle {
        //使用绑定表达式初始化
        width: parent.width / 2
        height: parent.height
    }
}
```

(4) 类型安全

前面已经强调,QML 属性的初始化或赋值时,类型必须匹配或能够转换成匹配的类型。但是,上面的代码却将字符串"red"赋值给了 color 类型的属性。这是因为 QML 提供了一系列转换器,能够将 string 转换成很多其他的属性类型。正因为有这些转换器的存在,才可以将"red"转换成颜色类型。由此可以看出,QML 属性是类型安全的:属性值的类型必须与属性要求的类型相匹配。

3. 对象列表属性

可以将一个 QML 对象类型值列表赋值给一个列表类型的属性,其语法如下所示:

[<item1>, <item2>,…]

列表被包含在一对方括号中,使用逗号分割列表中的对象。

例如,Item 类型有一个 states 属性,用于保存一个 State 类型对象的列表。下面的代码片段给出如何初始化这个 states 属性:

```
Item {
    states: [
        State { name: "loading" },
        State { name: "running" },
        State { name: "stopped" }
    ]
}
```

如果列表仅包含一个对象,也可以省略方括号:

```
Item {
    states: State { name: "running" }
}
```

可以使用下面的语法在对象声明时指定一个列表类型属性:

[default] property list<objectType> propertyName

而且与其他属性声明类似,在属性声明时也可以使用下面的语法进行属性初始化:

[default] property list<objectType> propertyName: <value>

例如,下面的代码(项目源码路径:src\02\2-10\mypropertylist):

```
import QtQuick

Rectangle {
    //只声明,不初始化
    property list<Rectangle> siblingRects

    //声明并且初始化
    property list<Rectangle> childRects: [
        Rectangle { color: "red" },
        Rectangle { color: "blue"}
    ]

    width: 400; height: 300; color: childRects[1].color

    MouseArea {
        anchors.fill:parent
        onClicked: {
            for (var i = 0; i < childRects.length; i++)
                console.log("color", i, childRects[i].color)
        }
    }
}
```

　　说明一下:可以使用 length 属性来获取列表中对象数量,可以通过[index]语法来获取列表中的指定值。如果要声明一个用来存储一列值的属性,而不是使用 QML 对象类型的值,那么可以使用 var 属性。

4. 属性组

　　QML 属性可以按照逻辑关系进行分组。属性可以是一个包含子属性特性的逻辑组,而子属性特性也可以使用点标记或者组标记来赋值。例如,Text 类型的 font 属性是一个属性组。下面的代码示例中,第一个 Text 使用点标记初始化 font 值,第二个则使用组标记的形式(项目源码路径:src\02\2-11\mytext):

```
import QtQuick

Row {
    Text {
        //点标记
        font.pixelSize: 12; font.bold: true
        text: "text1"
    }
    Text {
        //组标记
        font { pixelSize: 12; bold: true }
        text: "text2"
    }
}
```

5. 属性别名

属性别名类似 C++的引用。与普通的属性声明不同,属性别名不需要分配一个新的唯一的存储空间,而是将新声明的属性(称为别名属性,the aliasing property)作为一个已经存在的属性(称为被别名的属性,the aliased property)的直接引用。我们可以给属性定义 个别名,以后就可以利用这个别名操作这个属性。属性别名的声明与属性的声明类似,但是需要使用 alias 关键字代替属性类型,而且在属性声明的右侧必须是一个有效的别名引用。其语法如下:

```
[default] property alias <name>: <alias reference>
```

与普通属性不同,别名只能引用到其声明处的类型作用域中的一个对象或一个对象的属性。它不能包含任何 JavaScript 表达式,也不能引用类型作用域之外的对象。还要注意右侧的 alias reference 不是可选的,这与普通属性声明中可选的默认值不同。而且当第一次声明别名时 alias reference 必须提供,这一点与 C++引用也非常相似。例如(项目源码路径:src\02\2-12\myalias):

```
// Button.qml
import QtQuick

Rectangle {
    property alias buttonText: textItem.text
    width: 100; height: 30; color: "yellow"
    Text { id: textItem }
}
```

这里定义了一个 Button 类型。Button 有一个 buttonText 的属性别名,指向其 Text 子对象的 text 属性。在其他 QML 文档中使用 Button 类型时,可以直接使用如下语句定义其 Text 子对象的文本:

```
Button { buttonText: "click Me" }
```

由于 buttonText 属性仅仅是一个别名,任何针对 buttonText 的修改都会直接反映到 textItem.text;同样,任何对 textItem.text 的修改都会反映到 buttonText,这是一个双向绑定。由此看出,属性别名与绑定表达式不同:如果 buttonText 不是一个别名,相当于将 textItem.text 绑定到 buttonText。textItem.text 有变化时,buttonText会随之改变,但是,buttonText 的变化却不会影响到 textItem.text。

在使用属性别名时需要注意下面几点:

(1) 属性别名在整个组件初始化完毕之后才是可用的

代码是从上向下执行的,因此一个常见的错误是,在引用所指向的属性还没有初始化的时候就使用了别名。例如,下面的代码是无法工作的:

```
property alias buttonText: textItem.text
//下面的代码会报错,因为代码执行到这里时整个组件还没有完成初始化
buttonText: "some text"
```

另外,别名不能使用在同一个组件中声明的另一个别名,例如,下面的代码是无法工作的:

```
id: root
property alias buttonText: textItem.text
//下面的代码会报错,因为代码执行到这里,buttonText 还是一个未定义的值
property alias buttonText2: root.buttonText
```

正确的初始化方法应该是这样的:

```
Component.onCompleted: buttonText = "some text"
```

这里的 Component.onCompleted 会在组件创建完成时执行。

(2) 属性别名可以与现有的属性同名,但会覆盖现有属性

如下面的例子(项目源码路径:src\02\2-13\myalias):

```
import QtQuick

Rectangle {
    id: coloredrectangle
    property alias color: bluerectangle.color
    width: 400; height: 300

    Rectangle {
        id: bluerectangle
        color: "#1234ff"
        width: 100; height: 100
    }

    Component.onCompleted: {
        console.log(coloredrectangle.color) // #1234ff
        setInternalColor()
        console.log(coloredrectangle.color) // #111100
        coloredrectangle.color = "#884646"
        console.log(coloredrectangle.color) // #884646
    }

    //内部函数访问内部属性
    function setInternalColor() {
        color = "#111100"
    }
}
```

这里在 Rectangle 中定义了一个 color 别名属性,它的名称与内建的 Rectangle::color 属性相同。使用该组件的任何对象引用 color 属性时(如代码中的 coloredrectangle.color)都使用别名,而不是一般的 Rectangle.color 属性,而在组件内部直接使用 color 属性时引用的是真实定义的属性,而不是别名。

(3) 引用深度最多为两层,超过两层的引用无效

例如,下面代码片段的引用是有效的:

```
property alias color: rectangle.border.color

Rectangle {
    id: rectangle
}
```

而下面代码片段的引用无效：

```
property alias color: myItem.myRect.border.color

Item {
    id: myItem
    property Rectangle myRect
}
```

需要说明，属性别名在开发组件的时候特别有用。QML 组件通常是一系列基本类型的有序堆积。一个组件可能有很多子对象，对于组件的使用者，出于封装的考虑，不应该知道这些子对象。然而，组件使用者又不可避免地需要设置某些子对象的属性。此时，可以给子对象属性设置一个别名，把它作为整个组件的属性在外部使用，这样既解决了子对象封装的问题，又将有用的属性暴露出来。

6. 默认属性

前面提到，对象声明可以有一个默认属性，默认属性至多有一个。当声明对象时，如果其子对象没有明确指定它要分配到的属性名，那么这个子对象就被赋值给默认属性。

声明默认属性很简单，只要在属性声明语句的前方加上 default 修饰符即可。例如，下面的代码中给 MyLabel 增加一个默认属性 someText（项目源码路径：src\02\2-14\myproperty）：

```
// MyLabel.qml
import QtQuick

Text {
    default property var someText
    text: "Hello, " + someText.text
}
```

可以像这样在其他 .qml 文件中使用 MyLabel：

```
import QtQuick

Rectangle {
    width: 360; height: 360

    MyLabel {
        anchors.centerIn: parent
        Text {text: "world!" }
    }
}
```

这里 Text 对象自动成为 MyLabel 的默认属性的值。这段代码其实等价于：

```
MyLabel {
    someText: Text { text: "world!" }
}
```

由于 someText 是 MyLabel 的默认属性，所以无须显式给出这个属性的名字。

其实，在前面的例子中已经见过默认属性。比如下面的代码片段：

```
Rectangle {
    id: rect
    Text {
        text: "Hello, world!"
    }
}
```

注意,这里的 Text 对象没有明确指出这个对象赋值给 Rectangle 的哪一个属性,因此它就会自动成为 Rectangle 的默认属性的值。所有基于 Item 的类型都有一个默认属性 data：list＜QtObject＞,该属性允许将可视化子对象和资源自由添加到 Item 对象中。如果添加的是可视化对象,那么将作为 children;如果添加的是其他对象类型,那么将作为 resource。例如:

```
Item {
    Text {}
    Rectangle {}
    Timer {}
}
```

相当于:

```
Item {
    children: [
        Text {},
        Rectangle {}
    ]
    resources: [
        Timer {}
    ]
}
```

正因为如此,不需要显式指出将子对象添加到 data 属性。

7. 必需属性

对象声明中可以通过 required 关键字声明一个必需属性,其语法如下:

```
required property <propertyType> <propertyName>
```

当创建一个对象的实例时,必需属性是必须要设置的。也可以使用如下语法来使现有的属性成为必需属性:

```
required <propertyName>
```

例如下面的代码片段,在自定义的 ColorRectangle 类型中,颜色属性必须进行设置,不然无法运行。

```
// ColorRectangle.qml
Rectangle {
    required color
}
```

注意,必需属性在模型视图程序中扮演特殊角色:如果视图的委托具有与视图模型的角色名称相同的必需属性,则这些属性将使用模型的相应值进行初始化,相关内容可以查看 8.2.7 小节。

8. 只读属性

到目前为止,声明的属性都是可读/写的。有时候需要使用只读属性,通过指定 readonly 关键字就可以定义一个只读属性。其语法如下:

```
readonly property <propertyType> <propertyName> : <initialValue>
```

只读属性必须给出初始值,否则这个属性是没有意义的。一旦只读属性初始化完毕,属性值就不允许再更改。例如,下面的代码就是非法的:

```
Item {
    readonly property int someNumber: 10
    Component.onCompleted: someNumber = 20 // 错误
}
```

注意,只读属性不允许是默认属性,也不允许有别名。

9. 属性修饰符对象(Property Modifier Objects)

一个属性可以拥有与之关联的属性修饰符对象,声明与特定属性相关联的属性修饰符对象的语法如下:

```
<PropertyModifierTypeName> on <propertyName> {
    //对象实例的特性设置
}
```

这个通常被称为"on"语法。需要注意的是,这个语法实际上是一个对象声明,它会实例化一个对象,而该对象作用于一个已经存在的属性。典型的用法是动画类型,例如:

```
Rectangle {
    width: 100; height: 100
    color: "red"

    NumberAnimation on x { to: 50; duration: 1000 }
}
```

更多相关内容可以查看 12.3.2 小节。

2.4.3 信号和信号处理器特性

很多时候,应用程序的用户界面组件需要相互通信。例如,一个按钮需要知道用户是否进行了单击,当用户单击后,它可能会更改颜色来指示它状态的改变,或者执行一些逻辑代码实现一定的功能。同 Qt 一样,QML 包含了相似的信号和信号处理器机制。信号是发生事件(如属性更改、动画状态变化、图片下载完成等)的对象发射的通知,比如 MouseArea 类型有一个 clicked 信号,当用户在 MouseArea 部件上单击时,该信号就会发射。特定的信号发射后,可以通过相应的信号处理器获得通知。信号处理器的声明语法为:on<Signal>,其中,<Signal>是信号的名字(首字母需要大写)。信号处理器必须在发射信号的对象的定义中进行声明,其中包含调用时要执行的 JavaScript 代码块。

上文提到,QtQuick 模块中的 MouseArea 类型有一个 clicked 信号。因为信号的名称为 clicked,所以对应的信号处理器的名称就是 onClicked。下面的例子中,每当单击 MouseArea 时都会调用 onClicked 处理器,从而使 Rectangle 变换随机的颜色(项目源码路径:src\02\2-15\mysignal):

```
import QtQuick

Rectangle {
    id: rect
    width: 400; height: 300

    MouseArea {
        anchors.fill: parent
        onClicked: {
            rect.color = Qt.rgba(Math.random(), Math.random(), Math.random(), 1);
        }
    }
}
```

1. 声明信号特性

信号可以在 C++ 中使用 Q_SIGNAL 宏声明,也可以在 QML 文档中直接声明。如果在 QML 对象声明时声明一个信号,可以使用如下语法:

```
signal <signalName>[([<parameterName>: <parameterType>[, ...]])]
```

同一作用域中不能有两个同名的信号或方法。但是,新的信号可以重用已有信号的名字,这意味着,原来的信号会被新的信号隐藏,变得不可访问。

下面的代码展示了如何在 QML 文档中声明信号。

```
import QtQuick

Item {
    signal clicked
    signal hovered()
    signal actionPerformed(action: string, actionResult: var)
}
```

如果信号没有参数,小括号()可以省略,就像代码中 clicked 信号那样。如果有参数,参数类型必须声明,比如上面代码中 actionPerformed 信号的两个参数分别是 string 和 var 类型的。另外,还可以使用属性样式语法来指定信号参数:

```
signal actionCanceled(string action)
```

不过,为了与后面讲到的方法声明保持一直,推荐使用冒号样式的类型声明。

发射一个信号和调用一个方法的方式相同。当一个信号发射后,其对应的信号处理器就会被调用,在处理器中可以使用信号的参数名称来访问相应的参数。

2. 属性值改变信号

除了自定义的信号,QML 类型还提供了一种内建的属性值改变信号。当属性值发生改变时,QML 会自动发出该信号,并可以在相应的信号处理器中进行处理。这一点在前面讲解属性特性时提到过。

3. 信号处理器

信号处理器是一类特殊的方法特性。当对应的信号发射时,信号处理器会被 QML 引擎自动调用。在 QML 的对象定义中添加一个信号,则自动在对象定义中添加一个相应的对象处理器,只不过其中没有具体的实现代码。下面的例子中,SquareButton.qml 文件中定义了一个 SquareButton 类型,其中包含 activated 和 deactivated 两个信号(项目源码路径:src\02\2-16\myapplication):

```
// SquareButton.qml
import QtQuick

Rectangle {
    id: root

    signal activated(xPosition: real, yPosition: real)
    signal deactivated

    property int side: 100
    width: side; height: side; color: "red"

    MouseArea {
        anchors.fill: parent
        onReleased: root.deactivated()
        onPressed: (mouse) => root.activated(mouse.x, mouse.y)
    }
}
```

这些信号可以被与 SquareButton.qml 同目录下的其他 QML 文件接收,例如:

```
// myapplication.qml
import QtQuick

Rectangle {
    width: 400; height: 300

    SquareButton {
        anchors.centerIn: parent
        onDeactivated: console.log("Deactivated!")
        onActivated: (xPosition, yPosition)
                    => console.log("Activated at " + xPosition + "," + yPosition)
    }
}
```

在信号处理器中可以通过分配一个函数来访问信号中的参数,有两种方式,一种是使用示例中的这种箭头函数,另外一种是可以使用匿名函数。例如:

```
onActivated: function (xPos, yPos) { console.log(xPos + "," + yPos) }
```

无论使用哪种形式的函数,其中形式参数的名称都不必与信号中的名称匹配。而且,可以只处理前面的参数,而省略其后的参数。例如:

```
onActivated: (xPos) => console.log("xPosition:" + xPos)
```

但是,如果只想处理后面的参数,而省略前面的参数,那么需要通过占位符来代替

前面的参数。例如：

```
onActivated: (_, yPos) => console.log("yPosition:" + yPos)
```

需要说明，在以前的版本中并不需要使用这里提到的这两种函数，就可以直接在代码中通过信号的参数名称来调用参数，现在这样的方式依然可行，但是不再建议使用，在运行时还会出现警告。

4. 使用 Connections 类型

除了上面介绍的最基本的使用方法，有时候可能需要在发射信号的对象外部使用这个信号。为了达到这一目的，Qt Quick 模块提供了 Connections 类型，用于连接外部对象的信号。Connections 对象可以接收指定目标（target）的任意信号。例如，在下面的代码中没有在发出 clicked 信号的 MouseArea 内响应这个信号，而是通过 Connections 对象在 MouseArea 外部处理信号。（项目源码路径：src\02\2-17\myconnections）

```
import QtQuick

Rectangle {
    id: rect; width: 400; height: 300

    MouseArea {
        id: mouseArea
        anchors.fill: parent
    }

    Connections {
        target: mouseArea
        function onClicked() {
            rect.color = "red"
        }
    }
}
```

这段代码中，Connections 的 target 属性是 mouseArea，因而这个 Connections 对象可以接收来自 mouseArea 的任意信号。这里只关心 clicked 信号，所以只添加了 onClicked 信号处理器。

通常情况下，使用信号处理器已经能够满足大多数应用。但是，如果要把一个信号与一个或多个方法或者信号关联起来，这种语法就无能为力了。为此，QML 的信号对象提供了 connect()函数，支持将信号与一个方法或者另外的信号连接起来，这与 Qt/C++是类似的。

下面的代码中，将 messageReceived 信号与 3 个方法连接。（项目源码路径：src\02\2-18\myconnections）

```
import QtQuick

Rectangle {
    id: relay
```

```
signal messageReceived(string person, string notice)

Component.onCompleted: {
    relay.messageReceived.connect(sendToPost)
    relay.messageReceived.connect(sendToTelegraph)
    relay.messageReceived.connect(sendToEmail)
    relay.messageReceived("Tom", "Happy Birthday")
}

function sendToPost(person, notice) {
    console.log("Sending to post: " + person + ", " + notice)
}
function sendToTelegraph(person, notice) {
    console.log("Sending to telegraph: " + person + ", " + notice)
}
function sendToEmail(person, notice) {
    console.log("Sending to email: " + person + ", " + notice)
}
}
```

即便这种需求很少,但是也会存在。更常见的需求是将信号与动态创建的对象关联起来,此时就不得不使用 connect() 函数进行连接。如果需要解除连接,则可以调用信号对象的 disconnect() 函数。不仅如此,使用 connect() 函数还可以构成一个信号链。例如,(项目源码路径:src\02\2-19\myconnections)

```
import QtQuick

Rectangle {
    id: forwarder
    width: 400; height: 300

    signal send()
    onSend: console.log("Send clicked")

    MouseArea {
        id: mouseArea
        anchors.fill: parent
        onClicked: console.log("MouseArea clicked")
    }

    Component.onCompleted: {
        mouseArea.clicked.connect(send)
    }
}
```

当 MouseArea 发出 clicked 信号时,自定义的 send 信号也会被自动发射。

2.4.4 方法特性

对象类型的方法就是一个函数,可以执行某些处理或者触发其他事件。我们可以将方法关联到信号上,这样在发射该信号时就会自动调用该方法。

在 C++中,可以使用 Q_INVOKABLE 宏或者 Q_SLOT 宏进行注册的方式定义方法;另外,也可以在 QML 文档的对象声明里使用下面的语法添加一个自定义方法:

```
function <functionName>([<parameterName>[: <parameterType>][, ...]]) [: <re-
turnType>] { <body> }
```

QML 的方法可以用于定义相对独立的可重用的 JavaScript 代码块。这些方法可以在内部调用,也可以被外部对象调用。

与信号不同,方法的参数类型可以不明确指定,因为默认情况下这些参数都是 var 类型的。但是为了提高性能和可维护性,建议指定参数的类型。与信号类似,同一作用域中不能有两个同名的方法。但是,新的方法可以重用已有方法的名字。这意味着,原来的方法会被新的方法隐藏,变得不可访问。

下面的代码中,Rectangle 定义了一个 calculateHeight()方法,用于计算 height 的数值。(项目源码路径:src\02\2-20\myfunction)

```
import QtQuick

Rectangle {
    id: rect

    function calculateHeight() : real {
        return rect.width / 2;
    }

    width: 400; height: calculateHeight()
}
```

与 C++中的函数类似,QML 的方法中如果有参数,则可以在方法中通过参数名称来访问这些参数。例如,下面代码中的 moveTo()方法包含两个参数。(项目源码路径:src\02\2-21\myfunction)

```
import QtQuick

Item {
    width: 200; height: 200

    MouseArea {
        anchors.fill: parent
        onClicked: (mouse) => label.moveTo(mouse.x, mouse.y)
    }

    Text {
        id: label

        function moveTo(newX: real, newY: real) {
            label.x = newX;
            label.y = newY;
        }

        text: "Move me!"
    }
}
```

2.4.5 附加属性和附加信号处理器

附加属性和附加信号处理器是一种允许对象使用额外的属性或信号处理器的机制,如果没有这种机制,这些属性或信号处理器就无法应用于这个对象。特别是这个机制允许对象访问一些与个别对象相关的属性或者信号,这一点在实际编程时非常有用。

在实现一个 QML 类型时,可以选择性地创建一个包含特定属性和信号的附加类型。该类型的实例在运行时可以被创建并附加给指定的对象,这样便允许这些对象访问附加类型中的属性和信号。

附加属性和附加信号处理器的语法如下:

```
<ArrachingType>.<propertyName>
<ArrachingType>.on<SignalName>
```

1. 附加属性

例如,ListView 类型包含一个附加属性 ListView.isCurrentItem,可以附加到 ListView 的每一个委托对象。这个属性可以让每一个独立的委托对象确定其是不是视图中当前选择的对象。(项目源码路径:src\02\2-22\myarrachingtype)

```
import QtQuick

ListView {
    width: 240; height: 320; model: 3; focus: true
    delegate: Rectangle {
        width: 240; height: 30
        color: ListView.isCurrentItem ? "red" : "yellow"
    }
}
```

上面的代码中,附加类型的名称是 ListView,而相关的属性是 isCurrentItem,因此需要使用 ListView.isCurrentItem 引用这个附加属性。

2. 附加信号处理器

附加信号处理器也是类似的。例如,Component.onCompleted 就是一个常用的附加信号处理器,用于在组件创建完成时执行一些 JavaScript 代码。在下面的例子中,一旦 ListModel 完全创建,Component.onCompleted 信号处理器就会被自动调用来填充模型。(项目源码路径:src\02\2-23\myarrachingtype)

```
import QtQuick

ListView {
    width: 240; height: 320
    model: ListModel {
        id: listModel
        Component.onCompleted: {
            for (var i = 0; i < 10; i++)
                listModel.append({"Name": "Item " + i})
        }
    }
    delegate: Text { text: index + "  " + Name }
}
```

同样的,因为附加类型 completed 属于 Component,因此需要使用 Component.on-Completed 引用这个信号处理器。

3. 注意事项

使用附加属性或附加信号处理器的常见错误是在附加对象的子对象中使用它们。因为附加类型的实例只是附加到了特定的对象,并不是对象及其所有子对象。例如,下面的代码中的用法是错误的:

```
import QtQuick

ListView {
    width: 240; height: 320
    model: 3
    delegate: Item {
        width: 100; height: 30

        Rectangle {
            width: 100; height: 30
            color: ListView.isCurrentItem ? "red" : "yellow" //错误
        }
    }
}
```

这里 ListView.isCurrentItem 只是附加到了根委托对象,而不是委托对象的子对象。因为 Rectangle 是委托对象的子对象,所以不能直接通过 ListView.isCurrentItem 访问到 isCurrentItem 附加属性。如果要访问,那么要通过根委托对象来完成:

```
ListView {
    //....
    delegate: Item {
        id: delegateItem
        width: 100; height: 30

        Rectangle {
            width: 100; height: 30
            color: delegateItem.ListView.isCurrentItem ? "red" : "yellow"// 正确
        }
    }
}
```

这里通过 delegateItem.ListView.isCurrentItem 访问了委托中的 isCurrentItem 附加属性。

2.4.6 枚举特性

枚举(Enumeration)提供了一组固定的命名选项,可以在 QML 中通过 enum 关键字来声明。枚举类型名称(如下面代码中的 TextType)和值(如下面代码中的 Normal)的首字母必须大写,可以通过 <Type>.<EnumerationType>.<Value> 或者 <Type>.<Value> 来访问值。例如:

```
// MyText.qml
Text {
    enum TextType {
        Normal,
        Heading
    }

    property int textType: MyText.TextType.Normal

    font.bold: textType == MyText.TextType.Heading
    font.pixelSize: textType == MyText.TextType.Heading ? 24 : 12
}
```

2.5 集成 JavaScript

QML 语言使用了一种类 JSON 语法，允许表达式和方法使用 JavaScript 函数进行定义，同样允许用户导入 JavaScript 文件并使用其中的代码。这样可以使开发者和设计者利用他们已有的 JavaScript 知识，快速开发用户界面和应用程序的逻辑。本节将详细讲解如何在 QML 中集成 JavaScript，也可以在帮助中通过 Integrating QML and JavaScript 关键字查看。

2.5.1 JavaScript 表达式和属性绑定

通过 QML 提供的 JavaScript 宿主环境，可以运行标准的 JavaScript 结构，如条件运算、数组、变量设置、循环等。除了标准的 JavaScript 属性，QML 全局对象中还包含了一些辅助方法，用于简化构建用户界面以及与 QML 环境进行交互。QML 提供的 JavaScript 环境比在 Web 浏览器中的要严格，例如，在 QML 中不能添加或修改 JavaScript 全局对象中的成员，这个会在后面的 JavaScript 环境限制部分详细讲解。在 QML 中定义和使用 JavaScript 的方法有很多种，包括属性绑定、信号处理器、自定义方法和导入 JavaScript 等。因为信号处理器在前一节已经讲过了，这里不再介绍。

1. 属性绑定

可以为对象的属性分配一个静态值，该值保持不变，直到显式分配一个新值。然而，为了充分利用 QML 及其对动态对象行为的内置支持，大多数 QML 对象都会使用属性绑定。属性绑定是 QML 的一项核心功能，它允许开发者指定不同对象属性之间的关系，当一个属性的依赖值发生变化时，该属性会根据指定的关系自动更新。具体来说，当一个对象属性要分配一个值时，既可以分配一个静态值，也可以绑定一个 JavaScript 表达式。如果使用静态值，除非给该属性分配了新的值，否则该属性的值是不会改变的；而如果绑定 JavaScript 表达式，只要该表达式的结果更改了，QML 引擎都会自动更新该属性的值。

(1) 一般绑定

如果需要创建一个属性绑定，且要为属性分配一个表达式，那么该表达式的计算结果是该属性所需的值。最简单的情况，绑定可能是对另一个属性的引用。在下面的例子中，蓝色矩形的 height 属性绑定到了其父对象的 height 属性上。（项目源码路径：src\02\2-24\mybinding）

```
import QtQuick

Rectangle {
    width: 200; height: 200

    Rectangle {
        width: 100; height: parent.height
        color: "blue"
    }
}
```

当父对象的 height 属性改变时，蓝色矩形的 height 值自动更新为相同的值。此外，因为 QML 使用的是兼容标准的 JavaScript 引擎，所以在绑定中可以包含任意有效的 JavaScript 表达式或语句。例如，下面都是有效的绑定：

```
height: parent.height / 2
height: Math.min(parent.width, parent.height)
height: parent.height > 100 ? parent.height : parent.height/2
height: {
            if (parent.height > 100)
                return parent.height
            else
                return parent.height / 2
}
height: someMethodThatReturnsHeight()
```

当 parent.height 的值更改时，QML 引擎都会重新计算这些表达式，并将更新后的值分配给蓝色矩形的 height 属性。绑定中除了可以访问对象属性外，还可以调用方法或者使用 Date、Math 等内置的 JavaScript 对象。

从语法上来说，绑定可以是非常复杂的，但并不建议在绑定中包含过多的代码。如果一个绑定一开始就非常复杂，比如包含多行或者必须使用循环等，那么最好的方法是进行重构，或者将绑定代码放到一个单独的函数里。

还要提示一点，当同时使用 QML 和 JavaScript 时，区分 QML 属性绑定和 JavaScript 赋值是很重要的。在 QML 中，使用"属性:值"语法来创建一个属性绑定：

```
Rectangle {
    width: otherItem.width
}
```

每当 otherItem.width 更改时，Rectangle 的 width 属性也会自动更新。但是，下面的代码片段则会在 Rectangle 被创建时执行：

```
Rectangle {
    Component.onCompleted: {
        width = otherItem.width;
    }
}
```

这里为 Rectangle 的 width 属性分配了 otherItem. width 的值,是赋值操作,它是通过使用 JavaScript 中的"属性 = 值"语法实现的。与 QML 中的"属性:值"语法不同,这个不会调用 QML 的属性绑定;代码会为 Rectangle 的 width 属性分配 other-Item. width 的值,而当该值改变时不会自动更新。下面会详细讲解这个问题。

(2)使用 binding( )

一旦属性被绑定到一个表达式,这个属性就会被设置为自动更新。然而,如果这个属性后来又由 JavaScript 语句分配了一个静态值,原有的绑定会被清除。例如,下面的例子中矩形的 height 初始时绑定为 width 的两倍,而当按下空格键以后,height 值会更改为 width 的 3 倍。这时,height 属性会分配为当前的表达式的值即 width * 3 的结果,而以前的绑定会被移除,就是说以后当 width 值更改时,height 不再自动更新。分配静态值会移除绑定。(项目源码路径:src\02\2-25\mybinding)

```
import QtQuick

Item {
    width: 600; height: 600
    Rectangle {
        width: 50; height: width * 2
        color: "red"; anchors.centerIn: parent; focus: true
        Keys.onSpacePressed: height = width * 3

        MouseArea {
            anchors.fill: parent
            onClicked: parent.width += 10
        }
    }
}
```

如果实际目的就是移除绑定,那么这种默认方式是没有问题的。但是如果并不是为了移除绑定,而是想创建一个新的绑定,则需要使用 Qt. binding( )来实现,就是向 Qt. binding( )传递一个函数来返回需要的结果。例如(项目源码路径:src\02\2-26\mybinding):

```
import QtQuick

Item {
    width: 600; height: 600
    Rectangle {
        width: 50; height: width * 2
        color: "red"; anchors.centerIn: parent; focus: true
        Keys.onSpacePressed: height = Qt.binding(
                                    function() { return width * 3 })

        MouseArea {
            anchors.fill: parent
            onClicked: parent.width += 10
        }
    }
}
```

现在,按下空格键的时候会分配新的 width * 3 绑定,而不是移除初始的绑定。

(3) 在属性绑定中使用 this 关键字

Qt 4 版本的 QML 中 this 是未定义的,从 Qt 5 开始,this 可以在属性绑定中用于消除歧义。当使用 JavaScript 创建一个属性绑定时,QML 允许使用 this 关键字引用该属性绑定将要分配给的对象。这样,在确定绑定中要使用哪个属性产生分歧时,可以明确地指定一个属性。例如下面的代码,在 Item 的作用域中定义了一个 Component. onCompleted 处理器。在这个作用域中使用 width 时会引用到 Item 的 width,而不是 Rectangle 的 width。如果要绑定 Rectangle 的 height 到它自己的 width 上,那么在传递到 Qt. binding() 的函数中时需要明确地引用 this. width,而不能是 width:

```
Item {
    width: 500
    height: 500

    Rectangle {
        id: rect
        width: 100
        color: "yellow"
    }

    Component. onCompleted: {
        rect. height = Qt. binding(function() { return this. width * 2 })
        console. log("rect. height = " + rect. height) //结果是 200
    }
}
```

这里也可以使用 rect. width 来代替 this. width。注意,除了在属性绑定中可以使用 this 外,在其他情况下 this 的值都是未定义的。

2. JavaScript 函数

前面的 2.4.4 小节中已经讲解了函数的使用,这里再从 JavaScript 的角度讲解一些需要注意的方面。

程序逻辑可以在 JavaScript 函数中进行定义。这些函数可以定义在 QML 文档里面(如前面讲到的自定义方法),也可以定义在外部导入的 JavaScript 文件中。

(1) 自定义方法

QML 文档中自定义的方法可以被信号处理器、属性绑定或其他 QML 对象进行调用。这种方式定义的方法通常被称为“内联 JavaScript 函数”,因为它们的实现包含在了 QML 对象类型的定义之中。例如(项目源码路径:src\02\2-27\myjs):

```
import QtQuick

Item {
    width: 400; height: 300
    function factorial(a) {
        a = parseInt(a);
        if (a <= 0)
            return 1;
```

```
    else
        return a * factorial(a-1);
}

MouseArea {
    anchors.fill: parent
    onClicked: console.log(factorial(10))
}
}
```

(2) 导入 JavaScript 文件中的函数

较复杂的程序逻辑一般会分离到外部单独的 JavaScript 文件中。这些文件可以使用 import 语句导入到 QML 文件中,就像导入 QML 模块一样。例如,前面例子中的 factorial()方法可以移动到外部的 JavaScript 文件中,这里假设为 factorial.js,然后可以像这样进行访问:

```
import QtQuick
import "factorial.js" as MathFunctions

Item {
    width: 400; height: 300
    MouseArea {
        anchors.fill: parent
        onClicked: console.log(MathFunctions.factorial(10))
    }
}
```

后面的 2.5.4 小节会详细讲解相关内容。

(3) 关联信号和 JavaScript 函数

一般的,发射信号的 QML 对象类型会提供一个默认的信号处理器。但是,有时需要从一个对象发射一个信号来触发另一个对象中定义的函数,这时就需要使用 connect() 函数。这个方法在前面已经提到过,使用它也可以将一个 QML 对象发射的信号关联到一个 JavaScript 函数。例如,下面的代码中将 MouseArea 的 clicked 信号关联到了 script.js 文件中的 jsFunction()函数。(项目源码路径:src\02\2-28\myjs)

```
import QtQuick
import "script.js" as MyScript

Item {
    id: item
    width: 200; height: 200

    MouseArea {
        id: mouseArea
        anchors.fill: parent
    }

    Component.onCompleted: {
        mouseArea.clicked.connect(MyScript.jsFunction)
    }
}
```

script.js 文件的内容如下：

```
function jsFunction() {
    console.log("Called JavaScript function!")
}
```

3. 在启动时运行 JavaScript 代码

有时需要在应用程序（或者组件实例）启动时运行一些命令代码。但是，如果仅仅包含外部脚本文件中的启动脚本作为全局代码，因为 QML 环境还没有完全建立起来，所以可能会有严重的限制。例如，一些对象可能还没有被创建或者一些属性绑定还没有被运行。在后面 2.5.5 小节讲述的 JavaScript 环境限制一节中涵盖了全局脚本代码的确切限制。

QML 对象在其实例化完成时会发射 Component.completed 附加信号，对应的 Component.onCompleted 信号处理器中的 JavaScript 代码会在对象完成实例化以后被运行。onCompleted() 中的脚本代码就可以实现在启动时运行。例如：

```
import QtQuick

Rectangle {
    function startupFunction() {
        // ... startup code
    }

    Component.onCompleted: startupFunction();
}
```

在 QML 文件中的任何对象，包含嵌套的对象和嵌套的 QML 组件实例，都可以使用这个附加属性。如果有多个 onCompleted() 处理器在启动时执行，它们会以未定义的顺序依次执行。同样的，每一个 Component 都会在组件销毁前发射一个 destruction() 信号。

2.5.2　从 JavaScript 动态创建 QML 对象

QML 支持在 JavaScript 代码中动态创建对象，这对于延迟对象实例化是很有用的，可以在需要的时候再实例化对象，加快程序启动。可视化对象也可以动态创建并添加到场景中，从而对用户输入或其他事件做出反应。可以在 Qt 帮助中通过 Dynamic QML Object Creation from JavaScript 关键字查看本节内容，还可以参考 Qt 提供的 Dynamic Scene 演示程序。

1. 动态创建对象

通过 JavaScript 动态创建对象有两种方法：一是调用 Qt.createComponent() 函数动态创建一个 Component 对象；二是使用 Qt.createQmlObject() 函数，从一个 QML 字符串创建一个对象。第一种方法适用于已经有一个 QML 文档定义的组件，而且希望动态创建该组件的一个实例；如果 QML 本身是在运行时产生的，那么可以使用第二种方法。

(1) 动态创建一个组件

要动态加载定义在一个 QML 文件中的组件,则可以调用 Qt 全局对象中的 Qt.createComponent()函数。这个函数需要将 QML 文件的 URL 作为其参数,然后从这个 URL 上创建一个 Component 对象。一旦有了一个 Component,就可以调用它的 createObject()方法来创建该组件的一个实例。该函数的原型为:

```
QtObject createObject(QtObject parent, object properties)
```

它包含两个参数:第一个参数是新对象的父对象,父对象可以是图形对象(如 Item 类型)或非图形对象(如 QtObject 或 C++ QObject 类型)。只有该对象是图形对象且其父对象也是图形对象时,该对象才会被渲染到 Qt Quick 可视化画布上;如果想稍后再设置父对象,则这里需要设置为 null。第二个参数是可选的,它是一个属性-值对,是对象任意属性值的初始化定义。这个参数指定的属性值会在对象创建完成之前就指定到该对象上,这样可以避免属性绑定和初始化顺序可能引起的错误。

下面来看一个例子。(项目源码路径:src\02\2-29\myjs)首先是 Sprite.qml 文件,它定义了一个简单的 QML 组件:

```
import QtQuick

Rectangle { width: 80; height: 50; color: "red" }
```

下面是主应用程序文件 myjs.qml,导入了 JavaScript 文件 componentCreation.js,该文件将会创建 Sprite 对象:

```
import QtQuick
import "componentCreation.js" as MyScript

Rectangle {
    id: appWindow
    width: 300; height: 300

    Component.onCompleted: MyScript.createSpriteObjects();
}
```

下面是 componentCreation.js 文件,其中在调用 createObject()以前检查了组件的状态是否为 Component.Ready,因为如果 QML 文件是从网络上加载的,那么它不会立即可用:

```
var component;
var sprite;

function createSpriteObjects() {
    component = Qt.createComponent("Sprite.qml");
    if (component.status === Component.Ready)
        finishCreation();
    else
        component.statusChanged.connect(finishCreation);
}

function finishCreation() {
```

```
    if (component.status === Component.Ready) {
        sprite = component.createObject(appWindow, {"x": 100, "y": 100});
        if (sprite === null) {
            //错误处理
            console.log("Error creating object");
        }
    } else if (component.status === Component.Error) {
        //错误处理
        console.log("Error loading component:", component.errorString());
    }
}
```

如果可以确保 QML 文件是从本地文件加载的，那么可以忽略 finishCreation() 函数，而在 createSpriteObjects() 函数中立即调用 createObject() 函数。例如，上面的代码可以写成：

```
function createSpriteObjects() {
    component = Qt.createComponent("Sprite.qml");
    sprite = component.createObject(appWindow);

    if (sprite == null) {
        //错误处理
        console.log("Error creating object");
    } else {
        sprite.x = 100;
        sprite.y = 100;
        // ...
    }
}
```

注意，这里的 createObject() 使用了 appWindow 作为参数，所以创建的对象会成为 myjs.qml 中 appWindow 的子对象，并且会作为可视化对象出现在场景中。当使用相对路径来加载文件时，需要是相对于执行 Qt.createComponent() 的文件的路径。将信号关联到动态创建的对象上，或者从动态创建的对象上接收信号时，都要使用信号的 connect() 方法。另外，也可以使用 incubateObject() 函数来实例化组建，该函数是非阻塞的，不会冻结用户界面。

（2）从 QML 字符串创建一个对象

如果 QML 直到运行时才被定义，则可以使用 Qt.createQmlObject() 函数从一个 QML 字符串创建一个 QML 对象。例如：

```
const newObject = Qt.createQmlObject(
    'import QtQuick 2.9; Rectangle {color: "red"; width: 20; height: 20}',
    parentItem,
    "dynamicSnippet1");
```

第一个参数是要创建的 QML 字符串，就像一个新的文件一样，需要导入所使用的类型；第二个参数是父对象，与组件的父对象参数的语义相同；第三个参数是与新对象相关的文件的路径，用来报告错误。如果 QML 字符串中导入的文件使用的是相对路径，那么需要是相对于定义父对象（第二个参数）的文件的路径。

2. 维护动态创建的对象

当管理动态创建的对象时,必须确保创建上下文(creation context)不会在创建的对象销毁前被销毁;否则,动态创建对象中的绑定将不会再工作。实际的创建上下文依赖于对象是怎样被创建的:

- 使用 Qt.createComponent()函数,创建上下文就是调用该函数的 QQmlContext;
- 使用 Qt.createQmlObject()函数,创建上下文就是父对象(第二个参数)的上下文;
- 如果定义了一个 Component{},然后在其上调用了 createObject()或 incubateObject(),则创建上下文就是该 Component 中定义的上下文。

注意,虽然动态创建的对象可以像其他对象一样来使用,但是它们没有 id 值。

3. 动态删除对象

在很多用户界面中,可以将可视对象的透明度设置为 0 或将其移出屏幕来代替删除这些对象。然而,如果有很多动态生成的对象,则将这些不再需要的对象删除会使性能有很大提升。不过应该注意,永远不要手动删除通过 QML 对象工厂(如 Loader 和 Repeater)动态生成的对象,同时不要删除不是自己动态创建的对象。

使用 destroy()函数可以删除对象。这个函数有一个可选的参数(默认值为 0),可以用来设置在销毁该对象以前的以毫秒为单位的近似延迟时间。在下面的例子中,myjs.qml 创建了 SelfDestroyingRect.qml 组件的 5 个实例,每一个实例运行一个 NumberAnimation,当动画结束时在其根对象上调用 destroy()来进行自我销毁。(项目源码路径:src\02\2-30\myjs)

下面是 myjs.qml 文件:

```
import QtQuick

Item {
    id: container
    width: 500; height: 100

    Component.onCompleted: {
        var component = Qt.createComponent("SelfDestroyingRect.qml");
        for (var i = 0; i<5; i++) {
            var object = component.createObject(container);
            object.x = (object.width + 10) * i;
        }
    }
}
```

下面是 SelfDestroyingRect.qml 文件的内容:

```
import QtQuick

Rectangle {
    id: rect; width: 80; height: 80; color: "red"
```

```
NumberAnimation on opacity {
    to: 0; duration: 1000
    onRunningChanged: {
        if (! running) {
            console.log("Destroying...")
            rect.destroy();
        }
    }
}
```

另外,myjs. qml 可以调用 object. destroy()函数销毁创建的对象。注意,在一个对象内部调用 destroy()来自我销毁是安全的。对象不会在 destroy()被调用时就被销毁,而是在该脚本块的末尾和下一帧之间的某个时间进行清理(除非将延时指定了一个非零值)。

还应该注意,如果 SelfDestroyingRect 实例被静态创建,例如:

```
Item {
    SelfDestroyingRect { ... }
}
```

这样会产生一个错误,因为只有动态创建的对象才可以被动态删除。使用 Qt. cre-ateQmlObject()创建的对象可以类似地使用 destroy()来删除:

```
Const newObject = Qt.createQmlObject(
    'import QtQuick 2.9; Rectangle {color: "red"; width: 20; height: 20}',
    parentItem,
    "dynamicSnippet1");
newObject.destroy(1000);
```

2.5.3　在 QML 中定义 JavaScript 资源

QML 应用的程序逻辑可以在 JavaScript 中进行定义,JavaScript 代码既可以定义在 QML 文档内部,也可以定义在一个独立的 JavaScript 文件(在 QML 中被称为 JavaScript 资源)中。在 QML 中支持两种不同种类的 JavaScript 资源:代码隐藏实现文件、共享(库)文件。这两种 JavaScript 资源都可以被其他 JavaScript 资源导入,或者包含到 QML 模块中。

1. 代码隐藏实现资源(Code – Behind Implementation Resource)

很多导入到 QML 文件中的 JavaScript 文件是有状态的,在这种情况下,为了使 QML 组件的实例有正确的行为,导入一个 JavaScript 文件默认会为每一个 QML 组件实例提供一个唯一的、独立的副本。如果该 JavaScript 文件没有使用. import 语句导入任何资源或模块,则它的代码将会与 QML 组件实例运行在相同的作用域,因此可以访问和操作在这个 QML 组件中声明的对象和属性。例如(项目源码路径:src\02\2-31\myjs):

```
// MyButton.qml
import QtQuick

//对于每一个 MyButton.qml 的实例都会加载该 JavaScript 资源的一个实例
import "my_button_impl.js" as Logic

Rectangle {
    id: rect; width: 200; height: 100; color: "red"

    MouseArea {
        id: mousearea
        anchors.fill: parent
        onClicked: Logic.onClicked(rect)
    }
}
```

下面是 my_button_impl.js 文件：

```
var clickCount = 0;        //该状态对于每一个 MyButton 的实例都是独立的
function onClicked(btn) {
    clickCount += 1;
    if ((clickCount % 5) == 0) {
        btn.color = Qt.rgba(1,0,0,1);
    } else {
        btn.color = Qt.rgba(0,1,0,1);
    }
}
```

下面是使用 MyButton 的 myjs.qml 文件：

```
import QtQuick

Row{
    MyButton{color: "red"}
    MyButton{color: "blue"}
    MyButton{color: "green"}
}
```

一般的，简单逻辑可以直接定义在 QML 文件中，对于较复杂的逻辑，为了获得更好的维护性和可读性，建议分离到代码隐藏实现资源中。

2. 共享 JavaScript 资源（库）

一些 JavaScript 文件的行为更像库文件，它们提供了一组辅助函数来提供输入和计算输出，但是从来不直接操作 QML 组件实例。如果每一个 QML 组件实例都有一个这些库的拷贝，那么会造成浪费。JavaScript 程序员可以使用一个 .pragma 来指明一个特定的文件是一个共享的库，例如（项目源码路径：src\02\2-32\myjs）：

```
// factorial.js
.pragma library

var factorialCount = 0;

function factorial(a) {
```

```
    a = parseInt(a);

    //阶乘递归
    if (a > 0)
        return a * factorial(a - 1);

    //共享状态
    factorialCount += 1;

    return 1;
}

function factorialCallCount() {
    return factorialCount;
}
```

注意,这个.pragma 声明必须出现在除了注释以外的所有 JavaScript 代码之前。多个 QML 文档可以导入 factorial.js,并且调用其中的 factorial 和 factorialCallCount 函数。导入的 JavaScript 的状态会在导入该文件的 QML 文档之间共享。因此,如果一个 QML 文档从来没有调用过 factorial 函数,那么当它调用 factorialCallCount 函数时,其返回值可能为非 0 值。例如:

```
// Calculator.qml
import QtQuick

//这个 JavaScript 资源只会被 QML 引擎调用一次
//即便 Calculator.qml 文件创建了多个实例
import "factorial.js" as FactorialCalculator

Text {
    property int input: 17
    width: 500; height: 100
    text: "The factorial of " + input + " is: "
        + FactorialCalculator.factorial(input)
}
```

下面是使用 Calculator 的 myjs.qml 文件:

```
import QtQuick

Row{
    Calculator{input: 10}
    Calculator{input: 20}
}
```

因为它们是共享的,所以这里.pragma 库文件无法直接访问 QML 组件实例对象或属性,虽然 QML 值可以作为函数参数进行传递。

2.5.4　在 QML 中导入 JavaScript 资源

JavaScript 资源可以被 QML 文档和其他 JavaScript 资源导入,JavaScript 资源可以通过相对或者绝对路径进行导入。如果使用相对路径,则位置解析需要相对于包含

import 语句的 QML 文档或 JavaScript 资源的位置。如果 JavaScript 需要从网络资源中进行获取，则组件的 status 属性会被设置为"Loading"，直到该脚本被下载完成。

　　JavaScript 资源也可以导入 QML 模块和其他的 JavaScript 资源。JavaScript 资源中的 import 语句的语法和 QML 文档中 import 语句的语法略有不同，下面会详细讲解。可以在帮助中索引 Importing JavaScript Resources in QML 关键字查看本节内容。

1. 在 QML 文档中导入 JavaScript 资源

　　在 QML 文档中可以使用如下的语法来导入一个 JavaScript 资源：

```
import "ResourceURL" as Qualifier
```

　　例如：

```
import "jsfile.js" as Logic
```

　　导入 JavaScript 资源总是使用"as"关键字进行限定的，每个 JavaScript 资源的限定符必须是首字母大写，且是唯一的，所以限定符和 JavaScript 文件总是一对一映射的。在被导入的 JavaScript 文件中，定义的函数可以被 QML 文档中定义的对象调用，这需要使用 Qualifier.functionName(params) 语法。在 JavaScript 资源中的函数可以包含参数，参数类型可以是 QML 基本类型或对象类型，也可以使用常规的 JavaScript 类型。当在 QML 中调用这些函数时，数据类型转换规则（可以在帮助中索引 Data Type Conversion Between QML and C++关键字）会应用到参数上并返回结果。

2. 在 JavaScript 资源中进行导入

　　从 Qt Quick 2.0 开始，JavaScript 资源可以使用标准的 QML 导入语法来导入其他 JavaScript 资源和 QML 类型命名空间。不过还会受到下面这些额外的语义限制：

　　➤ 包含导入的脚本不会从导入了该脚本的 QML 文档中继承导入（例如，无法访问 Component.errorString）；
　　➤ 没有包含导入的脚本可以从导入了该脚本的 QML 文档中继承导入（例如，可以访问 Component.errorString）；
　　➤ 一个共享脚本（例如，定义为 .prama 库）不能从任何 QML 文档中继承导入。

　　第一个语义概念上是正确的，这样一个特定的脚本会被多个 QML 文件导入；第二个语义的保留是为了向后兼容；第三条语义与当前的共享脚本的语义是一致的，这里只是为了对可能出现的新情况（在脚本中导入其他脚本或模块）进行澄清。

　　JavaScript 资源可以使用下面的方式来导入其他资源：

```
import * as MathFunctions from "factorial.mjs";
```

　　或者：

```
.import "filename.js" as Qualifier
```

　　前者用于导入 ECMAScript 模块的标准 ECMAScript 语法，并且只能在由 .mjs 文件扩展名表示的 ECMAScript 模块内工作；而后者是 QML 引擎提供的对 JavaScript 的扩展，也适用于非模块，作为被 ECMAScript 标准取代的扩展，并不推荐使用这种方式。

当导入一个 JavaScript 文件时,必须使用限定符,这样在这个 JavaScript 文件中的函数就可以被导入该文件的脚本通过限定符进行访问了。有时希望在导入上下文中使函数可用而不需要对其进行限定,在这种情况下,ECMAScript 模块和 JavaScript 导入语句应该在没有 as 限定符的情况下使用。例如,下面的代码中主文件里调用了 script.mjs 中的 showCalculations(),而在 script.mjs 中调用了 factorial.mjs 中的 factorial()。(项目源码路径:src\02\2-33\myjs)

下面是 myjs.qml 文件内容:

```
import QtQuick
import "script.mjs" as MyScript

Item {
    width: 100; height: 100

    MouseArea {
        anchors.fill: parent
        onClicked: {
            MyScript.showCalculations(10)
            console.log("Call factorial() from QML:",
                MyScript.factorial(10))
        }
    }
}
```

script.mjs 文件内容:

```
import { factorial } from "factorial.mjs"
export { factorial }

export function showCalculations(value) {
    console.log(
        "Call factorial() from script.mjs:",
        factorial(value));
}
```

factorial.mjs 文件内容:

```
export function factorial(a) {
    a = parseInt(a);
    if (a <= 0)
        return 1;
    else
        return a * factorial(a-1);
}
```

另外,JavaScript 资源可以使用下面的方式来导入一个 QML 模块:

```
.import TypeNamespace MajorVersion.MinorVersion as Qualifier
```

例如:

```
.import Qt.test 1.0 as JsQtTest
```

2.5.5 JavaScript 宿主环境

QML 提供了为编写 QML 应用程序量身定做的 JavaScript 宿主环境,它与为浏览器和服务器端提供的宿主环境是不同的。例如,QML 中没有提供在浏览器环境中常见的 window 对象或 DOM API 等。

1. 公共基础

与浏览器或服务器端 JavaScript 环境一样,QML 运行时实现了 ECMAScript 语言规范标准,因此可以访问该标准定义的所有内建类型和函数,如 Object、Array 和 Math 等。QML 运行时实现了该标准的第 7 版本,这与一般的浏览器是一样的。

标准的 ECMAScript 内建类型和函数没有明确地在 QML 文档中设置相应的文档。如果要了解相关的内容,则可以参考 ECMA – 262 第 7 版本标准,或参考 JavaScript 的在线文档和教程。很多网站的内容侧重 JavaScript 在浏览器方面的应用,因此需要仔细对照规范来确定给定的函数或对象是否是标准 ECMAScript 的一部分,还是特定于浏览器环境的。

2. 类型注释和断言

函数声明可以并且应该包含类型注释。类型注释附加到参数声明和函数本身,用于注释返回类型。例如,下面的函数接受 int 和 string 类型参数,并返回 QtObject:

```
function doThings(a: int, b: string) : QtObject { ... }
```

类型断言(assertions)可以用于将对象强制转换为不同的对象类型。如果对象实际上是给定的类型,那么类型断言将返回相同的对象。如果不是,则返回 null。在下面的片段中,我们断言父对象在访问其特定成员之前是一个矩形:

```
Item {
    property color parentColor: (parent as Rectangle)?.color || "red"
}
```

如果父对象实际上不是矩形,则可选链接(?.)以避免引发异常,这时,parentColor 将被设置为"red"。

3. QML 全局对象

QML 的 JavaScript 宿主环境实现了一些宿主对象和函数,详细内容可以参考 Qt 帮助中的 QML Global Object 文档。无论模块是否进行了导入,这些宿主对象和函数在 QML 编程时总是可用的。

4. JavaScript 对象和函数

QML 引擎支持的所有的 JavaScript 对象、函数和属性可以在 Qt 帮助的 List of JavaScript Objects and Functions 文档中找到。注意,QML 对原生对象进行了如下修改:

➤ 向 String 原型中添加了一个 arg()函数;

> 向 Date 和 Number 原型中添加了区域识别转换函数。

另外,QML 还扩展了 instanceof 函数的行为,允许对 QML 类型进行类型检查,这样可以使用它来验证变量是否是期望的类型。例如:

```
var v = something();
if (! v instanceof Item) {
    throw new TypeError("I need an Item type!");
}
```

5. JavaScript 环境限制

QML 为 JavaScript 代码实现了如下一些限制:

① 在. qml 文件中写入的 JavaScript 代码无法修改全局对象;在. js 文件中的 JavaScript 代码可以修改全局对象,这些修改在导入时对. qml 文件可见。

在 QML 中,JavaScript 全局对象是一个常量,现有的属性不能被修改和删除,也不能创建新的属性。大多数 JavaScript 程序并不是有意修改全局对象的,但是,JavaScript 自动生成的未声明的变量是对全局对象的隐式修改,这在 QML 中是禁止的。例如,假设变量 a 在作用域链中不存在,那么下面的代码在 QML 中是非法的:

```
//非法修改未声明的变量
a = 1;
for (var ii = 1; ii < 10; ++ii)
    a = a * ii;
console.log("Result: " + a);
```

可以这样简单地修改为合法的代码:

```
var a = 1;
for (var ii = 1; ii < 10; ++ii)
    a = a * ii;
console.log("Result: " + a);
```

无论隐式地或者显式地对全局对象修改,都会导致一个异常。

② 全局代码运行在一个缩小的作用域。

在程序启动时,如果 QML 文件包含一个外部的其中有“全局”代码的 JavaScript 文件,那么它只能在仅包含该外部文件和该全局对象的作用域中执行。也就是说,它不能像通常那样访问 QML 对象和属性。全局代码访问脚本中的局部变量是允许的。下面是一个有效的全局代码:

```
var colors = [ "red", "blue", "green", "orange", "purple" ];
```

全局代码访问 QML 对象将无法正常运行:

```
//非法的全局代码,"rootObject" 变量未定义
var initialPosition = { rootObject.x, rootObject.y }
```

存在此限制是因为启动时 QML 环境尚未被完全建立。要在环境创建完成后再运行代码,则可以使用 Component. onCompleted()。

③ QML 中的 this 在大多数情况下是未定义的。

就像在前面属性绑定那里提到的,除了在属性绑定、QML 信号处理器、QML 声明

的函数中可以使用 this 关键字,在其他情况下 this 的值都是未定义的。要指定一个特定的对象,可以使用 id。

2.6 QML 文档

一个 QML 文档就是一个符合 QML 文档语法的字符串,它定义了一个 QML 对象类型。QML 文档通常从存储在本地或远程的. qml 文件进行加载,也可以在代码中进行手动构建。文档中定义的对象类型的实例可以在 QML 代码中使用 Component(组件)进行创建,也可以在 C++ 中使用 QQmlComponent 进行创建。另外,如果这个对象类型使用一个特定的类型名称被显式地暴露给 QML 类型系统,那么这个类型就可以在其他文档的对象声明中直接使用。因为在文档中可以定义可重复使用的 QML 对象类型,所以在客户端可以编写出模块化的、高可读性的、易于维护的代码。

一个 QML 文档包含两部分:import 导入语句部分和对象声明部分。按照惯例,在这两部分之间需要留有一空行进行分隔。需要强调的是,一个 QML 文档只能包含一个根对象声明,不允许出现两个平行的根对象。QML 文档一般使用 UTF－8 格式进行编码。

读者可以在 Qt 帮助中通过索引 QML Documents 关键字查看本节内容。

2.6.1 通过 QML 文档定义对象类型

QML 的一个核心功能是,可以通过 QML 文档以一种轻量级的方式来方便地定义 QML 对象类型,从而满足不同 QML 应用的需求。标准的 Qt Quick 模块提供了多种类型(如 Rectangle、Text 和 Image 等)用于创建 QML 应用程序,在此之上,还可以很容易地定义自己的 QML 类型,并在应用中进行重用。

1. 使用 QML 文件定义对象类型

要创建一个对象类型,需要将一个 QML 文档放置到一个以＜TypeName＞. qml 命名的文本文件中。这里＜TypeName＞是类型的名称,必须以大写字母开头,不能包含除字母、数字和下划线以外的字符。这个文档会自动被引擎识别为一个 QML 类型的定义。此外,引擎解析 QML 类型名称时需要搜索相同的目录,所以使用这种方式定义的类型,同一目录中的其他 QML 文件会被自动设置为可用的。

例如,下面的文档中声明了一个 Rectangle,其包含一个 MouseArea 子对象,这个文档保存在了以 SquareButton. qml 命名的文件中。(项目源码路径:src\02\2-34\my-application)

```
// SquareButton.qml
import QtQuick

Rectangle {
    width: 100; height: 100; color: "red"
```

```
    MouseArea {
        anchors.fill: parent
        onClicked: console.log("Button clicked!")
    }
}
```

由于文件名称是 SquareButton.qml,因此可以被同一目录下的其他 QML 文件作为 SquareButton 类型使用。例如,在相同的目录中有一个 myapplication.qml 文件,它可以引用 SquareButton 类型:

```
// myapplication.qml
import QtQuick

SquareButton {}
```

当 myapplication.qml 文档被引擎加载时,它会将 SquareButton.qml 作为一个组件进行加载,并对其进行实例化来创建一个 SquareButton 对象。在 SquareButton 类型中封装了定义在 SquareButton.qml 文件中的 QML 对象树。QML 引擎从这个类型实例化一个 SquareButton 对象,也就是从定义在 SquareButton.qml 文件中的 Rectangle 对象树实例化了一个对象。

如果 SquareButton.qml 没有和 myapplication.qml 在同一个目录中,那么就需要在 myapplication.qml 中使用 import 语句来导入该类型,可以在文件系统中使用相对路径进行导入,也可以作为已安装的模块进行导入。

注意,因为在一些文件系统中文件名称是区分大小写的,所以建议定义 QML 文件名称时严格按照首字母大写而其他字母小写的格式,例如,应该设置为 Box.qml,而不要设置为 BoX.qml。

2. 自定义类型的可访问特性

在.qml 文件中的根对象定义了可用于该 QML 类型的一些特性。所有属于该根对象的属性、信号和方法,无论是自定义声明,还是来自 QML 类型,都可以在外部进行访问,并且可以被该类型的对象读取和修改。

例如,前面例子中的 SquareButton.qml 文件的根对象类型是 Rectangle,这意味着在 Rectangle 类型中定义的所有属性都可以被 SquareButton 对象修改。下面的代码中定义了 3 个 SquareButton 对象,它们设置了不同的属性,而这些属性均来自 SquareButton 类型的 Rectangle 根对象:

```
// application.qml
import QtQuick

Column {
    SquareButton { width: 50; height: 50 }
    SquareButton { x: 50; color: "blue" }
    SquareButton { radius: 10 }
}
```

自定义 QML 类型中可以被其对象访问的特性包括自定义的属性、方法和信号,例如,(项目源码路径:src\02\2-35\myapplication)假设在 SquareButton. qml 中的 Rectangle 使用如下代码进行定义:

```
// SquareButton.qml
import QtQuick

Rectangle {
    id: root

    property bool pressed: mouseArea.pressed

    signal buttonClicked(real xPos, real yPos)

    function randomizeColor() {
        root.color = Qt.rgba(Math.random(), Math.random(), Math.random(), 1)
    }

    width: 100; height: 100
    color: "red"

    MouseArea {
        id: mouseArea
        anchors.fill: parent
        onClicked: (mouse) => root.buttonClicked(mouse.x, mouse.y)
    }
}
```

所有的 SquareButton 对象都可以使用这里定义的 pressed 属性、buttonClicked 信号和 randomizeColor()方法。例如:

```
//myapplication.qml
import QtQuick

SquareButton {
    id: squareButton

    onButtonClicked:(xPos, yPos) => {
        console.log("Clicked", xPos, yPos)
        randomizeColor()
    }

    Text { text: squareButton.pressed ? "Down" : "Up" }
}
```

需要注意的是,在 SquareButton. qml 中定义的任何一个 id 值都不能在 SquareButton 对象中进行访问。因为 id 值只能在组件作用域中进行访问。另外,SquareButton 对象也无法通过 mouseArea 来引用 MouseArea 子对象。如果想使用 MouseArea 等子对象中的内容,那么需要像这里定义 pressed 属性一样,将子对象中的属性定义到根对象中。如果这里定义的 SquareButton 对象的 id 值不是 squareButton,而是 root,它也不会与 SquareButton. qml 中定义的根对象的 id 值发生冲突,因为它们定义在不同的作用域。

2.6.2   QML 组件

组件是可重用的、封装好的 QML 类型,并提供了定义好的接口。组件一般使用一个.qml 文件定义。上一小节中讲到的使用 QML 文档定义对象类型,其实就是创建了一个组件。这种使用独立 QML 文件创建组件的方法,这里不再讨论。下面来看一下其他几种创建组件的方式。

1. 直接使用 Component 类型在一个 QML 文档中定义一个组件

这种方式简便好用,如在 QML 文件中重用一个小型组件,或定义一个逻辑上属于该文件中其他 QML 组件的组件。下面的例子中在文档内部使用 Component 类型定义了一个组件,其中只包含一个 Rectangle,该组件被多个 Loader 对象使用。(项目源码路径:src\02\2-36\mycomponent)

```
import QtQuick

Item {
    width: 100; height: 100

    Component {
        id: redSquare

        Rectangle {
            color: "red"; width: 10; height: 10
        }
    }

    Loader { sourceComponent: redSquare }
    Loader { sourceComponent: redSquare; x: 20 }
}
```

注意,一般 Rectangle 会自己渲染并进行显示,但是这里却不会,因为它定义在一个 Component 内部。组件内部封装的 QML 类型,相当于定义在独立的 QML 文件中,会在需要时才进行加载(如这里由两个 Loader 对象进行加载)。因为 Component 不是继承自 Item,所以不能对其进行布局或锚定其他对象。

定义 Component 与定义 QML 文档类似。QML 文档包含一个唯一的根对象来定义组件的行为和属性,并且不能在根对象之外定义行为或属性。类似的,Component定义也包含一个唯一的根对象(如这里的 Rectangle),并且不能在根对象之外定义任何数据,只能使用 id 进行引用(如在 Loader 中使用 redSquare)。

Component 类型一般用于为视图提供图形组件。例如,ListView::delegate 属性需要一个 Component 指定它的每一个列表项需要怎样显示。有关这一点,可以参考后面的模型和视图相关章节。

Component 的创建上下文(context)对应于 Component 声明处的上下文。当一个组件被 ListView 或 Loader 这样的对象实例化时,这个上下文就是父对象的上下文。

例如,下面的代码中 comp1 在 MyItem.qml 的根对象上下文中被创建,在这个组件中实例化的任何对象都可以访问这个上下文中的 id 和属性,如 internalSettings.color。当 comp1 在其他上下文中用作 ListView 的委托时,依然可以访问它创建上下文中的属性。(项目源码路径:src\02\2-37\mycomponent)

```
// MyItem.qml
import QtQuick

Item {
    property Component mycomponent: comp1

    QtObject {
        id: internalSettings
        property color color: "green"
    }

    Component {
        id: comp1
        Rectangle { color: internalSettings.color;
                    width: 400; height: 50 }
    }
}
```

下面是 mycomponent.qml 的内容:

```
import QtQuick

ListView {
    width: 400; height: 400; model:1
    delegate: myItem.mycomponent

    MyItem { id: myItem }
}
```

2. 使用 Qt.createComponent() 来动态创建 Component

这种方式在前面 2.5.2 小节已经讲解过了,这里不再赘述。

3. 内联组件

对于在 QML 文档中创建组件,如果不需要公开类型,而只需要创建一个实例,那么可以直接使用 Component;但是如果想用组件类型声明属性,或者想在多个文件中使用它,这时 Component 就不再适合了,而可以使用内联组件。内联组件在文件中声明一个新组件,其语法是:

```
component <component name> : BaseType {
    //声明属性等
}
```

下面来看一个例子(项目源码路径:src\02\2-38\mycomponent)。Images.qml 的内容如下:

```
import QtQuick

Item {
    component LabeledImage: Column {
        property alias source: image.source
        property alias caption: text.text

        Image {
            id: image
            width: 50
            height: 50
        }
        Text {
            id: text
            font.bold: true
        }
    }

    Row {
        LabeledImage {
            id: before
            source: "before.png"
            caption: "Before"
        }
        LabeledImage {
            id: after
            source: "after.png"
            caption: "After"
        }
    }
    property LabeledImage selectedImage: before
}
```

在声明内联组件的文件中,可以简单地通过其名称来引用该类型。下面是 my-component.qml 文件的内容:

```
import QtQuick

Rectangle {
    Images { }
}
```

2.6.3　作用域和命名解析

QML 属性绑定、内联函数和导入的 JavaScript 文件都运行在一个 JavaScript 作用域中。作用域主要控制两点:一是表达式可以访问哪些变量;二是当两个或多个名字冲突时,哪个变量优先。由于 JavaScript 的内建作用域机制非常简单,QML 对其进行了加强,使其可以更加自然地适应 QML 语言的扩展。

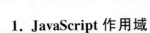

1. JavaScript 作用域

QML 的作用域扩展并没有干扰 JavaScript 本身的作用域。JavaScript 开发人员可以在编写函数、属性绑定或者在 QML 中导入 JavaScript 文件时使用现有的知识。在下面的例子中，addConstant()函数将会在传递过去的参数上加 13，正如所期望的那样，结果与 QML 对象的 a 和 b 属性值无关：

```
QtObject {
    property int a: 3
    property int b: 9

    function addConstant(b) {
        var a = 13;
        return b + a;
    }
}
```

QML 遵循 JavaScript 一般的作用域规则，甚至在应用绑定时也是这样。下面的代码将会为 a 属性绑定一个值 12：

```
QtObject {
    property int a
    a: { var a = 12; a; }
}
```

每一个在 QML 中的 JavaScript 表达式、函数或者文件都有它们自己唯一的变量对象，在它们任意一个里面声明的局部变量都不会和在另外一个里面声明的局部变量冲突。

2. 类型名称和导入的 JavaScript 文件

QML 文档使用导入语句来定义类型名称和 JavaScript 文件，使其在文档中可见。除了在 QML 声明时使用，在访问附加属性和枚举值时，JavaScript 代码也会使用类型名称。QML 的 import 语句会影响每一个属性绑定、QML 文件中的 JavaScript 函数以及那些嵌套的内联组件。下面的代码片段中显示了一个简单的 QML 文件，其中访问了一些枚举值，而且调用了一个导入的 JavaScript 函数：

```
import QtQuick
import "code.js" as Code

ListView {
    snapMode: ListView.SnapToItem

    delegate: Component {
        Text {
            elide: Text.ElideMiddle
            text: "A really long string that will require eliding."
            color: Code.defaultColor()
        }
    }
}
```

3. 绑定的作用域对象

属性绑定是 QML 中最常见的 JavaScript 应用。属性绑定关联了一个 JavaScript 表达式的结果和对象的一个属性,该属性所归属的对象被称为绑定的作用域对象。在下面的代码中,Item 对象就是一个绑定的作用域对象:

```
Item {
    anchors.left: parent.left
}
```

绑定可以无条件地访问作用域对象的属性。在前面的例子中,绑定可以直接访问 Item 的 parent 属性,不需要任何形式的对象前缀。QML 为 JavaScript 引入了一个更加结构化、面向对象的方式,因此不再需要使用 JavaScript 的 this 属性。

从绑定表达式中访问附加属性时要非常小心,因为它们会与作用域对象交互。从概念上讲,附加属性在所有对象上都存在,即使它们只对这些对象的子集有影响。因此,非限定的附加属性的读取,总会解析到作用域对象的附加属性的值,这并不总是开发人员的意图。例如,PathView 元素会向它的委托附加一个插值属性,这个插值依赖于在路径中具体的位置。因为 PathView 只会向委托的根对象附加这些属性,任何子对象要访问这些属性都要明确限定根对象,就像下面的代码所展示的:

```
PathView {
    delegate: Component {
        Rectangle {
            id: root
            Image {
                scale: root.PathView.scale
            }
        }
    }
}
```

如果 Image 对象忽略了 root 前缀,那么它就会在无意中访问它自己尚未设置的 PathView.scale 附加属性。

4. 组件作用域

QML 文档的每一个组件都定义了一个逻辑作用域。每一个文档都至少有一个根组件,但是也可以拥有其他的内联子组件。组件的作用域是组件内的所有对象 id 和组件的根对象的属性的联合,例如:

```
Item {
    property string title

    Text {
        id: titletype
        text: "<b>" + title + "</b>"
        font.pixelSize: 22
        anchors.top: parent.top
    }
}
```

```
    Text {
        text: titletype.text
        font.pixelSize: 18
        anchors.bottom: parent.bottom
    }
}
```

这里的组件中先在上面显示了一个富文本标题字符串,然后在下面显示了相同文本的一个副本。第一个 Text 类型在构造显示的文本时直接访问了组件的 title 属性,根类型的属性可以直接被访问使得在整个组件中都可以分配数据。第二个 Text 类型使用了一个 id 来直接访问第一个 Text 的文本。由于 id 由开发者明确指定,所以它们总是优先于其他属性名称。

5. 组件实例的层次

在 QML 中,组件实例将它们的作用域关联在一起,形成了一个带有层次结构的作用域。组件实例可以直接访问它们祖先的作用域。例如,使用内联子组件时,它的组件作用域隐式地设置为其外围组件作用域的孩子:

```
Item {
    property color defaultColor: "blue"

    ListView {
        delegate: Component {
            Rectangle {
                color: defaultColor
            }
        }
    }
}
```

组件实例层次允许委托组件的实例访问 Item 类型的 defaultColor 属性。当然,如果委托组件也有一个名为 defaultColor 的属性,那么将会优先访问它。

组件实例作用域层次可以扩展到非内联的组件。下面来看一个例子(项目源码路径:src\02\2-39\mytext),我们创建一个 TitleText 组件:

```
// TitleText.qml
import QtQuick

Text {
    property int size
    text: "<b>" + title + "</b>"
    font.pixelSize: size
}
```

尽管在 TitleText 的属性中没有 title,但是可以在 TitlePage 中这样使用:

```
// TitlePage.qml
import QtQuick

Item {
```

```
    property string title
    height: 100

    TitleText {
        size: 22
        anchors.top: parent.top
    }

    TitleText {
        size: 18
        anchors.bottom: parent.bottom
    }
}
```

下面在 mytext.qml 中使用 TitlePage：

```
import QtQuick

TitlePage{ title: "hello" }
```

TitlePage 组件创建了两个 TitleText 实例。即使 TitleText 类型在一个独立的文件中，当它在 TitlePage 中使用时依然可以访问到 title 属性。因此可以说，QML 是一个动态作用域语言，QML 的实际作用域依赖于 QML 文档使用的位置。

尽管动态作用域非常强大，但是必须谨慎使用，以避免 QML 代码的行为变得难以预料。如同上面的例子，它巧妙地利用了这种动态作用域，但是却不可避免地将两个组件紧密耦合。在这种情况下，TitleText 虽然是一个独立的组件，但这种设计严重影响到它的重用性。因此，当构建可重用组件时，最好使用属性接口。例如，将 TitleText 修改为：

```
// TitleText.qml
import QtQuick

Text {
    property string title
    property int size

    text: "<b>" + title + "</b>"
    font.pixelSize: size
}
```

TitlePage.qml 则改为：

```
import QtQuick

Item {
    id: root
    property string title
    height: 100

    TitleText {
        title: root.title
        size: 22
```

```
            anchors.top: parent.top
        }

    TitleText {
        title: root.title
        size: 18
        anchors.bottom: parent.bottom
    }
}
```

这样，TitleText 的可重用性就好多了。

6. 重写属性

QML 允许定义在一个对象声明中的属性名称被另外一个对象（其扩展了第一个对象）声明中的属性重写。例如（项目源码路径：src\02\2-40\myproperty）：

```
// Displayable.qml
import QtQuick

Item {
    property string title
    property string detail

    Text {
        text: "<b>" + title + "</b><br>" + detail
    }

    function getTitle() { return title }
    function setTitle(newTitle) { title = newTitle }
}
```

下面是 Person.qml 的内容：

```
import QtQuick

Displayable {
    property string title
    property string firstName
    property string lastName

    function fullName() { return title + " " + firstName + " " + lastName }
}
```

下面是 myproperty.qml 文件：

```
import QtQuick

Displayable {
    title: "hello"

    Person { id: person; title: "Qt" }

    Component.onCompleted: console.log(person.fullName() + getTitle())
}
```

这里的名称 title 同时用在了 Displayable 和 Person 组件的根对象中,而且 Person 组件的根对象是 Displayable 类型的。一个重写属性会根据其被引用的作用域进行解析。在 Person 组件的作用域中,或者在指定了 Person 组件实例的外部作用域中,title 会解析为 Person.qml 内部的属性;fullName() 函数也会引用在 Person 中声明的 title 属性。而在 Displayable 组件中,title 会解析为 Displayable.qml 中声明的属性,getTitle() 和 setTitle() 函数,以及 Text 对象中 text 属性的绑定都会引用声明在 Displayable 组件中的 title 属性。尽管共享了相同的名称,两个属性是完全分离的,一个属性的 onChanged 信号处理器不会由于另一个属性的更改而触发,一个 alias 别名也只会引用其中一个属性,而不会同时进行引用。

7. JavaScript 全局对象

除了 JavaScript 全局对象的所有属性以外,QML 还添加了一些自定义扩展,以便更容易地完成 UI 或者 QML 指定的任务。QML 不允许类型、id 和属性名称与全局对象的属性同名,以免不必要的冲突。例如,开发人员可以确信 Math.min(10,9) 总是可以像所期望的那样工作。

2.6.4　资源加载和网络透明性

QML 支持通过使用 URL(而不是简单的文件名称)对所有引用实现网络透明性,这意味着在使用资源的地方都可以指定 URL,QML 既可以处理远程资源也可以处理本地资源。例如,加载一个远程的图片资源:

```
Image {
    source: "http://www.example.com/images/logo.png"
}
```

因为一个相对路径的 URL 就是一个相对路径的文件,所以使用本地文件系统上的文件也很简单:

```
Image {
    source: "images/logo.png"
}
```

整个 QML 中都支持网络透明性,例如,FontLoader 中的 source 属性就是一个 URL。甚至 QML 类型本身也可以放在网络上。例如,要加载一个 http://example.com/mystuff/Hello.qml 文件,其中 Hello.qml 中引用了 World 类型。这时引擎就会加载 http://example.com/mystuff/qmldir 并解析其中的类型,如果 qmldir 文件中包含了 World.qml,引擎便会加载 http://example.com/mystuff/World.qml。如果在 Hello.qml 中引用了其他资源,则将会以相同的方式从网络上进行加载。整个过程与处理本地文件相似。qmldir 文件的相关内容可以参考 2.2.2 小节。

1. 相对 URL 和绝对 URL

当一个对象包含一个 URL 类型的属性时,给该属性分配一个字符串,实际上会为该属性分配一个绝对 URL。例如,http://example.com/mystuff/test.qml 文件中包含下面的代码：

```
Image {
    source: "images/logo.png"
}
```

这里 Image 的 source 属性会被指定为 http://example.com/mystuff/images/logo.png。然而在 QML 开发时，比如 C:\User\Fred\Documents\MyStuff\test.qml，source 属性分配的值为 C:\User\Fred\Documents\MyStuff\images\logo.png。如果分配给一个 URL 的字符串已经是绝对 URL，那么引擎解析时会直接进行分配。

2. QRC 资源

在 Qt 中内建的一个 URL 方案是"qrc"方案，就是可以通过 Qt 资源系统将一些资源编译到可执行文件中。例如：

```
QQuickView * view = new QQuickView;
view->setUrl(QUrl("qrc:/dial.qml"));
```

这里可以使用相对 URL 来指定文件。关于 Qt 资源系统，可以在帮助中查看 The Qt Resource System 文档，也可以参考《Qt Creator 快速入门（第 4 版）》中第 5 章的相关内容。

3. 限　制

只有包含 as 时 import 语句才是网络透明的，具体来说：

➢ import "dir" 只适用于本地文件系统；

➢ import libraryUri 只适用于本地文件系统；

➢ import "dir" as D 是网络透明的；

➢ import libraryUrl as U 是网络透明的。

2.6.5　QML 的国际化

与 Qt C++类似，QML 同样支持国际化，其国际化的操作步骤与 C++中是一样的。下面针对 QML 编程中涉及的一些内容进行讲解。可以在帮助中通过索引 Internationalization and Localization with Qt Quick 关键字查看本节内容。国际化的详细过程可以参考《Qt Creator 快速入门（第 4 版）》中第 9 章的内容。

1. 对所有需要在界面上显示的字符串使用 qsTr()

QML 中可以使用 qsTr()、qsTranslate()、qsTrId()、QT_TR_NOOP()、QT_TRANSLATE_NOOP() 和 QT_TRID_NOOP() 等函数将字符串标记为可翻译的。标记字符串最普通的方式是使用 qsTr() 函数，例如：

```
Text {
    id: txt1;
    text: qsTr("Back");
}
```

这样会在翻译文件中将"Back"标记为关键项。运行时，翻译系统会查找关键字

"Back",然后获取与当前系统语言环境对应的翻译值,结果会返回 text 属性,用户界面将会根据当前语言环境显示"Back"合适的翻译。

2. 为翻译添加上下文

用户界面上的字符串一般较短,所以需要给翻译人员一些提示来帮助其了解该字符串的上下文。源代码中要被翻译的字符串之前可以利用描述性文本来添加一些上下文信息。这些额外的描述性文本会包含到.ts 翻译文件中。在下面的代码片段中,"//:"一行中的文本是给翻译的主要注释信息,"//～"一行中的文本是可选的额外信息。文本中的第一个单词作为.ts 文件中 XML 元素的附加标识符,所以要确保该单词不是句子的一部分。例如,.ts 文件中会将注释"Context Not related to that"转换为"<extra – Context>Not related to that"。

```
Text {
    id: txt1;
    // This user interface string is only used here
    //: The back of the object, not the front
    //~ Context Not related to back – stepping
    text: qsTr("Back");
}
```

3. 为相同的文本消除歧义

翻译系统会整合用户界面文本字符串为一些独立的项目,通过整合可以避免多次翻译相同的文本。然而,有时候相同文本却包含不同的意思。例如,在英语中,"back"既意味着向后退一步,也意味着一个对象与前相反的那一面。所以要在翻译时告诉翻译系统这里应该使用哪种翻译。

通过 qsTr() 函数的第二个参数添加一些文本,可以消除相同文本的歧义。例如:

```
Text {
    id: txt1;
    // This user interface string is used only here
    //: The back of the object, not the front
    //~ Context Not related to back – stepping
    text: qsTr("Back", "not front");
}
```

4. 使用 %x 来为字符串插入参数

不同的语言会将单词以不同的顺序排放,所以通过串联一些单词和数据来构建句子不是理想的方式,通过使用 % 符号向句子中插入参数可以解决这一问题。例如,下面的代码片段的句子里面包含了 %1 和 %2 两个数字参数,会使用 .arg() 函数来插入这些参数:

```
Text {
    text: qsTr("File %1 of %2").arg(counter).arg(total)
}
```

这里 %1 指定了第一个参数,%2 指定了第二个参数,所以文本显示为"File 2 of 3"

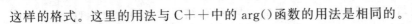

这样的格式。这里的用法与 C++中的 arg()函数的用法是相同的。

5. 本地化数字使用%Lx

如果指定一个参数时包含了%L 修饰符,该数字便是根据当前区域设置的本地化数字。例如:

```
Text {
    text: qsTr("% L1").arg(total)
}
```

这里,%L1 表示根据当前所选语言环境(地理区域)的数字格式约定来格式化第一个参数。如果 total 是数字"4321.56"(四千三百二十一点五六),则在英语区域设置中,输出"4,321.56";而在德语区域设置中,输出"4.321,56"。

6. 日期、时间和货币国际化

QML 中并没有特殊的字符串修饰符来格式化日期和时间,需要自己查询当前的语言环境(地理区域),并使用 Date 的方法来格式化字符串。Qt. locale()会返回一个 Locale 对象,其中包含了关于语言环境的所有信息,特别是 Locale. name 属性包含了当前语言环境的语言和国家信息,可以通过解析这些值来为当前语言环境设置合适的翻译。

下面的代码片段使用 Date()获得了当前的日期,并将当前语言环境转换成了相应的字符串,然后使用%1 参数将日期字符串插入到了翻译中:

```
Text {
    text: qsTr("Date % 1").arg(Date().toLocaleString(Qt.locale()))
}
```

要确保货币数字的本地化,可以使用 Number 类型,这个类型与 Date 类型拥有相似的函数,可以用来将数字转换成本地货币字符串。

7. 使用 QT_TR_NOOP( )来翻译数据中的文本字符串

如果用户改变了系统语言,但是没有重启,根据系统不同,在数组、列表模型或其他数据结构中的字符串可能不会自动刷新。当文本在用户界面显示时,如果要强制刷新它们,那么需要使用 QT_TR_NOOP()宏来声明字符串。当要填充用于显示的对象时(例如,为 ListModel 设置项),需要显式地为每一个文本设置翻译。例如:

```
ListModel {
    id: myListModel;
    ListElement {
        //: Capital city of Finland
        name: QT_TR_NOOP("Helsinki");
    }
}

...

Text {
    text: qsTr(myListModel.get(0).name); //获取第一个元素的 name 属性的翻译文本
}
```

8. 使用语言环境来扩展本地化功能

如果要在不同的地理区域使用不同的图形和声音,那么可以使用 Qt.locale()获取当前的语言环境,然后为该语言环境选择合适的图形和声音。下面的代码片段中展示了怎样选择合适的图标来代表当前语言环境的语言:

```
Component.onCompleted: {
    switch (Qt.locale().name.substring(0,2)) {
        case "en":      //显示英文图标
            languageIcon = "../images/language - icon_en.png";
            break;
        case "fi":      //显示芬兰语图标
            languageIcon = "../images/language - icon_fi.png";
            break;
        default:  // 显示默认图标
            languageIcon = "../images/language - icon_default.png";
    }
}
```

9. 本地化应用程序

QML 程序和 C++程序使用了相同的底层本地化系统(lupdate、lrelease 和.ts 文件),可以在相同的程序中同时包含 C++和 QML 用户界面字符串。系统会创建一个组合的翻译文件,QML 和 C++都可以访问其中的字符串。

国际化时,lupdate 工具会从程序中提取用户界面字符串,该工具会读取程序的.pro 项目文件来确定哪些源文件包含需要翻译的文本,这意味着源文件必须在.pro 文件中罗列到 SOURCES 或 HEADERS 项中,否则,该文件就不会被发现。但是,SOURCES 变量只适用于 C++源文件,如果将 QML 或者 JavaScript 源文件罗列在这里,那么编译器会将它们作为 C++文件来处理。作为一种变通的方法,可以使用 lupdate_only{...}条件语句,这样 lupdate 工具可以发现.qml 文件,但是 C++编译器会忽略它们。例如,下面的.pro 代码片段中指定了两个.qml 文件:

```
lupdate_only{
SOURCES = main.qml \
          MainPage.qml
}
```

还可以使用通配符来匹配.qml 源文件,不过搜索不是递归的,所以需要指定每一个目录,例如:

```
lupdate_only{
SOURCES = *.qml \
          *.js \
          content/*.qml \
          content/*.js
}
```

2.6.6　QML 的编码约定

QML 的参考文档和示例程序中使用了相同的编码约定,为了风格的统一和代码的规范,建议读者以后编写 QML 代码时也遵循这个约定。可以在 Qt 帮助中通过 QML Coding Conventions 关键字查看本节内容。

1. QML 对象声明

QML 对象特性一般使用下面的顺序进行构造:

➢ id;

➢ 属性声明;

➢ 信号声明;

➢ JavaScript 函数;

➢ 对象属性;

➢ 子对象。

为了获取更好的可读性,建议在不同部分之间添加一个空行。例如,下面使用一个 Photo 对象作为示例:

```qml
Rectangle {
    id: photo                                        //id 放在第一行,便于找到一个对象

    property bool thumbnail: false                   //属性声明
    property alias image: photoImage.source

    signal clicked                                   //信号声明

    function doSomething(x)                          //JavaScript 函数
    {
        return x + photoImage.width
    }

    color: "gray"                                    //对象属性
    x: 20; y: 20; height: 150                        //相关属性放在一起
    width: {                                         //绑定
        if (photoImage.width > 200) {
            photoImage.width;
        } else {
            200;
        }
    }

    states: State {                                  //状态
        name: "selected"
        PropertyChanges { target: border; color: "red" }
    }

    transitions: Transition {                        //过渡
        from: ""; to: "selected"
        ColorAnimation { target: border; duration: 200 }
    }

    Rectangle {                                      //子对象
```

```
        id: border
        anchors.centerIn: parent; color: "white"

        Image { id: photoImage; anchors.centerIn: parent }
    }
}
```

2. 属性组

如果使用了一组属性中的多个属性,那么使用组表示法,而不要使用点表示法,这样可以提高可读性。例如:

```
Rectangle {
    anchors.left: parent.left; anchors.top: parent.top;
    anchors.leftMargin: 20
}

Text {
    text: "hello"
    font.bold: true; font.pixelSize: 20; font.capitalization: Font.AllUppercase
}
```

可以写成这样:

```
Rectangle {
    anchors { left: parent.left; top: parent.top; leftMargin: 20 }
}

Text {
    text: "hello"
    font { bold: true; pixelSize: 20; capitalization: Font.AllUppercase }
}
```

3. 列　表

如果一个列表只包含一个元素,那么我们通常忽略方括号。例如下面的代码:

```
states: [
    State {
        name: "open"
        PropertyChanges { target: container; width: 200 }
    }
]
```

可以写成:

```
states: State {
    name: "open"
    PropertyChanges { target: container; width: 200 }
}
```

4. 信号处理器

在信号处理器中处理参数时,使用明确命名参数的函数,例如下面代码片段所示:

```
MouseArea {
    onClicked: (event) => { console.log(" ${event.x}, ${event.y}"); }
}
```

5. JavaScript 代码

如果脚本是一个单独的表达式,建议以内联方式编写:

```
Rectangle { color: "blue"; width: parent.width / 3 }
```

如果脚本只有几行,那么建议写成一块,并使用分号表示每个语句的结束:

```
Rectangle {
    color: "blue"
    width: {
        var w = parent.width / 3;
        console.debug(w);
        return w;
    }
}
```

如果脚本有很多行,或者需要被不同的对象使用,那么建议创建一个函数,然后像下面这样来调用它:

```
function calculateWidth(object : Item) : double
{
    var w = object.width / 3;
    // ...
    // more javascript code
    // ...
    console.debug(w);
    return w;
}

Rectangle { color: "blue"; width: calculateWidth(parent) }
```

如果是很长的脚本,可以将这个函数放在独立的 JavaScript 文件中,然后像下面这样来导入它:

```
import "myscript.js" as Script

Rectangle { color: "blue"; width: Script.calculateWidth(parent) }
```

2.7 QML 模块

一个 QML 模块在一个类型命名空间中提供了版本类型和 JavaScript 资源,它们可以被导入该模块的客户端使用。模块提供的类型可能定义在 C++的插件中,也可能定义在 QML 文档中。模块使用了 QML 的版本系统,这允许模块可以独立更新。定义一个模块可以实现如下功能:

> 在一个项目中可以共享常见的 QML 类型,例如,不同的窗口可以使用一组 UI 组件;

➢ 分布 QML 库；

➢ 可以将功能模块化,一个程序可以只加载需要的库；

➢ 因为版本化的类型和资源,可以保证模块的安全更新,而不需要打破客户端代码。

可以在帮助中索引 QML Modules 关键字查看本节内容。

1. 定义一个 QML 模块

QML 模块通过一个 qmldir 模块定义文件来定义。每一个模块包含一个关联的类型命名空间,也就是该模块的标识符。模块可以提供 QML 对象类型(通过 QML 文档或 C++插件进行定义)和 JavaScript 资源,并可以被导入到客户端。关于 qmldir 模块定义文件的用法,可以参照 2.2.2 小节讲到的目录来导入需要的 qmldir 文件,详细内容可以在帮助中通过 Module Definition qmldir Files 关键字查看对应的文档。

定义一个模块,需要将属于该模块的所有 QML 文档、JavaScript 资源和 C++插件都放到同一个目录中,然后在该目录中编写一个合适的 qmldir 模块定义文件,这时该目录就可以作为一个模块被安装到 QML 导入路径中。需要注意,定义模块并不是在一个项目中共享常用 QML 类型的唯一方法,还可以通过简单地导入 QML 文档目录来实现这一目的。

2. 支持的 QML 模块类型

QML 支持两种不同的模块类型:标识模块 Identified Modules 和遗留模块 Legacy Modules(已废弃)。标识模块会明确定义它们的标识符并被安装到 QML 导入路径,它们会获得更多的维护(取决于类型版本);而且会获得 QML 引擎提供的类型注册保证,而遗留的模块不会获得该保证。遗留的模块仅用于支持遗留的代码可以继续在新版本的 QML 中运行,在编程中尽量不要使用。

3. 通过 C++插件提供类型和功能

可以通过在 C++插件中实现一些类型(而不是通过 QML 文档定义它们)和逻辑,以获得更好的性能或更大的灵活性。QML 的每个 C++插件都有一个初始化函数,当加载插件时,QML 引擎会调用该函数。此初始化函数会注册插件提供的任何类型,但不能执行其他任何操作(例如,不允许实例化 QObject)。可以通过 Creating C++ Plugins for QML 关键字对应的文档查看详细内容。

2.8　小　结

本章详细讲解了 QML 语法知识的方方面面。对于一个全新的语言,一开始可能会出现大量相关术语和概念,读者不要急于去逐个理解,通读全章后会逐渐明白所有术语的含义和用法。

本章内容较多,读者如果无法一次性掌握,可以先以了解为主,然后继续学习后面的内容,遇到不明白的语法再来学习本章相关内容。

第3章

Qt Quick 基础

　　Qt Quick 模块作为一个编写 QML 应用程序的标准库,提供了用于创建用户界面的所有基本类型,使用这些类型可以创建动态可视化组件、接收用户输入、创建数据模型和视图。Qt Quick 模块既提供了 QML 语言接口,可以使用 QML 类型来创建用户界面;也提供了 C++语言接口,可以使用 C++代码来扩展 QML 应用。

　　Qt Quick 是为了炫酷流畅的触摸界面效果而生的,所以在 Qt Quick 中动画和过渡效果是很重要的概念;另外,该模块还包括 Local Storage、Particles、Controls、Layouts、Tests 等子模块来提供一些特殊功能。要使用 Qt Quick 模块,就要添加如下导入代码:

```
import QtQuick
```

并在.pro 项目文件中添加如下一行代码:

```
QT += quick
```

　　本章将讲解 Qt Quick 模块中最基本的一些内容,包括基础可视项目、布局管理、事件处理等,这是编写 Qt Quick 程序以及学习后面章节的基础。本章中涉及的类型或项目的继承关系如图 3-1 所示。可以在 Qt 帮助中通过索引 Qt Quick QML Types 和 Qt Quick 关键字查看本章内容。

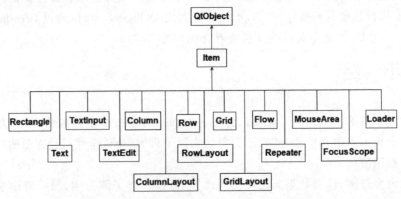

图 3-1　本章涉及的相关类型继承关系图

3.1　基础可视项目

3.1.1　Item

　　Qt Quick 模块中包含了众多类型,其中的 Item 类型比较特殊,因为它是所有其他可视化类型的基类型。这里要引入一个新的概念,就是"项目"(因为英文 items 翻译过来就是项目),Qt Quick 中所有可视化类型都基于 Item,它们都被称为可视化项目(visual items)。在本书中,读者根据语境应该可以判断所提到的项目,到底是可视化项目,还是应用程序本身。对于这个概念的翻译,其他书籍中可能会有所不同,但是本书中统一使用"项目"。另外,第 2 章中已经介绍过"对象"的概念,在本章和后面章节中可能会同时使用对象和项目的概念,比如根对象 Item,有时也会称为根项目 Item,它们表达的是同一个意思,希望读者不要混淆。

　　Qt Quick 的所有可视化项目都继承自 Item。虽然单独的 Item 对象没有可视化外观,但是它定义了可视化项目所有通用的特性,例如,关于位置的 x 和 y 属性、关于大小的 width 和 height 属性、关于布局的 anchors 相关属性、关于按键处理的 Keys 附加属性等。下面先来介绍几点与 Item 相关的基本内容,其他更多的内容,比如按键处理、状态切换等将会在后面的章节中讲到。可以在 Qt 帮助中通过 Item 关键字查看本节内容。

　　注意,本章示例主要使用 Qt Quick UI Prototype 项目。如果读者创建了 Qt Quick Application 项目,那么在 QML 文件中直接使用 Item 作为根项目时可能发现程序无法显示界面。这是因为 main.cpp 文件中使用的 QQmlApplicationEngine 不会自动创建根窗口,如果使用了 Qt Quick 中的可视化项目,那么需要将它们放置在 Window 中。如果想直接显示一个根对象为 Item 或者 Rectangle 的 QML 文件,那么可以使用 QQuickView 类型。详细内容可以查看 12.1.1 小节。为了便于初学者参考,在本章例 3-1 的源码中添加了一个 myitem_application 项目,其中使用了 QQuickView 类型,有需要的读者可以下载源码查看。

---

1. 作为容器

　　Item 常用于对项目进行分组。在一个根项目下,使用 Item 项目组织其他的项目。例如下面的代码片段中,Item 里面包含了一个图片 Image 项目和一个矩形 Rectangle 项目:

```
Item {
    Image {
        x: 80
        width: 100
        height: 100
```

```
        source: "tile.png"
    }
    Rectangle {
        x: 190
        width: 100
        height: 100
    }
}
```

Qt Quick 坐标系统的左上角为(0，0)点，x 坐标向右增长，y 坐标向下增长。这里 Image 项目和 Rectangle 项目作为 Item 的子项目，其位置指的是在父项目 Item 中的位置。

2. 默认属性

Item 有一个 children 属性和一个 resources 属性，前者包含了可见的子项目列表，后者包含了不可见的资源。例如下面的代码片段：

```
Item {
    children: [
        Text {},
        Rectangle {}
    ]
    resources: [
        Timer {}
    ]
}
```

Item 还有一个 data 默认属性，允许在一个项目中将可见的子项目和不可见的资源进行自由混合。也就是说，如果向 data 列表中添加一个可视项目，那么该项目将作为一个孩子进行添加；如果添加任何其他的对象类型，则会作为资源进行添加。因为 data 是默认属性，所以可以省略 data 标签，这样前面的代码可以改写为：

```
Item {
    Text {}
    Rectangle {}
    Timer {}
}
```

简单来说，就是在实际编程中不需要考虑 children 和 resources 属性，可以直接向一个项目中添加任何的子项目或资源即可。默认属性的概念在 2.4.2 小节已经介绍过了。

3. 不透明度

Item 有一个 opacity 属性，可以用来设置不透明度。该属性可选值为 0.0(完全透明)和 1.0(完全不透明)之间的任意数字，默认值为 1.0。opacity 是一个继承属性，也就是说，父项目的透明度也会应用到子项目上。大多数情况下，这会产生想要的结果。不过有些时候，可能会产生意外的结果。例如下面的代码是两个相互重叠的不透明矩形。(项目源码路径：src\03\3-1\myitem)

```
import QtQuick

Item {
    Rectangle {
        color: "lightgrey"
        width: 100; height: 100
        Rectangle {
            color: "black"
            x: 50; y: 50; width: 100; height: 100
        }
    }
}
```

但是下面的代码会使两个矩形都变成透明的。

```
Item {
    Rectangle {
        opacity: 0.5
        color: "red"
        width: 100; height: 100
        Rectangle {
            color: "blue"
            x: 50; y: 50; width: 100; height: 100
        }
    }
}
```

要想更改这种默认效果,只需要单独设置子项目的 opacity 属性值即可。另外,改变一个项目的不透明度不会影响该项目接收用户输入事件。

4. 可见与启用

Item 的 visible 属性用来设置项目是否可见,其默认值为 true。设置一个项目的 visible 属性会直接影响其子项目的可见性,除非单独设置子项目的 visible 属性。如果将该属性设置为 false,那么项目将不再接收鼠标事件,但是可以继续接收键盘事件。如果在设置 visible 属性之前项目被设置了键盘焦点,那么焦点依然会保留。

Item 还有一个 enabled 属性,它可以设置项目是否接收鼠标和键盘事件,其值默认为 true。设置一个项目的 enabled 属性也会直接影响其子项目的 enabled 值,除非对其子项目的 enabled 属性进行单独设置。读者可以根据 opacity、visible、enabled 的特点,进行灵活使用。

5. 堆叠顺序

Item 拥有一个 z 属性,可以用来设置兄弟项目间的堆叠顺序。默认的堆叠顺序为 0。拥有较大 z 值的项目会出现在 z 值较小的兄弟项目之上。拥有相同的 z 属性值的项目会以代码中出现的顺序由下向上进行绘制。如果项目的 z 属性值为负,那么它会被绘制在其父项目的下面。下面来看一些例子。

如果具有相同的 z 值,那么代码中后面出现的项目会在前面出现的项目的上面。例如下面的代码中蓝色矩形在红色矩形上面。(项目源码路径:src\03\3-2\myitem)

```
import QtQuick

Item {
    Rectangle {
        color: "red"
        width: 100; height: 100
    }
    Rectangle {
        color: "blue"
        x: 50; y: 50; width: 100; height: 100
    }
}
```

如果一个项目的 z 值较大，那么它会被绘制在上面。例如下面的代码中红色矩形绘制在蓝色矩形上面：

```
Item {
    Rectangle {
        z: 1
        color: "red"
        width: 100; height: 100
    }
    Rectangle {
        color: "blue"
        x: 50; y: 50; width: 100; height: 100
    }
}
```

如果具有相同的 z 值，那么子项目会绘制在其父项目上面。例如下面的代码中蓝色矩形绘制在红色矩形上面：

```
Item {
    Rectangle {
        color: "red"
        width: 100; height: 100
        Rectangle {
            color: "blue"
            x: 50; y: 50; width: 100; height: 100
        }
    }
}
```

如果一个子项目拥有一个负的 z 值，那么它会被绘制在其父项目下面。例如下面的代码中蓝色矩形被绘制在红色矩形下面：

```
Item {
    Rectangle {
        color: "red"
        width: 100; height: 100
        Rectangle {
            z: -1
            color: "blue"
            x: 50; y: 50; width: 100; height: 100
        }
    }
}
```

6. 定位子项目和坐标映射

Item 中提供了 childAt(real x，real y)函数来返回点(x，y)处的第一个可视子项目,如果没有这样的项目则返回 null。Item 的 mapFromItem(Item item，real x，real y)函数会将 item 坐标系统中点(x，y)映射到该项目的坐标系统上,该函数会返回一个包含映射后的 x 和 y 属性的对象;如果 item 被指定为 null 值,那么会从根 QML 视图的坐标系统上的点进行映射。对应的还有一个 mapToItem(Item item，real x，real y)函数,它与 mapFromItem()类似,只不过是从当前项目坐标系统的(x，y)点映射到 item 的坐标系统而已。读者可以使用这些函数测试效果。

3.1.2　Rectangle

Rectangle 项目继承自 Item,被用来使用纯色或者渐变填充一个矩形区域,并提供一个边框。Rectangle 项目可以使用 color 属性指定一个纯色来填充,或者使用 gradient 属性指定一个 Gradient 类型定义的渐变来填充。如果既设置了 color 又设置了 gradient,那么最终会使用 gradient。除此之外,还可以为 Rectangle 添加一个可选的边框,并通过 border.color 和 border.width 为其指定颜色和宽度。也可以使用 radius 属性来产生一个圆角矩形,为了改善其外观,可以设置 Item::antialiasing 属性,不过这是以损失渲染性能为代价的,所以建议不要为移动的矩形设置该属性,只为静态矩形设置。

下面的代码展示了一个浅灰色的圆角矩形(这里设置的效果是正方形)。(项目源码路径:src\03\3-3\myrectangle)

```
import QtQuick

Rectangle {
    width: 100; height: 100
    color: "lightgrey"
    border.color: "black"
    border.width: 5
    radius:20
}
```

颜色和渐变填充会在后面的章节中讲到。

3.1.3　Text

Text 项目可以显示纯文本或者富文本,例如下面的代码所示。(项目源码路径:src\03\3-4\mytext)

```
import QtQuick

Column {
    Text {
        text: "Hello World!"
        font.family: "Helvetica"
```

```
        font.pointSize: 50
        color: "red"
    }
    Text {
        text: "<b>Hello</b> <i>World! </i>"
        font.pointSize: 30
    }
}
```

Text 项目通过 text 属性设置要显示的文本，并且可以自动判定是否以富文本的形式进行显示。如果没有明确指定高度和宽度属性，那么 Text 会尝试确定需要多大的空间并依此自动设置。如果没有使用 wrapMode 属性设置换行，那么所有的文本都会被放置在单行上。对于设置了宽度并且只想在单行中显示纯文本，可以使用 elide 属性。它可以为超出宽度的文本提供自动省略显示（即使用"…"来表示省略）。

Text 支持有限的 HTML 子集，具体支持的标签可以在帮助中通过 Supported HTML Subset 关键字查看。如果文本中包含 HTML 的 img 标签加载远程的图片，那么文本会被重载。Text 是只读文本，如果要使用可编辑文本，那么可以使用后面讲到的 TextEdit 项目。另外，编程中经常使用第 4 章讲到的 Label 控件来代替 Text。

1. 文本颜色

Text 项目的 color 属性用来设置文本的颜色，可以使用十六进制或者 SVG 颜色名字来定义，例如下面的代码中分别使用了这两种方式显示了不同的颜色。（项目源码路径：src\03\3-5\mytext）

```
import QtQuick

Column{
    Text {
        color: "#00FF00"
        text: "green text"
        font.pointSize: 20
    }
    Text {
        color: "steelblue"
        text: "blue text"
        font.pointSize: 20
    }
}
```

2. 文本裁剪

Text 项目的 clip 属性用于设置文本是否被裁剪。如果该值设置为 true，那么当文本与 Text 项目的边界矩形不符时会被裁剪。在下面的代码中，Text 宽度指定为 20，只能显示文本的一部分。要想在有限的空间中显示较长的文本，则可以使用 elide 属性。（项目源码路径：src\03\3-6\mytext）

```
import QtQuick

Rectangle {
    width: 360; height: 360
    Text {
        anchors.centerIn: parent
        text: "Hello World"
        width: 20
        clip: true
    }
}
```

3. 文本换行

通过设置 Text 的 wrapMode 属性可以实现文本的自动换行。只有在明确设置了 Text 的 width 属性时换行才会起作用。可用的换行模式有：

➢ Text. NoWrap(默认)：不进行换行；

➢ Text. WordWrap：在单词边界进行换行；

➢ Text. WrapAnywhere：只要达到边界，就会在任意点进行换行，甚至是在一个单词的中间；

➢ Text. Wrap：如果可能，那么会尽量在单词边界进行换行；否则，会在任意点换行。

4. 文本省略

Text 项目的 elide 属性可以设置通过省略文本的部分内容来适配 Text 项目的宽度。只有对 Text 显式设置了 width 值，elide 属性才起作用。elide 属性的取值有 Text. ElideNone(默认)、Text. ElideLeft、Text. ElideMiddle 和 Text. ElideRight。

如果 elide 属性设置为 Text. ElideRight，那么它还适用于可换行的文本。这种情况下，只有设置最大行数 maximumLineCount 属性或者高度 height 属性，文本才会出现省略。例如下面的代码所示。(项目源码路径：src\03\3-7\mytext)

```
import QtQuick

Column {
spacing: 20

    Text {
        width: 200
        text: qsTr("1 使文本在单行中对于超出部分不要进行省略")
        font.pointSize: 20
    }
    Text {
        width: 200
        elide: Text.ElideLeft
        text: qsTr("2 使文本在单行中对于超出部分从左边进行省略")
        font.pointSize: 20
    }
```

```
Text {
    width: 200
    elide: Text.ElideMiddle
    text: qsTr("3 使文本在单行中对于超出部分从中间进行省略")
    font.pointSize: 20
}
Text {
    width: 200
    elide: Text.ElideRight
    text: qsTr("4 使文本在单行中对于超出部分从右边进行省略")
    font.pointSize: 20
}
Text {
    width: 200
    height:90
    wrapMode: Text.WordWrap
    elide: Text.ElideRight
    text: qsTr("5 可换行的多行文本,如果设置了高度,对超出部分从右边进行省略")
    font.pointSize: 20
}
Text {
    width: 200
    maximumLineCount: 2
    wrapMode: Text.WordWrap
    elide: Text.ElideRight
    text: qsTr("6 可换行的多行文本,如果设置了最大行数,对超出部分从右边进行省略")
    font.pointSize: 20
}
}
```

5. 字 体

在 Text 中使用 font 属性组对字体进行设置,如表 3 – 1 所列。

表 3 – 1 **Text 中 font 属性组常用属性**

属 性	作 用	值
font. bold	是否加粗	true 或 false
font. capitalization	大写策略	Font. MixedCase:不改变大小写(默认值) Font. AllUppercase:全部大写 Font. AllLowercase:全部小写 Font. SmallCaps:小型大写字母(即小写字母变为大写但不改变字体原始的大小) Font. Capitalize:首字母大写
font. family	字体族	字体族的名字(不区分大小写)
font. italic	是否斜体	true 或 false
font. letterSpacing	字符间距	正值加大间距,负值减小间距

属　　性	作　　用	值
font. pixelSize	字号大小	整数(单位为像素,依赖于设备)
font. pointSize	字号大小	大于 0 的值(是设备无关的)
font. strikeout	是否有删除线	true 或 false
font. underline	是否有下划线	true 或 false
font. weight	字体粗细	1~1 000 之间的整数,或者 Font. Thin、Font. Light、Font. ExtraLight、Font. Normal(默认)、Font. Medium、Font. DemiBold、Font. Bold、Font. ExtraBold 和 Font. Black 等预设值
font. wordSpacing	单词间距	正值加大间距,负值减小间距

还有一个 fontSizeMode 属性,可以设置字体大小模式,取值有:

➤ Text. FixedSize(默认):使用 font. pixelSize 或 font. pointSize 指定大小;

➤ Text. HorizontalFit:根据项目宽度调整最大字号;

➤ Text. VerticalFit:根据项目高度调整最大字号;

➤ Text. Fit:根据项目宽度和高度调整最大字号。

QML 中还提供了一个 FontLoader 类型,该类型可以通过 URL 来加载字体,也就是说可以指定网络上的一个字体文件。如下面的代码片段所示:

```
Column {
    FontLoader {
        id: webFont
        source: "https://qter - images. qter. org/other/myfont. ttf"
    }

    Text {
        text: webFont. status === FontLoader. Ready ? 'Loaded' : 'Not loaded'
        font. family: webFont. name
        font. pointSize:12
    }
}
```

可以通过 FontLoader 的 status 属性查看远程资源的加载状态,确认字体是否已经可用。

6. 对齐方式

Text 项目的 horizontalAlignment 和 verticalAlignment 分别用来设置文本在 Text 项目区域中的水平对齐方式和垂直对齐方式。默认的,文本在左上方。对于水平对齐方式,其取值有 Text. AlignLeft、Text. AlignRight、Text. AlignHCenter 和 Text. AlignJustify;对于垂直对齐方式,其取值有 Text. AlignTop、Text. AlignBottom 和 Text. AlignVCenter。例如下面的代码。(项目源码路径:src\03\3-8\mytext)

```
import QtQuick

Rectangle {
    width: 200; height: 200; color: "lightgrey"

    Text {
        width: 200; height: 200
        horizontalAlignment: Text.AlignHCenter
        verticalAlignment: Text.AlignVCenter
        text: qsTr("中心")
        font.pointSize: 20
    }
}
```

对于没有设置 Text 大小的单行文本，Text 的大小就是包含文本的区域。在这种情况下，所有的对齐都是等价的。如果想让文本处于父项目的中间，那么可以使用 Item::anchors 属性来实现。

7. 文本样式

使用 Text 项目的 style 属性可以设置文本的样式，支持的文本样式有 Text.Normal（默认）、Text.Outline、Text.Raised 和 Text.Sunken。例如下面代码的运行效果如图 3 - 2 所示。（项目源码路径：src\03\3-9\mytext）

```
import QtQuick

Row {
    spacing: 10; padding: 10

    Text { font.pointSize: 40; text: "Normal" }

    Text { font.pointSize: 40; text: "Raised"; color:  "#FFAABB"
        style: Text.Raised; styleColor: "black" }

    Text { font.pointSize: 40; text: "Outline"; color: "white"
        style: Text.Outline; styleColor: "red" }

    Text { font.pointSize: 40; text: "Sunken"; color: "lightgrey"
        style: Text.Sunken; styleColor: "black" }
}
```

图 3 - 2　文本样式

8. 文本格式

Text 项目的 textFormat 属性决定了 text 属性的显示方式,支持的文本格式有 Text. AutoText(默认)、Text. PlainText、Text. StyledText、Text. RichText 和 Text. MarkdownText。当使用默认的 Text. AutoText 时,Text 项目可以自动判定是否以样式文本进行显示。这是通过检查文本中是否存在 HTML 标签来判定的,通常情况下可以正确判断,但是并不能保证绝对正确。

Text. StyledText 是一种优化的格式,支持一些基本的文本样式标签。HTML 3.2 中的文本样式标签如表 3 - 2 所列。

表 3 - 2　HTML 3.2 中的文本样式标签

标　　签	作用说明
<b></b>	加粗
<del></del>	删除(删除内容)
<s></s>	删除(不再准确或不再相关的内容)
<strong></strong>	加粗
<i></i>	斜体
 	新行
<p>	段落
<u>	下划线
<font color="color_name" size="1—7"></font>	字体
<h1> to <h6>	标题
<a href="">	超文本链接
<img src="" align="top,middle,bottom" width="" height="">	内嵌图片
<ol type="">, <ul type=""> and <li>	有序和无序列表
<pre></pre>	预格式化

Text. StyledText 解析器很严格,需要标签必须正确嵌套。例如下面的代码。(项目源码路径:src\03\3-10\mytext)

```
import QtQuick

Column {
    padding: 10

    Text {
        font.pointSize: 24
        text: "<b>Hello</b> <i>World! </i>"
    }
    Text {
        font.pointSize: 24; textFormat: Text.RichText
```

```
        text: "<b>Hello</b> <i>World! </i>"
    }
    Text {
        font.pointSize: 24; textFormat: Text.PlainText
        text: "<b>Hello</b> <i>World! </i>"
    }
    Text {
        font.pointSize: 24; textFormat: Text.StyledText
        text: "<del>Hello</del> <h1>World! </h1>"
    }
    Text {
        font.pointSize: 24; textFormat: Text.MarkdownText
        text: "**Hello** *World! *"
    }
}
```

9. 超链接信号

Text 项目提供了一个 Text::onLinkActivated(string link)处理器,它会在用户单击了文本超链接时被调用。超链接必须使用富文本或者 HTML 格式,而函数中 link 字符串提供了被单击的特定链接。(项目源码路径:src\03\3-11\mytext)

```
import QtQuick

Item {
    width: 400; height: 100

    Text {
        textFormat: Text.RichText; font.pointSize: 24
        text: "欢迎访问<a href = \"https://qter.org\">Qt 开源社区</a>"
        onLinkActivated: (link) => console.log(link + " link activated");
    }
}
```

3.1.4　TextInput

TextInput 项目用来显示单行可编辑的纯文本。TextInput 与 Qt 中的 QLineEdit 相似,用于接收单行文本输入。在一个 TextInput 项目上可以使用输入限制,如使用验证器 validator 或者输入掩码 inputMask。通过设置 echoMode,可以将 TextInput 应用于输入密码。另外,在编程中经常使用第 4 章讲到的 TextField 控件来代替 TextInput。

1. 验证器和掩码

下面的代码中演示了使用整数验证器 IntValidator,限制在 TextInput 中只能输入 11~31 之间的整数,这时按下回车键可以调试输出刚才输入的内容,而输入其他数字无法按下回车键输出。(项目源码路径:src\03\3-12\mytextinput)

```
import QtQuick

Item {
    width: 100; height: 50
    TextInput{
        validator: IntValidator{ bottom: 11; top: 31; }
        focus: true
        onEditingFinished: console.log(text)
    }
}
```

可用的验证器还有 DoubleValidator(非整数验证器)和 RegularExpressionValidator(正则表达式验证器)。对于正则表达式的使用,可以参考《Qt Creator 快速入门(第 4 版)》第 7 章的相关内容。

在 TextInput 中也可以使用输入掩码 inputMask 来限制输入的内容,输入掩码就是使用一些特殊的字符来限制输入的格式和内容,比如掩码 A 指定必须输入一个字母 A~Z 或 a~z,而掩码 a 与其类似,只是不强制输入,可以用留空。例如:

```
import QtQuick

Item {
    Rectangle {
        id: rect
        width: input.contentWidth<100 ? 100 : input.contentWidth + 10
        height: input.contentHeight + 5
        color: "lightgrey"
        border.color: "grey"

        TextInput {
            id: input
            anchors.fill: parent
            anchors.margins: 2
            font.pointSize: 15
            focus: true

            inputMask: ">AA_9_a"
            onEditingFinished: text2.text = text
        }
    }

    Text { id: text2; anchors.top: rect.bottom}
}
```

这里的">AA_9_a"表明必须输入两个字母、一个数字和可选的一个字母。当输入完成后按下回车键,这时会调用 onEditingFinished 信号处理器,在其中可以对输入的文本进行处理。只有当所有必须输入的字符都输入后,按下回车键才可以调用该信号处理器。比如这里的掩码字符 9 要求必须输入一个数字,如果不输入而是直接留空,那么按下回车键也没有效果。更多关于掩码的使用,可以参考 QLineEdit 类的帮助文档,或者参考《Qt Creator 快速入门(第 4 版)》第 3 章 QLineEdit 部分的内容。

2. 回显方式

TextInput 项目的 echoMode 属性指定了 TextInput 中文本的显示方式，可用的方式有：

- ➤ TextInput. Normal：直接显示文本（默认方式）；
- ➤ TextInput. Password：使用密码掩码字符（根据不同平台显示不同的效果）来代替真实的字符；
- ➤ TextInput. NoEcho：不显示输入的内容；
- ➤ TextInput. PasswordEchoOnEdit：使用密码掩码字符，但在输入时显示真实字符。

下面的代码先设置了 TextInput 获得焦点，这样输入字符会直接显示，等输入完成按下回车键以后使 TextInput 失去焦点，这样输入的字符会用密码掩码显示。（项目源码路径：src\03\3-13\mytextinput）

```
import QtQuick

Item {
    width: 100; height: 50
    TextInput{
        id: textInput
        echoMode: TextInput.PasswordEchoOnEdit
        focus: true
        onAccepted: { textInput.focus = false}
    }
}
```

3. 信号处理器

TextInput 提供了两个完成输入的信号处理器：onAccepted()和 onEditingFinished()，它们都会在回车键按下时被调用，区别是后者在 TextInput 失去焦点时也会被调用。前面的示例中已经演示过它们的用法。TextInput 还提供了一个 onTextEdited()信号处理器，每当内容被编辑时都会调用该处理器，但是通过代码对 TextInput 内容进行更改时不会调用该处理器，例如（项目源码路径：src\03\3-14\mytextinput）：

```
import QtQuick

Rectangle {
    width: 200; height: 100
    TextInput{
        id: textInput
        focus: true
        onTextEdited: console.log(text)
    }
    MouseArea {
        anchors.fill: parent
        onClicked: textInput.text = "hello"
    }
}
```

4. 文本选取

通过设置 selectByMouse 属性可以使用鼠标选取 TextInput 中的文本,在 Qt 6.4 以前的版本中该属性默认为 false,Qt 6.4 开始默认值为 true。在代码中,可以使用 selectedText 获取选中的文本,使用 selectionColor 和 selectedTextColor 分别设置选取文本的背景色和前景色。使用 selectionStart 和 selectionEnd 可以分别获取鼠标选取的文本块前后的光标位置。TextInput 中还提供了很多和文本选取有关的方法,如常用的复制 copy()操作等,如表 3-3 所列。

表 3-3　文本选取相关方法

方　法	描　述
clear()	清空内容
copy()	复制当前选取的文本到系统剪贴板
cut()	移动当前选取的文本到系统剪贴板
deselect()	移除当前高亮选择
string getText(int start,int end)	返回在 start 和 end 之间的文本
insert(int position,string text)	在 position 处插入 text 文本
redo()	重做上一步操作
undo()	撤销上一步操作
remove(int start,int end)	移除在 start 和 end 之间选取的文本
select(int start, int end)	选取在 start 和 end 之间的文本
selectAll()	全选所有文本
selectWord	选中光标附近的单词

还有一个 mouseSelectionMode 属性用来指定鼠标选取文本的方式,其可选值为:
➢ TextInput. SelectCharacters:以字符为单位进行选取(默认);
➢ TextInput. SelectWords:以单词为单位进行选取。

下面来看一个例子。当使用鼠标选取一段字符串时,该字符串会显示为绿底红字,此时按下回车键,则会在应用程序输出窗口显示被选取的字符串以及位置,然后剪切该字符串。(项目源码路径:src\03\3-15\mytextinput)

```
import QtQuick

Rectangle {
    width: 200; height: 100
    TextInput{
        text: "hello Qt !"
        selectByMouse: true
        mouseSelectionMode: TextInput.SelectWords
        selectedTextColor: "red"
        selectionColor: "green"
```

```
onAccepted: {
    console.log(selectedText.toString())
    console.log(selectionStart)
    console.log(selectionEnd)
    cut()
}
}
}
```

5. 设置外观

通过前面的示例可以看到，TextInput 默认是没有漂亮的外观的。一般编程时并不直接使用 TextInput 本身，而是自定义一个组件，这样外部可以直接使用新的组件代替 TextInput。当然，也可以使用第 4 章讲到的 TextField 控件。

下面来看一个例子（项目源码路径：src\03\3-16\mytextinput）。首先新建 Qt Quick UI Prototype 项目，项目名称为 mytextInput。完成后向项目中添加新文件，模板选择 Qt 分类中的 QML File（Qt Quick 2），名称填写为 NewTextInput，完成后将 NewTextInput.qml 文件的内容更改为：

```
import QtQuick

Rectangle {
    property alias text: input.text
    property alias input: input

    width: input.contentWidth < 100? 100 : input.contentWidth + 10;
    height: input.contentHeight + 10
    color: "#eaeef1"; border.color: "#d3bbbb"

    TextInput {
        id: input
        anchors.fill: parent
        anchors.margins: 5
        focus: true
    }
}
```

然后在外部调用，将 mytextinput.qml 文件的内容更改为：

```
import QtQuick

Item {
    width: 200
    height: 100

    NewTextInput{
        x: 50; y: 50
        text: "www.qter.org"
    }
}
```

读者可以运行程序，查看效果。

3.1.5　TextEdit

　　TextEdit 项目与 TextInput 类似,不同之处在于,TextEdit 用来显示多行的可编辑的格式化文本。TextEdit 与 Qt 中的 QTextEdit 很相似,它既可以显示纯文本也可以显示富文本。例如下面的代码(项目源码路径:src\03\3-17\mytextedit):

```
import QtQuick

TextEdit {
    width: 240
    textFormat: Text.RichText
    text: "<b>Hello</b> <i>World! </i>"
    font.family: "Helvetica"
    font.pointSize: 20
    color: "blue"
    focus: true
}
```

　　这里将 focus 属性设置为 true,这样可以使 TextEdit 项目接收键盘输入。注意,TextEdit 没有提供滚动条、光标跟随和其他在可视部件中通常具有的行为。一般会使用 Flickable 元素提供滚动,实现光标跟随。例如(项目源码路径:src\03\3-18\mytextedit):

```
import QtQuick

Item {
    width: 400; height: 300

    Flickable {
        id: flick

        anchors.fill: parent
        contentWidth: edit.paintedWidth
        contentHeight: edit.paintedHeight
        clip: true

        function ensureVisible(r)
        {
            if (contentX >= r.x)
                contentX = r.x;
            else if (contentX + width <= r.x + r.width)
                contentX = r.x + r.width - width;
            if (contentY >= r.y)
                contentY = r.y;
            else if (contentY + height <= r.y + r.height)
                contentY = r.y + r.height - height;
        }

        TextEdit {
            id: edit
            width: flick.width
```

```
                height: flick.height
                font.pointSize: 15
                wrapMode: TextEdit.Wrap
                focus: true
                onCursorRectangleChanged:
                    flick.ensureVisible(cursorRectangle)
        }
    }

    Rectangle {
        id: scrollbar
        anchors.right: flick.right
        y: flick.visibleArea.yPosition * flick.height
        width: 10
        height: flick.visibleArea.heightRatio * flick.height
        color: "lightgrey"
    }
}
```

这里的 Flickable 项目会在第 5 章讲到。TextEdit 中通过 cut()、copy()和 paste()
等函数提供了对剪贴板的支持。从 Qt 6.4 开始，TextEdit 中默认可以通过鼠标选取文
本内容，如须关闭，可以将 selectByMouse 属性设置为 false。当然，也可以完全使用
QML 编码完成内容的选取，这需要设置 selectionStart 和 selectionEnd 属性，然后使用
selectAll()或者 selectWord()等函数进行操作。这些内容与前面 TextInput 中讲到的
类似，这里不再赘述。TextEdit 的字体、换行等属性与 Text 项目相似，这里也不再进
行介绍。另外，在编程中经常使用第 4 章讲到的 TextArea 控件来代替 TextEdit。

3.2   布局管理

Qt Quick 中提供了多种布局方式，比如对于静态的用户界面，可以直接通过项目
的 x、y 属性来为其提供一个具体的坐标，也可以通过属性绑定来设置位置或者大小；
还有以前多次使用过的基于锚 anchors 的布局；另外，还提供了定位器，可以用来为多
个项目进行常规的布局；如果需要同时管理项目的位置和大小，可以使用布局管理器项
目，它们非常适合可调整大小的用户界面。不过，需要明确，布局管理器和锚都会占用
大量内存和实例化时间，如果使用 x、y、width 和 height 等属性绑定能完成需求，那么
尽量不要使用它们。

3.2.1   定位器

定位器(Positioners)是一个容器，可以管理其中子项目的布局，包括 Column、Row、
Grid 和 Flow。如果它们的子项目不可见(visible 为 false)、宽度或者高度为 0，那么该子项
目不会显示也不会被布局。定位器可以自动布局其子项目，也就是说，其子项目不再需要
显式设置 x、y 等坐标或使用 anchors 锚进行布局。下面分别介绍 Column、Row、Grid
和 Flow。可以在 Qt 帮助中通过索引 Item Positioners 关键字查看本节内容。

1. Column

Column 项目可以将其子项目排成一列。下面的例子使用 Column 定位了几个形状不同的 Rectangle。Column 的 spacing 属性用来为这几个 Rectangle 添加间距，padding 属性用来设置 Column 子项目和边界之间的距离，也可以通过 topPadding、bottomPadding、leftPadding、rightPadding 分别设置。运行效果如图 3 - 3 所示。（项目源码路径：src\03\3-19\mycolumn）

```
import QtQuick

Column {
    spacing: 2; padding: 5

    Rectangle { color: "white"; border.width: 1; width: 50; height: 50 }
    Rectangle { color: "green"; width: 20; height: 50 }
    Rectangle { color: "lightgrey"; width: 50; height: 20 }
}
```

2. Row

Row 项目可以将其子项目排列成一行。下面的例子使用了一个 Row 来布局几个不同形状的 Rectangle。运行效果如图 3 - 4 所示。（项目源码路径：src\03\3-20\my-row）

```
import QtQuick

Row {
    spacing: 2; padding: 5

    Rectangle { color: "white"; border.width: 1; width: 50; height: 50 }
    Rectangle { color: "green"; width: 20; height: 50 }
    Rectangle { color: "lightgrey"; width: 50; height: 20 }
}
```

图 3 - 3　Column 运行效果　　　　图 3 - 4　Row 运行效果

3. Grid

Grid 项目可以将其子项目排列在一个网格中。Grid 会计算一个足够大的矩形网格来容纳所有的子项目。向网格中添加的项目会按照从左向右、从上向下的顺序进行排列。每一个项目都会被放置在网格左上角(0，0)的位置。一个 Grid 默认有 4 列，可以有无限多的行容纳所有的子项目。行数和列数也可以通过 rows 和 columns 属性指定。另外，与 Row 类似，Grid 也可以通过 spacing 属性设置子项目之间的间距，此时，水平方向和垂直方向会使用相同的间距。如果需要分别设置水平方向和垂直方向的间距，那么可以使用 rowSpacing 和 columnSpacing 属性。如下例，运行效果如图 3-5 所示。（项目源码路径：src\03\3-21\mygrid）

```
import QtQuick

Grid {
    columns: 3
    spacing: 2; padding: 5

    Rectangle { color: "white"; border.width: 1; width: 50; height: 50 }
    Rectangle { color: "green"; width: 20; height: 50 }
    Rectangle { color: "lightgrey"; width: 50; height: 20 }
    Rectangle { color: "cyan"; width: 50; height: 50 }
    Rectangle { color: "magenta"; width: 10; height: 10 }
}
```

Grid 中可以使用 horizontalItemAlignment 和 verticalItemAlignment 分别设置子项目在水平方向和垂直方向的对齐方式，其各自的可选值为：

图 3-5　Grid 运行效果

➢ 水平方向：Grid. AlignLeft、Grid. AlignRight 和 Grid. AlignHCenter；

➢ 垂直方向：Grid. AlignTop、Grid. AlignBottom 和 Grid. AlignVCenter。

4. Flow

Flow 项目可以从前向后，像流一样布局其子项目，如同单词放置在页面上一样，通过换行，使这些子项目排列成多行或列。Flow 排列项目的规则与 Grid 相似，它们的主要区别是，Flow 的子项目会在超出边界后自动换行，每行的子项目数不一定相同。Flow 有一个 flow 属性，包含两个值：Flow. LeftToRight（默认）和 Flow. TopToBottom。前者是按照从左向右的顺序排列子项目，直到超出 Flow 的宽度，然后换到下一行；后者则按照从上到下的顺序排列其子项目，直到超出 Flow 的高度，然后换到下一列。下面的例子显示了一个包含多个 Text 子项目的 Flow。（项目源码路径：src\03\3-22\myflow）

```
import QtQuick

Rectangle {
    color: "lightblue"
    width: 300; height: 200

    Flow {
        anchors.fill: parent
        anchors.margins: 4
        spacing: 10
```

```
        Text { text: "Text"; font.pixelSize: 40 }
        Text { text: "items"; font.pixelSize: 40 }
        Text { text: "flowing"; font.pixelSize:40 }
        Text { text: "inside"; font.pixelSize: 40 }
        Text { text: "a"; font.pixelSize: 40 }
        Text { text: "Flow"; font.pixelSize: 40 }
        Text { text: "item"; font.pixelSize: 40 }
    }
}
```

5. 使用过渡(Transition)

定位器添加或删除一个子项目时,可以使用一个过渡(Transition),使这些操作具有动画效果。4 个定位器都有 add、move 和 populate 属性,它们需要分配一个 Transition 对象。add 过渡应用在定位器创建完毕后,向定位器中添加一个子项目,或者将子项目通过更换父对象的方式变为定位器的孩子时;move 过渡应用在删除定位器中的一个子项目,或者通过更换父对象方式从定位器中移除对象时;populate 过渡应用在定位器第一次创建时,只会运行一次。此外,将项目的透明度更改为 0 时,会使用 move 过渡隐藏项目;当项目的透明度为非 0 时,会使用 add 过渡显示项目。定位器过渡只会影响项目的位置(x, y)。下面的例子中演示了在 Column 中启用 move 过渡。(项目源码路径:src\03\3-23\mytransition)

```
import QtQuick

Column {
    spacing: 2

    Rectangle { color: "red"; width: 50; height: 50 }
    Rectangle { id: greenRect; color: "green";
                width: 20; height: 50 }
    Rectangle { color: "blue"; width: 50; height: 20 }

    move: Transition {
        NumberAnimation { properties: "x,y"; duration: 1000 }
    }

    focus: true
    Keys.onSpacePressed: greenRect.visible = ! greenRect.visible
}
```

当按下空格键,绿色矩形的 visible 值会被翻转。当它在显示与隐藏之间变换时,蓝色矩形会自动应用 move 过渡进行移动。

6. Positioner

Column、Row、Grid 和 Flow 中会附加一个 Positioner 类型的对象作为顶层子项目,它可以为定位器中的子项目提供索引等信息。在下面的例子中,Grid 通过 Repeater 创建了 16 个子矩形,每一个子矩形都使用 Positioner.index 显示了它在 Grid 中的索引,而第一个矩形使用了不同颜色进行绘制。(项目源码路径:src\03\3-24\mypositioner)

```
import QtQuick

Grid {
    padding: 5

    Repeater {
        model: 16

        Rectangle {
            id:rect
            width: 40; height: 40
            border.width: 1
            color: Positioner.isFirstItem ? "yellow" : "lightsteelblue"

            Text { text:rect.Positioner.index; anchors.centerIn: parent }
        }
    }
}
```

7. Repeater

Repeater 类型用来创建大量相似的项目。与其他视图类型一样,一个 Repeater 包含一个模型 model 属性和一个委托 delegate 属性。委托用来将模型中的每一个条目进行可视化显示。一个 Repeater 通常会包含在一个定位器中,用于直观地对 Repeater 产生的众多委托项目进行布局。下面的例子中显示了一个 Repeater 和一个 Grid 结合使用,从而排列一组 Rectangle 项目。(项目源码路径:src\03\3-25\myrepeater)

```
import QtQuick

Rectangle {
    width: 400; height:240; color: "black"

    Grid {
        x: 5; y: 5
        rows: 5; columns: 5; spacing: 10

        Repeater {
            model: 12
            Rectangle {
                width: 70; height: 70; color: "lightgreen"

                Text {
                    text: index; font.pointSize: 30
                    anchors.centerIn: parent
                }
            }
        }
    }
}
```

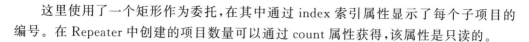

这里使用了一个矩形作为委托,在其中通过 index 索引属性显示了每个子项目的编号。在 Repeater 中创建的项目数量可以通过 count 属性获得,该属性是只读的。

3.2.2　基于锚的布局

除了前面讲解的 Row、Column、Grid、Flow 等定位器外,Qt Quick 还提供了一种基于锚(anchors)的概念来进行项目布局的方法。每一个项目都可以认为有一组无形的"锚线":left、horizontal-Center、right、top、verticalCenter、baseline 和 bottom,如图 3-6 所示。图中没有显示 baseline,它是一条假想的线,文本坐落在这条线上;对于没有文本的项目,它与 top 相同。可以在 Qt 帮助中通过 Positioning with Anchors 关键字查看本节的内容。

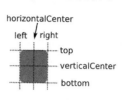

图 3-6　锚线示意图

1. 使用锚布局

7 条锚线分别对应了 Item 项目中的 anchors 属性组的相关属性。因为 Qt Quick 中所有可视项目都继承自 Item,所以所有可视项目都可以使用锚进行布局。Qt Quick 的锚定系统允许不同项目的锚线之间建立关系,如下例所示(项目源码路径:src\03\3-26\myanchors):

```
import QtQuick

Item {
    width: 250; height: 150

    Rectangle{
        id:rect1; x:10; y:20
        width: 100; height: 100; color: "lightgrey"

        Text { text: "rect1"; anchors.centerIn:parent }
    }
    Rectangle{
        id:rect2
        width: 100; height: 100; color: "black"
        anchors.left:rect1.right

        Text { text: "rect2"; color: "white"; anchors.centerIn:parent }
    }
}
```

这里 rect2 的左边界锚定到了 rect1 的右边界。另外还可以指定多个锚,例如下面的代码片段所示:

```
Rectangle { id: rect1; ... }
Rectangle {
    id: rect2;
    anchors.left: rect1.right; anchors.top: rect1.bottom; ...
}
```

通过指定多个水平或者垂直的锚可以控制一个项目的大小,例如下面的代码片段,rect2 锚定到了 rect1 的右边和 rect3 的左边,当 rect1 或 rect3 移动时,rect2 会进行必要的伸展或收缩。

```
Rectangle { id: rect1; x:10; ... }
Rectangle { id: rect2; anchors.left: rect1.right;
            anchors.right: rect3.left; anchors.top: rect1.top }
Rectangle { id: rect3; x: 150; ... }
```

Qt Quick 还提供了一系列方便使用的锚。例如,使用 anchors.fill 等价于设置 left、right、top 和 bottom 锚定到目标项目的 left、right、top 和 bottom;anchors.centerIn 等价于设置 verticalCenter 和 horizontalCenter 锚定到目标项目的 verticalCenter 和 horizontalCenter 等。

2. 锚边距和偏移

锚定系统也允许为一个项目的锚指定边距(margin)和偏移(offset)。边距指定了项目锚到外边界的空间量,而偏移则允许使用中心锚线进行定位。一个项目可以通过 leftMargin、rightMargin、topMargin 和 bottomMargin 独立指定锚边距,如图 3 - 7 所示;也可以使用 anchor.margins 同时为 4 个边指定相同的边距。锚偏移可以使用 horizontalCenterOffset、verticalCenterOffset 和 baselineOffset 来指定。

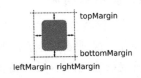

图 3 - 7　锚边距示意图

例如下面的代码片段中,在 rect2 的左边留有 5 像素的边距:

```
Rectangle { id: rect1; ... }
Rectangle {
    id: rect2;
    anchors.left: rect1.right; anchors.leftMargin: 5;
    anchors.top: rect1.top
    ...
}
```

3. 运行时改变锚

Qt Quick 提供了 AnchorChanges 类型,以便在运行时修改项目的锚,它需要在状态 State 中进行。AnchorChanges 不能修改项目的边距,需要时可以使用 PropertyChanges 完成。另外,可以使用 AnchorAnimation 类型来提供动画效果。

下面的例子中使用 AnchorChanges 改变了项目的 top 和 bottom 锚,使用 PropertyChanges 修改了 top 和 bottom 锚边距。State 和 PropertyChanges 会在后面的内容中讲到。(项目源码路径:src\03\3-27\myanchors)

```
import QtQuick

Rectangle {
    id:window
    width: 160; height: 200
    color: "lightgrey"
```

```
Rectangle { id:myRect; width: 100; height: 100; color: "black" }

states: State {
    name: "reanchored"

    AnchorChanges {
        target:myRect
        anchors.top:window.top
        anchors.bottom:window.bottom
    }
    PropertyChanges {
        target:myRect
        anchors.topMargin: 10
        anchors.bottomMargin: 10
    }
}
transitions: Transition {
    AnchorAnimation { duration: 1000 }
}

MouseArea {
    anchors.fill:parent;
    onClicked:window.state = "reanchored"
}
}
```

另外，还可以通过 JavaScript 改变锚，但是一定要注意操作的顺序，否则可能出现奇怪的结果。例如下面的代码片段：

```
Rectangle {
    width: 50
    anchors.left: parent.left

    function reanchorToRight() {
        anchors.left = undefined
        anchors.right = parent.right
    }
}
```

如果更换两行代码的位置，就可能出现不同的结果：

```
anchors.right = parent.right
anchors.left = undefined
```

3.2.3　布局管理器

Qt Quick 布局管理器（Layouts）是一组在用户界面中用于排列项目的类型。与前面讲到的定位器不同，布局管理器不仅进行布局，而且会改变项目的大小，所以更适用于需要改变用户界面大小的应用。因为布局管理器也继承自 Item，所以它们可以嵌套。Qt Quick 布局管理器与传统 Qt Widgets 应用中的布局管理器很相似。

Qt Quick Layouts 模块在 Qt 5.1 中引入，使用时需要进行导入：

```
import QtQuick.Layouts
```

Qt Quick 布局管理器主要包括 RowLayout、ColumnLayout、GridLayout 和 Stack-Layout。可以在 Qt 帮助中通过 Qt Quick Layouts Overview 关键字查看本小节内容。

1. 主要特色

Qt Quick Layouts 拥有下面几个主要特色：

➤ 项目的对齐方式可以使用 Layout. alignment 属性指定，主要有 Qt::AlignLeft、Qt::AlignHCenter、Qt::AlignRight、Qt::AlignTop、Qt::AlignVCenter、Qt::AlignBottom、Qt::AlignBaseline。

➤ 可变大小的项目可以使用 Layout. fillWidth 和 Layout. fillHeight 属性指定，当将其值设置为 true 时会根据约束条件变宽或变高。

➤ 大小约束可以通过 Layout. minimumWidth、Layout. preferredWidth 和 Layout. maximumWidth 属性（另外还有相对 height 的类似属性）指定。

➤ 间距可以通过 spacing、rowSpacing 和 columnSpacing 属性指定。

除了上面所述的这些特色，在 GridLayout 中还添加了如下特色：

➤ 网格中的坐标可以通过 Layout. row 和 Layout. column 指定。

➤ 自动网格坐标同时使用了 flow、rows、column 属性。

➤ 行或列的跨度可以通过 Layout. rowSpan 和 Layout. columnSpan 属性来指定。

2. 大小约束

要想使一个项目可以通过布局管理器调整大小，需要指定其最小宽高（minimumWidth 和 minimumHeight）、最佳宽高（preferredWidth 和 preferredHeight）和最大宽高（maximumWidth 和 maximumHeight），并将对应的 Layout. fillWidth 或 Layout. fillHeight 设置为 true。

下面的例子会在一个布局管理器中横向排列两个矩形，当拉伸程序窗口时，左边矩形可以从 50×150 变化到 300×150，右边矩形可以从 100×100 变化到 $\infty\times100$。（项目源码路径：src\03\3-28\mylayouts）

```
import QtQuick
import QtQuick.Layouts

Window {
    width: 400; height: 300
    visible: true

    RowLayout {
        id: layout
        anchors.fill: parent
        spacing: 6
        Rectangle {
            color: 'lightgrey'
            Layout.fillWidth: true
            Layout.minimumWidth: 50
```

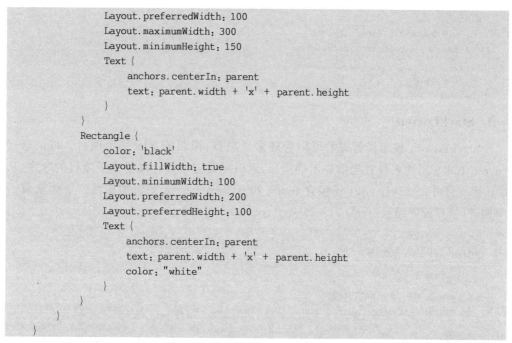

```
                    Layout.preferredWidth: 100
                    Layout.maximumWidth: 300
                    Layout.minimumHeight: 150
                    Text {
                        anchors.centerIn: parent
                        text: parent.width + 'x' + parent.height
                    }
                }
                Rectangle {
                    color: 'black'
                    Layout.fillWidth: true
                    Layout.minimumWidth: 100
                    Layout.preferredWidth: 200
                    Layout.preferredHeight: 100
                    Text {
                        anchors.centerIn: parent
                        text: parent.width + 'x' + parent.height
                        color: "white"
                    }
                }
            }
        }
    }
```

有效的最佳(preferred)属性的值可能来自几个候选属性。要决定有效的最佳属性,会对这些候选属性以下面的顺序进行查询,使用第一个有效的值。

➤ Layout.preferredWidth 或 Layout.preferredHeight;

➤ implicitWidth 或 implicitHeight;

➤ width 或 height。

一个项目可以仅指定 Layout.preferredWidth 而不指定 Layout.preferredHeight,此时,有效的最佳高度会从 implicitHeight 或最终的 height 中选取。

为了将布局管理器与窗口进行关联,可以为布局管理器添加锚 anchors.fill,确保布局管理器能够跟随窗口一起改变大小。

布局管理器的大小约束可以用来确保窗口大小不会超过约束条件,还可以将布局管理器的约束设置到窗口项目的 minimumWidth、minimumHeight、maxmumWidth 和 maximumHeight 等属性。例如下面的代码片段所示:

```
Window {
    minimumWidth: layout.Layout.minimumWidth
    minimumHeight: layout.Layout.minimumHeight
    maximumWidth: 1000
    maximumHeight: layout.Layout.maximumHeight

    RowLayout { ... }
}
```

在实际编程中,通常希望窗口的初始化大小可以是布局管理器的隐含(implicit)大小,那么就可以这样来设置:

```
Window {
    width: layout.implicitWidth
    height: layout.implicitHeight

    RowLayout { ... }
}
```

3. StackLayout

StackLayout 栈布局管理器可以管理多个项目,但只能显示一个项目。可以通过 currentIndex 属性来设置当前显示的项目,索引号对应布局管理器中子项目的顺序,从 0 开始。另外,StackLayout 还包含 index 和 isCurrentItem 等附加属性。下面来看一个例子(项目源码路径:src\03\3-29\mylayouts):

```
import QtQuick
import QtQuick.Layouts

Window {
    width: 640; height: 480
    visible: true

    StackLayout {
        id: layout
        anchors.fill: parent
        currentIndex: 1
        Rectangle {
            color: 'teal'
            implicitWidth: 200; implicitHeight: 200
        }
        Rectangle {
            color: 'plum'
            implicitWidth: 300; implicitHeight: 200
        }
    }

    MouseArea {
        anchors.fill: parent
        onClicked: {
            if (layout.currentIndex === 1)
                layout.currentIndex = 0;
            else
                layout.currentIndex = 1
        }
    }
}
```

3.2.4 布局镜像

布局镜像(LayoutMirroring)附加属性用来在水平方向镜像项目锚布局、定位器 (Row 和 Grid 等)和视图(GridView 和水平 ListView 等)。镜像只是视觉上的变化,如左侧布局变成右侧布局。当在项目中将 LayoutMirroring 的 enabled 属性设置为 true 时启用镜像,默认镜像只影响该项目本身。如果将 childrenInherit 属性设置为 true,那么该项目的所有子项目都会启用镜像。

　　下面的例子中,Row 被锚定在了其父项目的左侧,然而,因为启用了镜像,锚在水平方向进行了翻转,现在 Row 被锚定在了右侧。又因为 Row 中的子项目默认从左向右排列,它们现在会从右向左排列。(项目源码路径:src\03\3-30\mylayoutmirroring)

```
import QtQuick

Rectangle {
    LayoutMirroring.enabled: true
    LayoutMirroring.childrenInherit: true

    width: 300; height: 60
    color: "lightyellow"
    border.width: 1

    Row {
        anchors { left:parent.left; margins: 5 }
        y: 5; spacing: 5; padding: 5

        Repeater {
            model: 5

            Rectangle {
                color: "grey"
                opacity: (5 - index) / 5
                width: 40; height: 40

                Text {
                    text: index + 1
                    anchors.centerIn: parent
                    font.bold: true
                }
            }
        }
    }
}
```

　　布局镜像在需要同时支持从左到右和从右到左布局的应用中是很有用的。如果想了解更多关于从右到左用户界面的内容,则可以在帮助中索引 Right-to-left User Interfaces 关键字。

3.3　事件处理

　　能够响应应用用户输入是用户界面设计的基本部分,在 QML 编程中,需要对鼠标、键盘等事件进行处理。因为 QML 程序更多的是实现触摸式用户界面,所以对鼠标(在触屏设备上可能是手指)的处理更常见。在 QML 中如果想要单击一个项目,一般会在其上放置一个 MouseArea 对象。也就是说,用户只能在 MouseArea 确定的范围内进行单击。另外,还有一个 Flickable 项目,可以实现拖拽和轻弹效果,该类型将在第 5 章介绍。

可以在帮助中通过索引 Important Concepts In Qt Quick-User Input 关键字查看本节内容。

3.3.1 MouseArea

MouseArea 是一个不可见的项目,通常用来和一个可见的项目配合使用,为可视项目提供鼠标处理。鼠标处理的逻辑完全包含在这个 MouseArea 项目中。

MouseArea 的 enabled 属性可以用来设置是否启用鼠标处理,默认为 true。如果设置为 false,MouseArea 对鼠标事件将会变为透明,也就是不再处理任何鼠标事件。只读的 pressed 属性表明用户是否在 MouseArea 上按住了鼠标按钮,这个属性经常用于属性绑定,可以实现在鼠标按下时执行一些操作。只读的 containsMouse 属性表明当前鼠标光标是否在 MouseArea 上,默认只有鼠标的一个按钮处于按下状态时才可以被检测到。对于鼠标位置和按钮单击等信息是通过信号提供的,可以使用事件处理器来获取这些信息。最常用的有 onClicked()、onDoubleClicked()、onPressed()、onReleased() 和 onPressAndHold() 等,使用 onWheel() 则可以处理滚轮事件。

默认情况下,MouseArea 项目只报告鼠标单击而不报告鼠标光标的位置改变,这可以通过设置 hoverEnabled 属性为 true 来进行更改。这样设置之后,onPositionChanged()、onEntered() 和 onExited() 等处理函数才可以使用,而且这时 containsMouse 属性也可以在没有鼠标按钮按下的情况下检查光标。

下面来看一个简单的例子,这里初始情况下是一个绿色的正方形,当在其上单击一下鼠标以后就会变为红色。(项目源码路径:src\03\3-31\mymousearea)

```
import QtQuick

Rectangle {
    width: 100; height: 100
    color: "green"

    MouseArea {
        anchors.fill: parent
        onClicked: { parent.color = 'red' }
    }
}
```

这里使用了 anchors.fill: parent 来使 MouseArea 充满整个 Rectangle 区域,这个在实际编程中经常用到。因为只有在 MouseArea 上单击才能进行处理,现在 MouseArea 覆盖了整个 Rectangle,所以在 Rectangle 的任何位置单击鼠标都有效果。

当 MouseArea 与其他 MouseArea 项目重叠时,可以设置 propagateComposedEvents 属性为 true 来传播 clicked、doubleClicked 和 pressAndHold 等事件。但是只有

在 MouseArea 没有接受这些事件的时候,它们才可以继续向下传播。也就是说,当事件已经在一个 MouseArea 中进行处理,则需要在其事件处理器中设置 MouseEvent. accepted 为 false,这样该事件才能继续传播。例如在下面的例子中,蓝色矩形绘制在黄色矩形之上,而蓝色矩形的 MouseArea 设置了 propagateComposedEvents 为 true,并且 clicked 和 doubleClicked 事件的 MouseEvent. accepted 设置为了 false,所以蓝色矩形所有的单击和双击事件都会传播到黄色矩形。(项目源码路径:src\03\3-32\my-mousearea)

```qml
import QtQuick

Rectangle {
    color: "yellow"
    width: 100; height: 100

    MouseArea {
        anchors.fill: parent
        onClicked: console.log("clicked yellow")
        onDoubleClicked: console.log("double clicked yellow")
    }

    Rectangle {
        color: "blue"
        width: 50; height: 50

        MouseArea {
            anchors.fill: parent
            propagateComposedEvents: true
            onClicked: (mouse) => {
                console.log("clicked blue")
                mouse.accepted = false
            }
            onDoubleClicked: (mouse) => {
                console.log("double clicked blue")
                mouse.accepted = false
            }
        }
    }
}
```

3.3.2　鼠标事件(MouseEvent)和滚轮事件(WheelEvent)

Qt Quick 的可视项目结合 MouseArea 类型可以获取鼠标相关事件,并通过信号和处理器与鼠标进行交互。大多数 MouseArea 的信号都包含了一个 mouse 参数,它是 MouseEvent 类型的,如前面使用的 mouse. accepted。

在 MouseEvent 对象中,可以设置 accepted 属性为 true 来防止鼠标事件传播到下层的项目,通过 x 和 y 属性获取鼠标的位置,通过 button 或 buttons 属性可以获取按下的按键,通过 modifiers 属性可以获取按下的键盘修饰符等。这里的 button 可取的值有 Qt. LeftButton 左键、Qt. RightButton 右键和 Qt. MiddleButton 中键；而 modifiers 的值由多个按键进行位组合而成，使用时需要将 modifiers 与这些特殊的按键进行按位与来判断按键。常用的按键有：

> Qt. NoModifier：没有修饰键被按下；

> Qt. ShiftModifier：Shift 键被按下；

> Qt. ControlModifier：Ctrl 键被按下；

> Qt. AltModifier：Alt 键被按下；

> Qt. MetaModifier：Meta 键被按下；

> Qt. KeypadModifier：一个小键盘按钮被按下。

在下面的例子中，右击鼠标矩形变为蓝色，单击变为红色，当按下键盘 Shift 键的同时双击鼠标，变为绿色。（项目源码路径：src\03\3-33\mymouseevent）

```qml
import QtQuick

Rectangle {
    width: 100; height: 100
    color: "green"

    MouseArea {
        anchors.fill: parent
        acceptedButtons: Qt.LeftButton | Qt.RightButton
        onClicked: (mouse) => {
            if (mouse.button === Qt.RightButton)
                parent.color = 'blue';
            else
                parent.color = 'red';
        }
        onDoubleClicked: (mouse) => {
            if ((mouse.button === Qt.LeftButton)
                    && (mouse.modifiers & Qt.ShiftModifier))
                parent.color = "green"
        }
    }
}
```

除了使用 MouseEvent 获取鼠标按键事件，还可以使用 WheelEvent 获取鼠标滚轮事件。MouseArea 的 onWheel 处理器有一个 wheel 参数，就是 WheelEvent 类型的。

WheelEvent 最重要的一个属性是 angleDelta，可以用来获取滚轮滚动的距离，它的 x 和 y 坐标分别保存了水平和垂直方向的增量。滚轮向上或向右滚动返回正直，向下或向左滚动返回负值。对于大多数鼠标，每当滚轮旋转一下，默认是 15°，此时 angleDelta 的值就是 15×8，即整数 120。在下面的例子中，当按下 Ctrl 键的同时，滚轮向上滚动便放大字号，向下滚动便缩小字号。（项目源码路径：src\03\3-34\mywheelevent）

```qml
import QtQuick

Rectangle {
    width: 360; height: 360
```

```
    Text { id:myText; anchors.centerIn: parent; text: "Qt" }
    MouseArea {
        anchors.fill: parent
        onWheel: (wheel) => {
            if (wheel.modifiers & Qt.ControlModifier) {
                if (wheel.angleDelta.y > 0)
                    myText.font.pointSize += 1
                else
                    myText.font.pointSize -= 1
            }
        }
    }
}
```

3.3.3　拖放事件(DragEvent)

要想实现简单的拖动,可以使用 MouseArea 中的 drag 属性组,如表 3-4 所列。

表 3-4　MouseArea 中 drag 属性

属　性	作　用	值
drag.target	指定要拖动的项目 id	对象
drag.active	指定目标项目当前是否可以被拖动	true 或 false
drag.axis	指定可以拖动的方向	Drag.XAxis:水平方向; Drag.YAxis:垂直方向; Drag.XAndYAxis:水平和垂直方向
drag.minimumX	水平方向最小拖动距离	real 类型的值
drag.maximumX	水平方向最大拖动距离	real 类型的值
drag.minimumY	垂直方向最小拖动距离	real 类型的值
drag.maximumY	垂直方向最大拖动距离	real 类型的值
drag.filterChildren	使子 MouseArea 也启用拖动	true 或 false
drag.smoothed	是否平滑拖动	true 或 false
drag.threshold	启用拖动的阈值,超过该值才被认为是一次拖动;合理设置阈值可以有效避免用户因抖动等原因造成的拖动误判	real 类型的值(以像素为单位)

下面来看一个例子,红色矩形只能在父对象的水平方向上移动,在移动的同时改变透明度。(项目源码路径:src\03\3-35\mydrag)

```
import QtQuick

Rectangle {
    id: container
    width: 600; height: 200

    Rectangle {
```

```
        id: rect
        width: 50; height: 50
        color: "red"
        opacity: (600.0 - rect.x) / 600

        MouseArea {
            anchors.fill: parent
            drag.target: rect
            drag.axis: Drag.XAxis
            drag.minimumX: 0
            drag.maximumX: container.width - rect.width
        }
    }
}
```

要实现更复杂的拖放操作,比如想获取拖动项目的相关信息,那么就要使用 DragEvent 拖放事件了。在 DragEvent 中可以通过 x 和 y 属性获取拖动的位置;使用 keys 属性获取可以识别数据类型或源的键列表;通过 hasColor、hasHtml、hasText 和 hasUrls 属性来确定具体的拖动类型;使用 colorData、html、text 和 urls 属性可以获得具体的类型数据;formats 属性可以获取拖动数据中包含的 MIME 类型格式的列表;可以使用 drag.source 来获取拖动事件的源。

其实,在实际编程中启动拖动并不是直接操作 DragEvent,而是使用 Drag 附加属性和 DropArea。任何项目都可以使用 Drag 来实现拖放。当一个项目的 Drag 附加属性的 active 属性设置为 true 时,该项目的任何位置变化都会产生一个拖动事件,并发送给与项目新位置相交的 DropArea。其他实现了拖放事件处理器的项目也可以接收这些事件。Drag 附加属性的内容如表 3 - 5 所列。

表 3 - 5 Drag 附加属性、信号和方法

属性、信号和方法	说　明	值
drag.active	拖放事件序列当前是否处于活动状态	true 或 false
dragType	拖放类型	Drag.None:不会自动开始拖放; Drag.Automatic:自动开始拖放; Drag.Internal(默认):自动开始向后兼容的拖放
hotSpot	拖拽的位置,相对于项目左上角	QPointF 类型数据,默认值是(0,0)
keys	可以被 DropArea 用来过滤拖放事件	字符串列表
mimeData	在 startDrag 使用的 MIME 数据映射	字符串列表
proposedAction	拖放源建议的动作,作为 Drag.drop()的返回值	Qt.CopyAction:向目标复制数据; Qt.MoveAction:从源向目标移动数据; Qt.LinkAction:从源向目标创建一个链接; Qt.IgnoreAction:忽略该动作

属性、信号和方法	说　明	值
source	拖放事件的发起对象(源)	对象
supportedActions	拖放源支持的 Drag. drop()的返回值	同 proposedAction
target	最后接收进入事件的对象(目标)	对象
onDragFinished (DropAction action)	由 startDrag 方法或者使用 dragType 自动开始的拖放结束时被调用	
onDragStarted()	由 startDrag 方法或者使用 dragType 自动开始的拖放开始时被调用	
void cancel()	结束一个拖放列	
enumeration drop()	通过向目标项目发送一个 drop 事件来结束一个拖放序列	返回值与 proposedAction 取值相同
void start(flags supportedActions)	开始发送拖放事件,旧样式	参数取值与 proposedAction 取值相同
void startDrag(flags supportedActions)	开始发送拖放事件,新样式,推荐使用	参数取值与 proposedAction 取值相同

　　DropArea 是一个不可见的项目。当其他项目拖动到其上时,它可以接收相关的事件。可以通过 drag. x 和 drag. y 获取最后一个拖放事件的坐标,使用 drag. source 获取拖放的源对象,通过 keys 获取拖放的键列表。当 DropArea 范围内有拖放进入时,则调用 onEntered(DragEvent drag)处理器;当有 drop 事件发生时,则调用 onDropped(DragEvent drop)处理器;当拖放离开时,则调用 onExited()处理器;当拖放位置改变时,则调用 onPositionChanged(DragEvent drag)处理器。

　　为了更好地理解拖放操作,下面来看一个例子。首先创建几个可以自定义颜色的小矩形,它们使用 MyRect. qml 文件定义的组件创建。然后创建一个大矩形,可以通过将小矩形拖动到大矩形来为其染色。(项目源码路径:src\03\3-36\mydrag)

```
// MyRect.qml
import QtQuick

Rectangle {
    id: rect
    width: 20; height: 20

    Drag.active: dragArea.drag.active
    Drag.hotSpot.x: 10
    Drag.hotSpot.y: 10
    Drag.source: rect
    MouseArea {
        id: dragArea
```

```
        anchors.fill: parent
        drag.target: parent
    }
}
```

下面通过 MyRect 来创建多个不同颜色的小矩形,可以将小矩形拖入大矩形从而为其染色:

```
// mydrag.qml
import QtQuick

Item {
    width: 400; height: 150

    DropArea {
        x: 175; y: 75
        width: 50; height: 50
        Rectangle {
            id: area; anchors.fill: parent
            border.color: "black"
        }
        onEntered: {
            area.color = drag.source.color
        }
    }

    MyRect{color: "blue"; x:110 }
    MyRect{color: "red"; x:140 }
    MyRect{color: "yellow"; x:170 }
    MyRect{color: "black"; x:200 }
    MyRect{color: "steelblue"; x:230 }
    MyRect{color: "green"; x:260 }
}
```

3.3.4 键盘事件(KeyEvent)和焦点作用域(FocusScope)

当一个键盘按键按下或者释放时,会产生一个键盘事件,并将其传递给具有焦点的 Qt Quick 项目(将一个项目的 focus 属性设置为 true,这个项目便会获得焦点)。为了方便创建可重用的组件和解决一些实现流畅用户界面的特有问题,Qt Quick 在 Qt 传统的键盘焦点模型上添加了基于作用域的扩展。可以在 Qt 帮助中通过 Keyboard Focus in Qt Quick 关键字查看本节内容。

1. 按键处理概述

当用户按下或者释放一个按键,会按以下步骤进行处理:

① Qt 获取键盘动作并产生一个键盘事件。

② 如果 Window 是活动窗口,那么键盘事件会传递给它。

③ 场景将键盘事件交付给具有活动焦点的项目。如果没有项目具有活动焦点,那么键盘事件会被忽略。

④ 如果具有活动焦点的 Item 接受了该键盘事件,那么传播将停止。否则,该事件会传递到每一个项目的父项目,直到事件被接受,或者到达根项目。

⑤ 如果到达了根项目,那么该键盘事件会被忽略而继续常规的 Qt 按键处理。

所有基于 Item 的可见项目都可以通过 Keys 附加属性来进行按键处理。Keys 附加属性提供了基本的处理器,如 onPressed 和 onReleased,也提供了对特殊按键的处理器,如 onSpacePressed。例如下面代码为 Item 指定了键盘焦点,并且在不同的按键处理器中处理了相应的按键。(项目源码路径:src\03\3-37\mykeyevent)

```
import QtQuick

Item {
    focus: true
    Keys.onPressed: (event) => {
        if (event.key === Qt.Key_Left) {
            console.log("move left");
            event.accepted = true;
        }
    }
    Keys.onReturnPressed: console.log("Pressed return");
}
```

这里的 event.accepted 设置为 true,可以防止事件继续传播。可以参考 Keys 附加属性的帮助文档来查看其提供的所有处理器,这些处理器中大多含有一个 KeyEvent 参数,它提供了关于该键盘事件的信息。例如,这里的 event.key 获取了按下的按键,另外还有 accepted 属性判断是否接受按键、isAutoRepeat 属性判断是否是自动重复按键、modifiers 修饰符和 text 按键生成的 Unicode 文本等主要属性。

2. 导航键

Qt Quick 还有一个 KeyNavigation 附加属性,可以用来实现使用方向键或者 Tab 键进行项目的导航。它的属性有 backtab(Shift+Tab)、down、left、priority、right、tab 和 up 等。例如,下面的代码实现了使用方向键在 2×2 的项目网格中进行导航。(项目源码路径:src\03\3-38\mykeynavigation)

```
import QtQuick

Grid {
    width: 100; height: 100
    columns: 2

    Rectangle {
        id: topLeft
        width: 50; height: 50
        color: focus ? "red" : "lightgray"
        focus: true

        KeyNavigation.right: topRight
        KeyNavigation.down: bottomLeft
    }
```

```
Rectangle {
    id: topRight
    width: 50; height: 50
    color: focus ? "red" : "lightgray"

    KeyNavigation.left: topLeft
    KeyNavigation.down: bottomRight
}

Rectangle {
    id: bottomLeft
    width: 50; height: 50
    color: focus ? "red" : "lightgray"

    KeyNavigation.right: bottomRight
    KeyNavigation.up: topLeft
}

Rectangle {
    id: bottomRight
    width: 50; height: 50
    color: focus ? "red" : "lightgray"

    KeyNavigation.left: bottomLeft
    KeyNavigation.up: topRight
}
}
```

  左上角的项目因为将 focus 设置为了 true，所以初始化时它获得了焦点。当按下方向键时，焦点会移动到相应的项目。KeyNavigation 默认会在它绑定的项目之后获得键盘事件。如果该项目接受了这个键盘事件，那么 KeyNavigation 就不能再接收到该事件了。这个可以通过设置 priority 属性来进行更改。它有两个值：KeyNavigation. AfterItem（默认）、KeyNavigation. BeforeItem。当设置为第二个值时，KeyNavigation 会在项目处理键盘事件之前处理该事件。不过，如果 KeyNavigation 处理了该事件，这个事件就会被接受而不再传播到相应的项目了。如果要导航到的项目不可用或者不可见，那么会尝试跳过该项目并导航到下一个项目。也就是说，允许在一个导航处理器中添加一个项目链，如果多个项目都不可用或者都不可见，它们同样会被跳过。

3. 查询活动焦点项目

  一个项目是否具有活动焦点，可以通过 Item::activeFocus 属性进行查询。例如，下面代码片段中 Text 类型的文本就取决于它是否获取了焦点：

```
Text {
    text: activeFocus ? "focus!" : "no focus"
}
```

4. 获取焦点和焦点作用域

  一个项目可以通过设置其 focus 属性为 true 来使其获得焦点。一般情况下，使用

focus 属性就足够了。比如在下面的例子中，对 Item 设置了活动焦点，当按下 A、B、C 键的时候就会更改文本内容。（项目源码路径：src\03\3-39\myfocus）

```
import QtQuick

Rectangle {
    color: "lightsteelblue"; width: 240; height: 25
    Text { id: myText }
    Item {
        id: keyHandler
        focus: true
        Keys.onPressed: (event) => {
            if (event.key === Qt.Key_A)
                myText.text = 'Key A was pressed'
            else if (event.key === Qt.Key_B)
                myText.text = 'Key B was pressed'
            else if (event.key === Qt.Key_C)
                myText.text = 'Key C was pressed'
        }
    }
}
```

然而，将上面代码作为一个可重用或者可被导入的组件时，简单地使用 focus 属性就不再有效。作为演示，下面的代码中创建了 MyWidget.qml 组件的 3 个实例，然后将中间一个设置为获取焦点。我们希望程序运行时让中间一个可以显示按键信息。下面是 window.qml 文件的内容（项目源码路径：src\03\3-40\window）：

```
import QtQuick

Rectangle {
    id: window
    color: "white"; width: 240; height: 150

    Column {
        anchors.centerIn: parent; spacing: 15

        MyWidget {
            color: "lightblue"
            Component.onCompleted: console.log("1")
        }
        MyWidget {
            focus: true
            color: "palegreen"
            Component.onCompleted: console.log("2")
        }
        MyWidget {
            color: "red"
            Component.onCompleted: console.log("3")
        }
    }
}
```

这里使用了 Component. onCompleted 在组件加载完成时输出信息来查看组件创建的顺序。MyWidget. qml 文件的内容如下：

```
import QtQuick

Rectangle {
    id: widget
    color: "lightsteelblue"; width: 175; height: 25;
    radius: 10; antialiasing: true
    Text { id: label; anchors.centerIn: parent}
    focus: true
    Keys.onPressed: (event) => {
        if (event.key === Qt.Key_A)
            label.text = 'Key A was pressed'
        else if (event.key === Qt.Key_B)
            label.text = 'Key B was pressed'
        else if (event.key === Qt.Key_C)
            label.text = 'Key C was pressed'
    }
}
```

运行程序会发现，并非设置 focus 属性的实例获得了焦点。仔细查看代码，通过分析得出结论：一共有 4 个类型将 focus 属性设置为 true，3 个 MyWidget 和一个 window 组件。但最终只能有一个类型获取键盘焦点，这个是由系统决定的。通过程序运行结果和输出信息可以看到，最后一个将 focus 属性设置为 true 的对象获取了焦点。

因为项目不可见造成了这个问题：MyWidget 组件希望获得焦点，但是当它被导入或者被重用后无法再控制焦点。也就是说，window 无法知道它导入的组件是否请求了焦点。为了解决这个问题，QML 中引入了焦点作用域（Focus Scope）的概念，可以通过声明 FocusScope 类型来创建焦点作用域。下面在 MyWidget. qml 组件中使用 FocusScope 类型：

```
FocusScope {
// FocusScope 需要绑定 Rectangle 的可视属性
    property alias color: rectangle.color
    x: rectangle.x; y: rectangle.y
    width: rectangle.width; height: rectangle.height

    Rectangle {
        id: rectangle
        anchors.centerIn: parent
        color: "lightsteelblue"; width: 175; height: 25;
        radius: 10; antialiasing: true
        Text { id: label; anchors.centerIn: parent }
        focus: true
        Keys.onPressed:(event) => {
            if (event.key === Qt.Key_A)
                label.text = 'Key A was pressed'
            else if (event.key === Qt.Key_B)
                label.text = 'Key B was pressed'
```

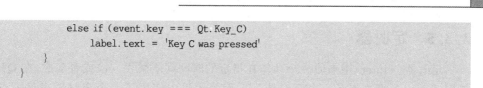

```
        else if (event.key === Qt.Key_C)
            label.text = 'Key C was pressed'
        }
    }
}
```

这里需要注意,因为 FocusScope 类型不是可视类型,它的子项目需要将属性暴露给 FocusScope 的父项目。布局和位置类型需要使用这些可视属性来创建布局。例如前面的代码中,Column 类型无法正确显示 MyWidget,因为它们是 FocusScope 的实例,而 FocusScope 本身没有可视化属性。所以 MyWidget 组件中直接绑定了 rectangle 的大小位置属性,这样 Column 就可以创建布局来包含 FocusScope 的子项目了。

从概念上来讲,焦点作用域(Focus Scope)是很简单的:

➤ 每一个焦点作用域中,至少有一个对象需要将 focus 属性设置为 true。如果有多个项目设置了 focus 属性,那么最后一个设置的对象将获得焦点。

➤ 当一个焦点作用域获得了活动焦点,它包含的对象如果已经设置了 focus,那么也会获得活动焦点。如果这个对象也是 FocusScope,那么会继续传递下去。

现在运行程序,已经可以得到想要的结果了。但是理想的效果是可以用鼠标单击实例来改变它们的焦点,下面再次修改 MyWidget.qml 的代码:

```
FocusScope {
    id: scope
    property alias color: rectangle.color
    x: rectangle.x; y: rectangle.y
    width: rectangle.width; height: rectangle.height

    Rectangle {
        id: rectangle
        anchors.centerIn: parent
        color: "lightsteelblue"; width: 175; height: 25;
        radius: 10; antialiasing: true
        Text { id: label; anchors.centerIn: parent }
        focus: true
        Keys.onPressed:(event) => {
            if (event.key === Qt.Key_A)
                label.text = 'Key A was pressed'
            else if (event.key === Qt.Key_B)
                label.text = 'Key B was pressed'
            else if (event.key === Qt.Key_C)
                label.text = 'Key C was pressed'
        }
    }
    MouseArea {
        anchors.fill: parent
        onClicked: scope.focus = true
    }
}
```

3.3.5 定时器

定时器(Timer)用来使一个动作在指定的时间间隔触发一次或者多次,在 QML 中使用 Timer 类型来表示一个定时器。下面的代码中使用了一个定时器来显示当前的日期和时间,并每隔 1 000 ms 更新一次文本的显示。这里使用了 JavaScript 的 Date 对象来获取当前的时间。(项目源码路径:src\03\3-41\mytimer)

```
import QtQuick

Item {
    Timer {
        interval:1000; running: true; repeat: true
        onTriggered: time.text = Date().toString()
    }

    Text { id: time }
}
```

这里的 interval 属性用来设置时间间隔,单位是 ms,默认值是 1 000 ms;repeat 属性用来设置是否重复触发,如果为 false,则只触发一次并自动将 running 属性设置为 false;当 running 属性设置为 true 时将开启定时器,否则停止定时器,其默认值为 false;当定时器触发时会执行 onTriggered()信号处理器,在这里可以定义需要进行的操作。Timer 还提供了一系列函数,如 restart()、start()、stop()等。

注意,如果定时器正在运行的过程中改变其属性值,那么经过的时间将被重置。例如,一个间隔为 1 000 ms 的定时器在经过了 500 ms 以后,它的 repeat 属性被改变,那么经过的时间将会被重置为 0,再过 1 000 ms 以后才会触发定时器。关于定时器的使用,可以参考一下 Qt 自带的 Clocks 示例程序。

3.4 使用 Loader 动态加载组件

Loader 用来动态加载 QML 组件,可以看作一种占位符,它可以加载一个 QML 文件(使用 source 属性)或者一个组件对象(使用 sourceComponent 属性)。Loader 主要用于延迟组件的创建,例如,使一个组件的创建被延迟到真正需要的时候。下面的代码片段中,只有在 MouseArea 上单击鼠标时才加载"Page1.qml"作为一个组件:

```
import QtQuick

Item {
    width: 200; height: 200

    Loader { id: pageLoader }

    MouseArea {
        anchors.fill: parent
        onClicked: pageLoader.source = "Page1.qml"
    }
}
```

可以通过 item 属性来访问被加载的项目。如果 source 或者 sourceComponent 更改了,那么先前实例化的项目将被销毁。将 source 设置为空字符串或者将 sourceComponent 设置为 undefined,都会销毁当前加载的项目并释放资源。注意,从 QtQuick 2.0 模块开始,Loader 也可以加载非可视化组件了。

3.4.1　Loader 的大小与行为

如果 source 组件不是 Item 类型的,那么 Loader 不会使用任何大小规则;当加载可视化类型时,Loader 会使用下面的大小规则:

- ➤ 如果没有明确指定 Loader 的大小,那么 Loader 将会在组件加载完成后自动设置为组件的大小;
- ➤ 如果通过设置 width、height 或者使用锚明确指定了 Loader 的大小,那么被加载的项目将会适配为 Loader 的大小。

下面的代码片段中,红色矩形的大小会和 Item 父项目的大小相同。(项目源码路径:src\03\3-42\myloader)

```
import QtQuick

Item {
    width: 200; height: 200

    Loader {
        anchors.fill: parent
        sourceComponent: rect
    }

    Component {
        id: rect
        Rectangle {
            width: 50; height: 50
            color: "red"
        }
    }
}
```

而下面的代码移除了 Loader 的锚定,红色矩形会在父项目中间,大小为 50×50:

```
Loader {
    anchors.centerIn: parent
    sourceComponent: rect
}
```

可以看到,对 Loader 使用布局与被加载的项目使用布局效果是相同的。

3.4.2　从加载的项目中接收信号

任何从被加载的项目中发射的信号都可以使用 Connections 类型进行接收。例如,下面的 application.qml 加载了 MyItem.qml,然后通过一个 Connections 对象来接收加载项目的 message 信号。(项目源码路径:src\03\3-43\application)

下面是 application.qml 文件的内容。

```
import QtQuick

Item {
    width: 100; height: 100

    Loader {
        id: myLoader
        source: "MyItem.qml"
    }

    Connections {
        target: myLoader.item
        function onMessage(msg) { console.log(msg) }
    }
}
```

下面是 MyItem.qml 文件的内容：

```
import QtQuick

Rectangle {
    id: myItem
    signal message(string msg)

    width: 100; height: 100

    MouseArea {
        anchors.fill: parent
        onClicked: myItem.message("clicked!")
    }
}
```

另外，因为 MyItem.qml 是在 Loader 的作用域中被加载的，所以它可以直接调用在 Loader 或者其父项目中定义的任何函数。

3.4.3 焦点和键盘事件

Loader 是一个焦点作用域，要使它的任何子项目获得活动焦点，则都必须将其 focus 属性设置为 true。任何被加载的项目获得的键盘事件，都需要设置 accepted 为 true，从而使它们不会传播到 Loader。例如，在下面 application.qml 中的 MouseArea 上单击鼠标时会加载 KeyReader.qml，注意 Loader 以及其中被加载的对象都将 focus 属性设置为了 true。（项目源码路径：src\03\3-44\application）

下面是 application.qml 文件的内容：

```
import QtQuick

Rectangle {
    width: 200; height: 200

    Loader {
```

```
        id: loader
        focus: true
    }

    MouseArea {
        anchors.fill: parent
        onClicked: loader.source = "KeyReader.qml"
    }

    Keys.onPressed:(event) => {
        console.log("Captured:", event.text);
    }
}
```

下面是 KeyReader.qml 文件的内容：

```
import QtQuick

Item {
    Item {
        focus: true
        Keys.onPressed:(event) => {
            console.log("Loaded item captured:", event.text);
            event.accepted = true;
        }
    }
}
```

一旦 KeyReader.qml 加载完成，便会接收键盘事件。由于 KeyReader 将 event. accepted 设置为 true，事件不会继续传播到父项目 Rectangle 中。

3.5　小　结

本章介绍了 Qt Quick 中一些基础的可视项目和布局管理方法，还介绍了鼠标、键盘等常用事件，以及定时器、Loader 的一些内容。这些都是编写 Qt Quick 程序的基础知识，读者应该通过多编写实例来灵活掌握这些内容。考虑到现在读者对 Qt Quick 程序还没有全面的认识，所以本章的一些内容没有深入探讨，这会在后面的章节中逐渐涉及。

第4章
Qt Quick 控件和 Qt Quick 对话框

　　流畅和现代化的用户界面是当今任何应用程序成功的基础,除了第3章讲到的 Qt Quick 模块本身提供的基本 UI 项目之外,它的 Controls 子模块还提供了一组丰富的 UI 控件,迎合了最常见的用例,并且提供了定制选项,可用于在 Qt Quick 中构建完整的应用界面。

　　使用 Qt Quick Controls 模块,要添加如下导入代码:

```
import QtQuick.Controls
```

并在.pro 项目文件中添加如下一行代码:

```
QT += quickcontrols2
```

　　本章将讲解 Qt Quick Controls 模块中一些常用的内容,涉及的类型的继承关系如图 4-1 所示。可以在 Qt 帮助中通过 Qt Quick Controls 关键字查看 Qt Quick 控件的相关内容。另外,本章最后还会涉及 Qt Quick 对话框模块的相关内容。

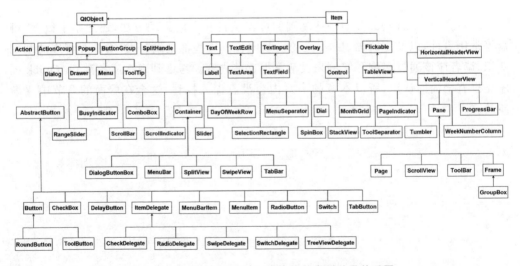

图 4-1　Qt Quick Controls 模块相关类型继承关系图

一些读者在使用 Qt 帮助或者 Qt 5.X 版本时可能会看到 Qt Quick Controls 1 和 Qt Quick Controls 2 这样的表述,这里做一个简单说明:在 Qt 5.1 中,为了支持桌面平台开发,增加了新的 Qt Quick Controls 模块来提供一些现成的控件,后面该模块又提供了对移动和嵌入式的支持。为了解决 Qt Quick Controls 模块在资源有限的嵌入式系统中出现的效率低下问题,从 Qt 5.7 开始,引入了全新的 Qt Quick Controls 2.0 模块,以前的模块则被称为 Qt Quick Controls 1,不再建议使用。从 Qt 5.11 开始,Qt Quick Controls 1 模块被废弃,而到了 Qt 6.0,该模块被完全移除。因为 Qt 6 中导入模块时可以省略版本号,所以默认使用的就是最新版本的 Qt Quick Controls 模块。

4.1　Qt Quick 控件项目

在详细介绍 Qt Quick Controls 模块的众多控件之前,我们先来看一下基本的 Qt Quick Controls 项目,对其有一个大概认识。这一节主要讲解 Window、Application-Window 和 Control 这 3 个类型。另外,读者也可以参考 13.2 节,其中创建了一个具有典型移动 APP 界面的演示程序。

4.1.1　窗口 Window

在前面章节的例子中曾多次用到 Window 类型,新创建的 Qt Quick Application 项目默认使用 Window 作为根对象,例如:

```
import QtQuick

Window {
    // ...
}
```

Window 对象可以为 Qt Quick 场景创建一个新的顶级窗口,一般的 Qt Quick 项目都可以将 Window 作为根对象。除了通过 width 和 height 属性来设置 Window 的大小,还可以通过 x、y 属性来设置窗口在屏幕上的坐标位置,通过 title 属性设置窗口标题,通过 color 属性设置窗口背景色,通过 opacity 属性设置窗口透明效果。窗口默认是不显示的,需要设置 visible 属性为 true 来显示窗口。

Window 类型中还提供了多个方法来进行常用操作,例如,显示窗口 show()、全屏显示 showFullScreen()、最大化显示 showMaximized()、最小化显示 showMinimized()、正常显示 showNormal()、隐藏窗口 hide()、关闭窗口 close() 等。当关闭窗口时会发射 closing(CloseEvent close) 信号,可以在 onClosing 信号处理器中设置 close.accepted = false 来强制窗口保持显示,从而在关闭窗口前完成一些操作。

另外,Window 窗口也可以嵌套使用,或者声明在一个 Item 对象中,这时在大多数平台上内部的 Window 会显示在外部界面的中心。还可以通过 flags 属性来指定窗口的类型，比如 Qt.Dialog 或 Qt.Popup，可以通过 Qt::WindowType 关键字查看全部类型。使用 modality 属性可以指定窗口是否为模态，默认为 Qt.NonModal 非模态，另外还有 Qt.WindowModal 和 Qt.ApplicationModal 两种模态形式，前者会阻塞其父窗口，后者会阻塞整个应用，使它们无法接收输入事件。

下面来看一个简单的例子。（项目源码路径：src\04\4-1\mywindow）

```
import QtQuick
import QtQuick.Controls

Window {
    id: root
    property bool changed: true

    width: 640; height: 480
    x: 100; y:100
    visible: true
    title: qsTr("My Window")
    opacity: 0.7
    color: "lightblue"

    onClosing: (close) => {
                    if (changed) {
                        close.accepted = false
                        dialog.show()
                    }
                }

    Window{
        id: dialog
        width: 300; height: 200
        flags : Qt.Dialog
        modality : Qt.WindowModal

        Label {
            text: qsTr("确定要退出吗?")
            x: 120; y: 50
        }

        Row {
            spacing: 10
            x:120; y:80

            Button {
                text: qsTr("确定")
                onClicked: {
                    root.changed = false
                    dialog.close()
                    root.close()
```

```
                }
            }
            Button {
                text: qsTr("取消")
                onClicked: {
                    dialog.close()
                }
            }
        }
    }
}
```

这里使用 Window 嵌套实现了一个关闭前提示对话框的应用。可以看到,Window 作为顶级窗口,可以轻松修改背景色、设置透明等效果。

4.1.2　应用程序主窗口 ApplicationWindow

为了方便实现主窗口程序,可以使用 Window 的子类型 ApplicationWindow,该类型在 Window 的基础上增加了菜单栏 menuBar、头部 header、脚部 footer 这 3 个属性,可以指定自定义的项目,整个界面布局如图 4-2 所示。一般的 Qt Quick Controls 项目都会使用 ApplicationWindow 作为根对象,其典型用法如下面代码片段所示:

```
import QtQuick
import QtQuick.Controls

ApplicationWindow {
    visible: true

    menuBar: MenuBar {
        // ...
    }
    header: ToolBar {
        // ...
    }
    footer: TabBar {
        // ...
    }
    StackView {
        anchors.fill: parent
    }
}
```

在 QML 中,可以在子对象的任意位置引用根对象的 id,这种方式一般情况下都很好用,但是对于可重用的独立 QML 组件来说,这种方式却不再好用。为了解决这个问题,ApplicationWindow 提供了一组附加属性,可以从无法直接访问窗口的位置访问窗口及其组成部分,而不需要指定窗口的 id。这些附加属性包括 ApplicationWindow.window、ApplicationWindow.menuBar、ApplicationWindow.header、ApplicationWindow.footer、ApplicationWindow.contentItem、ApplicationWindow.activeFocusControl 等。

下面来看一个示例,最终效果如图 4 - 3 所示。为了让读者清楚代码编写顺序,这里分步添加代码。下面先来创建菜单栏:(项目源码路径:src\04\4-2\myapplication-window)

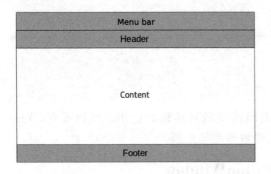

图 4 - 2　ApplicationWindow 界面布局示意图

图 4 - 3　示例运行效果

```qml
import QtQuick
import QtQuick.Controls
import QtQuick.Layouts

ApplicationWindow {
    title: "My Application"
    width: 600; height: 450
    visible: true

    menuBar: MenuBar {
        id: menuBar

        Menu {
            id: fileMenu
            title: qsTr("文件")

            MenuItem {
                text: qsTr("关闭")
                icon.source: "close.png"
                onTriggered: close()
            }
            MenuSeparator {}
            MenuItem {
                text: qsTr("关于")
                icon.source: "about.png"
                onTriggered: popup.open()
            }
        }
    }
}
```

首先添加菜单栏,在里面添加了一个"文件"菜单,并在"文件"菜单中添加了一个"关闭"菜单项。菜单栏由 MenuBar 类型指定,该类型中还提供了 addMenu()、remove-

Menu()等方法来动态添加或移除菜单。菜单由 Menu 类型指定,除了添加到菜单栏,还可以单独使用作为上下文菜单,只须调用 open()方法打开即可。可以通过 title 属性指定菜单标题,使用 addItem()、removeItem()等方法添加、删除菜单项。要动态生成菜单项,比如"最近访问的文件",可以借助 Instantiator 类型,具体使用方法可以到 Menu 类型的帮助文档查看。如果要创建子菜单,那么直接嵌套使用 Menu 类型即可。菜单项由 MenuItem 类型指定,通过 text 属性指定名称,可以使用 icon.source 来设置图标。如果需要菜单项可被选中,那么可以通过设置其 checkable 属性为 true 来实现,然后通过 checked 属性或者 toggle()方法来切换选中状态。菜单项之间的分隔符可以通过 MenuSeparator 类型实现。下面来实现头部工具栏:

```
header: ToolBar {
    RowLayout {
        anchors.fill: parent
        ToolButton {
            text: qsTr("<")
            visible: footerbar.currentIndex === 0
            enabled: stack.depth > 1
            onClicked: stack.pop()
        }
        ToolButton {
            text: qsTr(">")
            visible: footerbar.currentIndex === 0
            enabled: stack.depth < 3
            onClicked: stack.push(mainView)
        }
        PageIndicator {
            id: indicator
            visible: footerbar.currentIndex === 0
            count: stack.depth
            currentIndex: stack.depth
        }
        Label {
            text: "工具栏"
            elide: Label.ElideRight
            horizontalAlignment: Qt.AlignHCenter
            verticalAlignment: Qt.AlignVCenter
            Layout.fillWidth: true
        }
        ToolButton {
            text: qsTr("□")
            onClicked: popup.open()
        }
    }
}
```

可以通过 ToolBar 类型来实现一个工具栏,ToolBar 一般放到 ApplicationWindow 的头部或者脚部,其中的控件可以使用一个 RowLayout 来进行布局。工具栏上面的按钮一般使用 ToolButton 来创建,ToolButton 继承自 Button 控件,提供了一个更加适合工具栏的外观,这里通过工具按钮来操作后面要添加的栈视图 StackView。页面指示器 PageIndicator 可以通过几个小点来显示容器中页面的个数,这里与后面要添加的栈视图进行了绑定。最后的"□"工具按钮会打开一个弹出窗口,下面来添加相关代码:

```
Popup {
    id: popup
    parent: Overlay.overlay
    x: Math.round((parent.width - width) / 2)
    y: Math.round((parent.height - height) / 2)
    width: 250; height: 150
    modal: true
    focus: true

    Label {
        id: label
        text: "这是个 Popup"
        font.pixelSize: 16
        font.italic: true
        x: Math.round((parent.width - width) / 2)
        y: Math.round((parent.height - height) / 2)
    }

    Button {
        text: "Ok"
        onClicked: popup.close()
        anchors.top: label.bottom
        anchors.topMargin: 10
        anchors.horizontalCenter: label.horizontalCenter
    }
}
```

Popup 是弹出类用户界面控件的基类型,可以应用在 Window 和 ApplicationWindow 中。这里的 Overlay 类型为弹出窗口提供了一个层,可以确保弹出窗口显示在其他内容的上方,而且当弹出窗口为模态时,还可以提供背景变暗效果。程序中一般使用 Overlay.overlay 附加属性,可以将弹出窗口显示在窗口的中心。最后来添加底部控件:

```
footer: TabBar {
    id: footerbar
    width: parent.width

    TabButton { text: qsTr("图片") }
    TabButton { text: qsTr("音乐") }
    TabButton { text: qsTr("视频") }
}

StackLayout {
    id: view
    currentIndex: footerbar.currentIndex
```

```
        anchors.fill: parent

        StackView {
            id: stack
            initialItem: mainView
        }
        Rectangle{
            id: secondPage
            color: "lightyellow"
        }
        Rectangle {
            id: thirdPage
            color: "lightblue"
        }
    }


    Component {
        id: mainView
        Item {
            Rectangle {
                anchors.fill: parent
                Image {
                    anchors.fill: parent
                    source: stack.depth + ".png"
                }
                Text {
                    text: qsTr("页面") + stack.depth
                }
            }
        }
    }
}
```

　　TabBar 类型提供了一个基于选项卡的导航模型,可以与提供 currentIndex 属性的任何布局或容器控件(如 StackLayout 或 SwipeView)一起使用。选项卡由 TabButton 控件实现。这里提供了 3 个选项卡,所以下面的 StackLayout 中提供了一个 Stack-View 和两个 Rectangle 分别与其对应,这就是 StackLayout 中 currentIndex: footer-bar. currentIndex 的作用。StackView 栈视图类型用于一组内部链接的页面,支持 3 种主要导航操作:push()、pop()和 replace()。这些操作对应经典的栈操作,其中,push() 将一个项目添加到栈的顶部,pop()从栈中移除顶部项目,replace()就像 pop()后面跟着 push(),用新项目替换最顶部的项目。栈视图中最上面的项对应于当前在屏幕上可见的项,可以使用 initialItem 属性指定初始化显示的项目,depth 属性可以返回栈视图中项目的数量。这里使用组件 Component 来提供栈视图的页面,通过前面添加的工具按钮 ToolButton 来完成 push()和 pop()操作。

　　到这里,整个应用已经初步完成,读者可以每完成一步便运行一次程序,还可以在这个基础上进一步完善程序,体会不同控件的不同用法和多个控件的联合使用方法。

4.1.3 控件基类型 Control

Control 是用户界面控件的基类型,从图 4-1 可以看到,Qt Quick Controls 模块中的大部分控件都继承自 Control,而 Control 继承自 Item,一般我们不直接使用该类型,而是使用它的众多子控件类型。Control 从窗口系统接收输入事件并在屏幕上绘制自身,一个典型的 Control 控件布局如图 4-4 所示。控件的隐式大小 implicitWidth 和 implicitHeight 通常基于背景 background 和内容项 contentItem 的隐式大小以及四周的 insets 和 paddings 等属性的值,当没有明确指定控件的 width 和 height 属性时,则通过这些值来决定控件的大小。背景的 insets 相关属性可以在不影响控件的视觉外观的情况下扩展其可交互区域,这对于较小的控件非常有用。

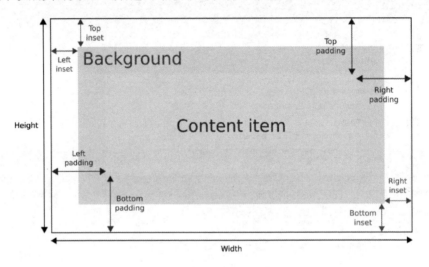

图 4-4 Control 控件布局示意图

下面来看一个例子:(项目源码路径:src\04\4-3\mycontrol)

```
import QtQuick
import QtQuick.Controls

Window {
    width: 300; height: 200
    visible: true

    Rectangle {
        x:100; y:100
        width: 50; height: 40
        color:"red"

        Control {
            width: 40; height: 30
            topInset: -2; leftInset: -2; rightInset: -6; bottomInset: -6
            background: Rectangle {
```

```
                color: "green"
            }
            contentItem: Rectangle {
                color: "yellow"
            }
            topPadding: 5; leftPadding: 2
        }
    }
}
```

这里通过设置四周的 insets 属性,让整个控件的背景显示变大,读者可以注释掉相关属性设置代码对比查看效果。

在对 Qt Quick Controls 有了一个大概认识以后,下面将对该模块中的众多控件进行演示介绍,这些控件大体上被分为 10 类,分别是按钮控件、容器控件、委托控件、指示器控件、输入控件、菜单控件、导航控件、弹出控件、分隔控件和日期控件。读者可以通过 Qt Quick Controls Guidelines 关键字查看相关内容,也可以通过 Qt Quick Controls Examples 关键字查看相应的示例程序。

4.2　按钮类控件

在 Qt Quick Controls 模块中提供了一组按钮类控件,包括 AbstractButton 及其子孙类型 Button、CheckBox、DelayButton、RadioButton、RoundButton、Switch 和 Tool-Button 等,每种类型的按钮都有自己的特定用例。ToolButton 在前面已经介绍过了,下面来看一下其他按钮的用法。

4.2.1　AbstractButton、Button 和 RoundButton

AbstractButton 为具有类似按钮行为的控件提供界面,它是一个抽象控件,提供了按钮通用的功能,但本身无法直接使用。AbstractButton 提供的属性如表 4 - 1 所列。

表 4 - 1　AbstractButton 类型的属性

属　性	类　型	描　述
action	Action	设置按钮的动作,Action 表示一个用户界面动作,包括文本、图标和快捷键等,一般结合菜单项、工具栏按钮等来使用
autoExclusive	bool	是否自动启用排他性。如果设置为 true,那么同一父项的可选中按钮同一时间只能选中一个。RadioButton 和 TabButton 中该属性默认为 true
autoRepeat	bool	是否在按下和按住时自动重复 pressed()、released() 和 clicked() 信号。默认为 false,如果设置为 true,那么不会发射 pressAndHold() 信号
autoRepeatDelay	int	自动重复的初始延迟时间,默认为 300 ms
autoRepeatInterval	int	自动重复的间隔时间,默认为 100 ms

属　性	类　型	描　述
checkable	bool	是否可选中，默认值为 false
checked	bool	是否选中
display	enumeration	设置图标和文本的显示，包括 AbstractButton.IconOnly 只显示图标、AbstractButton.TextOnly 只显示文本、AbstractButton.TextBesideIcon 文本显示在图标一旁、AbstractButton.TextUnderIcon 文本显示在图标下方
down	bool	是否在视觉上显示按下，除非明确设置，否则该属性与 pressed 的值相同
icon	icon.cache	bool	是否缓存图标，默认值为 true

icon	icon.cache	bool	是否缓存图标，默认值为 true
	icon.color	color	设置图标的颜色
	icon.height	int	设置图标的高度
	icon.name	string	设置使用图标的名称，这时图标将从平台主题进行加载。如果在主题中找到该图标，则使用该图标；如果未找到该图标，则会使用 icon.source 指定的图标。有关主题图标的更多信息，可以参考 QIcon 类的 fromTheme() 函数的帮助文档
	icon.source	url	设置图标图片的路径
	icon.width	int	设置图标的宽度
implicitIndicatorHeight		real	只读。保存指示器隐式高度
implicitIndicatorWidth		real	只读。保存指示器隐式宽度
indicator		Item	设置指示器项目
pressX		real	只读。保存上一次按下的 X 坐标。该值在触摸移动时更新，但在触摸释放后保持不变
pressY		real	只读。保存上一次按下的 Y 坐标。该值在触摸移动时更新，但在触摸释放后保持不变
pressed		bool	只读。保存按钮是否被物理按下，可以通过触摸或按键事件按下按钮
text		string	设置按钮的描述文本

另外，AbstractButton 中还有一个 toggle() 方法用来切换按钮的选中状态，以及 canceled()、clicked()、doubleClicked()、pressAndHold()、pressed()、released() 和 toggled() 等信号。按钮类控件继承了 AbstractButton 的这些 API，下面将重点介绍其他按钮部件的特有功能。

Button 类型实现了一个通用的按钮控件，一般用来执行一个动作或者回答一个问题，比如"确定""取消"等。Button 在 AbstractButton 的基础上添加了 flat 和 highlighted 两个属性，前者用于设置按钮是否为一个平面，默认为 false；后者设置按钮是否高亮显示，默认为 false。

RoundButton 作为 Button 的子类型，在其基础上添加了一个 radius 属性，可以设置圆角，将按钮的 implicitWidth 和 implicitHeight 设置为同一值，并将 radius 设置为

width / 2,可以创建一个圆形按钮。

下面来看一个例子:(项目源码路径:src\04\4-4\mybutton)

```
import QtQuick
import QtQuick.Controls
import QtQuick.Layouts

Window {
    width: 350; height: 200
    visible: true

    RowLayout {
        anchors.fill: parent
        spacing: 10
        Button { text: qsTr("普通按钮"); onClicked: close() }
        Button { text: qsTr("flat 按钮"); flat: true }
        Button { text: qsTr("高亮按钮"); highlighted: true }
        RoundButton { text: qsTr("圆角按钮"); radius: 5 }
        RoundButton { text: qsTr("圆形按钮"); implicitWidth: 60;
                      implicitHeight: 60; radius: width / 2 }
    }
}
```

4.2.2　CheckBox、RadioButton 和 ButtonGroup

CheckBox 复选框用来创建一个选项按钮,可以在"选中"和"未选中"两种状态间切换。如果将 tristate 属性设置为 true,则复选框可以拥有第 3 种状态"部分选中"。可以通过 checkState 属性来获取复选框的这 3 种状态:Qt. Checked、Qt. Unchecked 和 Qt. PartiallyChecked。复选框通常用于从一组选项中选择一个或多个选项,对于更大的选项集,如列表中的选项,可以参考使用 CheckDelegate。

RadioButton 单选按钮通常用于从一组选项中选择一个选项。单选按钮的 auto-Exclusive 属性默认为 true,在属于同一父项的单选按钮中,任何时候只能选中一个按钮,选中另一个按钮则自动取消选中先前选中的按钮。

(项目源码路径:src\04\4-5\mybuttongroup)在下面的示例中演示了两种按钮控件的一般用法:

```
RowLayout {
    spacing: 20

    ColumnLayout {
        CheckBox { checked: true; text: qsTr("First") }
        CheckBox { text: qsTr("Second") }
        CheckBox { checked: true; text: qsTr("Third") }
    }
    ColumnLayout {
        RadioButton { checked: true; text: qsTr("First") }
        RadioButton { text: qsTr("Second") }
        RadioButton { text: qsTr("Third") }
    }
}
```

ButtonGroup 可以包含一组互斥的按钮，该控件本身是不可见的，一般与 RadioButton 等控件一起使用。如果需要 ButtonGroup 中的按钮不再互斥，那么可以设置 exclusive 属性为 false。使用 ButtonGroup 的最直接方式是为其 buttons 属性添加按钮列表，如 buttons：column.children，但是如果 column 的子对象不全是按钮，那么可以使用另外一种方式，通过 ButtonGroup.group 附加属性单独为每一个按钮指定按钮组。例如：

```
ColumnLayout {
    ButtonGroup {
        id: childGroup
        exclusive: false; checkState: parentBox.checkState
    }
    CheckBox {
        id: parentBox;
        text: qsTr("Parent"); checkState: childGroup.checkState
    }
    CheckBox {
        checked: true; text: qsTr("Child 1")
        leftPadding: indicator.width; ButtonGroup.group: childGroup
    }
    CheckBox {
        text: qsTr("Child 2"); leftPadding: indicator.width
        ButtonGroup.group: childGroup
    }
}
```

这里有 3 个 CheckBox，后面两个添加到了一个 ButtonGroup 中。对于一个按钮组，只有所有按钮都处于 Qt.Checked 状态，该按钮组才处于"选中"状态，所以这里将第一个 CheckBox 与 ButtonGroup 的 checkState 进行双向绑定，这样只有当后面两个 CheckBox 同时选中时第一个 CheckBox 才会被选中；而如果手动选中第一个 CheckBox，那么其他两个 CheckBox 也会同时被选中；读者可以运行程序测试效果。

前面提到同一父对象的几个 RadioButton 默认是互斥的，但是如果几个 RadioButton 属于不同的父对象，而想同一时间只选中其中一个按钮，那么可以通过 ButtonGroup 来实现。例如：

```
ButtonGroup { id: radioGroup }

ColumnLayout {
    Label { text: qsTr("组 1") }
    RadioButton {
        checked: true; text: qsTr("选项 1"); ButtonGroup.group: radioGroup
    }
    RadioButton {
        text: qsTr("选项 2"); ButtonGroup.group: radioGroup
    }
}
ColumnLayout {
    Label { text: qsTr("组 2") }
```

```
RadioButton {
    text: qsTr("选项 3"); ButtonGroup.group: radioGroup
}
RadioButton {
    text: qsTr("选项 4"); ButtonGroup.group: radioGroup
}
}
```

当按钮组中的按钮单击时,ButtonGroup 会发射 clicked(AbstractButton button) 信号,可以通过该信号获取被单击按钮的相关信息。与 ButtonGroup 类似的,还有一个 ActionGroup 控件,它提供了一组互斥 Action 控件。

4.2.3　DelayButton 和 Switch

DelayButton 是一个可被选中的按钮,在被选中并发出 activated()信号之前,有一个延迟,用来防止意外按压。progress 属性可返回当前进度,介于 0.0 和 1.0 之间,延迟时间以 ms 为单位,通过 delay 属性进行设置。进度由按钮上的进度指示器指示,可以通过 transition 属性来自定义过渡动画。

Switch 开关按钮可以在"打开"和"关闭"之间进行切换,该按钮通常用于在两种状态之间进行选择;对于更大的选项集,如列表中的选项,可以改用 SwitchDelegate。

(项目源码路径:src\04\4-6\mybuttongroup)下面来看一下示例代码:

```
DelayButton {
    text: qsTr("延迟按钮"); delay: 5000
    onActivated: text = qsTr("已启动")
}

Switch {
    text: qsTr("Wi-Fi")
    onToggled: console.log(checked)
}
```

运行程序,效果如图 4-5 所示。

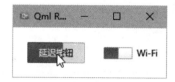

图 4-5　DelayButton 和 Switch 运行效果

4.3　容器类控件

容器类控件主要包括 ApplicationWindow、Container、Frame、GroupBox、HorizontalHeaderView、VerticalHeaderView、Page、Pane、ScrollView、SplitView、StackView、SwipeView、TabBar 和 ToolBar 等。其中,ApplicationWindow、ToolBar 在前面示例中

已经介绍过了，HorizontalHeaderView 和 VerticalHeaderView 主要为 TableView 提供水平和垂直表头，会在第 9 章讲解 TableView 时介绍，下面主要讲解其他几个控件。

4.3.1 Pane、Frame 和 GroupBox

Pane 直接继承自 Control，是其他几个面板容器的基类型，提供了与应用程序样式和主题相匹配的背景色，但没有提供自己的布局，需要通过创建 RowLayout 或 ColumnLayout 等来手动布局。如果 Pane 中仅有一个项目，那么它会调整大小以适应其所包含项目的隐式大小；当包含两个以上项目时，则需要通过 contentWidth 和 contentHeight 来指定大小。

Frame 继承自 Pane，它们的区别是 Frame 提供了一个边框。而 GroupBox 继承自 Frame，它在 Frame 的基础上又添加了一个标题。下面来看一个例子：（项目源码路径：src\04\4-7\mypane）

```
import QtQuick
import QtQuick.Controls
import QtQuick.Layouts

Window {
    width: 800; height: 250
    visible: true

    RowLayout {
        x: 50; y: 50; spacing: 20

        Pane {
            contentWidth: 150; contentHeight: 80

            ColumnLayout {
                anchors.fill: parent
                CheckBox { text: qsTr("E-mail") }
                CheckBox { text: qsTr("Calendar") }
                CheckBox { text: qsTr("Contacts") }
            }
        }
        Frame {
            contentWidth: 150; contentHeight: 80

            ColumnLayout {
                anchors.fill: parent; anchors.leftMargin: 5
                CheckBox { text: qsTr("E-mail") }
                CheckBox { text: qsTr("Calendar") }
                CheckBox { text: qsTr("Contacts")}
            }
        }
        GroupBox {
```

```
        contentWidth: 150; contentHeight: 80
        title: qsTr("Synchronize")

        ColumnLayout {
            anchors.fill: parent
            CheckBox { text: qsTr("E-mail") }
        CheckBox { text: qsTr("Calendar") }
            CheckBox { text: qsTr("Contacts") }
        }
      }
    }
  }
```

这里通过 title 属性来设置 GroupBox 的标题。另外，还可以通过 label 属性来设置显示标题的项目，比如使用 CheckBox 来创建 GroupBox 的标题项目，这样可以实现打开或关闭 GroupBox 复选框时，启用或禁用所有子项：

```
GroupBox{
    contentWidth: 150; contentHeight: 80

    label: CheckBox {
        id: checkBox
        checked: true;
        text: qsTr("Synchronize")
    }
    ColumnLayout {
        anchors.fill: parent; anchors.topMargin: 10
        enabled: checkBox.checked
        CheckBox { text: qsTr("E-mail") }
        CheckBox { text: qsTr("Calendar") }
        CheckBox { text: qsTr("Contacts") }
    }
}
```

4.3.2　Page

Page 继承自 Pane，在其基础上添加了 header 和 footer 属性，可以指定项目作为头部和脚部，所以 Page 一般用在 ApplicationWindow 中间显示多个不同的页面。另外，Page 还有一个 title 属性，可以设置页面标题，但是 Page 无法直接显示该标题，需要手动设置项目来进行显示。下面通过一个例子来看下具体使用方法：（项目源码路径：src\04\4-8\mypage）

```
import QtQuick
import QtQuick.Controls
import QtQuick.Layouts

ApplicationWindow {
    visible: true
```

```qml
        width: 400; height: 400

        header: Label {
            text: view.currentItem.title
            horizontalAlignment: Text.AlignHCenter
        }

        SwipeView {
            id: view
            anchors.fill: parent

            Page {
                title: qsTr("页面 1")
                header: ToolBar{
                    RowLayout {
                        anchors.fill: parent
                        ToolButton { text: qsTr("按钮 1") }
                        ToolButton { text: qsTr("按钮 2") }
                    }
                }
                footer: ToolBar{
                    Label {
                        text: qsTr("工具栏")
                        anchors.horizontalCenter: parent.horizontalCenter
                    }
                }
            }
            Page {
                title: qsTr("页面 2")
                header: TabBar {
                    TabButton { text: qsTr("选项 1") }
                    TabButton { text: qsTr("选项 2") }
                }
            }
        }
        PageIndicator {
            currentIndex: view.currentIndex
            count: view.count
            anchors.bottom: view.bottom; anchors.bottomMargin: 30
            anchors.horizontalCenter: view.horizontalCenter
        }
}
```

可以看到，Page 的标题是手动设置使用 Label 显示的。在 ApplicationWindow 中使用 Page 可以方便实现多个不同页面布局，每个页面都可以设置自己的头部和脚部。另外，在移动设备上，一般多个页面常会使用 PageIndicator 以小点的形式在下方显示页面个数和当前活动页面，该类型在前面例子中已经使用过，只需要指定页面数量 count 属性和当前页面 currentIndex 属性即可。

4.3.3　ScrollView

ScrollView 也继承自 Pane,并在其基础上提供了垂直滚动条和水平滚动条,从而可以展示更多内容。最简单的使用方法就是在 ScrollView 中显示比其尺寸更大的内容,例如:(项目源码路径:src\04\4-9\myscrollview)

```
ScrollView {
    width: 200; height: 200
    Label { text: "ABC"; font.pixelSize: 224 }
}
```

另外一种常用的情况是通过 ScrollView 来修饰 Flickable 及其子类型(如 List-View)。Flickable 用来提供一个可以拖拽和弹动的界面,但是其本身没有提供滚动条,可以借助 ScrollView 来提供滚动条:

```
ScrollView {
    width: 200; height: 200

    ListView {
        model: 20
        delegate: ItemDelegate {
            text: "Item " + index
            required property int index
        }
    }
}
```

如果只想显示一个方向的滚动条,如只显示垂直滚动条,那么可以将 content-Width 属性设置为 availableWidth。另外,也可以直接通过 ScrollBar. horizontal 和 ScrollBar. vertical 两个附加属性来获取对应的滚动条对象,然后设置其显示策略,例如:

```
ScrollBar. horizontal. policy: ScrollBar. AlwaysOff
ScrollBar. vertical. policy: ScrollBar. AlwaysOn
```

这样不再显示水平滚动条,而一直显示垂直滚动条。ScrollView 中使用的滚动条对应的是 ScrollBar 类型。其实也可以直接为 Flickable 添加 ScrollBar,从而直接为其添加滚动条,而不再需要嵌套在 ScrollView 中。与 ScrollBar 类似的,还有一个 Scroll-Indicator 类型,是用来指示当前滚动位置的非交互式指示器。该类型一般用在 Flick-able 及其子类型中显示滚动位置,与滚动条不同的是,指示器不能交互,而且只有在拖动界面时才显示。关于 Flickable 相关的内容可以参考第 5.7.1 小节。

4.3.4　Container、SwipeView 和 TabBar

Container 是允许动态插入和移除项的容器类控件的基本类型。一般可以将项目作为 Container 的子对象直接进行声明,但是也可以通过 addItem()、insertItem()、moveItem()和 removeItem()等方法来动态管理项目,可以通过 itemAt()或者 cont-entChildren 属性来访问容器中的项目。大多数容器都有一个"当前项目"的概念,当前项可以通过 currentIndex 属性指定,可以通过 currentItem 只读属性来访问。在实际编程时,通常会使用多个容器类控件,并将它们的 currentIndex 属性相互绑定以保持同步切换。注意,如果在 JavaScript 中指定 currentIndex 的值将删除相应的绑定,为了保留绑定,需要使用 incrementCurrentIndex()、decrementCurrentIndex() 和 setCurrentIndex() 等方法更改当前索引。

SwipeView 作为 Container 的子类型,提供了基于滑动的导航模型。如前面示例 4-8 中应用的那样,SwipeView 由一组页面进行填充,一次只能看到一页,可以通过横向滑动在页面之间导航。由于 SwipeView 本身是非可视的,所以一般会与 PageIndicator 结合使用,以向用户提供存在多个页面的视觉提示。通常不建议在 SwipeView 中添加过多的页面,当页面数量越来越大或者单个页面相对复杂时,可能需要通过卸载用户无法直接访问的页面来释放资源。可以通过 SwipeView.isCurrentItem、SwipeView.isNextItem 和 SwipeView.isPreviousItem 等属性来判断 SwipeView 中子项目的位置。可以通过设置 orientation 属性为 Qt.Vertical 将 SwipeView 修改为竖向滑动。

TabBar 作为 Container 的子类型,提供了一个基于选项卡的导航模型。TabBar 一般与 SwipeView 或者 StackLayout 等提供了 currentIndex 属性的类型同时使用,这个在前面的示例中已经多次见过。注意,如果选项按钮的总宽度超过选项卡栏的可用宽度,那么它将自动变为可轻弹的以显示隐藏按钮。

下面通过例子来进行讲解。(项目源码路径:src\04\4-10\mycontainer)

```
ApplicationWindow {
    width: 400; height: 250
    visible: true

    header: ToolBar{
        RowLayout {
            ToolButton {
                text: qsTr("Home")
                onClicked: swipeView.setCurrentIndex(0)
                enabled: swipeView.currentIndex !== 0
            }
            ToolButton {
                text: qsTr("<")
                onClicked: swipeView.decrementCurrentIndex()
                enabled: swipeView.currentIndex > 0
            }
            ToolButton {
                text: qsTr(">")
                onClicked: swipeView.incrementCurrentIndex()
                enabled: swipeView.currentIndex < swipeView.count - 1
            }
        }
    }
```

```
SwipeView {
    id: swipeView
    currentIndex: tabBar.currentIndex
    implicitWidth: parent.width; height: 100
    background: Rectangle { color: "lightblue" }

    Repeater {
        model: 5
        Loader {
            active: SwipeView.isCurrentItem || SwipeView.isNextItem
                    || SwipeView.isPreviousItem
            sourceComponent: Text {
                text: qsTr("页面") + (index + 1)
                Component.onCompleted: console.log("created:" + index)
                Component.onDestruction: console.log("destroyed:", index)
            }
        }
    }
}

TabBar {
    id: tabBar
    currentIndex: swipeView.currentIndex
    width: parent.width; anchors.top: swipeView.bottom

    Repeater {
        model: ["First", "Second", "Third", "Fourth", "Fifth"]

        TabButton {
            text: modelData
            width: Math.max(100, tabBar.width / 5)
        }
    }
}
```

这里的 TabBar 和 SwipeView 进行了 currentIndex 属性的相互绑定, 并在工具栏中通过按钮使用 decrementCurrentIndex() 和 incrementCurrentIndex() 方法完成了页面的导航。SwipeView 中还使用 isCurrentItem 等属性实现了只保留 3 个页面。Tab-Bar 中通过 Repeater 完成了选项卡的添加。另外, Container 的子类型还可以通过 addItem() 等方法实现子项目的动态添加删除, 例如:

```
Row {
    width: parent.width
    anchors.top: tabBar.bottom; anchors.topMargin: 30

    TabBar {
        id: tabBar1
        currentIndex: 0; width: parent.width - addButton.width

        TabButton { text: "TabButton" }
```

```
    }
    Component {
        id: tabButton
        TabButton { text: "TabButton" }
    }
    Button {
        id: addButton
        text: "+"; flat: true
        onClicked: {
            tabBar1.addItem(tabButton.createObject(tabBar1))
            console.log("added:", tabBar1.itemAt(tabBar1.count - 1))
        }
    }
}
```

4.3.5 SplitView

SplitView 是 Container 的子类型,用来水平或垂直布局项目,每个项目之间有一个可拖动的拆分器。SplitView 主要用来分隔不同的区域,包含了多个附加属性来设置宽度和高度,如 SplitView.minimumWidth 最小宽度、SplitView.minimumHeight 最小高度、SplitView.preferredWidth 最佳宽度、SplitView.preferredHeight 最佳高度、SplitView.maximumWidth 最 大 宽 度、SplitView.maximumHeight 最 大 高 度 等。SplitView 默认是水平布局,可以通过将 orientation 属性设置为 Qt.Vertical 来进行垂直布局。当水平布局时,只需要设置宽度相关属性即可,因为会根据视图的高度调整大小。另外,可以通过 handle 属性来设置自定义的分隔条。

下面来看一个例子:(项目源码路径:src\04\4-11\mysplitview)

```
SplitView {
    id: splitView
    anchors.fill: parent; orientation: Qt.Horizontal

    Rectangle {
        implicitWidth: 200
        SplitView.maximumWidth: 400; color: "lightblue"
        Label { text: "View 1"; anchors.centerIn: parent }
    }
    Rectangle {
        id: centerItem
        SplitView.minimumWidth: 50; SplitView.fillWidth: true
        color: "lightgray"
        Label { text: "View 2"; anchors.centerIn: parent }
    }
    Rectangle {
        implicitWidth: 200; color: "lightgreen"
        Label { text: "View 3"; anchors.centerIn: parent }
    }
}
```

这里中间的 Rectangle 还设置了 SplitView.fillWidth 为 true,这样当其他项目都

设置好以后该项目会获得所有剩余空间。对应的,垂直布局还有一个 SplitView. fill-Height 附加属性。

　　SplitView 的主要目的是允许用户轻松配置各种 UI 元素的大小,在实际应用中,用户的首选尺寸应在会话中记住,可以通过使用 saveState() 和 restoreState() 来保存和还原 SplitView. preferredWidth 或 SplitView. preferredHeight 属性的值。例如:

```
Component.onCompleted: splitView.restoreState(settings.splitView)
Component.onDestruction: settings.splitView = splitView.saveState()


Settings {
    id: settings
    property var splitView
}
```

4.3.6　StackView

　　StackView 继承自 Control,可以将多个页面放入一个栈中,页面先进后出,这个类型在前面的例子中已经使用过了。StackView 支持 3 种主要导航操作:压入 push(item, properties, operation)、弹出 pop(item, operation) 和替换 replace(target, item, properties, operation)。其中的参数 item 是要操作的项目,可选参数 properties 是 item 的一组属性,可选参数 operation 可以指定一个操作,包括 StackView. Immediate、StackView. PushTransition、StackView. ReplaceTransition 和 StackView. PopTransition;不同操作默认使用不同的切换动画,当然也可以手动指定。

　　对于 push() 操作,可以将项目压入栈中,返回值为最后一个压入的项目(当前项),项目可以是 Item、Component 或者一个 url。如果是 Component 或者 url,那么 StackView 会在压入时自动创建一个实例,当该项目弹出栈时自动被销毁。properties 参数可以指定项目初始属性值的映射,对于动态创建的项目,会在完成创建之前应用这些值,这比在创建后设置属性值更有效;另外,还允许在创建项目之前使用 Qt. binding() 设置属性绑定。可以作为附加参数或使用数组来同时压入多个项目,最后一个项目将成为当前项,每个项目后面都可以有一组要应用的属性。例如:

```
stackView.push(rect1, rect2)
//或设置属性:
stackView.push(rect1, {"color": "red"}, rect2, {"color": "green"})
```

使用数组的方式:

```
stackView.push([rect1, rect2])
//或设置属性:
stackView.push([rect1, {"color": "red"}, rect2, {"color": "green"}])
```

　　对于 pop() 操作,可以从栈中弹出一个或多个项目,返回值为最后弹出的项目。如果指定了 item 参数,那么弹出栈中 item(不包含它自身)以上的所有项目;如果 item 参数设置为 null,那么只保留栈最底部一个项目,其他全部弹出;如果不指定 item,那么只弹出最上面的当前项目。

　　对于 replace() 操作,可以通过指定的项目替换栈中一个或多个项目。如果指定了目标 target 参数,那么目标及之上的所有项目都会被替换;如果将 target 设置为 null,那么栈中的所有项目都会被替换;如果未指定 target,那么只会替换顶部的当前项目。

可以通过 find()来查找并返回指定的项目,该方法需要指定一个回调函数(以 item 和 index 为参数),从栈中顶部开始的每一个项目都会调用一次该函数,直至匹配到指定的项目,回调函数会返回 true,find()停止查找并返回匹配到的项目;如果没有找到,则返回 null。例如:

```
stackView.find(function(item, index) {
    return item.isTheOne
})
```

如果要返回指定 index 的项目,那么可以直接使用 get();如果要清空栈,那么可以使用 clear()。另外,通过 pushEnter、pushExit 等属性可以自定义过渡动画。

下面来看一个例子:(项目源码路径:src\04\4-12\mystackview)

```
import QtQuick
import QtQuick.Controls
import QtQuick.Layouts

ApplicationWindow {
    width: 640; height: 480
    visible: true

    header: ToolBar {
        RowLayout {
            anchors.fill: parent
            ToolButton {
                text: qsTr("Push")
                onClicked: {
                    stack.push(rect1, {"color": "red"}, rect2, {"color": "green"},
                                rect3, {"color": "yellow"});
                    console.log(stack.depth)
                }
            }
            ToolButton {
                text: qsTr("Pop")
                onClicked: { stack.pop(); console.log(stack.depth) }
            }
            ToolButton {
                text: qsTr("Replace")
                onClicked: {
                    stack.replace(rect2, [rect1, rect2, rect3]);
                    console.log(stack.depth)
                }
            }
            ToolButton {
                text: qsTr("Find")
                onClicked: {
                    stack.find(function(item, index) {
```

```
                        console.log(index); return item === rect3 })
                }
            }
            ToolButton {
                text: qsTr("Clear")
                onClicked: { stack.clear(); console.log(stack.depth)}
            }
        }
    }

    StackView {
        id: stack
        anchors.fill: parent
    }

    Rectangle { id: rect1; visible: false; Text { text: qsTr("1")} }
    Rectangle { id: rect2; visible: false; Text { text: qsTr("2")} }
    Rectangle { id: rect3; visible: false; Text { text: qsTr("3")} }
}
```

4.4　委托类控件

委托类控件主要包括 ItemDelegate 及其子类型 CheckDelegate、RadioDelegate、SwipeDelegate、SwitchDelegate 和 TreeViewDelegate。其中，TreeViewDelegate 用于为 TreeView 提供委托，这个将在第 9 章介绍。

4.4.1　ItemDelegate、CheckDelegate、RadioDelegate 和 SwitchDelegate

ItemDelegate 用来表示一个标准的视图项，可以用作各种视图（如 ListView 和 ComboBox）中的委托，它是委托类控件的基类型。因为 ItemDelegate 继承自 AbstractButton，所以可以为其设置文本、显示图标并对单击做出反应。ItemDelegate 有一个 highlighted 属性，当设置为 true 时会高亮显示委托。例如：（项目源码路径：src\04\4-13\myitemdelegate）

```
ListView {
    width: 160; height: 240
    focus: true
    model: Qt.fontFamilies()
    delegate: ItemDelegate {
        text: modelData
        highlighted: ListView.isCurrentItem
        onClicked: console.log("clicked:", modelData)
    }
    ScrollIndicator.vertical: ScrollIndicator { }
}
```

CheckDelegate 提供一个类似 CheckBox 的项目委托，可以进行选中或取消选中，通常用于从列表中的一组选项中选择一个或多个选项。

RadioDelegate 提供一个类似于 RadioButton 的项目委托,可以进行选中或取消选中,通常用于从一组选项中选择一个选项。RadioDelegate 默认是互斥的,在属于同一父项的单选委托中,任何时候只能选中一个委托;选中另一个委托会自动取消先前选中的委托。对于一组没有共享公共父级的单选委托,可以通过 ButtonGroup 实现互斥。

SwitchDelegate 提供一个类似于 Switch 的项目委托,可以进行选中或取消选中,通常用于从一组选项中选择一个或多个选项。

CheckDelegate、RadioDelegate 和 SwitchDelegate 一般用于视图中,处理具有大量选项的情况;而与它们相似的 CheckBox、RadioButton 和 Switch 用于较小的选项集或者需要每个选项都具有 id 的情况。下面来看一下它们的用法:

```
ListView {
    width: 140; height: 240
    model: ["Option 1", "Option 2", "Option 3"]
    delegate: CheckDelegate {
        text: modelData
    }
}
ButtonGroup {
    id: buttonGroup
}
ListView {
    width: 140; height: 240
    model: ["Option 1", "Option 2", "Option 3"]
    delegate: RadioDelegate {
        text: modelData
        checked: index === 0
        ButtonGroup.group: buttonGroup
    }
}
ListView {
    width: 140; height: 240
    model: ["Option 1", "Option 2", "Option 3"]
    delegate: SwitchDelegate {
        text: modelData
    }
}
```

4.4.2 SwipeDelegate

SwipeDelegate 继承自 ItemDelegate,提供了一个视图项,实现向左或向右滑动以显示更多选项或信息,一般在 ListView 等视图中用作委托。SwipeDelegate 的主要属性是 swipe 属性组,其中的子属性如表 4-2 所列。

表 4 - 2　SwipeDelegate 类型的 swipe 属性组

属　性	类　型	描　述
swipe. enabled	bool	控件是否可以滑动
swipe. position	real	只读属性。滑动相对于控件任一侧的位置,取值范围-1.0(左侧边界)~1.0(右侧边界)
swipe. complete	bool	只读属性。当滑动到边界并且释放鼠标后该属性的值为 true,这时在 left、right 或 behind 属性中声明的项目会接收鼠标事件
swipe. left	Component	指定左侧委托项目,当 SwipeDelegate 向右滑动时,该项目会逐渐显示
swipe. leftItem	Item	只读属性。保存左侧组件实例化的项目
swipe. right	Component	指定右侧委托项目,当 SwipeDelegate 向左滑动时,该项目会逐渐显示
swipe. rightItem	Item	只读属性。保存右侧组件实例化的项目
swipe. behind	Component	保存委托项目,当 SwipeDelegate 向左或者向右滑动时都会显示该项目
swipe. behindItem	Item	只读属性。保存 behind 组件实例化的项目
swipe. transition	Transition	设置释放滑动或者调用 swipe. open()或 swipe. close()时的过渡动画

下面的示例中,在 ListView 中使用 SwipeDelegate 实现通过向左滑动从列表视图中删除项目。(项目源码路径:src\04\4-14\myswipedelegate)

```
import QtQuick
import QtQuick.Controls
import QtQuick.Layouts

Window {
    width: 200; height: 240
    visible: true
    title: qsTr("SwipeDelegate")

    ListView {
        id:listView
        anchors.fill: parent
        model: listModel
        delegate: myDelegate

        ListModel {
            id: listModel
            ListElement { title: "Qt Quick Guidelines" }
            ListElement { title: "Pixmap and Threaded ImageSupport" }
            ListElement { title: "the C++ API provided by the Qt Quick module" }
            ListElement { title: "QML types provided by the QtQuick import" }
            ListElement { title: "provides a particle system for Qt Quick" }
        }

        Component{
            id: myDelegate

            SwipeDelegate {
```

```
id: swipeDelegate
text: index + " - " + title
width: listView.width

ListView.onRemove: animation.start()

SequentialAnimation {
    id: animation
    PropertyAction {
        target: swipeDelegate
        property: "ListView.delayRemove"
        value: true
    }
    NumberAnimation {
        target: swipeDelegate
        property: "height"
        to: 0 ; duration: 500
        easing.type: Easing.InOutQuad
    }
    PropertyAction {
        target: swipeDelegate
        property: "ListView.delayRemove"
        value: false
    }
}

swipe.right: Label {
    id: deleteLabel
    text: qsTr("Delete")
    color: "white"; padding: 12
    verticalAlignment: Label.AlignVCenter
    height: parent.height
    anchors.right: parent.right

    SwipeDelegate.onClicked: listView.model.remove(index)

    background: Rectangle {
        color: deleteLabel.SwipeDelegate.pressed ?
                    Qt.darker("tomato", 1.1) : "tomato"
    }
}
}
}
}
}
```

这里涉及了 ListView、ListModel 等类型，具体使用方法可以参考第 9 章相关内容。我们重点看 SwipeDelegate 对象中的内容，这里在 swipe.right 中声明了一个 Label 标签控件来显示 Delete 字符串；当用户进行单击时执行 listView.model.remove (index)，这时会删除列表中的当前条目。而调用 remove()方法后，则执行 ListView.

onRemove 信号处理器。这里设置了删除动画,先通过 ListView. delayRemove 延迟删除,然后通过 NumberAnimation 在 0.5 s 内使 swipeDelegate 的高度变为 0。这里还通过 SwipeDelegate. pressed 附加属性来判断组件是不是被按下,被按下时改变背景颜色。程序运行效果如图 4-6 所示。另外,SwipeDelegate 中还提供了 swipe. open()和 swipe. close()两个方法来开启或者关闭委托组件。

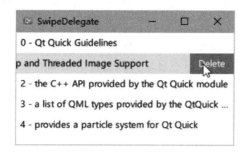

图 4-6　SwipeDelegate 示例程序运行效果

4.5　指示器类控件

Qt Quick Controls 提供了一系列类似指示器的控件,包括 BusyIndicator、Page-Indicator、ProgressBar、ScrollBar 和 ScrollIndicator 等,它们均直接继承自 Control。PageIndicator 在前面已经多次使用并介绍过,而 ScrollBar 和 ScrollIndicator 在前面介绍 ScrollView 时提及过,它们用法相似,这里就不再赘述。

4.5.1　BusyIndicator

BusyIndicator 用来显示一个忙碌指示器控件,用来指示正在加载内容或 UI 被阻止须等待资源等情况。该类型自身只有一个 running 属性,在需要等待的情况下将其设置为 true 即可。例如:(项目源码路径:src\04\4-15\myindicator)

```
Pane {
    width: 400; height: 300
    Image {
        id: image; anchors.fill: parent
        source: "https://www.qter.org/temp/back.png"
    }
    BusyIndicator {
        id:busy
        anchors. horizontalCenter: parent. horizontalCenter
        anchors. verticalCenter: parent. verticalCenter
        running: image. status === Image. Loading
    }
}
```

4.5.2 ProgressBar

ProgressBar 用来显示一个进度条指示器控件,可以指示操作的进度。进度值由 value 属性指定,需要定期进行更新来显示进度,其范围由 from 属性(默认值为 0.0)和 to 属性(默认值为 1.0)指定。可以通过 position 只读属性获取进度条的逻辑位置,通过 visualPosition 只读属性获取进度条的可视化位置,两者取值范围都是 0.0~1.0;当进度条镜像属性 mirrored 设置为 true 时,visuaPosition 等于 1.0－position。indeterminate 属性为 true 时可以让进度条处于不确定模式,这时进度条类似于 BusyIndicator,可以显示操作正在进行中,但不显示具体进度。例如:

```
ProgressBar {
    visible: image.status === Image.Loading
    value: image.progress
}
```

4.6 输入类控件

Qt Quick Controls 模块中为数字和文本输入提供了多种输入控件,包括 ComboBox、Dial、RangeSlider、Slider、TextArea、TextField、Tumbler 和 SpinBox 等。

4.6.1 ComboBox

ComboBox 继承自 Control,是一个组合按钮和弹出列表的组合框控件,提供了一种以占用最小屏幕空间的方式向用户呈现选项列表的方法。填充到 ComboBox 的数据模型通常是 JavaScript 数组、ListModel 或整数,但也支持其他类型的数据模型,例如:

```
ComboBox {
    model: ["First", "Second", "Third"]
}
```

将 editable 属性设置为 true 时,可以对 ComboBox 进行编辑。在下面的例子中,可以对组合框的内容进行编辑,按下回车键以后会将修改后的内容追加到组合框列表中:(项目源码路径:src\04\4-16\mycombobox)

```
ComboBox {
    editable: true
    model: ListModel {
        id: model
        ListElement { text: "Banana" }
        ListElement { text: "Apple" }
        ListElement { text: "Coconut" }
    }
    onAccepted: {
        if (find(editText) === -1)
            model.append({text: editText})
    }
}
```

当按下回车键以后,组合框会发射 accepted()信号;在对应的信号处理器中,通过 find()方法来查找组合框中是否已经有了相同的内容,没有就在数据模型中进行追加。修改的文本可以通过 editText 属性获取,还可以使用 validator 属性来指定验证器。关于验证器可以查看 3.1.4 小节 TextInput 部分内容。

4.6.2　Dial

Dial 继承自 Control,实现类似于传统的音响上拨号旋钮样式的控件,可以用来指定范围内的值。通过 from 和 to 属性来指定开始和结束的值,value 属性设置当前值。另外,可以使用 stepSize 设置步长,将 wrap 设置为 true,可以到终点后直接跳到起始点。下面来看一个例子:(项目源码路径:src\04\4-17\mydial)

```
Dial {
    id: dial
    from: 1; to: 10
    stepSize: 1; wrap: true
}
Label {
    anchors.top: dial.bottom
    text: dial.value
}
```

4.6.3　RangeSlider 和 Slider

RangeSlider 继承自 Control,用于通过沿轨迹滑动两个控制柄来选择由两个值指定的范围。控件的范围由 from 和 to 两个属性来指定,两个控制柄则分别由 first 和 second 两个属性组来指定,两个属性组的子属性相同,主要设置控制柄部件的 handle 属性、设置值的 value 属性、获取位置的 position 属性(取值范围 0.0～1.0)等。当两个控制柄移动时会分别发射 first.moved()、second.moved()信号,可以在对应的处理器中进行相关操作。RangeSlider 默认是横向的,将 orientation 属性设置为 Qt.Vertical,可以设置为纵向。

下面来看一个简单的例子:(项目源码路径:src\04\4-18\myrangeslider)

```
RangeSlider {
    from: 1; to: 100
    first.value: 25; second.value: 75
    first.onMoved: console.log(first.value + "," + second.value)
    second.onMoved: console.log(first.value + "," + second.value)
}
```

Slider 也继承自 Control,用于通过沿轨迹滑动控制柄来选择值。该控件与 RangeSlider 很相似,不过只有一个控制柄,使用起来很简单,例如:

```
Slider {
    from: 1; to: 100; value: 25;stepSize: 10
    onMoved: console.log(value)
}
```

4.6.4　TextArea 和 TextField

　　TextArea 继承自 TextEdit,提供了一个多行文本编辑器,在 TextEdit 之上添加了占位符文本功能,并进行了一些装饰。TextArea 本身不可以滚动,可以将其放入 ScrollView 中来实现滚动条。通过 placeholderText 属性可以设置占位符文本,它是在用户输入之前显示在文本区域中的简短提示。下面来看一个简单例子:(项目源码路径:src\04\4-19\mytextarea)

```
ScrollView {
    id: view
    anchors.fill: parent
    TextArea {
        placeholderText: qsTr("可以在这里输入内容")
        wrapMode: Text.WordWrap
    }
}
```

　　TextField 继承自 TextInput,提供了一个单行文本编辑器,在 TextInput 基础上添加了占位符文本功能,并添加了一些装饰。该控件使用起来很简单,例如:

```
TextField {
    placeholderText: qsTr("Enter name")
    onAccepted: console.log(text)
}
```

　　TextArea 和 TextField 都是对文本进行编辑,另外还有一个 Label 控件,只提供了对文本的显示。Label 继承自 Text,可以拥有一个可视化的 background 项目作为背景,其默认颜色和字体是由样式指定的,例如:

```
Label {
    text: qsTr("姓名:"); font.pointSize: 7
    background: Rectangle { color: "lightgrey" }
}
```

4.6.5　Tumbler 和 SpinBox

　　Tumbler 继承自 Control,实现从可旋转的项目"转轮"中选择一个选项。该控件提供了现成的数据选项,不需要使用键盘输入,而当有大量项目时,它可以首尾相连,这些特性让该控件非常实用。Tumbler 的 API 与列表视图 ListView 和路径视图 PathView 很相似,可以通过 model 属性设置数据模型,通过 delegate 属性设置委托。使用 count 只读属性可以获取模型中项的数量;使用 currentItem 只读属性可以获取当前的项目;而 currentIndex 可以设置当前索引;要将视图定位到一个指定的索引,可以使用 positionViewAtIndex()方法。wrap 属性可以设置转轮到头后是否可以连接开始项,当项目数量 count 大于可见项目数量 visibleItemCount 时,该属性默认为 true。下面来看一个例子:(项目源码路径:src\04\4-20\mytumbler)

```
import QtQuick
import QtQuick.Controls

Window {
    visible: true
    width: frame.implicitWidth + 10
    height: frame.implicitHeight + 10

    function formatText(count, modelData) {
        var data = count === 12 ? modelData + 1 : modelData;
        return data.toString().length < 2 ? "0" + data : data;
    }

    Component {
        id: delegateComponent

        Label {
            text: formatText(Tumbler.tumbler.count, modelData)
            opacity: 1.0 - Math.abs(Tumbler.displacement)
                        /(Tumbler.tumbler.visibleItemCount / 2)
            horizontalAlignment: Text.AlignHCenter
            verticalAlignment: Text.AlignVCenter
        }
    }

    Frame {
        id: frame
        anchors.centerIn: parent; padding: 0

        Row {
            id: row

            Tumbler {
                id: hoursTumbler
                model: 12; delegate: delegateComponent
            }
            Tumbler {
                id: minutesTumbler
                model: 60; delegate: delegateComponent
            }
            Tumbler {
                id: amPmTumbler
                model: ["AM", "PM"]; delegate: delegateComponent
            }
        }
    }
}
```

　　这里创建了 3 个 Tumbler，使用了相同的委托，但是数据模型不同。委托使用的是一个 Label，主要设置了文本 text 和不透明度 opacity 属性。这里的 Tumbler.displacement 附加属性的取值范围为－visibleItemCount ／ 2～visibleItemCount ／ 2，就是视图

可见的项目离视图中间的当前项目的距离,当前项目
的该属性值为 0。运行效果如图 4-7 所示。

SpinBox 继承自 Control,允许用户通过单击向上
或向下指示器按钮,或通过键盘向上或向下键来选择
整数值。可以通过 editable 属性将 SpinBox 设置为可
编辑。默认情况下,SpinBox 提供 0~99 范围内的离
散值,步长为 1,可以通过 from 和 to 设置起始值和结
束值,通过 value 设置当前值。尽管 SpinBox 默认只可
以处理整数值,通过 validator、textFromValue 和 val-
ueFromText 等属性也可以自定义让其接受任意输入
值,例如:(项目源码路径:src\04\4-21\myspinbox)

图 4-7　Tumbler 控件示例效果

```
SpinBox {
    id: spinBox
    from: 0; to: items.length - 1
    value: 1 // "Medium"

    property var items: ["Small", "Medium", "Large"]

    validator: RegularExpressionValidator {
        regularExpression: new RegExp("(Small|Medium|Large)", "i")
    }

    textFromValue: function(value) {
        return items[value];
    }

    valueFromText: function(text) {
        for (var i = 0; i < items.length; ++i) {
            if (items[i].toLowerCase().indexOf(text.toLowerCase()) === 0)
                return i
        }
        return spinBox.value
    }
}
```

同样的,可以自定义 SpinBox 接受浮点数:

```
SpinBox {
    id: spinbox
    from: 0;  to: 100 * 100
    value: 110; stepSize: 100

    property int decimals: 2
    property real realValue: value / 100

    validator: DoubleValidator {
```

```
        bottom: Math.min(spinbox.from, spinbox.to)
        top:   Math.max(spinbox.from, spinbox.to)
    }

    textFromValue: function(value, locale) {
        return Number(value / 100).toLocaleString(locale, 'f', spinbox.decimals)
    }

    valueFromText: function(text, locale) {
        return Number.fromLocaleString(locale, text) * 100
    }
}
```

4.7　菜单类控件

　　Qt Quick Controls 模块中提供了一些菜单相关的控件来完成一个完整菜单的创建,包括菜单栏 MenuBar、菜单栏项目 MenuBarItem、菜单 Menu 和菜单项目 MenuItem。在前面 4.1.2 小节的示例中已经使用过 MenuBar、Menu 和 MenuItem 等控件。而 MenuBarItem 用作 MenuBar 的默认委托类型,在使用 MenuBar 时,不必手动声明 MenuBarItem 实例,将 Menu 声明为 MenuBar 的子对象时会自动创建相应项目。

　　Menu 菜单控件继承自 Popup,主要用来实现上下文菜单(例如,右击鼠标后显示的菜单)和弹出菜单(例如,单击按钮后显示的菜单)。当用作上下文菜单时,建议调用 popup()打开菜单;除非明确指定了位置,否则菜单将位于鼠标光标处。例如:(项目源码路径:src\04\4-22\mymenu)

```
MouseArea {
    anchors.fill: parent
    acceptedButtons: Qt.LeftButton | Qt.RightButton
    onClicked: {
        if (mouse.button === Qt.RightButton)
            contextMenu.popup()
    }

    Menu {
        id: contextMenu
        MenuItem { text: qsTr("Cut") }
        MenuItem { text: qsTr("Copy") }
        MenuItem { text: qsTr("Paste") }
    }
}
```

　　当用作弹出菜单时,一般通过使用各自的属性指定所需的 x 和 y 坐标来指定位置,然后调用 open()打开菜单,例如:

```
Button {
    id: fileButton
    text: "File"
    onClicked: menu.open()

    Menu {
        id: menu
        y: fileButton.height

        MenuItem { text: qsTr("New...") }
        MenuItem { text: qsTr("Open...") }
        MenuItem { text: qsTr("Save") }
    }
}
```

4.8 导航类控件

导航类控件主要包括 Drawer 以及前面已经介绍过的 StackView、SwipeView、TabBar 和 TabButton。下面主要来看一下 Drawer 的用法。

Drawer 继承自 Popup,是一个类似抽屉的侧面板控件。Drawer 可以放置在内容项的 4 个边缘中的任何一个,默认靠着窗口的左边缘(Qt.LeftEdge),通过从左边缘"拖拽"来打开 Drawer,可以通过 edge 属性设置为其他边缘,如 Qt.TopEdge、Qt.RightEdge 和 Qt.BottomEdge 等。dragMargin 属性用来设置与屏幕边缘的距离,拖动操作将在该距离内打开 Drawer,当设置为 0 或负数时将无法通过拖动打开 Drawer。

下面来看一个例子:(项目源码路径:src\04\4-23\mydrawer)

```
ApplicationWindow {
    id: window
    width: 300; height: 400
    visible: true

    header: ToolBar {
        ToolButton {
            text: qsTr("□")
            onClicked: drawer.open()
        }
    }

    Drawer {
        id: drawer
        y: header.height;
        width: window.width * 0.6
        height: window.height - header.height

        Label {
            text: "Content goes here!"
```

```
            anchors.centerIn: parent
        }
    }
}
```

另外, position 属性保存 Drawer 打开过程中相对于其最终目的地的位置, 当完全关闭时, 位置为 0.0; 当完全打开时, 位置为 1.0。通过 position 可以实现在打开 Drawer 时将内容区域进行移动, 从而尽量不被 Drawer 遮挡, 例如:

```
Label {
    id: content
    text: "Content"
    font.pixelSize: 60
    anchors.fill: parent
    verticalAlignment: Label.AlignVCenter
    horizontalAlignment: Label.AlignHCenter

    transform: Translate {
        x: drawer.position * content.width * 0.33
    }
}
```

4.9　弹出类控件

弹出类控件主要包括 Popup 及其子类型 Dialog、Drawer、Menu 和 ToolTip 等。其中, Drawer 和 Menu 在前面已经介绍过了。

Popup 继承自 QtObject, 是弹出窗口类用户界面控件的基本类型, 一般与 Window 或 ApplicationWindow 一起使用。为了确保 Popup 显示在场景中其他项目的上方, 建议使用 ApplicationWindow。Popup 不提供自己的布局, 可以通过创建 RowLayout 或 ColumnLayout 来手动进行布局。声明为 Popup 的子对象将自动将其父对象设置为 Popup 的 contentItem, 动态创建的对象需要显式地将 contentItem 设置为其父对象。Popup 在一个窗口中的布局如图 4-8 所示, 可以通过 bottomInset、leftMargin 等相应的属性进行布局设置。

与其他项目类似, Popup 的 x 和 y 坐标是相对于其父项的, 例如, 打开作为按钮子项的弹出窗口将导致弹出窗口相对于按钮进行定位。通常情况下, 会使用附加的 Overlay。Overlay 属性将弹出窗口显示在界面中心, 而不用考虑打开弹出窗口的按钮的位置。Overlay 是覆盖整个窗口的一个普通项目, 为弹出窗口提供了一个层, 确保弹出窗口显示在其他内容之上, 并且当弹出窗口为模态(modal 属性为 true)或将 dim 属性设置为 true, 且弹出窗口可见时背景会变暗。

Popup 的 closePolicy 属性用来设置弹出窗口的关闭策略, 默认是 Popup.CloseOnEscape | Popup.CloseOnPressOutside, 就是在按下 Esc 键或者单击弹出窗口之外的界面时会关闭弹出窗口。也可以设置为其他方式, 比如 Popup.CloseOnPressOutsideParent 需要在弹出窗口父项目之外单击才可以关闭。Popup 包含 open()打开、close

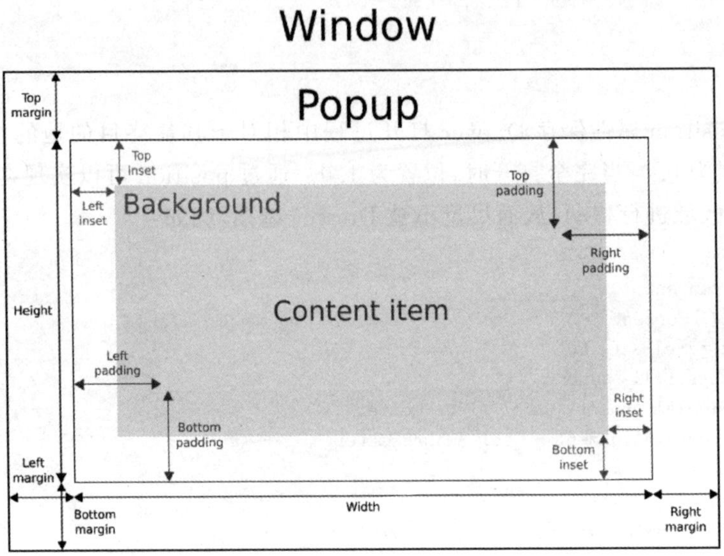

图 4 - 8　Popup 在窗口中的布局示意图

( )关闭、forceActiveFocus( )强制激活焦点这 3 个方法,以及 opened( )打开、closed( )关闭、aboutToShow( )即将显示、aboutToHide( )即将隐藏这 4 个信号,可以在相应的信号处理器中进行一些操作。

　　Dialog 对话框是一个弹出窗口,主要用于短期任务或与用户的简短通信。与 ApplicationWindow 和 Page 类似,Dialog 分为 3 个部分:header、contentItem 和 footer。对话框的 title 属性用来设置标题,默认作为对话框的 header。对话框的标准按钮通过 DialogButtonBox 进行管理,默认作为对话框的 footer;通过 Dialog 的 standardButtons 属性可以用来设置标准按钮,该属性将转发至 DialogButtonBox 的相应属性。另外,DialogButtonBox 的 accepted( )和 rejected( )信号将连接到 Dialog 中的相应信号。也就是说,我们可以明确创建一个 DialogButtonBox 控件来创建对话框的按钮并进行操作,也可以通过 Dialog 自身的 standardButtons 属性和 accepted( )、rejected( )等信号来创建按钮并进行操作。

　　ToolTip 工具提示是告知用户控件功能的一小段文本,它通常位于父控件的上方或下方。提示文本可以是任何富文本格式的字符串。最常用的使用方式是通过 ToolTip. visible 和 ToolTip. text 来设置工具提示的可见性和显示文本。通过 ToolTip. delay 可以设置延迟显示时间,单位为 ms,默认值为 0;通过 ToolTip. timeout 可以设置显示时间,单位为 ms,默认值为－1,不会自动隐藏。这几个属性可以附加到任何项目上。

　　下面来看一个例子:(项目源码路径:src\04\4-24\mypopup)

```
ApplicationWindow {
    width: 600; height: 400
    visible: true

    Button {
```

```
        text: qsTr("Button")
        onClicked: dialog.open()
        ToolTip.visible: down
        ToolTip.text: qsTr("打开对话框")
        ToolTip.timeout: 1000
        ToolTip.delay: 500

        Dialog {
            id: dialog
            title: qsTr("Dialog"); width: 300; height: 200
            parent: Overlay.overlay
            x: Math.round((parent.width - width) / 2)
            y: Math.round((parent.height - height) / 2)
            standardButtons: Dialog.Ok | Dialog.Cancel
            modal: true
            Label {
                text: qsTr("关闭对话框?")
                anchors.centerIn: parent
            }
            onAccepted: ApplicationWindow.window.close()
            onRejected: console.log("Cancel clicked")
        }
    }
}
```

　　对于 ToolTip.visible 属性,可以设置为 true,直接进行显示;也可以像这里一样,设置为 Button 的 down、pressed、hovered 等属性,只有在进行相应操作时才会显示。关于对话框的标准按钮 standardButtons,可以选择 10 余种不同的按钮,每一种按钮都有一个不同的角色 buttonRole,比如这里的 Ok 按钮,对应的是 DialogButtonBox.AcceptRole,而当具有该角色的按钮被单击后会发射 accepted() 信号,所以可以在 onAccepted 信号处理器中进行相应的操作,比如这里关闭了整个窗口。其他标准按钮的详细内容可以参考 DialogButtonBox 的帮助文档。

4.10　分隔类控件

　　分隔类控件包括 MenuSeparator 和 ToolSeparator,这两个控件用起来很简单。MenuSeparator 在前面已经用过,用来分隔菜单项;ToolSeparator 用在工具栏进行分隔项目,默认为竖直线,可以设置 horizontal 为 true 改为水平线。例如:

```
ToolBar {
    RowLayout {
        anchors.fill: parent
        ToolButton { text: qsTr("Action 1") }
        ToolButton { text: qsTr("Action 2") }
        ToolSeparator {}
        ToolButton { text: qsTr("Action 3") }
        ToolButton { text: qsTr("Action 4") }
        Item { Layout.fillWidth: true }
    }
}
```

4.11　日期类控件

日期类控件包括 DayOfWeekRow、WeekNumberColumn 和 MonthGrid，它们都继承自 Control。

DayOfWeekRow 会将星期几的名称显示为一行，日期的名称使用指定的 locale 区域设置进行排序和格式化。WeekNumberColumn 在一列中显示给定 year 年份、month 月份的周数。这两个控件都可以独自使用，但是一般会和 MonthGrid 一起使用，通过计算给定月份和年份实现在网格中显示日历月。下面先来看一个例子：（项目源码路径：src\04\4-25\mymonthgrid）

```
GridLayout {
    columns: 2
    DayOfWeekRow {
        locale: grid.locale
        Layout.column: 1
        Layout.fillWidth: true
    }
    WeekNumberColumn {
        month: grid.month; year: grid.year
        locale: grid.locale
        Layout.fillHeight: true
    }
    MonthGrid {
        id: grid
        month: Calendar.December; year: 2022
        locale: Qt.locale("zh_CN")
        Layout.fillWidth: true
        Layout.fillHeight: true
        onClicked: (date) => console.log(date)
    }
}
```

另外，Qt Quick Controls 中还有一个 CalendarModel 类型，它通常用作 ListView 的模型，使用 MonthGrid 作为委托，这样就可以生成一个指定日期之间的日历列表，例如：

```
ListView {
    id: listview
    spacing: 10
    width: 450; height: 300
    snapMode: ListView.SnapOneItem
    orientation: ListView.Horizontal
    highlightRangeMode: ListView.StrictlyEnforceRange

    model: CalendarModel {
        from: new Date(2023, 0, 1)
        to: new Date(2023, 11, 31)
    }
```

```
delegate: Frame {
    width: 300; height: 300
    ColumnLayout {
        anchors.fill: parent
        Label {
            id: label
            text: monthGrid.title
        }
        DayOfWeekRow {
            locale: monthGrid.locale
            Layout.fillWidth: true
        }
        MonthGrid {
            id: monthGrid
            background: Rectangle { color:"lightgrey" }
            month: model.month
            year: model.year
            locale: Qt.locale("en_US")
            Layout.fillWidth: true
            Layout.fillHeight: true
        }
    }
}
ScrollIndicator.horizontal: ScrollIndicator { }
}
```

　　当使用 CalendarModel 作为数据模型时，在每一个委托中都可以使用 model. month 和 model. year 来获取年和月数据。本小节两段示例代码运行效果如图 4 - 9 所示。

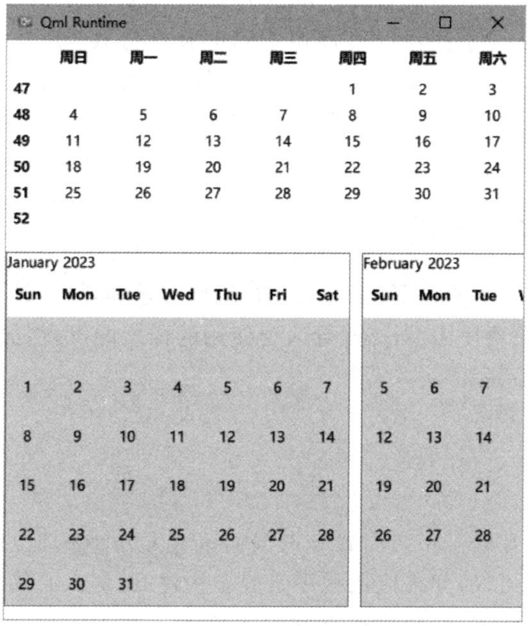

图 4 - 9　**MonthGrid 示例运行效果**

4.12　设置控件样式

Qt Quick Controls 中为控件提供了多种样式，主要包括：

➤ Basic Style：这是一种简单而轻便的样式，为 Qt Quick Controls 提供了最好的性能。它使用最少数量的 Qt Quick 原语构建，并将动画和过渡的数量保持在最小。该样式还用作其他样式的补充方案，就是说如果其他样式未实现某个控件，则选择该控件的 Basic Style 来实现。

➤ Fusion Style：该样式是面向桌面的，是一种与平台无关的样式。它实现了与 Qt Widgets 的 Fusion 样式相同的设计语言。注意，该样式并不是原生桌面样式，而是可以在任何平台上运行。

➤ Imagine Style：该样式基于图片资源，附带了一组默认的图片。通过预定义的命名约定提供一个包含图片的目录，可以轻松更改使用的图片。

➤ Material Style：该样式基于 Google Material Design Guidelines，但它并不是原生 Android 样式，而是一种 100％跨平台的 Qt Quick Controls 样式。

➤ Universal Style：这是一种基于 Microsoft Universal Design Guidelines 的与设备无关的样式，是为了能在手机、平板电脑和个人电脑等所有设备上都具有良好效果而设计的。它并不是原生 Windows 10 样式，而是 100％跨平台的 Qt Quick Controls 样式。

除了这里列举的几种样式，还有一些特定系统的样式，例如，macOS 系统上的 macOS Style、iOS 系统上的 iOS Style、Windows 系统上的 Windows Style 等。如果没有指定特定的样式，那么在不同系统会使用不同的默认样式，例如，Android 是 Material Style、Linux 是 Fusion Style、macOS 是 macOS Style、Windows 是 Windows Style，其他操作系统会默认使用 Basic Style。可以在帮助中通过 Styling Qt Quick Controls 关键字查看本节相关内容。

4.12.1　使用控件样式

在程序中选择样式有两种情况，一种是在编译时选择，另一种是在运行时选择。在编译时选择样式，只需要使用 import 导入要使用的样式即可，例如：

```
import QtQuick.Controls.Material

ApplicationWindow {
    // ...
}
```

使用这种方式的好处是不再需要导入 QtQuick.Controls 模块，所以部署程序时也不需要包含该模块。另外，如果应用程序是静态构建的，那么必须使用这种方式导入。

而在运行时选择样式，在程序中必须导入 QtQuick.Controls 模块，然后可以通过如下几种方式来选择样式：

> 使用 QQuickStyle::setStyle();
> 使用－style 命令行参数;
> 使用 QT_QUICK_CONTROLS_STYLE 环境变量;
> 使用 qtquickcontrols2.conf 配置文件。

这些方式的优先级从高到低,也就是说,使用 QQuickStyle 设置样式总是优先于使用命令行参数。在运行时选择样式的好处是,单个应用程序二进制文件可以支持多种样式。

下面通过例子来看一下使用 QQuickStyle 和 qtquickcontrols2.conf 这两种比较常用的方式来选择样式的用法。按下 Ctrl＋Shift＋N 快捷键创建新项目,模板选择 Qt Quick Application,项目名称为 mystyle,完成后将 main.qml 文件内容修改如下:(项目源码路径:src\04\4-26\mystyle)

```
import QtQuick
import QtQuick.Layouts
import QtQuick.Controls

Window {
    width: 640; height: 480
    visible: true

    ColumnLayout {
        spacing: 20

        CheckBox { text: qsTr("First") }
        Button {text: qsTr("Button") }
        BusyIndicator { running: image.status === Image.Loading }
        ProgressBar { value: 0.5 }
        Dial { value: 0.5 }
    }
}
```

这里先创建了几个控件用于展示样式效果。下面打开 mystyle.pro 文件,在其中添加一行代码:

```
QT += quickcontrols2
```

然后打开 main.cpp 文件,在其中添加头文件包含:

```
#include <QQuickStyle>
```

并在"QGuiApplication app(argc, argv);"之后添加如下一行代码:

```
QQuickStyle::setStyle("Fusion");
```

注意,必须在加载导入了 Qt Quick Controls 模块的 QML 文件之前配置样式,也就是说 setStyle()必须在 QQmlApplicationEngine::load()之前进行调用,当注册 QML 类型后,将无法再更改样式。现在运行程序,可以发现已经使用了 Fusion 样式。

Qt Quick Controls 支持一个特殊的配置文件 qtquickcontrols2.conf,它内置在应用程序的资源中。配置文件可以指定首选样式和某些特定于样式的属性。首先按下 Ctrl＋N 新建文件,模板选择 General 分类中的 Empty File,文件名称设置为 qtquickcontrols2.conf,完成后在其中添加如下代码：

```
[Controls]
Style = Material

[Material]
Theme = Light
Accent = Teal
Primary = BlueGrey
```

这里指定首选样式为 Material 样式,该样式的主题为浅色,强调色和基色分别为青色和蓝灰色。qtquickcontrols2.conf 文件必须添加到资源文件中,且前缀为"/"才能自动启用,所以下面我们来添加资源文件。再次按下 Ctrl＋N 新建文件,模板选择 Qt 分类中的 Qt Resource File,文件名设置为 file.qrc。添加完成后在资源文件编辑界面,先单击 Add Prefix 来添加前缀"/",然后单击 Add Files 将 qtquickcontrols2.conf 文件添加进来,完成后按下 Ctrl＋S 保存更改。下面到 main.cpp 中将前面添加的 setStyle ("Fusion")那行代码删除或者注释掉,然后按下 Ctrl＋R 运行程序,可以发现已经使用 Material 样式了。

4.12.2 自定义控件

虽然 Qt Quick Controls 中提供了多个样式可供使用,但是有时还是想实现自定义的外观。如果只是自定义一个特定的控件对象,那么可以直接在其定义处使用代码设置外观。例如:(项目源码路径:src\04\4-27\mystyle)

```
import QtQuick
import QtQuick.Controls

Button {
    id: control
    text: qsTr("Button")

    contentItem: Text {
        text: control.text
        font: control.font
        opacity: enabled ? 1.0 : 0.3
        color: control.down ? "#17a81a" : "#21be2b"
        horizontalAlignment: Text.AlignHCenter
        verticalAlignment: Text.AlignVCenter
        elide: Text.ElideRight
    }
    background: Rectangle {
        implicitWidth: 100
        implicitHeight: 40
        opacity: enabled ? 1 : 0.3
        border.color: control.down ? "#17a81a" : "#21be2b"
        border.width: 1
        radius: 2
    }
}
```

Button 控件由两个视觉项目组成：background 和 contentItem，所以可以直接自定义这两个项目，从而产生想要的效果。另外，如果想在某个现成样式的基础上进行修改也是可以的，例如：

```
import QtQuick
import QtQuick.Controls.Basic as Basic

Basic.SpinBox {
    background: Rectangle { color: "lightblue" }
}
```

在 Customizing Qt Quick Controls 关键字对应的帮助文档中列举了大部分控件进行自定义的示例，读者可以作为参考。另外，该文档还包含了创建自定义样式的方法，有兴趣的读者也可以进行尝试。

4.13　Qt Quick Dialogs 模块

从 Qt 6.2 开始引入了 Qt Quick Dialogs 模块，可以从 QML 创建系统对话框并与之交互。Qt Quick Dialogs 模块中也包含一个 Dialog 类型，但是与前面讲到的 Qt Quick Controls 模块中的 Dialog 不同，这里的 Dialog 类型继承自 QtObject，用来为系统原生对话框提供通用 QML API；它不能直接实例化，而是需要使用它的子类型 ColorDialog、FileDialog、FolderDialog、FontDialog 和 MessageDialog 等。要使用 Qt Quick Dialogs 模块，需要添加如下导入语句：

```
import QtQuick.Dialogs
```

4.13.1　颜色对话框 ColorDialog

ColorDialog 类型为系统颜色对话框提供了 QML API。要显示颜色对话框，可以先创建 ColorDialog 的实例，设置所需的属性，然后调用 open()方法。通过 selectedColor 属性可用于获取对话框选定的颜色，通过 options 属性可以启用一些选项，比如显示 Alpha 通道。下面来看一个例子：(项目源码路径：src\04\4-28\mycolordialog)

```
import QtQuick
import QtQuick.Controls
import QtQuick.Dialogs
import QtQuick.Layouts

ApplicationWindow {
    width: 640; height: 550
    visible: true

    header: ToolBar {
        RowLayout {
            anchors.fill: parent
            ToolButton {
```

```
                text: qsTr("颜色对话框")
                onClicked: colorDialog.open()
            }
            Label { id: label; text: qsTr("颜色展示")}
        }
    }

    ColorDialog {
        id: colorDialog
        selectedColor: label.color
        options: ColorDialog.ShowAlphaChannel
        onAccepted: label.color = selectedColor
    }
}
```

运行程序,效果如图 4-10 所示。单击"确定"按钮时会发射 accepted()信号,在对应的信号处理器中可以使用 selectedColor 来获取选择的颜色。

图 4-10　ColorDialog 示例运行效果

4.13.2　文件对话框 FileDialog

FileDialog 类型为系统文件对话框提供了 QML API。通过 selectedFile 和 selectedFiles 属性可以获取选择的文件;通过 nameFilters 属性可以设置类型过滤器,只显示指定类型的文件;通过 currentFolder 属性可以指定打开的默认目录;通过 acceptLabel 和 rejectLabel 可以设置两个按钮的显示文本;通过 fileMode 属性可以设置对话框模式,默认是 FileDialog. OpenFile 选择一个文件,另外还有 FileDialog. OpenFiles 选择多个文件,FileDialog. SaveFile 保存文件。下面来看一个例子:(项目源码路径:src\04\4-

29\myfiledialog）

```
import QtQuick
import QtQuick.Controls
import QtQuick.Dialogs
import QtCore

ApplicationWindow {
    width: 640; height:480
    visible: true

    header: ToolBar {
        Button {
            text: qsTr("Choose Image...")
            onClicked: fileDialog.open()
        }
    }

    Image {
        id: image
        anchors.fill: parent
        fillMode: Image.PreserveAspectFit
    }

    FileDialog {
        id: fileDialog
        nameFilters: ["Image files ( * .png * .jpg)"]
        currentFolder: StandardPaths.writableLocation
                       (StandardPaths.PicturesLocation)
        acceptLabel: qsTr("选择图片")
        onAccepted: image.source = selectedFile
    }
}
```

程序运行效果如图 4 - 11 所示。

图 4 - 11　FileDialog 示例运行效果

4.13.3　目录对话框 FolderDialog

FolderDialog 类型为系统目录对话框提供了 QML API。currentFolder 属性用于指定对话框中当前显示的目录，selectedFolder 属性用于获取对话框中选定的最后一个目录。例如：（项目源码路径：src\04\4-30\myfolderdialog）

```
ApplicationWindow {
    width: 640; height: 480
    visible: true

    header: ToolBar {
        RowLayout {
            anchors.fill: parent
            ToolButton {
                text: qsTr("目录对话框")
                onClicked: folderDialog.open()
            }
            Label { id: label; text: folderDialog.selectedFolder}
        }
    }

    FolderDialog {
        id: folderDialog
        currentFolder: StandardPaths.standardLocations
                        (StandardPaths.DocumentsLocation)[0]
    }
}
```

4.13.4　字体对话框 FontDialog

FontDialog 类型为系统字体对话框提供了 QML API。可以通过 selectedFont 属性来获取选择的字体。例如：（项目源码路径：src\04\4-31\myfontdialog）

```
RowLayout {
    Button {
        text: qsTr("字体对话框")
        onClicked: fontDialog.open()
    }
    Label {
        id: label
        text: qsTr("字体展示")
        font: fontDialog.selectedFont
    }
}
FontDialog {
    id: fontDialog
}
```

4.13.5　消息对话框 MessageDialog

MessageDialog 类型为系统消息对话框提供了 QML API。MessageDialog 用于通知用户或向用户提问,它包含一个 text 属性,作为主要文本用来提醒用户注意的情况; informativeText 属性作为信息性文本,以进一步解释警报或向用户提问;detailedText 属性作为可选的详细文本,用于用户请求时提供更多数据;buttons 属性用来设置按钮,如 MessageDialog.Ok、MessageDialog.Cancel 等。例如:(项目源码路径:src\04\4-32\mymessagedialog)

```
Button {
    text: qsTr("消息对话框")
    onClicked: dlg.open()
}
MessageDialog {
    id: dlg
    title: qsTr("消息对话框")
    text: qsTr("这里是 text 的内容")
    informativeText: qsTr("这里是 informativeText 的内容")
    detailedText: qsTr("这里是 detailedText 的内容")
    buttons: MessageDialog.Ok | MessageDialog.Cancel
    onAccepted: console.log("ok")
}
```

4.14　小　结

Qt Quick Controls 模块提供了大量现成的控件,几乎覆盖了应用程序的所有方面,这些控件使用简单而且可以自定义外观,非常实用。对于初学者而言,本章众多的类型可能乍一看无从下手,这里建议先把所有控件都尝试一遍,不用精通,只需要知道有这样的控件即可。当后面实际编写应用时,需要使用哪一个控件,再深入研究学习该控件的使用。

第5章

图形动画基础

　　本章将讲解一些涉及图形显示效果的基础类型和项目。首先讲解颜色、渐变和调色板,通过这些类型可以学会怎样给一个项目上色;然后讲解几种图片的显示方式,让读者可以随心所欲地操作图片;在变换部分会讲到项目缩放、旋转和平移等效果的实现方式;后面的状态和动画中,将会让图形界面动起来,实现动态界面效果;最后还会讲解Flickable 和 Flipable 两种特殊类型。

　　本章涉及的类型或项目的继承关系如图 5 - 1 所示。这一章的内容比较有趣,希望读者多动手编写代码,按照自己的想法实现一些特殊的效果。

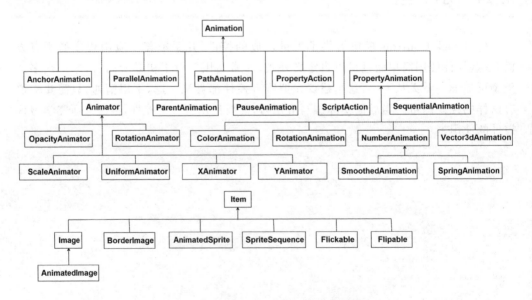

图 5 - 1　图片和动画相关类继承关系图

5.1　颜色、渐变和调色板

5.1.1　颜色 color

第 3 章已经提到了 Qt Quick 模块扩展了 QML 的基本类型，其中包含一个 color 类型。color 类型是一个 ARGB 格式的颜色值，可以使用多种方式来指定，如 SVG 颜色名称、十六进制表示法、Qt. rgba()函数等。

1. SVG 颜色名称

SVG 颜色名称使用一个英文单词来指定一个颜色，如红色就是"red"。所有的颜色名称可以在帮助中通过 color QML Basic Type 关键字进行查看。下面列举一些常用的颜色，如表 5-1 所列。

表 5-1　常用 SVG 颜色名称

SVG 颜色名称	十六进制值	中文名称
red	rgb(255, 0, 0)，♯FF0000	红色
lime	rgb(0, 255, 0)，♯00FF00	酸橙色(RGB 颜色空间的正绿色)
blue	rgb(0, 0, 255)，♯0000FF	蓝色
black	rgb(0, 0, 0)，♯000000	黑色
white	rgb(255, 255, 255)，♯FFFFFF	白色
cyan 或 Aqua	rgb(0, 255, 255)，♯00FFFF	青色
magenta 或 Fuchsia	rgb(255, 0, 255)，♯FF00FF	品红色
yellow	rgb(255, 255, 0)，♯FFFF00	黄色
green	rgb(0, 128, 0)，♯008000	绿色(视觉上的正绿色)
pink	rgb(255, 192, 203)，♯FFC0CB	粉色
orange	rgb(255, 165, 0)，♯FFA500	橙色
gray	rgb(128, 128, 128)，♯808080	灰色
gold	rgb(255, 215,0)，♯FFD700	金色
darkblue	rgb(0, 0, 139)，♯00008B	深蓝色
brown	rgb(165, 42, 42)，♯A52A2A	褐色(棕色)

2. 十六进制表示法

color 可以使用 3 个或者 4 个十六进制数字来表示，格式为♯RRGGBB 或♯AAR-RGGBB。其中，AA 设置透明度(Alpha 值)，取值范围是[0, 256)，即十六进制的 00～FF，00 表示完全透明，FF 表示完全不透明；RR、GG、BB 分别表示红、绿、蓝分量，取值范围是[0, 256)。例如，完全不透明的红色就是♯FF0000。如果颜色是完全不透明的，那么 AA 分量可以省略。半透明的蓝色可以用♯800000FF 表示。一些常用颜色

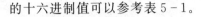

的十六进制值可以参考表 5-1。

3. 使用 Qt 函数

QML 可以使用 Qt 全局对象,它提供了一些实用的函数、属性和枚举类型,例如下面这几个与颜色相关的函数:

> color rgba(real red, real green, real blue, real alpha):返回一个指定红、绿、蓝和 Alpha 等分量的颜色。所有分量的取值范围都是[0,1]。例如,Qt. rgba(1,0,0,1)返回红色。

> color hsla(real hue, real saturation, real lightness, real alpha):返回一个指定色调、饱和度、亮度和 Alpha 等分量的颜色。所有分量的取值范围都是[0,1]。

> color darker(color baseColor, real factor):返回一个亮度比 baseColor 暗的颜色,改变的系数由 factor 参数决定。如果 factor 大于 1.0,那么返回的颜色比 baseColor 暗。例如,将 factor 设置为 3.0,返回的颜色只有 baseColor 亮度的三分之一。如果 factor 比 1.0 小,那么返回的颜色比 baseColor 亮;不过并不推荐这样使用,因为可以使用 Qt. lighter()函数替代。

> color lighter(color baseColor, real factor):返回一个亮度比 baseColor 亮的颜色,改变的系数由 factor 参数决定。如果 factor 大于 1.0,那么返回的颜色比 baseColor 亮。例如,将 factor 设置为 1.5,返回的颜色比 baseColor 亮 50%。如果 factor 比 1.0 小,那么返回的颜色比 baseColor 暗;不过并不推荐这样使用,因为可以使用 Qt. darker()函数替代。

> color tint(color baseColor, color tintColor):返回一个使用 tintColor 和 baseColor 混合后的颜色。tintColor 要求是带有透明的颜色,否则它将掩盖 baseColor。

下面通过一个例子来看下在 Qt Quick 程序中怎样使用这些方法来设置颜色。(项目源码路径:src\05\5-1\mycolor)

```
import QtQuick

Column {
    Rectangle {
        color: "gold"
        width: 400; height: 40
    }
    Rectangle {
        color: "transparent"
        width: 400; height: 40
    }
    Rectangle {
        color: "#FFA500"
        width: 400; height: 40
    }
    Rectangle {
```

```
            color: "#800000FF"
            width: 400; height: 40
        }
    Rectangle {
            color:Qt.tint("blue", "#55FF0000")
            width: 400; height: 40
        }
}
```

5.1.2　渐变 Gradient

QML 使用 Gradient 定义一个渐变。渐变使用一组 GradientStop 子项目指定颜色,每一个 GradientStop 子项目都在渐变中指定一个位置和一个颜色;位置通过 position 属性设置,取值范围是[0,1];颜色通过 color 属性设置,默认是黑色。另外,渐变默认是垂直的 Gradient. Vertical,可以通过 orientation 属性设置为水平的 Gradient. Horizontal。注意,Gradient 本身不是可见项目,因此需要在一个可见项目(如 Rectangle)中使用渐变。例如,下面的代码定义了一个使用渐变的 Rectangle。渐变从红色开始,然后在矩形的三分之一高度时变为黄色,最后以绿色结尾。(项目源码路径:src\05\5-2\mygradient)

```
import QtQuick

Rectangle {
    width: 100; height: 100
    gradient: Gradient {
        GradientStop { position: 0.0; color: "red" }
        GradientStop { position: 0.33; color: "yellow" }
        GradientStop { position: 1.0; color: "green" }
    }
}
```

注意:使用渐变比使用纯色或者图片填充性能开销更大,因此建议只在静态项目中使用渐变。如果动画中包含了渐变,那么可能产生某些非预期的结果。建议这种情况下使用事先创建好的带有渐变效果的图片或 SVG 绘图。更多的渐变效果将会在第 6 章图形效果部分讲到。

5.1.3　系统调色板 SystemPalette

系统调色板是一类包含了系统标准颜色值的对象,可以通过 SystemPalette 访问 Qt 应用程序调色板。调色板提供了用于应用程序窗口、按钮等部件的标准颜色信息。这些颜色被分为 3 个颜色组:活动的(Active)、非活动的(Inactive)和不可用的(Disabled)。使用调色板可以获得系统标准颜色,为需要自行绘制的项目提供更加原生的外观。如下面的例子中,使用 Active 颜色组创建了一个调色板,然后为窗口和文本进行染色。(项目源码路径:src\05\5-3\mysystempalette)

```
import QtQuick

Rectangle {
    SystemPalette { id: myPalette; colorGroup: SystemPalette.Active }

    width: 640; height: 480
    color: myPalette.window

    Text {
        anchors.centerIn: parent
        text: "Hello!"; color: myPalette.windowText
    }
}
```

　　系统调色板中除了上面代码中使用的 window 窗口背景色、windowText 窗口文本前景色以外,还有 button 按钮颜色、buttonText 按钮文本前景色、highlight 高亮颜色、highlightText 高亮文本颜色、dark 暗色、light 亮色、shadow 阴影色等信息。如果需要了解有关系统调试板的更多内容,那么可以查看 QPalette 类的帮助文档,或者参考《Qt Creator 快速入门(第 4 版)》第 8 章相关内容。

5.2　图片、边界图片和动态图片

5.2.1　图片 Image

　　Image 类型用来显示图片。图片路径通过 source 属性指定,可以是绝对路径或相对路径。图片格式可以是 Qt 支持的任何格式,如 PNG、JPEG 和 SVG 等。要想显示动态图片,可以使用后面讲到的 AnimatedImage 或者 AnimatedSprite。如果 Image 对象的 width 和 height 属性都没有指定,那么 Image 会自动使用加载的图片的宽度和高度。如果指定了 Image 的大小,那么默认情况下,图片会缩放到这个大小。这个行为也可以通过设置 fillMode 属性来改变,它允许图片进行拉伸或者平铺。例如,下面的代码中使用平铺方式来显示图片(项目源码路径:src\05\5-4\myimage)。

```
import QtQuick

Image {
    width: 200; height: 200
    fillMode: Image.Tile
    source: "qtlogo.png"
}
```

　　代码中使用相对路径显示图片时,需要在项目源码目录中放一张命名为 qtlogo.png 的图片。另外,代码使用 Tile 平铺模式显示图片,默认的显示方式是,在指定大小的矩形(这里是宽 200、高 200 的正方形)中心显示一张完整的图片,然后在其四周进行平铺。如果需要将完整的图片显示在左上角,然后向右、向下进行平铺,那么可以添加如下两行代码:

```
horizontalAlignment：Image.AlignLeft
verticalAlignment：Image.AlignTop
```

其中，horizontalAlignment 用来设置水平对齐方式，可以设置为 Image.Align-Left、Image.AlignRight 和 Image.AlignHCenter；verticalAlignment 用来设置垂直对齐方式，可以设置为 Image.AlignTop、Image.AlignBottom 和 Image.AlignVCenter。

fillMode 中还提供了其他一些填充模式，读者可以根据实际需求进行选择使用。所有的填充模式及其效果如图 5-2 所示。

图 5-2　图片填充模式效果示意图

本地图片默认会被立即加载，并且在加载完成以前阻塞用户界面。如果加载一个特别巨大的图片，可以将 Image 的 asynchronous 属性设置为 true，将加载的操作放在一个低优先级的线程中进行。如果图片需要从网络获取，那么自动在低优先级线程中进行异步加载；通过 progress 属性和 status 属性可以获得实时进度。Image 加载的图片会在内部进行缓存和共享。因此，即便若干 Image 项目使用同一 source，也只会保留该图片的一个备份。注意，一般图片是 QML 用户界面内存消耗最多的组件，所以建议将不是界面组成部分的图片使用 sourceSize 属性设置其大小。sourceSize 属性可以设置 sourceSize.width 和 sourceSize.height，它们与 width 和 height 属性不同：设置 Image 的 width 和 height 属性会在绘制图片时进行缩放，但是内存中保存的还是图片原始大小，而 sourceSize 属性则会设置图片在内存中的大小，这样，即使巨大的图片也不会占用过多内存。

下面的代码加载了百度主页的 Logo 图片，并通过 sourceSize 属性设置了其在内存中实际保存的图片为 100x100 像素。最后，通过 status 属性获取并输出了加载状态。（项目源码路径：src\05\5-5\myimage）

```
import QtQuick

Image {
    id: image
    width: 200; height: 200
    fillMode: Image.Tile
    source: "http://www.baidu.com/img/baidu_sylogo1.gif"
    sourceSize.width: 100; sourceSize.height: 100;

    onStatusChanged: {
        if (image.status == Image.Ready) console.log('Loaded')
        else if (image.status == Image.Loading) console.log('Loading')
    }
}
```

可用的加载状态除了这里的 Image. Ready 图片已经加载完毕、Image. Loading 图片正在被加载外，还有 Image. Null 没有设置图片、Image. Error 加载时发生错误等。另外，还可以通过 Image 的 cache 属性设置是否缓存图片，默认为 true；设置 mirror 属性为 true 将图片水平翻转，实现镜像效果；设置 smooth 属性可以在图片缩放或转换时提升显示效果，不过有时会影响性能，默认设置为 true。

5.2.2　边界图片 BorderImage

BorderImage 类型利用图片创建边框。BorderImage 将源图片分成 9 个区域，如图 5-3 所示。当图片进行缩放时，源图片的各个区域使用下面的方式进行缩放或者平铺来创建要显示的边界图片：

> 4 个角（1、3、7、9 区域）不进行缩放；
> 区域 2 和 8 通过 horizontalTileMode 属性设置的模式进行缩放；
> 区域 4 和 6 通过 verticalTileMode 属性设置的模式进行缩放；
> 区域 5 结合 horizontalTileMode 和 verticalTileMode 属性设置的模式进行缩放。

这些区域可以使用图片的 border 属性组进行定义。4 条边界线将图片分成 9 个区域，在图 5-3 中，上下左右 4 条边界线分别是 border. top、border. bottom、border. left 和 border. right，每条边界线都指定了到相应图片边界的、以像素为单位的距离。水平或垂直方向上，可用的填充模式有 BorderImage. Stretch 拉伸、BorderImage. Repeat 平铺但边缘可能被修剪、BorderImage. Round 平铺但可能会将图片进行缩小以确保边缘的图片不会被修剪。

下面来看一个例子。（项目源码路径：src\05\5-6\myborderimage）

```
import QtQuick

Image {
    source: "colors.png"
}
```

这里使用了 Image 显示原始的图片，效果如图 5-4 所示。下面换用 BorderImage 显示，并将水平方向和垂直方向的平铺模式都设置为拉伸。这样 2、8 区域将会被水平

拉伸,4、6 区域会被垂直拉伸:

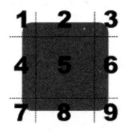

图 5 - 3　BorderImage 区域示意图　　图 5 - 4　图片没有缩放时效果

```
BorderImage {
    width: 180; height: 180
    border { left: 30; top: 30; right: 30; bottom: 30 }
    horizontalTileMode: BorderImage.Stretch
    verticalTileMode: BorderImage.Stretch
    source: "colors.png"
}
```

代码的运行效果如图 5 - 5 所示。

下面再次更改代码,使用平铺方式来显示。代码的效果如图 5 - 6 所示。

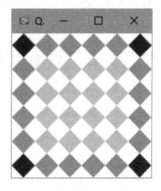

图 5 - 5　对图片进行拉伸时效果　　图 5 - 6　对图片进行平铺时效果

```
BorderImage {
    width: 180; height: 180
    border { left: 30; top: 30; right: 30; bottom: 30 }
    horizontalTileMode: BorderImage.Repeat
    verticalTileMode: BorderImage.Repeat
    source: "colors.png"
}
```

5.2.3　动态图片 AnimatedImage

AnimatedImage 类型扩展了 Image 类型,可以用来播放包含了一系列帧的图片动画,比如 GIF 文件。当前帧和动画总长度信息可以分别使用 currentFrame 和 frame-

Count 属性获取。通过改变 playing 和 paused 属性来开始、暂停和停止动画。下面的例子中通过获取动画当前帧和总帧数实现了播放进度的显示。(项目源码路径：src\05\5-7\myanimatedimage)

```
import QtQuick

Rectangle {
    property int frames
    width: animation.width; height: animation.height + 8

    AnimatedImage { id: animation; source: "animation.gif"}
    Component.onCompleted: {
        frames = animation.frameCount
    }
    Rectangle {
        width: 4; height: 8
        x: (animation.width - width) * animation.currentFrame / frames
        y: animation.height
        color: "red"
    }
}
```

5.3 缩放、旋转和平移变换

5.3.1 使用属性实现简单变换

Item 类型拥有一个 scale 属性和一个 rotation 属性，分别可以实现项目的缩放和旋转。对于 scale，如果其值小于 1.0，那么会将项目缩小显示；如果大于 1.0，那么会将项目放大显示。如果使用一个负值，那么显示镜像效果。scale 默认值是 1.0，也就是显示正常大小。例如，下面的例子将黄色矩形放大了 1.6 倍进行显示：(项目源码路径：src\05\5-8\myscale)

```
import QtQuick

Rectangle {
    color: "lightgrey"
    width: 100; height: 100
    Rectangle {
        color: "blue"
        width: 25; height: 25
    }
    Rectangle {
        color: "yellow"
        x: 25; y: 25; width: 25; height: 25
        scale: 1.6
    }
}
```

缩放以 transformOrigin 属性指定的点为原点进行,可用的点一共有 9 个,默认原点是 Center 即项目的中心,如图 5-7 所示。如果需要使用任意的点作为原点,则需要使用后面讲到的 Scale 和 Rotation 对象。下面将黄色矩形的定义代码进行更改,使用 TopLeft 为原点:

```
Rectangle {
    color: "yellow"
    x: 25; y: 25; width: 25; height: 25
    scale: 1.6
    transformOrigin: "TopLeft"
}
```

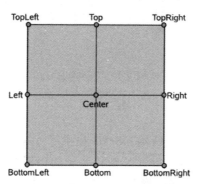

图 5-7　项目变换原点示意图

使用 rotation 属性可以指定项目顺时针旋转的度数,默认值为 0;如果是负值,则进行逆时针旋转。旋转也是以 transformOrigin 属性指定的点为中心点。例如,下面的代码中将黄色的矩形顺时针旋转了 30 度:(项目源码路径:src\05\5-9\myrotation)

```
import QtQuick

Rectangle {
    color: "lightgrey"
    width: 100; height: 100
    Rectangle {
        color: "yellow"
        x: 25; y: 25; width: 50; height: 50
        rotation: 30
    }
}
```

5.3.2　使用 Transform 实现高级变换

如果上面的简单变换不能满足需要,则可以使用 Item 的 transform 属性,该属性需要指定一个 Transform 类型的列表。Transform 是一个抽象类型,无法被直接实例化,常用的 Transform 类型有 3 个:Rotation、Scale 和 Translate,分别用来进行旋转、缩放和平移。这些类型可以通过专门的属性进行更高级的变换设置。

Rotation 提供了坐标轴和原点属性。坐标轴有 axis.x、axis.y 和 axis.z,分别代表

X 轴、Y 轴和 Z 轴,可以实现 3D 效果。原点由 origin.x 和 origin.y 来指定。对于简单的 2D 旋转,是不需要指定坐标轴的。对于典型的 3D 旋转,既需要指定原点,也需要指定坐标轴。图 5-8 为原点和坐标轴的设置示意图。使用 angle 属性可以指定顺时针旋转的度数。下面的代码将一个图片以 Y 轴为旋转轴进行了旋转:(项目源码路径:src\05\5-10\myrotation)

```
import QtQuick

Row {
    x: 10; y: 10
    spacing: 10

    Image { source: "qtlogo.png" }
    Image {
        source: "qtlogo.png"
        transform: Rotation { origin.x: 30; origin.y: 30;
            axis { x: 0; y: 1; z: 0 } angle: 72 }
    }
}
```

代码的运行效果如图 5-9 所示。Scale 提供了 origin.x 和 origin.y 属性设置原点,还可以使用 xScale 和 yScale 设置 X 轴和 Y 轴的比例因子,即在 X 轴方向和 Y 轴方向的缩放值。例如,下面的代码中将图片在 X 轴方向放大了 2 倍:(项目源码路径:src\05\5-11\myscale)

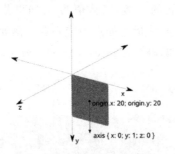

图 5-8　旋转坐标轴示意图

图 5-9　绕 Y 轴旋转效果

```
import QtQuick

Item {
    width: 250; height: 150
    Image {
        x:20; y:10; source: "qtlogo.png"
        transform: Scale { origin.x: 25; origin.y: 25; xScale: 2}
    }
}
```

Translate 提供了 x 和 y 属性,分别用来设置在 X 轴和 Y 轴方向的偏移量。下面的例子中将第二个图片进行了偏移:(项目源码路径:src\05\5-12\mytranslate)

```
import QtQuick

Item {
    width: 250; height: 150

    Image { source: "qtlogo.png" }
    Image {
        source: "qtlogo.png"
        transform: Translate { x:120; y: 50 }
    }
}
```

5.4　状态 State

很多用户界面设计都是状态驱动的,根据当前状态的不同,显示不同的界面。例如,交通信号灯会在不同的状态设置不同的颜色或符号:处于停止状态时,红灯会亮起,黄灯和绿灯熄灭;处于警告状态时,黄灯会亮起,红灯和绿灯熄灭。

应用程序的不同界面可以被看作对应不同的场景,或者是通过改变外观来响应用户的交互。通常情况下,界面中多个组件的改变是并发进行的,这样的界面可以看作从一个状态改变到另一个状态。这种理解适用于各种界面类型。例如,一个图片浏览器最初使用网格来显示多张图片;当单击一张图片后,进入“详细”状态,放大显示单张图片,与此同时,用户界面也改变成图片编辑界面。再比如,一个按钮被按下时,会改变到“按下”状态,按钮的多个属性(颜色和位置)都会发生变化来产生一个被按下的外观。

QML 的状态依赖于 State 类型的一组属性设置,可以包含以下几点:

➤ 显示一些组件而隐藏其他组件;
➤ 为用户呈现不同的动作;
➤ 开始、停止或者暂停动画;
➤ 执行一些需要在新的状态中使用的脚本;
➤ 为一个特定的项目改变一个属性值;
➤ 显示一个不同的视图或者画面。

所有基于 Item 的对象都有一个 state 属性,用于描述项目的当前状态,可以通过向项目的 states 属性添加新的 State 对象指定附加状态。组件的每一个状态都有一个唯一的名称,默认值是空字符串。要改变一个项目的当前状态,可以将 state 属性设置为要改变到的状态的名称。对于不是 Item 派生的对象,可以通过 StateGroup 类型来使用状态。不同的状态间进行切换时可以使用过渡(Transitions)来实现动画效果,这个会在下一节讲解。读者可以在帮助中通过 Qt Quick States 关键字查看本节内容。

5.4.1　创建状态

要创建一个状态,可以向项目的 states 属性添加一个 State 对象。states 属性是一个包含了该项目所有状态的列表。下面来看一个例子:(项目源码路径:src\05\5-13\

mystate)

```qml
import QtQuick

Item {
    width:150; height: 100

    Rectangle {
        id: signal; anchors.fill: parent; color: "lightgrey"
        state: "WARNING"

        Image {id: img; anchors.centerIn: parent;
               source: "normal.png"}

        states: [
            State {
                name: "WARNING"
                PropertyChanges { target: signal; color: "lightgrey"}
                PropertyChanges { target: img; source: "normal.png"}
            },
            State {
                name: "CRITICAL"
                PropertyChanges { target: signal; color: "red"}
                PropertyChanges { target: img; source: "critical.png"}
            }
        ]
    }

    Image {
        id: signalswitch
        width: 22; height: 22
        source: "switch.png"

        MouseArea {
            anchors.fill: parent
            onClicked: {
                if (signal.state === "WARNING")
                    signal.state = "CRITICAL"
                else
                    signal.state = "WARNING"
            }
        }
    }
}
```

上面代码示例中的 signal 项目有 WARNING 和 CRITICAL 两个状态。当在 WARNING 状态时,显示浅灰色和 warning 图标;在 CRITICAL 状态时,显示红色和 critical 图标。这里使用了 PropertyChanges 类型来修改对象属性的值,需要先通过 target 属性指定要修改的对象的 id,然后设置要修改的对象的相关属性。PropertyChanges 不仅可以修改拥有状态的对象,也可以修改其他对象,比如这里的 img。

可以通过为对象的 state 属性指定合适的状态名称来改变状态，比如这里在 MouseArea 中进行了状态切换，当鼠标单击切换图标时 signal 项目就会切换状态。

State 不仅可以对属性值进行修改，还可以进行下面的操作：

➤ 使用 StateChangeScript 运行脚本；
➤ 使用 PropertyChanges 重写一个对象的已有信号处理器；
➤ 使用 ParentChange 重定义一个项目的父项目；
➤ 使用 AnchorChanges 修改锚的值。

可以在帮助中索引 States and Transitions 关键字，其中的文档讲解了怎样定义基本的状态并在它们之间使用动画进行切换，读者可以参考一下。

5.4.2　默认状态和 when 属性

所有基于 Item 的组件都有一个 state 属性和一个默认状态。默认状态就是空字符串("")，包含了项目的所有初始属性值。默认状态主要用于在状态改变前管理属性值，可以将 state 属性设置为空字符串来加载默认状态。

为简化操作，可以使用 State 类型的 when 属性绑定一个表达式来改变状态。当表达式的值为 true 时，则切换到相应状态；当表达式的值为 false 时，则切换到默认状态。例如，下面的代码片段中，当 signal 的 state 为 CRITICAL 时，bell 项目会切换到 RINGING 状态。

```
Rectangle {
    id: bell
    width: 75; height: 75
    color: "yellow"

    states: State {
            name: "RINGING"
            when: (signal.state == "CRITICAL")
            PropertyChanges {target: speaker; play: "RING!"}
        }
}
```

另外，在实际开发中，经常搭配使用 when 和 MouseArea 简化切换程序界面的实现。例如下面的代码片段中，定义状态时就直接指定在鼠标按下时切换到该状态：

```
Rectangle {
    ...
    MouseArea {
        id: mouseArea
        anchors.fill: parent
    }

    states: State {
        name: "CRITICAL"; when: mouseArea.pressed
        ...
    }
}
```

5.5　动画和过渡

　　在前面的例子中可以看到,状态改变会使属性值突然改变,这样的变化是很不友好的。为了解决这个问题,Qt Quick 中引入了 Transition(过渡)类型。在过渡中通过定义动画和插值行为,可以让状态切换变得更为平滑。

　　动画通过在属性值上应用动画类型来创建,动画类型会对属性值进行插值,从而创建出平滑的过渡效果。要创建动画,需要为某个属性使用恰当的动画类型;应用的动画也依赖于需要实现的行为类型。可以在 Qt 帮助中通过 Animation and Transitions in Qt Quick 关键字查看本节相关内容。

5.5.1　使用属性动画

　　属性动画是针对属性值应用的动画对象,可以随时间的推移逐渐改变属性的值。其原理是在设置的两个属性值之间进行插值,形成平滑的变化效果。属性动画提供了时间控制,并且可以使用缓和曲线(easing curves)进行不同的插值。下面来看一个例子:(项目源码路径:src\05\5-14\mypropertyanimation)

```
import QtQuick

Image {
    id: fengche
    width: 300; height: 300
    source: "fengche.png"
    opacity: 0.1

    MouseArea {
        anchors.fill: parent
        onClicked: {
            animateRotation.start()
            animateOpacity.start()
        }
    }
    PropertyAnimation {
        id: animateOpacity
        target: fengche; properties: "opacity"
        to: 1.0; duration: 2000
    }
    NumberAnimation {
        id: animateRotation
        target: fengche; properties: "rotation"
        from: 0; to: 360; duration: 3000
        loops: Animation.Infinite
        easing {type: Easing.OutBack}
    }
}
```

　　这个例子实现了单击风车让其逐渐显示清晰,并从转动状态逐渐到停止状态,然后又稍微反向转动的动画效果。代码使用 PropertyAnimation 逐渐改变透明度，使用 NumberAnimation 设置旋转动画。NumberAnimation 继承自 PropertyAnimation，使用这种特定的属性动画类型比使用 PropertyAnimation 类型本身更高效。除了用于改变数值的 NumberAnimation 类型，还有用于改变颜色值的 ColorAnimation、用于控制旋转的 RotationAnimation 和用于改变 Vector3d 值的 Vector3dAnimation 等特定动画类型。这些动画类型都继承自 PropertyAnimation。这几种动画类型的用法与 NumberAnimation 相似，后面的例子中会经常用到相关类型。需要说明的是，RotationAnimation 可以使用 direction 属性指定旋转的方向，可用的值有：

- RotationAnimation. Numerical（默认）：向数字改变的方向旋转，如从 0 到 240，会顺时针旋转 240 度；从 240 到 0，会逆时针旋转 240 度。
- RotationAnimation. Clockwise：在两个值之间顺时针旋转。
- RotationAnimation. Counterclockwise：在两个值之间逆时针旋转。
- RotationAnimation. Shortest：在两个值之间选择最短的路径旋转，如从 10 到 350，会逆时针旋转 20 度。

对于缓和曲线 Easing 的用法将会在后面的内容中讲到。

5.5.2　使用预定义的目标和属性

在前面的例子中，PropertyAnimation 和 NumberAnimation 对象需要指定目标 target 和属性 properties 来设置动画。其实也可以不设置这两个属性，而是使用预定义的目标和属性，这需要使用<Animation> on <Property>语法。下面的例子中就使用这种语法指定了两个属性动画对象。（项目源码路径：src\05\5-15\mypropertyanimation）

```
import QtQuick

Item {
    width: 300; height: 300

    Rectangle {
        id: rect
        width: 100; height:100
        color: "red"

        PropertyAnimation on x { to: 100 }
        PropertyAnimation on y { to: 100 }
    }
}
```

运行程序可以看到，使用这种语法实现的动画会在矩形加载完成后立即执行。这里使用了<Animation> on <Property>语法，所以不再需要为 PropertyAnimation 对象指定 target 属性，这里默认指定为 rect；也不需要指定 property 属性，这里分别是 x 和 y 属性。

这种语法也可以使用在组合动画中，这样可以保证一组动画都应用在相同的属性

上。组合动画会在后面的内容中具体讲到,这里先来看一个简单的例子,使用 Sequential-
Animation 动画使矩形的颜色先变为黄色,然后变为蓝色。(项目源码路径:
src\05\5-16\mypropertyanimation)

```
import QtQuick

Rectangle {
    width: 100; height: 100
    color: "red"

    SequentialAnimation on color {
        ColorAnimation { to: "yellow"; duration: 1000 }
        ColorAnimation { to: "blue"; duration: 1000 }
    }
}
```

这里 SequentialAnimation 对象指定 color 属性使用了＜Animation＞ on ＜Prop-
erty＞语法,所以它的 ColorAnimation 子对象会自动应用到 color 属性上,不再需要指
定 target 和 property 属性。

5.5.3 在状态改变时使用过渡

Qt Quick 的状态就是对属性的配置,不同的状态拥有不同的属性。一般状态的改
变会导致属性值突然变化,在改变状态时使用动画过渡效果会产生更好的视觉体验。
Qt Quick 中的 Transition 类型用来指定一个过渡,其中可以包含动画类型,即通过在
不同状态的属性值之间进行插值产生动画效果。通过将 Transition 对象绑定到项目的
transitions 属性来使用过渡。

下面来看一个例子。一个按钮通常包含两个状态:用户按下时的 pressed 状态,用
户释放按钮时的 released 状态。不同的状态需要设置不同的属性值,通过过渡类型可
以在两个状态间切换时产生动画效果。(项目源码路径:src\05\5-17\mypropertyan-
imation)

```
import QtQuick

Item {
    width: 100; height: 100

    Rectangle {
        width: 75; height: 75; anchors.centerIn: parent
        id: button
        state: "RELEASED"

        MouseArea {
            anchors.fill: parent
            onPressed: button.state = "PRESSED"
            onReleased: button.state = "RELEASED"
        }
```

```
        states: [
            State {
                name: "PRESSED"
                PropertyChanges { target: button; color: "lightblue"}
            },
            State {
                name: "RELEASED"
                PropertyChanges { target: button;
                                    color: "lightsteelblue"}
            }
        ]

        transitions: [
            Transition {
                from: "PRESSED"; to: "RELEASED"
                ColorAnimation { target: button; duration: 100}
            },
            Transition {
                from: "RELEASED"; to: "PRESSED"
                ColorAnimation { target: button; duration: 100}
            }
        ]
    }
}
```

在上面的代码中，Transition 分别将状态名称绑定到 to 和 from 属性，用来指定在这两个状态间切换时使用过渡。另外，使用类似上面的对称或其他简单的过渡，可以将 to 属性值直接设置为通配符"＊"，这样所有的状态改变都可以使用这个过渡。因此，上面代码中的 transitions 属性可以简单写为：

```
transitions:
    Transition {
        to: "＊"
        ColorAnimation { target: button; duration: 100}
    }
```

5.5.4　使用默认的行为动画

默认的属性动画可以使用 Behavior 设置。Behavior 可以指定到具体的属性，如果在这样的 Behavior 类型中使用了动画，那么当这个属性的值改变时都会应用动画。Behavior 类型有一个 enabled 属性，可以设置为 true 或 false 来开启或者关闭行为动画。

例如，一个 Ball 组件将行为动画指定到它的 x、y 和 color 属性上，通过设置动画使该组件的实例在每次移动时都具有弹性效果。（项目源码路径：src\05\5-18\mybehavior）

```
// Ball.qml
import QtQuick

Rectangle {
```

```
    id: ball
    width: 75; height: 75; radius: width
    color: "lightsteelblue"

    Behavior on x {
        NumberAnimation {
            id:bouncebehavior
            easing {
                type: Easing.OutElastic
                amplitude: 1.0; period: 0.5
            }
            duration: 700
        }
    }
    Behavior on y {
        animation: bouncebehavior
    }
    Behavior {
        ColorAnimation { target: ball; duration: 800 }
    }
}
```

在 Ball. qml 组件中，使用不同方式为 x、y 和 color 属性设置了 Behavior 动画。这里通过使用 Easing 缓和曲线实现了弹性效果。下面在 mybehavior. qml 文件中使用该组件：

```
// mybehavior.qml
import QtQuick

Item {
    width:800; height: 800

    Ball { id: ball }

    MouseArea {
        anchors.fill: parent
        onClicked: {
            ball.color = Qt.rgba(Math.random(256),
                                 Math.random(256), Math.random(256), 1)
            ball.x += 100; ball.y += 100
        }
    }
}
```

这里设置了每次单击鼠标都要改变 ball 的位置和颜色，从而显示出动画效果。

5.5.5 使用并行或顺序动画组

一组动画可以使用 ParallelAnimation 或 SequentialAnimation 类型实现并行或者顺序执行。并行动画使一组动画在同一时间同时执行，顺序动画使一组动画逐个执行。在下面的例子中有几条文本，使用了顺序动画使它们逐个显示。（项目源码路径：

src\05\5-19\mysequentialanimation）

```
import QtQuick

Rectangle {
    id: banner
    width: 150; height: 100; border.color: "black"

    Column {
        anchors.centerIn: parent
        Text {
            id: code
            text: "Code less."; opacity: 0.01
        }
        Text {
            id: create
            text: "Create more."; opacity: 0.01
        }
        Text {
            id: deploy
            text: "Deploy everywhere."; opacity: 0.01
        }
    }

    MouseArea {
        anchors.fill: parent
        onPressed: playbanner.start()
    }

    SequentialAnimation {
        id: playbanner
        running: false
        NumberAnimation { target: code; property: "opacity";
            to: 1.0; duration: 2000}
        NumberAnimation { target: create; property: "opacity";
            to: 1.0; duration: 2000}
        NumberAnimation { target: deploy; property: "opacity";
            to: 1.0; duration: 2000}
    }
}
```

　　将独立动画加入到 ParallelAnimation 或 SequentialAnimation 中，它们将不能再独立地开始或者停止。并行动画或者顺序动画必须作为一个组合开始或停止。

5.5.6　使用动画师动画

　　Animator 类型与前面讲到的普通动画类型不同，它会直接在 Qt Quick 的场景图上进行操作。当使用 Animator 时，动画会运行在场景图的渲染线程中，并且当动画运行时相关属性的值不会变化；只有当动画结束时，相关的属性值会直接设置为最终值。Animator 类型不能直接使用，可以使用它的几个子类型：OpacityAnimator、Rotation-

Animator、ScaleAnimator、UniformAnimator、XAnimator 和 YAnimator。这几个类型的使用与前面讲到的属性动画类型相似,下面来看一个例子。(项目源码路径: src\05\5-20\myanimator)

```
import QtQuick

Window {
    visible: true
    width: 640; height: 480

    Rectangle {
        id: mixBox
        width: 50; height: 50

        ParallelAnimation {
            ColorAnimation {
                target: mixBox; property: "color"
                from: "forestgreen"; to: "lightsteelblue";
                duration: 1000
            }
            ScaleAnimator {
                target: mixBox
                from: 2; to: 1
                duration: 1000
            }
            running: true
        }
    }
}
```

如果在 ParallelAnimation 或 SequentialAnimation 中的子动画类型都是 Animator 类型,那么该并行或顺序动画也会被视为一个 Animator 并运行在场景图的渲染线程。另外,Animator 类型可以用于过渡,但是不支持 reversible 属性。

5.5.7　控制动画的执行

1. 动画回放

所有的动画类型都继承自 Animation。虽然 Animation 本身无法实例化,但是它为其他动画类型提供了基本的属性和函数。Animation 类型包含了 start()开始、stop()停止、resume()恢复、pause()暂停、restart()重新开始和 complete()完毕等方法,可以用来控制动画的执行。

需要说明的是 stop()和 complete()的区别:前者将动画立即停止,属性获得动画停止时的值;后者将动画立即执行完毕,属性获得动画执行结束时的值。例如:

```
Rectangle {
    NumberAnimation on x { from: 0; to: 100; duration: 500 }
}
```

如果在第 250 ms 时调用 stop(),那么属性 x 的值为 50;如果调用的是 complete

（），那么属性 x 的值是 100。

2. 缓和曲线

缓和曲线在前面已经提到过，它用于定义动画如何在开始值和结束值之间进行插值。不过，某些缓和曲线在使用时可能超出定义的插值范围。使用缓和曲线可以有效简化一些动画效果的创建过程，如反弹、加速、减速和循环动画等。

一个 QML 对象可以对不同的属性动画使用不同的缓和曲线。缓和曲线提供了多种属性来进行控制曲线，如振幅 amplitude、过冲 overshoot、周期 period 和贝赛尔曲线 bezierCurve 等。不过，有些属性只能在特定的曲线中使用。

PropertyAnimation 提供了几十种缓和曲线，读者可以在该类型的帮助文档中查看所有的曲线类型。Qt 中提供了一个 Easing Curves Example 示例程序，展示了所有缓和曲线的运行效果，也可以作为参考。

3. 其他动画类型

另外，QML 还提供了几个在设置动画时很有用的类型：

➤ PauseAnimation：在动画执行时暂停；
➤ ScriptAction：在动画过程中执行 JavaScript，可以和 StateChangeScript 一起使用，从而重用现有脚本；
➤ PropertyAction：在动画中立即修改一个属性的值，属性改变时不使用动画。

QML 还提供了几种特定属性类型的动画：

➤ SmoothedAnimation：一个特定的 NumberAnimation 类型，当目标值改变时会在动画中提供一个平滑的过渡效果；
➤ SpringAnimation：一个类似弹簧的动画，并制定了 mass、damping 和 epsilon 等特性；
➤ ParentAnimation：用来在父项目改变时产生动画效果；
➤ AnchorAnimation：用来在锚改变时产生动画。

5.5.8　共享动画实例

需要说明的是，目前 Qt Quick 版本并不支持在过渡（Transitions）或行为（Behaviors）间共享动画实例，因为这样会产生不可预期的行为。例如，下面的代码片段中，改变矩形的位置很可能不会产生正确的动画：

```
Rectangle {
    NumberAnimation { id: anim; duration: 300;
                      easing.type: Easing.InBack }
    Behavior on x { animation: anim }
    Behavior on y { animation: anim }
}
```

这里最简单的解决办法就是在两个 Behavior 上都使用相同的 NumberAnimation。如果要重复使用的这个动画类型非常复杂，那么也可以将其放到一个自定义的动画组

件中,然后给每一个 Behavior 都分配一个实例。例如,先在一个文件中定义动画:

```
// MyNumberAnimation.qml
NumberAnimation {
        id: anim;
        duration: 300;
        easing.type: Easing.InBack
}
```

然后在其他文件中使用自定义的动画类型:

```
// main.qml
Rectangle {
    Behavior on x { MyNumberAnimation {} }
    Behavior on y { MyNumberAnimation {} }
}
```

5.6　精灵动画 Sprite Animations

5.6.1　精灵引擎介绍

　　Qt Quick 中的 Sprite 精灵引擎是一个随机状态机。如果图片包含了一个动画中的多个帧,那么精灵引擎可以使用该图片来创建动画。精灵引擎的主要功能就是它内部的状态机,这个与 Qt Quick 中的状态和过渡的概念不同。精灵动画可以设置向其他精灵动画的加权过渡,也可以返回自身;当精灵动画结束时,精灵引擎会根据设置的加权值来随机选择下一个精灵动画。

　　控制当前进行的精灵动画有两种方式:一种是设置立即开始播放任意的精灵,另一种是设置使其逐步过渡到一个给定的精灵。如果设置了逐步过渡到一个精灵动画,那么将会通过有效的状态过渡,使用尽可能少的中间精灵动画来达到目标精灵动画,这样就可以轻松地在不同的两个精灵间插入一个动画过渡。

　　例如,图 5-10 展示了一个假想的 2D 平台游戏角色的精灵状态图。这个角色开始显示为 standing 站立动画,对于这个状态的动画,如果没有外部影响,可能过渡到 waiting 等待动画,也可能过渡到 walking 行走动画,还可能再次进行站立动画。因为这些过渡的权重分别是 1、0 和 3,所以该角色有 1/4 的机率在 standing 动画结束后过渡到 waiting 动画,有 3/4 的几率再次进行 standing 动画。这样就可以使该角色在站立的时候有一个动画效果和行为变化,使其不会过于呆板。

　　因为过渡到 walking 动画的权重为 0,所以 standing 动画不会正常过渡到 walking 动画。但是如果设置了目标动画为 walking 动画,那么结束 standing 动画后将继续进行 walking 动画;如果先前处于 waiting 动画,那么先结束该动画,然后进行 standing 动画,接着进行 walking 动画,之后会一直进行 walking 动画,直到取消设置目标动画。这时会在结束 walking 动画后切换到 standing 动画。

　　如果将目标状态设置为 jumping 动画,那么会在进行 jumping 动画前结束 walking

动画。因为 jumping 动画没有过渡到其他状态,所以会一直保持 jumping 动画直到强制改变状态。例如,可以将其设置到 walking 并将目标动画设置为 walking 或者设置为空。

精灵引擎能够接收的文件格式与其他 QML 类型(如 Image)接收的文件格式是一样的。为了给图片设置动画,需要在提供的图片中包含动画需要的所有帧。这些帧需要排列在连续的行,允许在文件的右边界进行换行,并从较低的行的文件左边界开始,两行必须紧密相邻。

例如,图 5-11 中包含了多个帧,每个方块代表一个帧。现在只观察黑色的数字(14、25、36 中前面的 1、2、3 是红色的,后面的 4、5、6 是黑色的;471 和 582 前面的数字 4、5 是红色的,中间的 7、8 是黑色的,后面的 1、2 是蓝色的)。一般从左上角读起,指定帧的大小均为 40×40 像素,并且帧的数目为 8。这时就可以像图片中标记的黑色数字那样读取帧:在左上角的帧是第一个帧,在右上角的是第五个帧,然后换行到下面的一行读取第六帧,直到读取第八个帧。如果在数字 4 下面还有其他帧,则不会被包含到动画中。

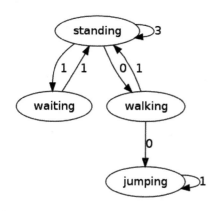

图 5-10 状态示意图   图 5-11 包含多个帧的图片

现在观察红色的数字,如果指定了动画从(120,0)开始,包含 5 个帧,帧大小为 40×40 像素,那么就会像标记的红色数字那样来加载帧。图片起始的 120×40 部分不会被使用。

如果指定从(40,40)的位置开始读取两个帧,那么会加载蓝色数字标记的帧。需要说明的是,如果一个引擎中包含了多个精灵动画,那么红色、蓝色和黑色的数字可以全部被加载到同一个精灵引擎的分离的动画中。

精灵引擎中的精灵动画可以使用 Sprite 类型定义,它是一个纯数据类型,不会进行渲染。该类型可以使用 source 属性为动画指定图片。如果使用 frameWidth 和 frameHeight 属性指定了每个帧的大小,那么图片可以分为多个连续的行或者矩形帧;当一行的帧使用完了,则会自动使用下一行的帧。如果使用 frameX 和 frameY 指定开始帧的位置,那么会从图片的(x,y)坐标的位置开始获取帧。使用 name 属性可以设置精灵的名称。使用 to 属性可以设置要过渡到的精灵的名称和权重,该属性的值是 QVariantMap 类型的键值对,如{"a":1, "b":2, "c":0},这样会指定当前动画结束后,有 1/3 的机率过渡到名称为"a"的 Sprite 动画,有 2/3 的几率过渡到名称为"b"的 Sprite 动画,不会过渡到"c"动画。但是如果将目标动画设置为"c",那么也可以过渡到 "c"Sprite 动画。可以使用 frameRate 或者 frameDuration 属性来设置动画的速度,前者通过设置每秒显示的帧数来指定速度,后者通过设置每帧的显示时长来指定速度。如果将 frameSync 属性设置为 true,那么动画帧将没有持续时间,当一个帧渲染到屏幕后会马上渲染下一帧。要反向执行动画,则可以将 reverse 属性设置为 true。

SpriteSequence 类型可以使用精灵引擎绘制定义在它里面的 Sprite 类型。该类型是一个独立的自给式精灵引擎,因而不能与其他精灵引擎进行交互。可以通过设置 sprites 属性指定要绘制的 Sprite 类型。各帧会被缩放为该引擎的大小。sprites 属性是默认属性,所以可以直接在 SpriteSequence 中定义 Sprite。goalSprite 属性可以指定目标 Sprite 类型,指定该属性后会无视过渡权重,而以最短的路径到达目标动画。该类型还有一个 jumpTo()函数,可以立即跳转到指定的动画。

下面来看一个例子:(项目源码路径:src\05\5-21\mysprite)

```
import QtQuick

Item {
    width: 320; height: 480

    MouseArea {
        onClicked: anim.start();
        anchors.fill: parent
    }
    SequentialAnimation {
        id: anim
        ScriptAction { script: image.goalSprite = "falling"; }
        NumberAnimation { target: image; property: "y"
            to: 480; duration: 12000; }
        ScriptAction { script: {image.goalSprite = ""
                image.jumpTo("still");} }
        PropertyAction { target: image; property: "y"; value: 0 }
    }
    SpriteSequence {
        id: image; width: 256; height: 256
        anchors.horizontalCenter: parent.horizontalCenter
        interpolate: false; goalSprite: ""

        Sprite{
            name: "still"; source: "BearSheet.png"
            frameCount: 1; frameWidth: 256; frameHeight: 256
            frameDuration: 100
            to: {"still":1, "blink":0.1, "floating":0}
        }
```

```
        Sprite{
            name: "blink"; source: "BearSheet.png"
            frameCount: 3; frameX: 256; frameY: 1536
            frameWidth: 256; frameHeight: 256
            frameDuration: 100
            to: {"still":1}
        }
        Sprite{
            name: "floating"; source: "BearSheet.png"
            frameCount: 9; frameX: 0; frameY: 0
            frameWidth: 256; frameHeight: 256
            frameDuration: 160
            to: {"still":0, "flailing":1}
        }
        Sprite{
            name: "flailing"; source: "BearSheet.png"
            frameCount: 8; frameX: 0; frameY: 768
            frameWidth: 256; frameHeight: 256
            frameDuration: 160
            to: {"falling":1}
        }
        Sprite{
        name: "falling"; source: "BearSheet.png"
            frameCount: 5; frameY: 1280
            frameWidth: 256; frameHeight: 256
            frameDuration: 160
            to: {"falling":1}
        }
    }
}
```

这里默认会显示一个 still 动画的小熊，偶尔会执行 blink 动画进行眨眼。当单击鼠标后，执行 SequentialAnimation，将目标 Sprite 指定为 falling，从而结束 still 动画，先过渡到 floating 动画，然后经过 flailing 动画，最终执行 falling 动画。

5.6.2　AnimatedSprite

如果不需要在动画之间进行过渡，那么可以使用 AnimatedSprite 类型。该类型一次只能显示一个精灵动画。因为没有包含精灵引擎来处理幕后的时间线和过渡，所以该类型中提供了更多手工控制，例如，可以设置循环次数 loops，可以通过 restart()、resume()、pause() 和 advance() 等方法来控制动画的执行。下面来看一个例子：（项目源码路径：src\05\5-22\myanimatedsprite）。

```
import QtQuick

Item {
    width: 320; height: 480

    AnimatedSprite {
        id: sprite; anchors.centerIn: parent
```

```
        width: 170; height: 170
        source: "speaker.png"
        frameCount: 60; frameSync: true
        frameWidth: 170; frameHeight: 170
        loops: 3
    }

    MouseArea {
        anchors.fill: parent
        acceptedButtons: Qt.LeftButton | Qt.RightButton
        onClicked:(mouse) => {
            if (! sprite.running) sprite.start();
            if (! sprite.paused) sprite.pause();
            if ( mouse.button === Qt.LeftButton ) {
                sprite.advance(1);
            } else {
                sprite.advance( - 1);
            }
        }
    }
}
```

这里设置了动画的循环次数 loops 为 3 次，可以使用鼠标控制动画的进行，如果正在执行动画，则暂停动画；如果动画处于暂停状态，则开始动画；如果动画已经结束，那么单击鼠标可以让动画前进一帧，右击鼠标可以让动画后退一帧。

另外，在第 7 章讲解的粒子系统中，ImageParticle 类型可以使用 Sprite 类型来为每一个粒子定义精灵。可以在帮助中索引 Sprite Animations 关键字查看本节相关内容。

5.7 Flickable 和 Flipable

5.7.1 弹动效果 Flickable

Flickable 类型可以将其子项目添加在一个可以拖拽和弹动的界面上，从而通过视图的滚动来显示更多内容。这种行为构成了显示大量子项目的类型的基础，它的子类型包括 ListView、GridView 和 TableView 等视图类型。传统的用户界面中，视图可以使用滚动条和箭头按钮等标准控件来进行滚动，在某些情况下，也可以按下鼠标按钮的同时移动光标来拖动视图。但是在基于触摸的用户界面中，拖拽动作经常使用弹动动作来实现：当用户已经停止触摸视图后它还会继续滚动并作出反弹的行为。Flickable 不会自动裁剪它的内容，如果不将它用作全屏项目，那么可以将 clip 属性设置为 true 来隐藏超出区域的内容。下面的例子使用一个很小的视图来显示一个很大的图片，这时可以通过拖拽和弹动图片来显示其他的部分。（项目源码路径：src\05\5-23\my-flickable）

```
import QtQuick

Flickable {
    width: 200; height: 200
    contentWidth: image.width; contentHeight: image.height

    Image { id: image; source: "bigImage.jpg" }
}
```

这里的 contentWidth 和 contentHeight 属性用来设置可以进行拖拽的部分的大小。这个一般设置为要在 Flickable 中显示的内容的整体大小。下面的例子中，只在一个区域中显示 Flickable 类型，这时为了不让其在指定区域以外进行显示，可将其 clip 属性设置为 true。（项目源码路径：src\05\5-24\myflickable）

```
import QtQuick

Rectangle {
    width: 360; height: 360
    color: "blue"

    Flickable {
        width: 200; height: 200
        contentWidth: image.width; contentHeight: image.height
        clip: true

        Image { id: image; source: "bigImage.jpg" }
    }
}
```

有时我们希望在 Flickable 中显示一个滚动条，这可以通过 visibleArea 属性实现。这个属性分为 visibleArea.xPosition、visibleArea.widthRatio、visibleArea.yPosition 和 visibleArea.heightRatio。它们都是只读属性，描述了当前可视区域的位置和大小。大小被定义为当前可视窗口占整个视图的百分比，从 0.0～1.0。页面位置一般是从 0.0 到 1.0 减去大小比，如 yPosition 的范围是从 0.0～1.0－heightRatio。然而，内容可以拖拽到正常的范围之外，所以页面位置也可能在正常范围之外。下面的例子中使用了这个属性来实现了一个垂直方向的黑色滚动条。（项目源码路径：src\05\5-25\myflickable）

```
import QtQuick

Rectangle {
    width: 300; height: 300

    Flickable {
        id: flickable
        width: 300; height: 300
        contentWidth: image.width; contentHeight: image.height
        clip: true

        Image { id: image; source: "bigImage.jpg" }
```

```
    }

    Rectangle {
        id: scrollbar
        anchors.right: flickable.right
        y: flickable.visibleArea.yPosition * flickable.height
        width: 10
        height: flickable.visibleArea.heightRatio * flickable.height
        color: "black"
    }
}
```

这里的实现其实可以通过 Qt Quick Controls 模块中的 ScrollIndicator 类型来代替，该类型使用起来非常简单：

```
Flickable {
    // ...
    ScrollIndicator.vertical: ScrollIndicator { }
}
```

使用附加属性 ScrollIndicator.vertical 添加了一个垂直方向的滚动指示器，还可以通过 ScrollIndicator.horizontal 来添加水平方向的滚动指示器。不过，滚动指示器只可以显示内容的位置，如果需要实现通过滚动条来控制内容的显示，那么可以使用 ScrollBar 控件。这个类型与 ScrollIndicator 用法类似：

```
Flickable {
    // ...
    ScrollBar.vertical: ScrollBar { }
    ScrollBar.horizontal: ScrollBar { }
}
```

另外，也可以直接将 Flickable 放入到一个 ScrollView 中，关于该控件，可以参考第 4 章的相关内容。

Flickable 类型的 rebound 属性可以为内容视图弹回边界时指定一个过渡效果，使用 flickDeceleration 属性可以设置弹动的速度，使用 flickableDirection 可以设置弹动的方向，可取的方向值有：

➢ Flickable.AutoFlickDirection：默认值。如果 contentHeight 不等于 height，那么可以在垂直方向弹动；如果 contentWidth 不等于 width，那么可以在水平方向弹动。

➢ Flickable.HorizontalFlick：只允许在水平方向上弹动。

➢ Flickable.VerticalFlick：只允许在垂直方向上弹动。

➢ Flickable.HorizontalAndVerticalFlick：允许在水平和垂直两个方向上弹动。

下面来看一个例子（项目源码路径：src\05\5-26\myflickable）。

```
import QtQuick

Flickable {
    width: 150; height: 150
    contentWidth: 300; contentHeight: 300

    rebound: Transition {
```

```
            NumberAnimation {
                properties: "x,y"
                duration: 1000
                easing.type: Easing.OutBounce
            }
        }

        Rectangle {
            width: 300; height: 300
            color: "steelblue"
        }

        flickableDirection: Flickable.HorizontalFlick
    }
```

5.7.2　翻转效果 Flipable

Flipable 是一个可以在正面和反面之间进行翻转的项目,就像一张卡片。该类型是通过同时使用 Rotation、State 和 Transition 等类型来产生翻转效果的。front 和 back 属性分别用来保存要显示在 Flipable 项目正面和反面的项目。下面的例子显示了一个 Flipable 项目,每当单击时都会围绕 y 轴进行翻转。Flipable 有一个 flipped 布尔值属性,每当在 Flipable 中的 MouseArea 上单击时都会切换该属性的值。当 flipped 为 true 时,项目变为 back 状态,在这个状态,Rotation 的 angle 属性改变180°来产生一个翻转效果。当 flipped 为 false 时,项目恢复到默认状态,这时 angle 的值为0。(项目源码路径:src\05\5-27\ myflipable)

```
import QtQuick

Flipable {
    id: flipable
    width: 240; height: 240
    property bool flipped: false
    front: Image { source: "front.png"; anchors.centerIn: parent }
    back: Image { source: "back.png"; anchors.centerIn: parent }

    transform: Rotation {
        id: rotation
        origin.x: flipable.width/2
        origin.y: flipable.height/2
        axis.x: 0; axis.y: 1; axis.z: 0
        angle: 0
    }

    states: State {
        name: "back"
        PropertyChanges { target: rotation; angle: 180 }
        when: flipable.flipped
    }
```

```
transitions: Transition {
    NumberAnimation { target: rotation; property: "angle"; duration: 4000 }
}

MouseArea {
    anchors.fill: parent
    onClicked: flipable.flipped = ! flipable.flipped
}
}
```

代码的运行效果如图 5 – 12 所示。

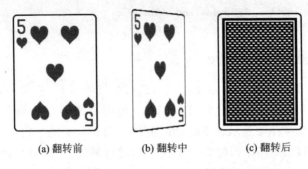

(a) 翻转前　　　　　(b) 翻转中　　　　　(c) 翻转后

图 5 – 12　Flipable 示例运行效果示意图

5.8　小　结

　　本章讲解的内容涉及颜色、图片、变换、状态和动画,使用这些内容可以创建出漂亮动态的界面效果。比起前面章节枯燥的讲解语法和基础内容,读者可能更乐于学习本章的知识。虽然运用前面提到的类型已经可以编写初具效果的动态界面,但是如果想实现炫酷的效果,那么还需要使用到后面章节中的内容。

第 **6** 章

粒子系统和图形效果

前面章节中提到过如何在 Qt Quick 程序中使用颜色、渐变等来美化可视项目,但这只是最简单的应用。要想获得更惊艳、奇特的图形效果,则可以使用本章讲解的粒子效果和图形效果来实现。

6.1 粒子系统

粒子系统是一种三维计算机图形学中模拟一些特定的模糊现象的技术。很多自然现象,比如火、爆炸、烟、水流、火花、落叶、云、雾、雪、尘、流星尾迹或发光轨迹这样的抽象视觉效果,经常使用粒子系统进行模拟。Qt Quick 的 QtQuick.Particles 模块提供了对粒子系统的支持,该模块中的类型主要分为 4 种:ParticleSystem、渲染器、发射器和影响器。要使用该模块,则需要在.qml 文件中添加如下导入语句:

```
import QtQuick.Particles
```

可以在 Qt 帮助中索引 Using the Qt Quick Particle System 关键字查看本节相关内容。

6.1.1 ParticleSystem

ParticleSystem 类型用来将粒子系统中的其他类型关联在一起,并管理它们共享的时间线。渲染器、发射器、影响器必须使用相同的 ParticleSystem,从而实现它们之间的交互。可以同时创建多个 ParticleSystem 以及各自的渲染器、发射器和影响器,这样可以在保证逻辑分离的情况下使用多个粒子系统实现不同的特效。

ParticleSystem 主要用来对粒子系统的运行进行整体控制,比如 paused 属性和 running 属性分别用来控制模拟的暂停和开始,相应的还有一些控制方法,如 pause()、reset()、restart()、resume()、start() 和 stop() 等。下面来看一个例子:(项目源码路径:src\06\6-1\myparticlesystem)。

```
import QtQuick
import QtQuick.Particles
import QtQuick.Controls

Rectangle {
    id: root; width: 300; height: 300; color: "black"

    Button { text: "开始"; y:0; onClicked: particles.start() }
    Button { text: "暂停"; y:70; onClicked: particles.pause() }
    Button { text: "恢复"; y:140; onClicked: particles.resume() }
    Button { text: "停止"; y:210; onClicked: particles.stop() }

    ParticleSystem { id: particles; running: false}

    ItemParticle {
        system: particles
        delegate:
            Rectangle{
            id: rect; width: 10; height: 10;
            color: "red"; radius: 10
        }
    }

    Emitter {
        system: particles; x: 100; width: 200
        velocity: PointDirection { y:300; yVariation: 100}
    }
}
```

这里首先创建了一个 ParticleSystem 对象,然后添加了一个 ItemParticle 作为渲染器,一个 Emitter 作为发射器。渲染器和发射器需要指定 system 属性,表明它们属于哪一个粒子系统。ItemParticle 是项目粒子,它可以使用任意的 Qt Quick 项目类型作为委托来绘制粒子,比如这里使用了 Rectangle 类型。发射器指定了 x 和 width 属性,表明从(100,0)到(300,0)的直线上发射粒子。velocity 属性设置发射速度,需要指定一个方向类型,这是一个向量,既有方位也有大小,比如这里的 y 分量为 300,因而会在 y 轴方向垂直向下发射。如果设置了 x 分量的大小,则会按照平行四边形法则进行向量运算,朝 x 轴和 y 轴之间的一个方向上发射粒子。yVariation 属性为 y值的差异值,其含义是,各个粒子间的 y 值可以不同,但是偏差不能超过 yVariation 指定的值。运行效果如图 6-1 所示。

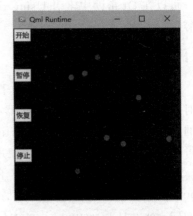

图6-1 粒子系统示例运行效果

可以像代码中这样将渲染器(如这里的 ItemParticle)和发射器 Emitter 创建在 Particle-

System 外面,这样必须为渲染器和发射器中的 system 属性指定粒子系统(如这里是 particles)。如果不想指定 system 属性,那么可以直接将渲染器和发射器作为 Particle-System 的子对象,例如上面的代码可以使用下面的格式:

```
ParticleSystem {
    id: particles; running: false
    ItemParticle { ... }
    Emitter { ... }
}
```

6.1.2 发射器 Emitter

发射器 Emitter 类型用来向粒子系统中发射逻辑粒子。这些粒子从发射器的位置发射,包含轨迹和寿命,但并没有可视化的外观。发射器会使用指定的初始属性来发射逻辑粒子,并且至少需要一个渲染器 ParticlePainter 类型来使其可视化。在粒子寿命的任意时刻都可以使用影响器 Affector 类型来修改指定的属性,包括寿命 lifeSpan 属性。另外,还有一个 TrailEmitters 类型,它是一种特殊类型的发射器,可以从其他逻辑粒子的位置发射粒子,该类型会在后面的内容中详细介绍。

Emitter 类型包含的属性如表 6-1 所列。该类型有一个 emitParticles(Array particles)信号,每当发射粒子的时候都会发射该信号,其参数是 Particle 对象的 JavaScript 数组,因为 JavaScript 执行较慢,所以不建议在大容量的粒子系统中使用该信号。E-mitter 类型还包含 burst()、pulse()等函数,前者用来立即发射一定数量的粒子,后者用来在指定的时间使发射器可用。

表 6-1 Emitter 类型属性

属 性	类 型	描 述
acceleration	StochasticDirection	发射粒子的初始加速度
emitRate	real	每秒发射粒子的数目,默认值是 10
enabled	bool	设置为 false 时会停止发射,默认值为 true
endSize	real	寿命末期粒子的大小,单位是像素。粒子在寿命期间的大小会在 endSize 和 size 之间进行线性插值。默认值为 -1,该值保持与 size 相同
group	string	将要发射到的逻辑粒子组,默认值为 ""
lifeSpan	int	发射的粒子可持续的时间(寿命),以毫秒为单位。如果不想粒子一段时间后自动死亡,或者想手动处理它们,那么可以将该属性值设置为 Emit-ter. InfiniteLife(无穷大)。该属性值大于等于 600 000 被视为无穷大,而小于等于 0,粒子开始即死亡。其值默认为 1 000 即 1s
lifeSpanVariation	int	在一个方向上粒子寿命的差异值,默认值为 0
maximumEmitted	int	同一时间该发射器可以存活的粒子最大数目。如果其值小于 0,那么将对粒子数量没有限制。默认值为 -1

属 性	类 型	描 述
shape	Shape	从该形状覆盖的区域进行随机发射。其默认值是发射器边界框对应的矩形
size	real	在粒子寿命开始时的大小，默认值是 16
sizeVariation	real	粒子 size 或 endSize 的差异值，默认值是 0
startTime	int	如果在加载发射器时设置了该值（单位是 ms），那么会在该值以前的时间点发射粒子
system	ParticleSystem	发射器将要发射到的粒子系统，除非将发射器设置为该粒子系统的子对象，否则必须指定该属性
velocity	StochasticDirection	发射粒子的起始速度
velocityFrom Movement	qreal	如果该值为非零值，那么发射器的任何移动都会为粒子提供一个基于该移动的额外起始速度。额外的矢量会和发射器的移动具有相同的角度，其大小等于发射器移动的大小乘以该属性值。该属性值默认为 0

下面来看一个例子，修改前面例子中的 Emitter 如下（项目源码路径：src\06\6-2\myparticlesystem）：

```
Emitter {
    system：particles
    x：100; width：200; emitRate：20
    lifeSpan：2000; lifeSpanVariation：1000
    velocity: PointDirection { y:100; yVariation：50; }
}
```

6.1.3　渲染器 ParticlePainters

渲染器用来使逻辑粒子可视化。ParticlePainter 作为渲染器的基类型不进行任何绘制，具体的渲染工作由它的几个子类型完成。其中，ImageParticle 在粒子的位置渲染一张图像，CustomParticle 可以使用自定义的着色器来渲染粒子，ItemParticle 可以使用任意的 QML 委托来使逻辑粒子可视化。注意，设置渲染器的 z 属性可以将粒子显示在其他可视类型的上面或者下面。

ItemParticle 类型在前面的例子中已经用过了。实际编程中用得最多的是图像粒子 ImageParticle，该类型会将逻辑粒子渲染为一个图像。这个图像可以被染色、旋转、变形或使用基于 sprite 的动画。如果多个图像粒子渲染到相同的逻辑粒子组，图像粒子会隐式共享粒子的数据。如果有一个图像粒子通过定义数据使用特定功能（如旋转）来渲染粒子，但是其他图像粒子没有定义，那么所有图像粒子都会自动使用该特定功能进行绘制；如果两个图像粒子都定义了数据，那么它们会分别使用自己定义的方式进行显示。ImageParticle 类型的属性如表 6 - 2 所列。

表 6 - 2　ImageParticle 类型属性

属　性	类　型	描　述
alpha	real	应用到图像的 alpha 值,该值会乘以图像以及 color 属性中的 alpha 值。取值范围 0.0～1.0,默认值为 1.0
alphaVariation	real	粒子间的 alpha 通道的变化值,取值范围是 0.0～1.0,默认值为 0.0
autoRotation	bool	如果设置为 true,那么会在粒子的 rotation 属性上添加一个旋转,从而使粒子面朝移动的方向。如果要使粒子面朝移动的方向的反向,那么可以设置该属性为 true,并设置 rotation 属性为 180。该属性默认值为 false
blueVariation	real	粒子间蓝色颜色通道的变化值,取值范围是 0.0～1.0,默认值为 0.0
color	color	如果指定了该属性,那么会使用指定的颜色为图像染色
colorTable	url	指定图像,其颜色作为一个一维纹理来决定粒子的颜色。例如,当粒子到一半的生命周期时,它会拥有该图像指定的颜色的一半的值。指定的颜色会和 color 属性以及源图像中的颜色进行混合
colorVariation	real	指定单个粒子的颜色变化,相当于指定 redVariation、greenVariation 和 blueVariation 为相同的值。取值范围 0.0～1.0,默认值为 0.0
entryEffect	EntryEffect	为粒子的出现和消失提供简单的效果。可选值为 ImageParticle. None 没有效果、ImageParticle. Fade 出现时和消失时都完全透明(默认值)、ImageParticle. Scale 出现时和消失时都缩小为 0
greenVariation	real	粒子间绿色颜色通道的变化值,取值范围是 0.0～1.0,默认值为 0.0
opacityTable	url	指定图像,其透明度作为一个一维纹理来决定粒子的透明度
redVariation	real	粒子间红色颜色通道的变化值,取值范围是 0.0～1.0,默认值为 0.0
rotation	real	图像在被绘制以前旋转的角度
rotationVariation	real	各个粒子旋转的角度的差距值不超过该值
rotationVelocity	real	设置粒子以该速度进行旋转,单位是度/秒
rotationVelocity Variation	real	各个粒子旋转的速度的差距值不超过该值
sizeTable	url	指定图像,其不透明度作为一个一维纹理来决定粒子的大小
source	url	使用的源图像。如果指定了 sprite 动画,那么需要设置 sprite 的相关属性。从 Qt 5.2 开始,提供了 3 张默认的图像 star. png、glowdot. png 和 fuzzydot. png,路径格式为 qrc:///particleresources/star. png。这 3 张图像默认是白色透明的,使用前需要设置 color 属性
sprites	list<Sprite>	指定 sprite 绘制粒子
spritesInterpolate	bool	设置为 true 时,sprite 粒子在每个渲染帧直接插值,从而使 sprite 看起来更平滑,默认值为 true
status	Status	加载图像的状态
xVector	Stochastic Direction	在绘制时使粒子图像进行变形,矩形图像的水平边会在该向量指定的形状中,而不是(1, 0)
yVector	Stochastic Direction	在绘制时使粒子图像进行变形,矩形图像的垂直边会在该向量指定的形状中,而不是(0, 1)

下面来看一个例子(项目源码路径:src\06\6-3\myparticlesystem)。

```qml
import QtQuick
import QtQuick.Particles

Rectangle {
    width: 300; height: 300

    ParticleSystem {
        anchors.fill: parent

        ImageParticle {
            sprites: Sprite {
                name: "snow"
                source: "images/snowflake.png"
                frameCount: 51; frameDuration: 40
                frameDurationVariation: 8
            }

            colorVariation: 0.8; entryEffect: ImageParticle.Scale
        }

        Emitter {
            emitRate: 20; lifeSpan: 3000
            velocity: PointDirection { y:80; yVariation: 40 }
            acceleration: PointDirection { y: 4 }
            size: 20; sizeVariation: 10
            width: parent.width; height: 100
        }
    }
}
```

这里在 ImageParticle 中使用了 Sprite 图像绘制粒子,并指定了粒子间的颜色变化量,这样可以使各个粒子使用不同的随机颜色。

6.1.4 TrailEmitter

TrailEmitter 能够以其他逻辑粒子(要跟随的粒子)作为起点发射逻辑粒子。需要使用 follow 属性指定要跟随的逻辑粒子的类型。使用 emitShape 属性设置 TrailEmitter 要发射的粒子的区域,也可以使用 emitWidth 和 emitHeight 来设置该区域的大小。该区域会以要跟随的粒子的位置为中心,其默认值是一个填充的矩形。使用 emitRatePerParticle 属性设置每个粒子的发射速度,也可以使用 velocityFromMovement 属性来为运动的粒子提供额外的起始速度。使用该类型在发射粒子后会发射一个 emitFollowParticles()信号。

下面来看一个例子(项目源码路径:src\06\6-4\myparticlesystem)。

```qml
import QtQuick
import QtQuick.Particles

Rectangle {
```

```
width: 240; height: 280; color: "#222222"

ParticleSystem {
    anchors.fill: parent

    ImageParticle {
        groups: ["smoke"]; color: "#11111111"
        source: "qrc:///particleresources/glowdot.png"
    }
    ImageParticle {
        groups: ["flame"]
        source: "qrc:///particleresources/glowdot.png"
        color: "#11ff400f"; colorVariation: 0.1
    }
    Emitter {
        id: emitter
        anchors.centerIn: parent; group: "flame"
        emitRate: 120; lifeSpan: 1200
        size: 20; endSize: 10; sizeVariation: 10
        acceleration: PointDirection { y: -40 }
        velocity: AngleDirection {
            angle: 270; magnitude: 20;
            angleVariation: 22; magnitudeVariation: 5
        }
    }
    TrailEmitter {
        group: "smoke"; follow: "flame"
        emitRatePerParticle: 1; lifeSpan: 2400; lifeSpanVariation: 400
        size: 16; endSize: 8; sizeVariation: 8
        acceleration: PointDirection { y: -40 }
        velocity: AngleDirection {
            angle: 270; magnitude: 40;
            angleVariation: 22; magnitudeVariation: 5
        }
    }
    Image {
        source: "match.png"
        sourceSize: Qt.size(100, 100)
        anchors.top: emitter.bottom; anchors.topMargin: -25
        anchors.horizontalCenter: parent.horizontalCenter
        anchors.horizontalCenterOffset: -20
    }
}
```

这里设置了两个图片粒子,一个渲染火焰效果,一个渲染烟雾效果。使用 Emitter 发射器发射火焰粒子,使用 TrailEmitter 在火焰粒子上面发射烟雾粒子,通过 group 属性进行关联。运行效果如图 6-2 所示。

6.1.5 粒子组

每一个逻辑粒子都是一个粒子组的成员,粒子组可以使用名称 name 属性标识。如果没有指定粒子组,那么逻辑粒子就属于以""(空字符串)命名的粒子组。这个粒子组与命名粒子组的行为相同。对粒子进行分组可以达到两个目的:对粒子进行控制和在组之间进行随机的状态过渡。

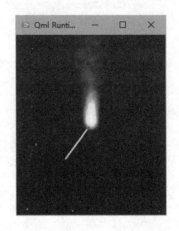

之所以要使用组来控制粒子,是因为没有办法访问到单个粒子。同组中所有类型作为一个整体,也就是说,任何粒子想要与其他粒子具有不同的行为,就需要在不同的组中。粒子可以动态地改变组,改变组后粒子的运动轨迹是不变的,不过可以通过不同的渲染器和影响器进行设置。

图 6 - 2 　TrailEmitter 示例运行效果

一般地,如果粒子组之间需要进行随机状态过渡,那么需要使用 ParticleGroup 类型定义粒子组。否则,只需要在使用时通过 group 属性定义一个字符串就足够了,例如上一小节的例子中定义的 smoke 粒子组。

ParticleGroup 类型可以在粒子组间设置定时转换,可以使用该类型组织与逻辑粒子组相关的粒子系统类型。直接设置为 ParticleGroup 子类型的发射器、影响器和渲染器会自动应用到该逻辑粒子组中,而 TrailEmitter 会自动跟随在组后面发射。ParticleGroup 类型使用 name 属性指定名称;通过设置 duration 属性来指定粒子组发射多长时间(单位是毫秒)后进行组间过渡;durationVariation 指定该时间的差异值;system 属性用来指定所属的粒子系统;to 属性指定需要过渡到的其他粒子组,这里需要使用一个"组名称:权重"键值对。因为可以设置过渡到多个组中,所以要为每个组设置权重,过渡到权重大的组的几率较大,如果只是过渡到一个组中,将权重设置为 1 即可。

下面来看一个例子(项目源码路径:src\06\6-5\myparticlesystem)。

```
import QtQuick
import QtQuick.Particles

Rectangle {
    width: 360; height: 600; color: "black"

    ParticleSystem {
        anchors.fill: parent

        ParticleGroup {
            name: "unlit"; duration: 1000
            to: {"lighting":1, "unlit":10}
            ImageParticle {
                source: "images/particle.png"
                color: "#2060160f"; colorVariation: 0.1
```

```
            }
        Emitter {
            height: parent.height/2
            emitRate: 4; lifeSpan: 3000
            size: 24; sizeVariation: 4
            velocity: PointDirection {x:120; xVariation: 80; yVariation: 50}
            acceleration: PointDirection {y:120}
        }
    }

    ParticleGroup {
        name: "lighting"; duration: 200; to: {"lit":1}
    }

    ParticleGroup {
        name: "lit"; duration: 2000
        TrailEmitter {
            group: "flame"; emitRatePerParticle: 50
            lifeSpan: 200; emitWidth: 8; emitHeight: 8
            size: 24; sizeVariation: 8; endSize: 4
        }
    }

    ImageParticle {
        groups: ["flame", "lit", "lighting"]
        source: "images/particle.png"
        color: "#00ff400f"; colorVariation: 0.1
    }
    }
}
```

这里一共创建了 3 个粒子组：未点亮的 unlit 组、点亮的 lighting 组和燃烧的 lit 组。粒子默认从 unlit 组进行发射，因为 to 参数指定可以过渡到 lighting 组和 unlit 组，并且权重为 1:10，所以平均每 10 个未点亮的粒子会有一个粒子过渡到 lighting 组成为点亮状态，而点亮组的粒子会过渡到 lit 燃烧组，所以所有点亮的粒子最后都会变为燃烧的粒子。

6.1.6　随机参数

粒子系统的各种特效的实现得益于参数的随机控制，QML 粒子系统包含了一些用于实现随机性的辅助类型。

Direction 类型包含了 AngleDirection、CumulativeDirection、PointDirection 和 TargetDirection 几个子类型，用于方向的控制。这里的方向是矢量，可以通过改变 x 和 y 分量或者角度和大小来指定。不过，改变 x 和 y 分量实现的效果与改变角度和大小实现的效果是明显不同的。前者会形成一个围绕指定点的矩形，后者则形成一个以指定点为中心的弧。

AngleDirection 类型可以指定 angle、angleVariation、magnitude 和 magnitude-

Variation 等属性。其中，magnitude 是以像素/秒为单位的。CumulativeDirection 类型将其中各个方向的和作为指定方向。PointDirection 类型可以指定 x、xVariation、y、yVariation 等属性。TargetDirection 类型可以使用 targetItem 或者 targetX、targetY 来指定目标点作为方向。

Shape 类型包含了 EllipseShape、LineShape 和 MaskShape 等子类型，用于表示一个形状。这些类型并不能使形状可视化，它们只用于在形状中选取一个随机点。如果只想使用一个指定的点，那么可以使用 width 和 height 都为 0 的形状（默认值），否则，可以使用这些类型来指定一个区域，这样就可以从这个区域中选择随机的点。Shape 类型指定了一个矩形；EllipseShape 类型指定了一个椭圆，可以使用 fill 属性指定是否填充；LineShape 类型指定了一条线，可以通过 mirrored 属性设置是否使用镜像，如果设置为 true，那么直线会从默认的(0, 0)到(width, height)变为(0, height)到(width, 0)；MaskShape 类型可以指定 source 属性，使用一个图像作为遮罩。

关于 Direction 和 Shape 类型，在本章的例子中多次用到，这里就不再举例进行讲解。

6.1.7 影响器 Affector

影响器是粒子系统的一个可选组件，可以在模拟时进行各种操作，如改变粒子的运行轨迹、提前结束粒子生命等。出于性能考虑，建议不要在大容量的系统中使用影响器。

Affector 作为影响器的基类型，本身不会影响任何特性，而是提供了一些基础的属性和信号。如果定义了 Affector 的 shape 属性，那么它只会对屏幕上其范围内的粒子起作用。enabled 属性设置是否启用影响器，默认为 true。groups 属性指定哪些逻辑粒子组需要使用该影响器，如果设置为空，那么该影响器会影响所有粒子。once 属性设置是否对每个粒子只影响一次，默认值为 false。system 属性指定该影响器要影响的粒子系统。whenCollidingWith 属性指定一些逻辑粒子组，只有检测到和这些粒子组中的粒子相交时才会触发影响器；这个属性很重要，可以实现碰撞检测。Affector 类型还有一个 affected()信号，当有一个粒子被影响器影响时会发射该信号，但是如果该粒子实际上并没有发生变化则不会发射该信号。

Affector 类型包含几个子类型，用来实现特殊的效果，分别是 Age、Attractor、Friction、Gravity、GroupGoal、SpriteGoal、Turbulence 和 Wander。下面分别进行介绍。

1. Age

Age 影响器可以中断粒子的生命周期，一般用于使粒子提前失效，并在失效前留一部分时间用于退出动画。Age 类型自身有两个属性，其中 lifeLeft 属性指定粒子保留的生命时长，被影响的粒子会前进到其生命周期的一个点，该点距离生命结束还有 lifeLeft 指定的时长。advancePosition 属性指定是否位置 position、速度 veclocity 和加速度 acceleration 也会被影响，如果设置为 false，那么位置、速度和加速度会保留原来的值,只有其他特性(如透明度)会前进到生命周期指定的点;如果设置为 true,那么位置、速度和加速度也会前进到生命周期指定的点,会在屏幕上前进到指定的位置。

下面来看一个例子(项目源码路径:src\06\6-6\myparticlesystem)。

```
import QtQuick
import QtQuick.Particles

Rectangle {
    width: 300; height: 300
    ParticleSystem { id: particles }
    ImageParticle {
        system: particles; color: "green"
    source: "qrc:///particleresources/glowdot.png"
    }
    Emitter {
        system: particles
        emitRate: 30; lifeSpan: 2000
        velocity: PointDirection { y: 100; yVariation: 40 }
        width: parent.width; height: 70
    }
    Rectangle {
        x: 80; y: 120; width: 140; height: 30
        color: "#803333AA"
        Age {
            anchors.fill: parent; system: particles
            lifeLeft: 80; once: true; advancePosition: false
        }
    }
}
```

这里在一个矩形范围内使用了 Age 影响器,所有达到该范围的粒子都会前进到距离其生命结束前的 80 ms 的点。整体效果来看,就是所有到达该矩形的粒子都自动消失了,就像装入到了该矩形里面一样。运行效果如图 6-3 所示。

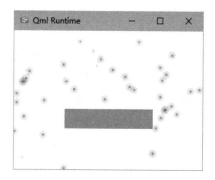

图 6-3 Age 示例运行效果

2. Attractor

Attractor 类型将粒子吸引到一个指定的点,可以通过 pointX 和 pointY 属性来指定该点。strength 属性指定吸引的强度。affectedParameter 属性指定要影响粒子的哪个特性,可以取的值有位置 Attractor.Position、速度 Attractor.Velocity 和加速度 Attractor.Acceleration。proportionalToDistance 属性指定距离对吸引力强度的影响,可取的值有 Attractor.Constant、Attractor.Linear、Attractor.InverseLinear、Attractor.Quadratic 和 Attractor.InverseQuadratic 等。

将前面例子中的 Age 影响器更改为如下代码(项目源码路径:src\06\6-7\myparticlesystem):

```
Attractor {
    anchors.fill: parent; system: particles
    pointX: 0; pointY: 0; strength: 40000000
    affectedParameter: Attractor.Acceleration
    proportionalToDistance: Attractor.InverseQuadratic
}
```

代码运行的效果是经过矩形的粒子都会向(0，0)点加速飞去,好像被吸引过去一样。

3. Friction

Friction 类型为移动的对象施加一个阻力,阻力大小由 factor 属性指定,其值是相对于当前速度的。可以使用 threshold 属性来设置一个阈值,只对速度超过该阈值的对象施加阻力。

将前面例子中的影响器更改为如下代码(项目源码路径:src\06\6-8\myparticlesystem):

```
Friction {
    anchors.fill: parent; system: particles
    factor: 3; threshold: 10
}
```

代码运行的效果是经过矩形的粒子都慢慢停了下来,好像被挡住了一样。

4. Gravity

Gravity 类型对被影响的粒子使用指定大小和角度的矢量进行加速,使用 angle 属性指定角度,使用 magnitude 属性指定大小。如果使用了该影响器,但是角度和加速度都没有发生变化,那么应该在 Emitter 处指定加速度。该类型用于模拟一个巨大的物体的重心设置在远处时该物体的重力作用效果。如果要模拟一个对象的重心在场景里面或者附近的情形,那么可以使用 Attractor 类型。

将前面例子中的影响器更改为如下代码(项目源码路径:src\06\6-9\myparticlesystem):

```
Gravity {
    anchors.fill: parent; system: particles
    magnitude: 30000; angle: 30
}
```

代码的运行效果是经过矩形的粒子好像突然失去了重心一样,向指定的方向快速飞去。

5. Turbulence

Turbulence 类型在它影响的区域上缩放噪声源(noise source),并且使用源的旋转来产生一个力矢量。使用 noiseSource 属性指定一个源图像,如果没有指定,那么就会使用默认的图像。使用 strength 指定强度。Turbulence 类型一般用于产生一个不稳定状态,如跳动的火焰。

将前面例子中的影响器更改为如下代码(项目源码路径:src\06\6-10\myparticle-system):

```
Turbulence {
    anchors.fill: parent; system: particles
    strength: 1000
}
```

代码的运行效果是经过矩形的粒子会无规则地向四周飞去。

6. Wander

Wander 可以改变粒子的轨迹,使用 affectedParameter 属性可以指定要影响的特性,可取的值有位置 PointAttractor. Position、速度 PointAttractor. Velocity 和加速度 PointAttractor. Acceleration。pace 属性指定每秒特性改变的最大值,xVariance 和 yVariance 属性指定 x 分量和 y 分量的最大值。

将前面例子中的影响器更改为如下代码(项目源码路径:src\06\6-11\myparticle-system):

```
Wander {
    anchors.fill: parent; system: particles
    xVariance: 300; pace: 1000
    affectedParameter: Wander.Position
}
```

代码的运行效果是经过矩形时粒子在水平方向上来回晃动,像是振动一样的效果。

7. GroupGoal

使用 GroupGoal 类型可以让一个组中的粒子立即过渡到另一个组中。goalState 属性指定要移动到的目标组的名称。设置 jump 属性为 true,可以使受影响的粒子直接跳入到目标组中。

在 6.5 小节的例 6 - 5 源码中 unlit 粒子组的最后面添加代码(项目源码路径:src\06\6-12\myparticlesystem):

```
ParticleGroup {
    name: "unlit"; duration: 1000
    ...
    ImageParticle {
        ...
    }
    Emitter {
        ...
    }
    // 下面是新添加的代码
    GroupGoal {
        whenCollidingWith: ["lit"]
        goalState: "lighting"
```

```
            jump: true
        }
    }
```

这样所有与 lit 组中燃烧的粒子碰撞后的粒子都会进入 lighting 组，从而变为燃烧的粒子。运行效果就是与燃烧的粒子碰撞后也会燃烧起来。

8. SpriteGoal

SpriteGoal 类型和 GroupGoal 类型非常相似，只不过 SpriteGoal 类型需要将 goal-State 属性指定为要移动到的 Sprite 的名称。下面来看一个例子(项目源码路径：src\06\6-13\myparticlesystem)：

```
import QtQuick
import QtQuick.Particles

Item {
    id: root; width: 360; height: 540

    Image {
        anchors.fill: parent
        source: "images/finalfrontier.png"
    }

    ParticleSystem { id: sys }

    Emitter {
        system: sys; anchors.centerIn: parent
        group:"meteor"; emitRate: 3; lifeSpan: 5000
        acceleration: PointDirection { xVariation: 30; yVariation: 30 }
        size: 15; endSize: 300
    }

    ImageParticle {
        system: sys; groups: ["meteor"]
        sprites:[Sprite {
                name:"spinning"; source: "images/meteor.png"
                frameCount: 35; frameDuration: 40; randomStart: true
                to: {"explode":0, "spinning":1}
            },Sprite {
                name: "explode"; source: "images/_explo.png"
                frameCount: 22; frameDuration: 40
                to: {"nullFrame":1}
            },Sprite {
                name: "nullFrame"; source: "images/nullRock.png"
                frameCount: 1; frameDuration: 1000
            }
        ]
    }

    Image {
        id: rocketShip; source: "images/rocket.png"
```

```
        x: 100; y:100
    }

    SpriteGoal {
        groups: ["meteor"]; system: sys
        goalState: "explode"; jump: true
        anchors.fill: rocketShip; width: 60; height: 60
    }
}
```

　　这里指定了 SpriteGoal 的范围就是 rocketShip 图片,所以只要 meteor 组中的粒子进入到 SpriteGoal 的范围,也就是和 rocketShip 相撞,则就会跳转到 explode 命名的 Sprite 中,从而实现了将一块较大的陨石变为一堆较小的陨石的效果。前面讲解 GroupGoal 类型的时候使用了 whenCollidingWith 来检测碰撞,而这里使用了影响器范围来检测碰撞,可以看到,它们的效果是相同的,可以根据实际情况使用不同的方法。

6.2　图形效果

　　Qt 图形效果 Qt Graphical Effects 模块提供了一组 QML 类型,为用户界面添加一些具有视觉冲击力的、可以配置的效果。这些效果是一些可视化项目,可以直接作为 UI 组件添加到 Qt Quick 用户界面上。该模块包含了混合、遮罩、模糊、染色等 20 多种特效,分别由一些独立的 QML 类型提供。

　　需要说明的是,在 Qt 6 中,Qt Graphical Effects 模块被放入了 Qt 5 Compatibility Module 组件中。也就是说,现在 Qt 6 中并没有直接包含该模块,如果要使用该模块,那么需要先进行安装。如果在安装 Qt 时没有选择 Qt 5 Compatibility Module 组件,那么可以先到 Qt 安装目录(笔者这里是 C:\Qt)运行 MaintenanceTool.exe 工具,然后选择"添加或移除组件",这时在组件列表中选中自己安装版本中的 Qt 5 Compatibility Module 组件,如图 6-4 所示。如果列表中没有该组件,那么可以先选中右侧的 Archive 复选框,然后单击下面的"筛选"按钮即可。

　　要使用 Qt 图形效果模块,则需要在 .qml 文件中使用下面的导入语句:

```
import Qt5Compat.GraphicalEffects
```

　　可以在 Qt 帮助中通过 Qt 5 Compatibility APIs: Qt Graphical Effects 关键字查看本节相关内容。

6.2.1　混合效果

　　混合效果可以使用混合模式合并两个源项目,使用 Blend 类型实现。该类型包含 4 个属性,如表 6-3 所列。

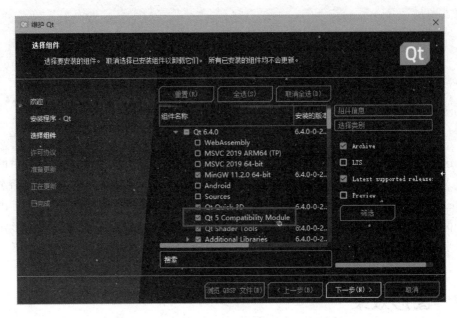

图 6 - 4　安装 Qt 5 Compatibility Module 组件

表 6 - 3　Blend 类型属性介绍

属　　性	类　　型	描　　述
cached	bool	允许缓存特效输出像素以提高渲染性能。当 source 或效果属性使用了动画时,建议将该属性设置为 false。默认值为 false
foregroundSource	variant	定义将要在 source 上进行混合的项目
mode	string	定义混合模式
source	variant	进行混合的源项目,它在 foregroundSource 下面作为基项目

下面来看一个例子(项目源码路径:src\06\6-14\myblend)。

```
import QtQuick
import Qt5Compat.GraphicalEffects

Item {
    width: 300; height: 300

    Image {
        id: bug
        source: "images/bug.png"
        sourceSize: Qt.size(parent.width, parent.height)
        smooth: true; visible: false
    }
    Image {
        id: butterfly
        source: "images/butterfly.png"
        sourceSize: Qt.size(parent.width, parent.height)
```

```
        smooth: true; visible: false
    }
    Blend {
        anchors.fill: bug; source: bug
        foregroundSource: butterfly
        mode: "saturation"
    }
}
```

这里使用飞虫图片作为 source,蝴蝶图片在 source 上面,作为 foregroundSource。混合后的运行效果如图 6-5 所示。其中,mode 用来指定使用不同的混合模式,这里提供了 22 种不同的模式,如表 6-4 所列。

表 6-4　混合模式

模　式	描　述
normal	foregroundSource 像素分量值通过使用 alpha 混合在 source 之上进行写入
addition	source 和 foregroundSource 像素分量值加在一起进行写入
average	source 和 foregroundSource 像素分量值平均后进行写入
color	source 的亮度值和 foregroundSource 的色调和饱和度结合在一起进行写入
colorBurn	source 中较暗的像素会更暗;如果 source 和 foregroundSource 像素都是亮的,那么结果就是亮的
colorDodge	source 中较亮的像素会更亮;如果 source 和 foregroundSource 像素都是暗的,那么结果就是暗的
darken	source 和 foregroundSource 较暗像素分量值被写入
darkerColor	source 和 foregroundSource 的低亮度像素的 RGB 值被写入
difference	source 和 foregroundSource 之间的差异的绝对像素分量值被写入
divide	source 的像素分量值被 foregroundSource 的值除之后进行写入
exclusion	source 和 foregroundSource 之间的减少的对比度差异像素分量值被写入
hardLight	根据 foregroundSource 值,source 的像素分量值被变亮或变暗后进行写入
hue	foregroundSource 的色调值结合 source 的饱和度和亮度后被写入
lighten	source 和 foregroundSource 较亮像素分量值被写入
lighterColor	source 和 foregroundSource 的高亮度像素的 RGB 值被写入
lightness	foregroundSource 的亮度值结合 source 的色调和饱和度后被写入
multiply	source 和 foregroundSource 像素分量值相乘后被写入
negation	source 和 foregroundSource 之间的差异的倒绝对像素分量值被写入
saturation	foregroundSource 的饱和值结合 source 的色调和亮度后被写入
screen	source 和 foregroundSource 像素值取反、相乘、再取反,然后被写入
subtract	从 source 减去 foregroundSource 的像素值后进行写入
softLight	根据 foregroundSource 值,source 的像素分量值被稍微变亮或变暗后进行写入

图 6 - 5　Blend 示例运行效果

6.2.2　颜色效果

颜色效果提供了一些类型来实现不同的特效：BrightnessContrast 亮度对比度、ColorOverlay 颜色叠加、Colorize 着色、Desaturate 饱和度、GammaAdjust 伽玛调整、HueSaturation 色相饱和度和 LevelAdjust 色阶调整等。

1. 亮度对比度 BrightnessContrast

BrightnessContrast 类型包含 4 个属性，如表 6 - 5 所列。

表 6 - 5　**BrightnessContrast 类型属性**

属　性	类　型	描　述
brightness	real	定义 source 亮度的增减量，取值范围−1.0～1.0，默认值为 0.0
cached	bool	允许缓存特效输出像素以提高渲染性能。当 source 是动态的对象时，建议将该属性设置为 false。默认值为 false
contrast	real	定义 source 对比度的增减值。该值减少时是线性的，但增加时不是线性的，允许使用非常高的对比度调整。取值范围−1.0～1.0，默认值为 0.0
source	variant	定义为该效果提供源像素的源项目

亮度 brightness 属性可以改变 source 项目被感知的亮度，对比度 contrast 属性会增加或减少颜色及亮度变化。下面来看一个例子（项目源码路径：src\06\6-15\mycolor）。

```
import QtQuick
import Qt5Compat.GraphicalEffects

Item {
    width: 300; height: 300

    Image {
        id: bug; source: "images/bug.png"
```

```
        sourceSize: Qt.size(parent.width, parent.height)
        smooth: true; visible: false
    }
    BrightnessContrast {
        anchors.fill: bug; source: bug
        brightness: 0.5; contrast: 0.5
    }
}
```

2. 颜色叠加 ColorOverlay

ColorOverlay 类型提供了颜色叠加效果,类似于将一个彩色玻璃放在一个灰度图像上的效果。这里的覆盖层所使用的颜色是 RGBA 格式的。该类型除了 cached 和 source 属性外,还有一个 color 属性,用于定义一个 RGBA 颜色值来给 source 进行着色,其默认值为透明即 transparent。下面将前面的例子中 BrightnessContrast 类型的定义更换为如下代码:

```
ColorOverlay {
        anchors.fill: bug; source: bug; color: "#80800000"
}
```

3. 着色 Colorize

Colorize 类型提供了着色效果,该效果与前面的 ColorOverlay 相似,只不过这里使用色调、饱和度和亮度(HSL)颜色空间进行着色。该类型的 hue、lightness 和 saturation 属性分别定义了色调、亮度和饱和度,其中,hue 的取值范围为 0.0~1.0,默认值为 0.0;lightness 取值范围 -1.0(暗)~1.0(亮),默认值为 0.0;saturation 取值范围为 0.0~1.0,默认值为 1.0。下面将前面的例子中的效果定义更换为如下代码:

```
Colorize {
    anchors.fill: bug; source: bug
    hue: 0.0; saturation: 0.5; lightness: -0.2
}
```

4. 饱和度 Desaturate

Desaturate 类型对非饱和像素值进行计算,作为 source 项目的原始 RGB 分量值的平均值。其中的 desaturation 属性定义了 source 颜色饱和的程度,取值范围 0.0~1.0,默认值为 0.0 即没有变化。下面将前面例子中的效果定义更换为如下代码:

```
Desaturate {
    anchors.fill: bug; source: bug; desaturation: 0.8
}
```

5. 伽玛调整 GammaAdjust

GammaAdjust 类型会通过预定义的幂次表达式对每一个像素进行伽玛调整。该类型的 gamma 属性为每一个像素的光照度(luminance)提供了变化因子,luminance 和 gamma 的关系为:luminance = pow(original_luminance, 1.0 / gamma),其中,pow 为幂次函数。gamma 属性的取值范围为 0.0 到无穷大,默认值为 1.0,小于 1.0 的时候

会变暗,大于 1.0 会变亮。下面将前面的例子中的效果定义更换为如下代码:

```
GammaAdjust {
    anchors.fill: bug; source: bug;gamma: 0.45
}
```

6. 色相饱和度 HueSaturation

HueSaturation 类型与 Colorize 效果类似,不过在 Colorize 中是直接使用 hue、lightness 和 saturation 属性值进行着色,而这里是将 hue、lightness 和 saturation 属性值与 source 中相应的 hue、lightness 和 saturation 相加后再进行着色。下面将前面的例子中的效果定义更换为如下代码:

```
HueSaturation {
    anchors.fill: bug; source: bug
    hue: -0.3; saturation: 0.5; lightness: -0.1
}
```

7. 色阶调整 LevelAdjust

LevelAdjust 类型可以分别调整 source 项目颜色的每一个颜色通道,调整对比度以及改变色彩平衡。该类型除了 cached 和 source 属性以外,还包含其他几个属性,如表 6-6 所列。

表 6-6　LevelAdjust 类型属性

属　性	类　型	描　　述
gamma	variant	为每一个像素的颜色通道值的改变提供变化因子,其公式为:result. rgb = pow(original. rgb, 1.0 / gamma. rgb),该属性取值范围是 QtVector3d(0.0, 0.0, 0.0)到无穷大。默认值是 QtVector3d(1.0, 1.0, 1.0),小于默认值会变暗,大于默认值会变亮
maximumInput	color	为每一个颜色通道定义最大输入阶。它设置了白点:所有比这个属性值更高的像素,其每个颜色通道都会渲染为白色。减小该属性值会使较亮的区域更亮。属性取值范围是 #ffffffff~#00000000,默认值为 #ffffffff
maximumOutput	color	为每一个颜色通道定义最大输出阶。减小该属性值会使较亮的区域变暗,并降低对比度。属性取值范围是 #ffffffff~#00000000,默认值为 #ffffffff
minimumInput	color	为每一个颜色通道定义最小输入阶。它设置了黑点:所有比这个属性值更低的像素,其每个颜色通道都会被渲染为黑色。增大该属性值会使较暗的区域更暗。属性取值范围是 #00000000~#ffffffff,默认值为 #00000000
minimumOutput	color	为每一个颜色通道定义最小输出阶。增大该属性值会使较暗的区域变亮,并降低对比度。取值范围是 #00000000~#ffffffff,默认值为 #00000000

下面来看一个例子(项目源码路径:src\06\6-16\mycolor)。

```
import QtQuick
import Qt5Compat.GraphicalEffects

Item {
    width: 300; height: 300
```

```
Image {
    id: butterfly; source: "images/butterfly.png"
    sourceSize: Qt.size(parent.width, parent.height)
    smooth: true; visible: false
}
LevelAdjust {
    anchors.fill: butterfly; source: butterfly
    minimumOutput: "#00ffffff"; maximumOutput: "#ff000000"
}
}
```

6.2.3　渐变效果

渐变效果中包含了 3 种渐变类型：ConicalGradient 锥形渐变、LinearGradient 线性渐变和 RadialGradient 辐射渐变。

1. 锥形渐变 ConicalGradient

ConicalGradient 类型表示锥形渐变，其颜色从项目的中间开始，在边缘结束。该类型除了 cached 属性以外，还包含其他几个属性，如表 6 - 7 所列。

表 6 - 7　ConicalGradient 类型属性

属　性	类　型	描　述
angle	real	定义在渐变的 0.0 位置的颜色绘制的角度，角度值顺时针增加
gradient	Gradient	指定一个 Gradient 类型
horizontalOffset	real	定义渐变中心点的水平偏移像素值。取值范围是负无穷大到正无穷大，默认值是 0
source	variant	定义将要使用渐变进行填充的项目。source 项目被渲染到一个中间像素缓冲区，而结果中的 alpha 值用来决定渐变中像素的是否可见。该属性的默认值是未定义的
verticalOffset	real	定义渐变中心点的垂直偏移像素值。取值范围是负无穷大到正无穷大，默认值是 0

下面来看一个例子（项目源码路径：src\06\6-17\mygradient）。

```
import QtQuick
import Qt5Compat.GraphicalEffects

Item {
    width: 300; height: 300

    Image {
        id: butterfly
        source: "images/butterfly.png"
        sourceSize: Qt.size(parent.width, parent.height)
        smooth: true; visible: false
    }
    ConicalGradient {
```

```
        anchors.fill: parent;
        source: butterfly
        gradient: Gradient {
            GradientStop { position: 0.0; color: "#F0F0F0" }
            GradientStop { position: 0.5; color: "#000000" }
            GradientStop { position: 1.0; color: "#F0F0F0" }
        }
    }
}
```

运行效果如图 6-6 所示。如果不指定 source 属性,渐变会填充整个窗口。

2. 线性渐变 LinearGradient

线性渐变的颜色从给定的起始点开始到给定的终止点结束。LinearGradient 类型的 start 属性指定了起始点,就是 gradient 类型中渐变的 0.0 渲染位置;end 属性指定了终止点,就是 gradient 类型中渐变的 1.0 渲染位置。将前面例子中的渐变效果更改为如下代码:

图 6-6　锥形渐变效果

```
LinearGradient {
    anchors.fill: butterfly; source: butterfly
    start: Qt.point(100, 100); end: Qt.point(300, 300)
    gradient: Gradient {
        GradientStop { position: 0.0; color: "white" }
        GradientStop { position: 1.0; color: "black" }
    }
}
```

3. 辐射渐变 (RadialGradient)

辐射渐变与锥形渐变类似,颜色从项目的中间开始,在边缘结束。RadialGradient 类型除了包含有 ConicalGradient 相似的属性以外,还包含 horizontalRadius 和 verticalRadius 两个属性,它们定义了辐射渐变的形状和大小。如果二者相等,那么渐变就是圆形,否则就是椭圆形。这两个属性以像素为单位,取值范围是负无穷大到正无穷大。还有一个 angle 属性,定义了渐变围绕中心点的旋转角度,只有 horizontalRadius 和 verticalRadius 不相等时,旋转效果才是可见的,其默认值为 0。将前面例子中的渐变效果更改为如下代码:

```
RadialGradient {
    anchors.fill: butterfly; source: butterfly
    verticalRadius: 100; angle: 30
    gradient: Gradient {
        GradientStop { position: 0.0; color: "white" }
        GradientStop { position: 0.5; color: "black" }
    }
}
```

6.2.4　变形效果

变形效果提供了一种可以移动像素的位移效果。Displace 类型可以根据给定的位移贴图（displacement map）来移动 source 项目。该类型的 displacementSource 属性定义了用来作为位移贴图的项目，该项目会被渲染到中间像素缓冲区。结果的红色和绿色分量值决定了 source 项目的像素位移。位移贴图的格式与切线空间法线贴图类似，可以使用一般的 3D 建模工具来创建，另外，也可以使用一个适当着色的 QML 项目来作为该效果的位移贴图。建议将位移贴图的大小设置为 source 的大小。位移数据会使用 RGBA 格式进行解析，对于每一个像素，红色通道存储 X 轴的位移，绿色通道存储 Y 轴的位移，蓝色和 alpha 通道会被忽略。假设红色通道的 1.0 表示最大值（0.0 表示最小值），那么当该值为 0.5 的时候，不会引起位移；当小于 0.5 的时候像素向左移，大于 0.5 的时候向右移。类似的，绿色通道值大于 0.5 像素会向上移，小于 0.5 会向下移。真实的位移量还依赖于该类型的 displacement 属性，该属性定义了位移的比例，比例越大，像素的位移量就越大，其取值范围是 −1.0～1.0，默认值为 0.0（不会产生位移）。

下面来看一个例子（项目源码路径：src\06\6-18\mydisplace）。

```
import QtQuick
import Qt5Compat.GraphicalEffects

Item {
    width: 300; height: 300

    Image {
        id: bug; source: "images/bug.png"
        sourceSize: Qt.size(parent.width, parent.height)
        smooth: true; visible: false
    }
    Image {
        id: displacement
        anchors.centerIn: parent; source: "images/glass_normal.png"
        sourceSize: Qt.size(parent.width, parent.height)
        smooth: true; visible: false
    }
    Displace {
        anchors.fill: bug; source: bug
        displacementSource: displacement; displacement: 0.2
    }
}
```

6.2.5　阴影效果

阴影效果中包含了两种阴影类型：DropShadow 投影和 InnerShadow 内阴影。

1. 投影 DropShadow

投影效果 DropShadow 类型会为 source 项目生成一个彩色的具有模糊效果的阴影图像。阴影图像会显示在 source 项目后面,使 source 项目看起来有一种悬浮起来的效果。默认情况下,DropShadow 会产生一个高质量的投影图像,因此渲染速度可能会降低,尤其是在投影边缘被高度柔化时,渲染速度会严重降低。对于需要较高的渲染速度,并且不需要较高的视觉质量的情况下,可以将 fast 属性设置为 true。DropShadow 类型除了 cached 和 source 属性以外,还包含其他几个属性,如表 6-8 所列。

表 6-8　DropShadow 类型属性

属　性	类　型	描　述
color	color	定义用于投影的 RGBA 颜色,默认值为 black
horizontalOffset	real	定义渲染的投影相对于 source 项目位置的水平偏移。属性取值范围是负无穷大到正无穷大,默认值为 0
radius	real	定义投影的柔化度,其值越大,投影边缘越模糊。属性默认值为 samples/2
samples	int	定义当边缘柔化模糊算法计算完成时,每个像素的采样率。其值越大,质量越高,但速度越慢。理想情况下,该值应该是 1+radius * 2。默认值为 9
spread	real	定义 source 边界多大区域的投影颜色被加强。属性取值范围是 0.0~1.0,默认值为 0.0
transparentBorder	bool	设置为 true 会让 source 项目边界模糊显示,默认值为 true
verticalOffset	real	定义渲染的投影相对于 source 项目位置的垂直偏移。属性取值范围是负无穷大到正无穷大,默认值为 0

下面来看一个例子(项目源码路径:src\06\6-19\myshadow)。

```
import QtQuick
import Qt5Compat.GraphicalEffects

Item {
    width: 300; height: 300

    Image {
        id: butterfly; source: "images/butterfly.png"
        sourceSize: Qt.size(parent.width, parent.height)
        smooth: true; visible: false
    }
    DropShadow {
        anchors.fill: butterfly; source: butterfly
        horizontalOffset: 5; verticalOffset: 5
        radius: 8.0; samples: 16; color: "#80000000";
    }
}
```

运行效果如图 6-7 所示。

2. 内阴影 InnerShadow

内阴影效果会在 source 项目里面产生一个彩色
的具有模糊效果的阴影。InnerShadow 类型和
DropShadow 类型具有相似的属性,如表 6-9 所列。

图 6-7 使用投影效果

表 6-9 InnerShadow 类型属性

属 性	类 型	描 述
color	color	定义用于投影的 RGBA 颜色,默认值为 black
fast	bool	是否使用模糊算法来为投影产生柔化效果,默认值为 false
horizontalOffset	real	定义渲染的投影相对于 source 项目位置的水平偏移。属性取值范围是负无穷大到正无穷大,默认值为 0
radius	real	定义投影的柔化度,其值越大,投影边缘越模糊。属性取值范围是 0.0 到无穷大,默认值为 0.0(没有模糊效果)
samples	int	定义当边缘柔化模糊算法计算完成时,每个像素的采样率。其值越大,质量越高,但速度越慢。理想情况下,该值应该是 radius 最大取值的两倍。该值得取值范围是 0~32,默认值为 0。当 fast 属性设置为 true 时,该属性没有效果
spread	real	定义 source 边界多大区域的投影颜色被加强。属性取值范围是 0.0~1.0,默认值为 0.5
transparentBorder	bool	设置为 true 会让 source 项目边界模糊显示,默认值为 false
verticalOffset	real	定义渲染的投影相对于 source 项目位置的垂直偏移。属性取值范围是负无穷大到正无穷大,默认值为 0

将前面例子中阴影效果更改为如下代码:

```
InnerShadow {
    anchors.fill: butterfly; source: butterfly
    color: "#b0000000"; radius: 8.0; samples: 16
    horizontalOffset: -4; verticalOffset: 4
}
```

6.2.6 模糊效果

模糊效果中提供了 4 种模糊类型:FastBlur 快速模糊、GaussianBlur 高斯模糊、RecursiveBlur 递归模糊和 MaskedBlur 遮罩模糊。

1. 快速模糊 FastBlur

快速模糊 FastBlur 类型提供了比高斯模糊 GaussianBlur 类型更低的模糊质量,但是渲染速度较快。快速模糊效果通过使用 source 内容比例缩小和双线性过滤等算法来模糊 source 内容,以实现柔化效果。如果 source 内容快速变化,且不需要较高的模糊效果,那么可以使用该类型。FastBlur 类型的 radius 半径属性定义了会影响单个像

素模糊效果的相邻像素的距离,增大该值会增加模糊效果。FastBlur 类型会在算法内部减小半径的精度来获取较好的渲染性能。半径的取值范围是 0.0 到无穷大,当取值超过 64 时,模糊的视觉质量会降低,默认值是 0.0 即没有模糊效果。另外一个 transparentBorder 属性定义了是否模糊项目的边缘,这里的像素模糊效果会受到边缘以外的像素的影响,默认值为 false。

下面来看一个例子(项目源码路径:src\06\6-20\myblur)。

```
import QtQuick
import Qt5Compat.GraphicalEffects

Item {
    width: 300; height: 300

    Image {
        id: bug; source: "images/bug.png"
        sourceSize: Qt.size(parent.width, parent.height)
        smooth: true; visible: false
    }
    FastBlur {
        anchors.fill: bug; source: bug; radius: 32
    }
}
```

运行效果如图 6-8 所示。

2. 高斯模糊 GaussianBlur

高斯模糊 GaussianBlur 类型通过使用模糊图像算法实现柔化效果。该算法使用了高斯函数来计算出效果,高斯模糊的质量比快速模糊要高,但是渲染速度较慢。该类型除了前面讲过的 radius、samples、transparentBorder 等属性,还包含一个 deviation 属性,该属性是高斯函数中的一个参数,用于计算相邻像素的权重,其值越大图像会越模糊,但是模糊质量会下降。deviation 的取值范围是0.0 到无穷大,默认会绑定到 radius 属性。

下面将前面例子中的模糊效果更改为如下代码:

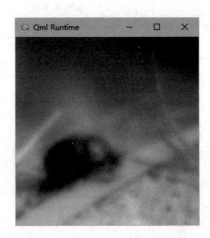

图 6-8　FastBlur 示例运行效果

```
GaussianBlur {
    anchors.fill: bug; source: bug
    radius: 8; samples: 16
}
```

3. 递归模糊 RecursiveBlur

递归模糊 RecursiveBlur 类型通过使用模糊图像算法实现柔化效果。该算法使用了递归反馈循环(recursive feedback loop)多次模糊 source 项目,其效果是产生比快速模糊和高斯模糊更加模糊的效果,但是结果是异步产生的,而且需要耗费更多的时间。

RecursiveBlur 类型包含两个特有属性 progress 和 loops。progress 属性保存了异步进行 source 模糊过程的进度,其值从 0.0(没有模糊)到 1.0(模糊结束)。loops 属性定义了模糊迭代的次数,当该属性值改变时,模糊迭代过程开始。如果该值减小,或者从 0 变为非 0 值,那么会从 source 产生一个快照,快照会作为过程的开始。该属性取值范围是 0 到无穷大,默认值是 0。

下面将前面例子中的模糊效果更改为如下代码:

```
RecursiveBlur {
    anchors.fill: bug; source: bug
    radius: 7.5; loops: 50
}
```

4. 遮罩模糊 MaskedBlur

遮罩模糊 MaskedBlur 类型可以使用 maskSource 控制每一个像素的模糊程度,因而 source 项目的各个部分的模糊程度可能不同。maskSource 属性定义了用于控制最终的模糊程度的项目,maskSource 的像素的 Alpha 通道值定义了实际的模糊半径(radius 值),该模糊半径将用于 source 项目中对应像素的模糊处理。不透明的 maskSource 像素使用指定的半径产生模糊效果,而完全透明的像素不会产生模糊效果,半透明的像素会根据像素透明等级产生插值的模糊效果。

该类型默认情况下会产生高质量的效果,但是渲染速度可能不会是最快的,其渲染速度会随着 samples 属性的增大而显著变慢。如果要获取较高的渲染速度,而不需要最高的视觉效果,那么可以将 fast 属性设置为 true。

下面来看一个例子(项目源码路径:src\06\6-21\myblur)。

```
import QtQuick
import Qt5Compat.GraphicalEffects

Item {
    width: 300; height: 300

    Image {
        id: bug; source: "images/bug.png"
        sourceSize: Qt.size(parent.width, parent.height)
        smooth: true; visible: false
    }
    LinearGradient {
        id: mask; anchors.fill: bug; visible: false
        gradient: Gradient {
            GradientStop { position: 0.2; color: "#ffffffff" }
            GradientStop { position: 0.5; color: "#00ffffff" }
        }
```

```
        start: Qt.point(0, 0); end: Qt.point(300, 0)
    }
    MaskedBlur {
        anchors.fill: bug; source: bug
        maskSource: mask; radius: 16; samples: 24
    }
}
```

6.2.7 动感模糊效果

动感模糊效果中提供了 3 种模糊类型：DirectionalBlur 方向模糊、RadialBlur 径向模糊和 ZoomBlur 缩放模糊。

1. 方向模糊 DirectionalBlur

方向模糊 DirectionalBlur 类型会产生一种 source 项目朝着模糊的方向移动的感知印象效果。方向模糊会在每个像素的两侧应用模糊，所以将方向设置为 0 或 180 会产生相同的效果。DirectionalBlur 类型的 angle 属性定义了模糊的方向，取值范围是 $-180.0 \sim 180.0$，默认值是 0.0。length 属性定义了每个像素移动的感知量，移动会被均匀地划分到一个像素的两侧。如果该值较大，那么 samples 属性也需要设置相应的较大的值来保证视觉质量。length 的取值范围是 0.0 到无穷大，默认值是 0.0 即没有模糊。

下面来看一个例子（项目源码路径：src\06\6-22\mymotionblur）。

```
import QtQuick
import Qt5Compat.GraphicalEffects

Item {
    width: 300; height: 300

    Image {
        id: bug; source: "images/bug.png"
        sourceSize: Qt.size(parent.width, parent.height)
        smooth: true; visible: false
    }
    DirectionalBlur {
        anchors.fill: bug; source: bug
        angle: 90; length: 32; samples: 24
    }
}
```

运行效果如图 6-9 所示。

2. 径向模糊 RadialBlur

径向模糊 RadialBlur 类型会产生一种 source 项目朝着模糊的方向旋转的感知印象效果。RadialBlur 类型与 DirectionalBlur 类型的属性类似，不过其 angle 的取值范围是 $0.0 \sim 360.0$，默认值是 0.0。该类型还包含 horizontalOffset 和 verticalOffset 两个属性，用来设置旋转中心点的水平和垂直偏移值。下面将前面例子中的模糊效果更改为如下代码：

```
RadialBlur {
    anchors.fill: bug; source: bug
    samples: 24; angle: 30
}
```

3. 缩放模糊 ZoomBlur

缩放模糊 ZoomBlur 类型会产生一种 source 项目朝着 Z 轴上的中心点方向移动或相机似乎在迅速缩小的感知印象效果。ZoomBlur 类型拥有和 RadialBlur 类型相似的属性，但是没有 angle 属性，另外包含了一个 length 属性。该属性定义了每个像素移动的最大感知量，这个感知量在中心附近较小，在边缘部分达到指定值，其取值范围是 0.0 到无穷大，默认值是 0.0。下面将前面例子中的模糊效果更改为如下代码：

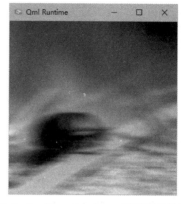

图 6-9　DirectionalBlur 示例运行效果

```
ZoomBlur {
    anchors.fill: bug; source: bug
    samples: 24; length: 48
}
```

6.2.8　发光效果

发光效果提供了两种类型：Glow 发光和 RectangularGlow 矩形发光。

1. 发光 Glow

Glow 类型会产生一个高质量的发光图像，但渲染速度会受到限制，尤其是在发光边缘被高度柔化时渲染速度会明显降低。如果需要较高的渲染速度，而且不需要非常高质量的视觉效果，那么可以设置 fast 属性为 true。Glow 类型包含了前面提到过的 color、fast、radius、samples、spread、transparentBorder 等属性，其中 color 的默认颜色为白色。

下面来看一个例子（项目源码路径：src\06\6-23\myglow）。

```
import QtQuick
import Qt5Compat.GraphicalEffects

Item {
    width: 300; height: 300

    Rectangle { anchors.fill: parent; color: "black" }
    Image {
        id: butterfly; source: "images/butterfly.png"
        sourceSize: Qt.size(parent.width, parent.height)
```

```
            smooth: true; visible: false
        }
        Glow {
            anchors.fill: butterfly; source: butterfly
            radius: 16; samples: 24
            color: "white"; spread: 0.5
        }
    }
```

运行效果如图 6 - 10 所示。

2. 矩形发光 RectangularGlow

RectangularGlow 类型的目的是实现较高的性能，光晕的形状被限制为自定义的圆角矩形。该类型包含 cached、color、cornerRadius、glowRadius 和 spread 等属性，并不包含其他效果中都有的 source 属性。其中，color 属性的默认值为白色。glowRadius 属性定义光晕能够到达项目外多少像素，其取值范围是 0.0 到无穷大。cornerRadius 属性定义用来绘制光晕的圆角半径，其值最小为 0.0，最大值是光晕有效的宽或高的二分之一中较小的那个值，可以

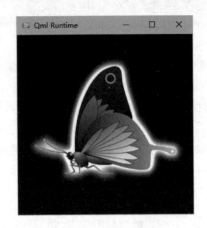

图 6 - 10　Glow 示例运行效果

使用公式 min(width, height) / 2.0 + glowRadius 计算。cornerRadius 属性默认绑定到 glowRadius 属性。spread 属性指定光晕多大区域的颜色会被加强，取值范围是 0.0 ~1.0，默认值为 0.0。

下面来看一个例子(项目源码路径:src\06\6-24\myglow)。

```
import QtQuick
import Qt5Compat.GraphicalEffects

Item {
    width: 300; height: 300

    Rectangle { anchors.fill: parent; color: "black" }
    RectangularGlow {
        anchors.fill: rect; glowRadius: 20
        spread: 0.4; color: "white"
        cornerRadius: rect.radius + glowRadius
    }
    Rectangle {
        id: rect; anchors.centerIn: parent
        color: "black"; radius: 25
        width: Math.round(parent.width / 1.5)
        height: Math.round(parent.height / 2)
    }
}
```

6.2.9　遮罩效果

遮罩效果提供了两种类型:OpacityMask 不透明遮罩和 ThresholdMask 阈值遮罩。

1. 不透明遮罩 OpacityMask

OpacityMask 类型除了 cached 和 source 属性以外,还包含一个 maskSource 属性,该属性定义一个作为遮罩的项目。遮罩项目会被渲染到一个中间像素缓冲区,而结果的 alpha 值决定了 source 项目的像素的可见性。

下面来看一个例子(项目源码路径:src\06\6-25\mymask)。

```
import QtQuick
import Qt5Compat.GraphicalEffects

Item {
    width: 300; height: 300

    Image {
        id: bug; source: "images/bug.png"
        sourceSize: Qt.size(parent.width, parent.height)
        smooth: true; visible: false
    }

    Image {
        id: mask; source: "images/butterfly.png"
        sourceSize: Qt.size(parent.width, parent.height)
        smooth: true; visible: false
    }

    OpacityMask {
        anchors.fill: bug; source: bug; maskSource: mask
    }
}
```

运行效果如图 6-11 所示。

2. 阈值遮罩 ThresholdMask

ThresholdMask 类型通过设置遮罩像素的 threshold 阈值来控制遮罩行为。当遮罩像素的 alpha 值小于 threshold 属性的值时,则完全遮罩 source 项目中对应的像素;大于时,则和 source 项目对应的像素进行 alpha 混合后显示出来。ThresholdMask 类型的 spread 属性定义了阈值指定的 alpha 值附近的遮罩边缘的光

图 6-11　不透明遮罩效果

滑度,取值范围是 0.0~1.0,默认值是 0.0 即不进行光滑处理。

下面来看一个例子(项目源码路径:src\06\6-26\mymask)。

```
import QtQuick
import Qt5Compat.GraphicalEffects

Item {
    width: 300; height: 300

    Image {
        id: bug; source: "images/bug.png"
        sourceSize: Qt.size(parent.width, parent.height)
        smooth: true; visible: false
    }
    Image {
        id: mask; source: "images/mask.png"
        sourceSize: Qt.size(parent.width, parent.height)
        smooth: true; visible: false
    }
    ThresholdMask {
        anchors.fill: bug
        source: bug; maskSource: mask
        threshold: 0.45; spread: 0.2
    }
}
```

6.3 小 结

本章讲解了粒子效果和图形效果的相关内容,可以结合第 5 章图形动画基础的内容,实现一些连续的大型动画特效。粒子系统本身是一个非常复杂的系统,而且涉及多个领域的专业知识,所以想实现一些特殊的效果,还需要对粒子系统进行深入学习。

第 **7** 章

Qt Quick 3D

Qt Quick 3D 模块提供了一个高级 API,用来创建基于 Qt Quick 的 3D 内容和 3D 用户界面。Qt Quick 3D 没有使用外部的引擎,而是为现有的 Qt Quick 场景图提供了空间内容的扩展,因此可以很容易实现 2D 内容与 3D 内容的混合。在 Qt 6 中,Qt Quick 支持的所有图形 API 和着色语言,Qt Quick 3D 都可以支持,不过要求的版本更高:

➢ OpenGL 3.0 或更高版本,建议使用 OpenGL 3.3 以上版本;

➢ OpenGL ES 2.0 或更高版本,建议使用 OpenGL ES 3.0 以上版本;

➢ Direct3D 11.1;

➢ Vulkan 1.0 或更高;

➢ Metal 1.2 或更高。

与 Qt Quick 相似,Qt Quick 3D 并不会直接与任何图形 API 一起使用,而是使用 Qt RHI(Rendering Hardware Interface,渲染硬件接口)进行抽象。

要使用 Qt Quick 3D 模块,则需要在安装 Qt 时选择安装 Qt Quick 3D 组件。如果在安装时没有选择,那么可以先到 Qt 安装目录(笔者这里是 C:\Qt)运行 MaintenanceTool. exe 工具,然后选择"添加或移除组件",在组件列表选中自己已安装版本中的 Qt Quick 3D 组件。

另外,需要在项目文件. pro 中添加如下代码:

```
QT += quick3d
```

要使用该模块中的 QML 类型,还需要添加如下导入语句:

```
import QtQuick3D
```

本章涉及的类型继承关系如图 7-1 所示。可以在 Qt 帮助中通过 Qt Quick 3D 关键字查看本章相关内容。

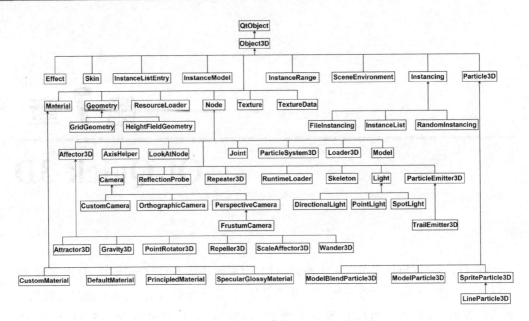

图 7 - 1　Qt Quick 3D 模块相关类型关系图

7.1　创建一个 Qt Quick 3D 项目

开始深入学习相关知识之前,首先来看一下创建 Qt Quick 3D 项目的流程,其中会对几个核心术语进行简单介绍。打开 Qt Creator,选择"文件→New Project"菜单项,模板选择 Application(Qt)分类中的 Qt Quick Application,填写项目名称为 myquick3d,后面步骤保持默认即可。(项目源码路径:src\07\7-1\myquick3d)

项目创建完成后,将 main. qml 文件的内容更改如下:

```
import QtQuick
import QtQuick3D

Window {
    width: 640; height: 480
    visible: true

    View3D {
        id: view; anchors.fill: parent
        environment: SceneEnvironment {
            clearColor: "skyblue"
            backgroundMode: SceneEnvironment.Color
        }
    }
}
```

要在 Qt Quick 中绘制 3D 内容,则需要使用 View3D 项目,它提供了可以在其上渲染 3D 场景的 2D 曲面,一个项目中可以创建多个 3D 视图。要创建 3D 场景一般从定

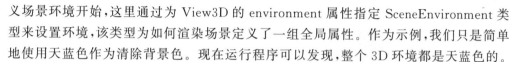

义场景环境开始,这里通过为 View3D 的 environment 属性指定 SceneEnvironment 类型来设置环境,该类型为如何渲染场景定义了一组全局属性。作为示例,我们只是简单地使用天蓝色作为清除背景色。现在运行程序可以发现,整个 3D 环境都是天蓝色的。

下面继续在 View3D 对象中添加如下代码:

```
Model {
    position: Qt.vector3d(0, -200, 0)
    source: "#Cylinder"
    scale: Qt.vector3d(2, 0.2, 1)
    materials: [ DefaultMaterial {
            diffuseColor: "red"
        }
    ]
}
```

Model 类型可以加载网格(Mesh),并通过设置材质来修改其着色方式。要渲染一个模型,则至少需要指定一个网格和一种材质。通过 source 属性可以指定网格文件的位置,或者指定为一个内置基本网格,如 #Rectangle、#Sphere、#Cube、#Cone 和 #Cylinder 等。这里指定为 #Cylinde,表示渲染一个圆柱体。materials 属性指定了用于渲染网格几何体的材质列表。要渲染任何内容,则必须至少设定一种材质,而几何体中包含的每个子网格都应该设置一种材质。因为这里只是简单渲染一个圆柱体,所以只需要设置一种材质。DefaultMaterial 是一种简单易用的材质类型,这里设置了其 diffuseColor 属性,从而使圆柱体显示为红色。另外,position 和 scale 分别用来设置圆柱体的位置和缩放。

现在运行程序发现并没有显示圆柱体。下面继续在 View3D 中添加代码:

```
PerspectiveCamera {
    position: Qt.vector3d(0, 200, 300)
    eulerRotation.x: -30
}
```

相机 Camera 类型用来定义如何将 3D 场景的内容投影到 2D 曲面(例如,View3D)上,一个 3D 场景至少需要指定一个相机才能可视化其内容。这里使用了 PerspectiveCamera 透视相机,并设置了其位置和旋转角度。如果场景中只有一个相机,那么自动选择该相机;如果设置了多个相机,那么可以使用 camera 属性指定要使用的相机。

现在运行程序发现圆柱体是黑色的。下面继续在 View3D 中添加代码:

```
DirectionalLight {
    eulerRotation.x: -30
    eulerRotation.y: -70
}
```

为了能够看到场景中的模型,还需要设置光源 Light。这里添加了一个平行光 DirectionalLight,它可以被认为是从某个方向照射来的太阳光。现在运行程序已经可以看到红色的圆柱体了。

为了让这个程序更有趣,下面再添加一个运动的球体,让其与现有的圆柱体撞击,然后再弹起来,继续在 View3D 中添加如下代码:

```
Model {
    position: Qt.vector3d(0, 150, 0)
    source: "#Sphere"

    materials: [ DefaultMaterial {
            diffuseColor: "blue"
        }
    ]

    SequentialAnimation on y {
        loops: Animation.Infinite
        NumberAnimation {
            duration: 3000
            to: -150
            from: 150
            easing.type: Easing.InQuad
        }
        NumberAnimation {
            duration: 3000
            to: 150
            from: -150
            easing.type: Easing.OutQuad
        }
    }
}
```

这里通过 SequentialAnimation 实现了顺序动画,该类型在第 5 章有详细介绍。可以看到,对 3D 图形使用动画就像 2D 图形时一样简单。现在运行程序,效果如图 7 - 2 所示。

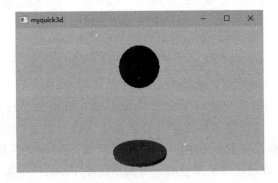

图 7 - 2　Qt Quick 3D 示例运行效果

7.2　场　景

7.2.1　场景坐标

在前面的例子中,模型和相机的 position 属性都需要指定一个 vector3d 类型的值,该类型表示一个具有 x、y 和 z 分量的值,这 3 个分量分别指定了 X、Y 和 Z 坐标。vector3d 类型的值可以使用"x,y,z"字符串直接指定,也可以使用 Qt. vector3d()函数来指定。从图 7-1 中可以看到,模型 Model 和相机 Camera 都继承自 Node 类型,该类型作为其他一些空间类型的基类,包括模型、相机、灯光等,这些对象在三维世界中具有位置和其他特性,用来表示 3D 场景中存在的实体。

对于 3D 场景坐标,可以简单这样理解:在初始化状态,程序窗口的中心点坐标为原点(0, 0, 0),X 轴从左向右递增,Y 轴从下向上递增,Z 轴从里向外递增,3 个轴相互垂直,交点即为原点,默认单位为厘米;可以分别绕每一个轴进行旋转,逆时针方向为正值。对于没有 3D 编程基础的读者,一定要在实体空间中理解三维世界中的对象,比如相机、光照等。尤其是相机的位置和旋转角度,可以把相机想象为观察整个世界的眼睛,可以在不同方位来观看 3D 场景。

为了更好显示和理解 3D 坐标轴,可以使用 AxisHelper 类型。该类型会显示辅助的坐标轴和网格,X 轴显示为红色,Y 轴显示为绿色,Z 轴显示为蓝色。另外还有一个 WasdController 类型,可以允许用户使用 W、A、S、D、方向键和鼠标来控制节点,比如移动相机的位置和角度。这两个类型都属于辅助类型,需要先导入 QtQuick3D. Helpers 模块才可以使用。

下面来看一个例子:(项目源码路径:src\07\7-2\myquick3d)

```
import QtQuick
import QtQuick3D
import QtQuick3D. Helpers

Window {
    width: 640; height: 480
    visible: true

    View3D {
        anchors.fill: parent
        camera: camera

        PerspectiveCamera {
            id: camera
            position: Qt. vector3d(600, 600, 600)
            eulerRotation.x: -45
            eulerRotation.y: 45
        }

        DirectionalLight {
            position: Qt. vector3d( -500, 500, -100)
            color: Qt. rgba(0.4, 0.2, 0.6, 1.0)
        }

        Model {
            source: "#Sphere"
            materials: [ DefaultMaterial { } ]
            position: Qt. vector3d(0, 0, 0)
        }
```

```
        AxisHelper {
        }
    }

    WasdController {
        controlledObject: camera
    }
}
```

这里将 WasdController 的 controlledObject 属性设置为 camera，表明要控制的对象是相机。运行程序，可以通过键盘方向键进行移动，按住鼠标进行旋转，从而控制相机来观察整个 3D 场景，如图 7-3 所示。

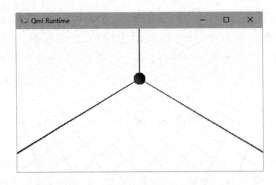

图 7-3   **AxisHelper** 示例运行效果

7.2.2   场景环境

前面提到 SceneEnvironment 为渲染场景定义了一组全局属性。其中，antialiasingMode 属性用来设置渲染场景时应用的抗锯齿模式，可取的值包括：

➢ SceneEnvironment. NoAA：未应用抗锯齿，默认值。

➢ SceneEnvironment. SSAA：应用超级采样抗锯齿。场景会以更高的分辨率渲染，然后缩小到实际分辨率。优点是抗锯齿质量高，可以应用到所有场景内容，而不仅仅是几何轮廓。缺点是性能消耗大，增加显存使用量。建议主要对纹理抗锯齿时优先使用该选项。

➢ SceneEnvironment. MSAA：应用多采样抗锯齿。会对几何体的边缘进行超级采样，从而生成更平滑的轮廓。该技术的性能完全取决于图形硬件（GPU）的能力。优点是适用于任何 View3D 项目，使用快速动画时不会出现问题。缺点是对纹理或反射没有帮助，而且会增加显存使用量，建议主要对轮廓抗锯齿时优先使用该选项。

➢ SceneEnvironment. ProgressiveAA：应用渐进式抗锯齿。当场景的所有内容都停止移动时，相机会在帧之间轻微抖动，并且每个新帧的结果都会与之前的帧混合。累积的帧数越多，结果越好。优点是当场景中的所有内容都静止不动时，可以提供很好的效果。缺点是如果发生任何视觉变化,则不会生效。由于必须累积和混合,则会增加显存使用量。建议对静止场景抗锯齿时使用该选项。

另外,还可以通过 antialiasingQuality 属性来设置抗锯齿级别,可取的值包括 SceneEnvironment. Medium、SceneEnvironment. High(默认值)和 SceneEnvironment. VeryHigh。在前面的例子 7-2 中添加如下代码:

```
environment: SceneEnvironment {
    antialiasingMode: SceneEnvironment.MSAA
}
```

因为示例中只有一些轮廓,所以这里使用了 MSAA 抗锯齿,运行程序可以看到线条轮廓平滑了许多。

接下来看一下 backgroundMode 属性,该属性控制是否以及如何清除场景背景,可取的值包括:

> SceneEnvironment. Transparent:默认值。场景将被清除为透明。这对于在另一项上渲染 3D 内容非常有用。当 View3D 使用 Underlay 或者 Overlay 渲染模式而未启用任何后期处理时,此模式无效。

> SceneEnvironment. Color:使用 clearColor 属性指定的颜色清除场景。当 View3D 使用 Underlay 或者 Overlay 的渲染模式而未启用任何后期处理时,此模式无效。

> SceneEnvironment. SkyBox:不会清除场景,而是渲染 SkyBox 或 Skydome。SkyBox 是使用 lightProbe 属性中定义的 HDRI 贴图定义的。关于此模式会在下一小节单独介绍。

> SceneEnvironment. SkyBoxCubeMap:不会清除场景,而是渲染 SkyBox 或 Skydome。SkyBox 是使用 skyBoxCubeMap 属性中定义的立方体贴图定义的。

另外,SceneEnvironment 中还有一些以 ao 开头的属性,如 aoBias、aoDistance、aoSampleRate 等,是用来设置环境光遮蔽(Ambient Occlusion)的,有需要的读者可以深入研究,这里不再介绍。

最后再来看一下前面提到的 View3D 的渲染模式 renderMode 属性,该属性确定 View3D 如何与 Qt Quick 场景的其他部分进行组合。默认情况下,场景将作为中间步骤渲染到屏幕外缓冲区中,然后将此屏幕外缓冲区渲染到窗口(或渲染目标)中,就像任何其他 Qt Quick 项目一样。对于大多数用户,不需要更改渲染模式,可以安全地忽略此属性。但在某些图形硬件上,使用屏幕外缓冲区可能会成为性能瓶颈,这时可以尝试其他模式。该属性可取的值为:

> View3D. Offscreen:默认值。场景先被渲染到屏幕外缓冲区中,而后该屏幕外缓冲区与 Qt Quick 场景的其余部分进行合成。

> View3D. Underlay:在渲染 Qt Quick 场景的其余部分之前,将场景直接渲染到窗口。使用此模式时,View3D 不能放在其他 Qt Quick 项目的顶部。

> View3D. Overlay:先渲染 Qt Quick,而后场景将直接渲染到窗口。使用此模式

时,View3D 将始终位于其他 Qt Quick 项目的顶部。

➤ View3D. Inline:将 View3D 的场景图嵌入到主场景图中,并与任何其他 Qt Quick 项目应用相同的排序语义。由于需要将具有深度的 3D 内容注入到 2D 场景图中,根据场景的内容,此模式可能会导致微妙的问题,因此不建议使用,除非有特殊需要。

需要说明,View3D. Offscreen 是唯一能保证完美图形效果的模式,其他模式都可能导致视觉问题,所以一般不建议设置该属性。

7.2.3 基于图像的照明和天空盒

Qt Quick 3D 支持 IBL(Image - Based Lighting,基于图像的照明)来照亮场景或单个材质。IBL 是一种允许使用图像照亮场景的照明技术,如果需要在场景中创建逼真的照明和反射,那么这个技术非常有用。可以将任何图像文件用于 IBL,但建议使用 360°HDR(High Dynamic Range,高动态范围)图像。HDR 图像具有比 JPEG 或 PNG 等图像高得多的动态范围,而更高的动态范围可以通过从非常亮到非常暗的大范围亮度级别提供更加真实的照明。

如果要使用图像照亮场景,那么需要将图像作为纹理贴图添加到 SceneEnvironment 的 lightProbe 属性,再将 backgroundMode 属性设置为 SceneEnvironment. SkyBox,就可以实现天空盒效果,这样场景中的所有模型都会由 lightProbe 照亮。如果只想在一个材质而不是整个场景上使用基于图像的照明,那么可以将图像指定到模型特定材质的 lightProbe 属性。

需要说明,通过 lightProbe 属性指定图像来照亮场景,可以代替标准光源,也可以是标准光源的补充。下面通过一个例子来演示天空盒的实现。

(项目源码路径:src\07\7-3\myskybox)新建 Qt Quick UI Prototype 项目,项目名称为 myskybox。完成后将 myskybox. qml 文件内容修改如下:

```
import QtQuick
import QtQuick3D
import QtQuick3D.Helpers

Window {
    width: 640; height: 480
    visible: true

    View3D {
        anchors.fill: parent
        environment: SceneEnvironment {
            backgroundMode: SceneEnvironment. SkyBox
            lightProbe: Texture {
                source: "island.hdr"
            }
        }

        Model {
```

```
                source: "#Sphere"
                scale: Qt.vector3d(3, 3, 3)
                materials: [
                        PrincipledMaterial {
                                metalness: 0.9
                        }
                ]
        }

        Node {
                PerspectiveCamera {
                        id: camera
                        z: 500
                }

                PropertyAnimation on eulerRotation.y {
                        loops: Animation.Infinite
                        to: 0; from: -360; duration: 18000
                }
        }
}

WasdController {
        controlledObject: camera
}
}
```

这里将 lightProbe 属性指定为 Texture 类型来设置纹理贴图,其中使用了 island.hdr 文件。为了让球体拥有更好的显示

效果,这里使用了 PrincipledMaterial 材质,并且设置了较高的金属度;为了能更好观看 3D 环境,还设置了让相机节点围绕 Y 轴进行自动旋转。这时运行程序,效果如图 7 - 4 所示。另外,SceneEnvironment 中还提供了 probe-Exposure 等多个属性来设置 light-Probe,读者可以自行设置查看效果。

使用 IBL 时,应用程序需要生成 IBL 图像的立方体贴图。默认情况下,

图7-4　天空盒示例运行效果

这会在应用程序启动期间进行,所以可以看到程序启动很慢,在嵌入式和移动设备上这个问题会更突出。为了解决这个问题,可以使用 Balsam 工具预先生成此立方体图,该工具在 Qt 安装目录的 bin 目录中,笔者这里的路径为 C:\Qt\6.4.0\mingw_64\bin。使用此工具可以在命令行将 .hdr 文件作为输入运行 Balsam.exe;还有一种简单的方式就是直接将 .hdr 文件拖到 Balsam.exe 图标上进行打开,如图 7 - 5 所示,这样就会在 .hdr 文件所在目录输出一个与输入同名但扩展名为 .ktx 的立方体贴图文件。然后可以

在 lightProbe 属性的关联纹理中引用该文件：

```
lightProbe: Texture {
    source: "island.ktx"
}
```

这样就无须在运行时进行任何耗能的处理,运行程序会发现启动快了很多。

图 7-5　运行 Balsam 工具

7.2.4　Qt Quick 3D 场景效果

Qt Quick 3D Effects 模块包括一个预生成的,可直接使用的 3D 场景效果库,其中包含了 20 多种效果,如渐变、模糊、浮雕等。这些效果类型的属性很简单,使用起来也很方便,直接指定到 SceneEnvironment 对象的 effects 属性即可,并且可以同时使用多个效果,如在前面例子 7-3 中添加如下代码:

```
SceneEnvironment {
...  ...
    //使用场景效果
    effects: [
        Blur { amount: 0.003 },
        DistortionSphere { distortionHeight: 0.8; radius: 0.5 }
    ]
}
```

注意,要先使用 import QtQuick3D.Effects 6.4 语句导入该模块。读者可以直接在帮助中通过 Qt Quick 3D Effects QML Types 关键字查看所有效果的列表。要创建自定义的效果,可以使用 Effect 类型。另外,Qt 中提供的 Qt Quick 3D-Effects Example 示例程序对所有效果进行了演示,读者可以参考一下。

7.3　相　机

前面讲到,相机 Camera 定义了如何将 3D 场景的内容投影到 2D 曲面上,3D 场景

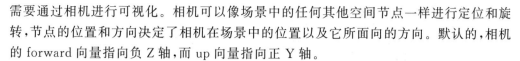

需要通过相机进行可视化。相机可以像场景中的任何其他空间节点一样进行定位和旋转,节点的位置和方向决定了相机在场景中的位置以及它所面向的方向。默认的,相机的 forward 向量指向负 Z 轴,而 up 向量指向正 Y 轴。

相机的视锥体(又称为截头锥体)和位置、方向共同决定了场景的哪些部分对相机可见,以及它们如何投影到 2D 曲面上。根据视锥体的不同,相机可以分为 PerspectiveCamera 透视相机和 OrthographicCamera 正交相机。另外还有一个 CustomCamera 自定义相机,是一种可以自由定制投影矩阵的相机类型,对于希望计算自己的投影矩阵的用户非常有用。

7.3.1　透视相机

透视相机 PerspectiveCamera 类型提供了一个棱锥形的视锥体,会使离相机更远的对象看起来更小。这是最常用的相机类型,对应了大多数真实世界相机的工作方式。可以通过 fieldOfView 属性设置相机的视野,以度为单位(默认是 60.0),默认是设置垂直视野,可以通过 fieldOfViewOrientation 属性设置为 PerspectiveCamera. Horizontal 水平视野;通过 clipFar 和 clipNear 来分别设置相机视锥体的远裁剪平面和近裁剪平面的位置,只有在两者之间的内容才是可见的。

下面来看一个例子(项目源码路径:src\07\7-4\mycamera):

```
import QtQuick
import QtQuick3D
import QtQuick3D.Helpers

Window {
    width: 600; height: 400
    visible: true

    Node {
        id: myScene

        DirectionalLight {
            ambientColor: Qt.rgba(0.5, 0.5, 0.5, 1.0)
            brightness: 1.0
            eulerRotation.x: -25; eulerRotation.y: -45
        }

        Model {  //浅灰色平面
            source: "#Cube"
            position: Qt.vector3d(0, -60, -200)
            scale: Qt.vector3d(5, 0.2, 5)
            eulerRotation.y: 45
            materials: [
                DefaultMaterial {
                    diffuseColor: "lightgrey"
                }
            ]
        }
```

```
    Model {  //近处蓝色球体
        source: "#Sphere"
        z: 100
        materials: [
            PrincipledMaterial {
                baseColor: "blue"
                roughness: 0.1
            }
        ]
    }

    Model { //远处红色球体
        source: "#Sphere"
        z: -500

        materials: [
            PrincipledMaterial {
                baseColor: "red"
                roughness: 0.1
            }
        ]
    }

    PerspectiveCamera {
        id: camera
        position: Qt.vector3d(0, 100, 300)
        eulerRotation.x: -18
    }
}

View3D {
    camera: camera
    importScene: myScene
    anchors.fill: parent
    environment: SceneEnvironment {
        clearColor: "skyblue"
        backgroundMode: SceneEnvironment.Color
        antialiasingMode: SceneEnvironment.MSAA
    }
}

WasdController {
    controlledObject: camera
}
}
```

这里创建了一个平面和其上的两个球体,其中蓝色球体 z 值较大,看上去较近,红色球体 z 值较小,看上去较远。为了使球体更逼真,这里使用了 PrincipledMaterial 材质。我们将 PerspectiveCamera 透视相机放到平面远处上方,然后朝下俯视整个 3D 场景。这个示例中没有直接在 View3D 中创建相机、模型等,而是先在一个 Node 节点中创建,然后通过 importScene 属性将整个场景渲染到视口。运行程序,效果如图 7－6 所示。

　　FrustumCamera 类型继承自 PerspectiveCamera,可以在其中通过 top、bottom、left、right 等属性自定义视锥体近平面,这对于创建非对称视锥体非常有用。

7.3.2　正交相机

　　正交相机 OrthographicCamera 提供的视锥体的线是平行的,使 3D 对象的感知比例不受相机的距离的影响。这类相机的典型用例是 CAD(Computer-Assisted Design,计算机辅助设计)应用程序和制图。可以通过 clipFar 和 clipNear 属性来分别设置相机视锥体的远裁剪平面和近裁剪平面的位置;通过 horizontalMagnification 和 verticalMagnification 属性来分别设置视锥体的水平和垂直放大率,默认值都是 1.0。

　　将前一小节示例 7－4 中 PerspectiveCamera 直接替换为 OrthographicCamera,运行效果如图 7－7 所示。

图 7－6　透视相机示例运行效果

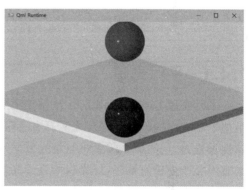
图 7－7　正交相机示例运行效果

7.4　光源和阴影

　　Light 类型作为所有光源的基类型,本身是无法直接使用的,不过该类型为所有光源提供了一些共有属性,如表 7－1 所列。Light 的子类型包括平行光源 DirectionalLight、点光源 PointLight 和聚光灯光源 SpotLight。除了 Light 可以作为光源外,在前面 7.2.3 小节提到的通过 lightProbe 提供的环境光也可以作为光源。

表 7－1　Light 类型属性

属　　性	值类型	描　　述
color	color	设置通过灯光照亮的模型的颜色,默认值为白色
brightness	real	设置灯光效果的亮度,默认值为 1
ambientColor	color	设置在灯光照亮之前应用于材质的环境色,默认值为黑色

属　性	值类型	描　述
scope	Node	设置场景中的一个节点,只有该节点及其子节点受灯光影响。默认没有指定节点
castsShadow	bool	设置为 true 后灯光将投射阴影,默认值为 false
shadowBias	real	用于在对象自身投射阴影时调整阴影效果。取值范围为 $-1.0 \sim 1.0$,一般设置为 $-0.1 \sim 0.1$ 内的值,默认值为 0
shadowFactor	real	设置投射阴影的暗度。值范围为 $0 \sim 100$,其中 0 表示没有阴影,100 表示完全阴影。默认值为 5
shadowFilter	real	设置应用于阴影的模糊程度,默认值为 5
shadow MapFar	real	设置阴影贴图的最大距离,较小的值可以提高贴图的精度和效果。默认值为 5 000
shadowMap Quality	Light.ShadowMapQualityLow、Light.ShadowMapQualityMedium、Light.ShadowMapQualityHigh、Light.ShadowMapQualityVeryHigh	设置为阴影渲染创建的阴影贴图的质量。阴影质量越高,使用的资源越多。默认值为 Light.ShadowMapQualityLow

7.4.1　平行光源

平行光源 DirectionalLight 从位于无限远处的无法识别的光源向一个方向发射光,类似于现实中的阳光。平行光源具有无限的范围并且不会减弱。如果将 castsShadow 属性设置为 true,那么阴影将与灯光方向平行。因为平行光源实际上没有位置,因此移动它不会产生任何效果,灯光将始终沿光源的 Z 轴方向发射。沿 X 轴或 Y 轴旋转灯光将更改灯光发射的方向。

(项目源码路径:src\07\7-5\mydirectionallight)下面将前面例 7—4 代码中光源设置如下:

```
DirectionalLight {
    ambientColor: "grey"
    brightness: 1.5
    eulerRotation.y: -25
    eulerRotation.x: -15
    castsShadow: true
    shadowMapQuality: Light.ShadowMapQualityHigh
}
```

读者可以更改相关参数查看实际效果。

7.4.2　点光源

点光源 PointLight 可以被描述为一个球体,从光源中心向各个方向发射强度相等的光,类似于灯泡发光的方式。旋转或缩放点光源不会产生效果,移动点光源将更改光源的发射位置。该类型还包含 constantFade、linearFade 和 quadraticFade 这 3 个属性,可以通过 constantFade ＋ 距离 ＊（linearFade ＊ 0.01）＋ 距离^2 ＊（quadraticFade ＊ 0.000 1)公式计算光的衰减。

（项目源码路径:src\07\7-6\mypointlight)下面将前面例 7 - 4 代码中光源修改如下:

```
PointLight {
    position: Qt.vector3d(0, 100, -200)
    brightness: 3
}
```

这里将点光源的 Z 轴坐标设置为－200,也就是放置在了两个球之间,运行程序,效果如图 7 - 8 所示。

7.4.3　聚光灯光源

聚光灯光源 SpotLight 以圆锥体形状朝一个方向发射灯光,类似于手电筒的效果。其中,圆锥体的形状由角度 coneAngle 属性定义,取值范围 0～180,默认值为 40。当接近 coneAngle 时,灯光强度会减弱,光强开始减弱的角度由 innerConeAngle 定义,取值范围 0～180,默认值为 30。两个角度均以度为单位。在 innerConeAngle 内部,聚光灯光源的行为与点光源类似,也包含 constantFade、linearFade 和 quadraticFade 这 3 个属性,可以通过 constantFade ＋ 距离 ＊（linearFade ＊ 0.01）＋ 距离 ＊（quadraticFade ＊ 0.000 1)^2 公式计算光的衰减。

（项目源码路径:src\07\7-7\myspotlight)下面将前面例 7 - 4 代码中光源修改如下:

```
SpotLight {
    z: 300
    brightness: 10
    ambientColor: Qt.rgba(0.1, 0.1, 0.1, 1.0)
    coneAngle: 30
    innerConeAngle: 10
}
```

这里将聚光灯光源从 Z 轴 300 处射向远处的两个球体,运行程序,效果如图 7 - 9 所示。读者也可以对光源进行旋转,查看实际效果。

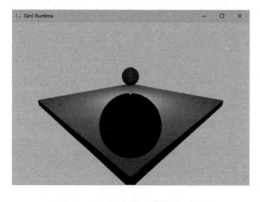

图 7 - 8　点光源示例运行效果

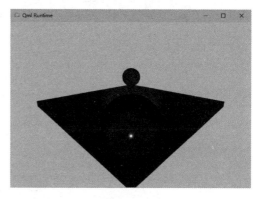

图 7 - 9　聚光灯光源示例运行效果

7.5 网　格

　　Qt Quick 3D 模块中的 Model 类型用来加载网格（Mesh）和材质，一个网格代表了 3D 场景中的一个对象。Model 中可以通过 source 属性来指定包含模型几何体数据的网格文件的位置。Qt 中还提供了 Balsam 工具，可以用来将其他软件生成的 3D 资源转换为 QML 可用的文件。除了使用网格文件，Qt Quick 3D 中还提供了几个简单的内置网格，可以直接使用。

7.5.1　内置网格

　　关于现成的内置网格，前面已经提到并多次使用过，比如球体♯Sphere。Qt Quick 3D 中提供了矩形♯Rectangle、球体♯Sphere、立方体♯Cube、圆柱体♯Cylinder 和圆锥体♯Cone 这 5 种内置网格，可以直接通过 source 属性加载使用，它们默认大小为 100。

　　（项目源码路径：src\07\7-8\mymesh）下面来看一个例子，代码片段如下：

```
Model {  //矩形
    source: "♯Rectangle"
    position: Qt.vector3d( - 300, 0, - 200)
    materials: [
        PrincipledMaterial {
            baseColor: "red"; roughness: 0.1
        }
    ]
}

Model {  //球体
    source: "♯Sphere"
    position: Qt.vector3d( - 150, 0, - 200)
    materials: [
        PrincipledMaterial {
            baseColor: "blue"; roughness: 0.1
        }
    ]
}

Model { //立方体
    source: "♯Cube"
    position: Qt.vector3d(0, 0, - 200)
    eulerRotation.y: 30
    materials: [
        PrincipledMaterial {
            baseColor: "green"; roughness: 0.1
        }
    ]
}
```

```
Model { //圆柱体
    source: "#Cylinder"
    position: Qt.vector3d(150, 0, -200)
    materials: [
        PrincipledMaterial {
            baseColor: "yellow"; roughness: 0.1
        }
    ]
}

Model { //圆锥体
    source: "#Cone"
    position: Qt.vector3d(300, -50, -200)
    materials: [
        PrincipledMaterial {
            baseColor: "grey"; roughness: 0.1
        }
    ]
}
```

这里将几个内置网格依次排开,运行效果如图 7-10 所示。

图 7-10   内置网格示例运行效果

7.5.2   使用 Balsam 工具转换网格文件

Balsam 工具是一个命令行应用程序,可以将数字内容创建软件(如 Maya、3ds Max 或 Blender)中创建的资源转换为 QML 组件和资源,以便与 Qt Quick 3D 一起使用。支持的 3D 资源类型包括 Wavefront (.obj)、COLLADA (.dae)、FBX (.fbx)、STL (.stl)和 GLTF2 (.gltf, .glb)等。除此以外,Balsam 工具还可以将 .hdr 文件转换为 .ktx 贴图文件。

作为演示,下面将通过 Blender 软件创建 3D 资源,然后使用 Balsam 工具进行转换,最后在 Qt Quick 3D 项目中使用转换后的文件。

第一步,从官网(https://www.blender.org)下载最新版的 Blender 软件并安装。

第二步,运行安装好的 Blender,选中场景中间的立方体,按下 Delete 键进行删除。然后使用 Shift+A 快捷键添加新的网格,在弹出的级联菜单中选择"网格→猴头"。添加完成后如图 7-11 所示。

第三步,通过"文件→导出→Collada(.dae)"菜单项将整个场景导出为 Monkey. dae 文件。

第四步,通过 Balsam 工具转换 Monkey.dae 文件。这一步可以有多种方式:一是像前面介绍过的那样,直接将 Monkey.dae 文件拖到 balsam.exe 程序上进行运行;二是在命令行运行 balsam.exe 程序;三是运行 balsamui.exe 图形界面程序,该程序与 balsam.exe 在同一目录中(笔者这里是 C:\Qt\6.4.0\mingw_64\bin)。然后设置好 Monkey.dae 文件的路径、要生成的文件的路径,最后单击 Convert 按钮完成转换,如图 7-12 所示。

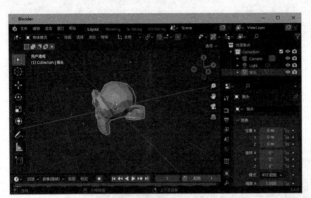 

图 7-11 在 Blender 软件中添加猴头网格   图 7-12 balsamui 程序界面

可以看到,生成的文件包括一个 Monkey.qml 和一个 meshes 目录,目录里包含一个__.mesh 网格文件。这个 Monkey.qml 文件中包含了模型、相机和灯光等完整的场景设置,所以现在既可以直接使用 Monkey.qml 来提供场景,也可以只使用__.mesh 文件来生成网格,然后自定义相机和光源。

(项目源码路径:src\07\7-9\mymesh)下面的代码片段中使用了生成的 Monkey. qml 文件:

```
Window {
    width: 600; height: 400
    visible: true

    View3D {
        anchors.fill: parent
        environment: SceneEnvironment {
            clearColor: "#333333"
            backgroundMode: SceneEnvironment.Color
            antialiasingMode: SceneEnvironment.MSAA
        }

        Monkey {}
    }
}
```

可以看到,这里 Monkey.qml 作为独立的组件,直接在 View3D 中使用即可,非常方便。如果需要进行场景设置,那么可以在 Monkey.qml 中进行修改。如果只是想使用转换的网格,而不需要整个场景,那么可以直接使用.mesh 文件。下面来看一个例子。

(项目源码路径:src\07\7-10\mymesh)将 __. mesh 复制到新的源码目录,然后更名为 monkey. mesh,在代码中可以这样使用:

```
Model {
    source: "monkey.mesh"; z: -30
    scale: Qt.vector3d(10, 10, 10); eulerRotation.x: -90
    materials: [
        PrincipledMaterial { baseColor: "gold"; metalness: 0.2 }
    ]
}
```

注意,这里需要自己设置合适的灯光和相机。

7.6　材质和纹理

要在场景中渲染模型,必须为其附加一种材质来描述如何为网格着色,Material 类型是所有材质类型的基类型。Qt Quick 3D 模块中提供了 4 种材质类型,它们均继承自 Material 类型,分别是 CustomMaterial、DefaultMaterial、PrincipledMaterial 和 SpecularGlossyMaterial。其中,CustomMaterial 是可以使用着色器进行自定义的材质,Qt 还提供了一个可视化编辑器来简化自定义材质的使用,有兴趣的读者可以在帮助中通过 Custom Material Editor 关键字查看相关内容。下面对其他 3 种材质分别进行介绍,这些材质都是易于使用的材质,具有最小的参数集,所有输入值都严格限制在 0 和 1 之间,并具有合理的默认值,所以即便不更改任何属性值,也可以直接为模型着色。

7.6.1　DefaultMaterial

DefaultMaterial 是一种使用镜面反射/光泽度类型工作流的材质,主要通过以下 3 类属性进行控制:

> 镜面反射:描述对象表面的镜面反射量和颜色。对于反射材质,该属性决定了其主要颜色。相关属性包括 specularAmount、specularMap、specularModel、specularReflectionMap 和 specularTint 等。

> 光泽度(粗糙度):表面的光泽度取决于表面的光滑程度或不规则程度。光滑的表面会比粗糙的表面有更强烈的光反射。在 DefaultMaterial 中,通过 roughnessMap、specularRoughness 和 roughnessChannel 等属性控制材质的光泽度。

> 漫反射颜色:描述材质的基本颜色,与 PrincipledMaterial 的基础颜色不同,漫反射颜色不包含任何有关材质反射率的信息。将漫反射颜色设置为一种黑色色调将创建纯镜面反射材质(如金属或镜子)。相关属性包括 diffuseColor、diffuse-

LightWrap、diffuseMap 等。

（项目源码路径：src\07\7-11\mymaterial）下面来看一个例子，相关代码片段如下：

```
Model {
    source: "#Sphere"
    materials: [
        DefaultMaterial {
            diffuseColor: "#111111"; specularTint: "red"
            specularAmount: 0.9; specularRoughness: 0.1
        }
    ]
}
```

这个例子为了体现反射效果，还使用了前面讲到的天空盒，读者可以自行添加相关代码，然后修改这里的属性值查看具体效果。

7.6.2 PrincipledMaterial

PrincipledMaterial 是一种 PBR（Physically based rendering，基于物理的渲染）金属/粗糙度类型工作流的材质，主要特性通过以下 3 类属性来控制：

> 金属度：现实世界中的材质可以分为金属和非金属两类。在 PrincipledMaterial 中，材质所属的类别由金属度 metalness 属性决定，将其设置为 0，意味着是一种非金属材质，而大于 0 时则是一种金属材质。需要说明，实际上金属的 metalness 值应该为 1，但取 0~1 之间的值也是有可能的。例如，当材质发生腐蚀或类似情况时，应降低其金属度。由于金属度会影响材质的反射率，因此可以使用金属度来调整光泽度；但如果是非金属材质，那么就需要使用粗糙度 roughness 来调整了。

> 粗糙度：材质的粗糙度 roughness 属性描述了物体表面的状况，其值越低表面越光滑，反射性也更强。

> 基色：基色 baseColor 属性包含了漫反射和镜面反射数据，其主要受金属度 metalness 的值的影响。例如，metalness 为 1 的材质将其大部分基色解释为镜面反射颜色，而漫反射颜色将为黑色，金属度值为 0 的材质则正好相反。

（项目源码路径：src\07\7-12\mymaterial）下面来看一个例子，相关代码片段如下：

```
Model {
    source: "#Sphere"
    materials: [
        PrincipledMaterial {
            metalness: 1.0; baseColor: "red"; roughness: 0.1
        }
    ]
}
```

读者可以直接在前面例子的基础上只修改材质相关代码，然后修改相关属性，查看效果。当然，PrincipledMaterial 中并非只有这 3 个属性，只是一般只需要设置这 3 个属性就可以获得想要的效果。Qt 中提供了一个 Principled Material Example 示例程

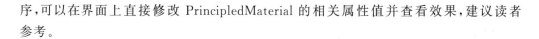

序,可以在界面上直接修改 PrincipledMaterial 的相关属性值并查看效果,建议读者参考。

7.6.3　SpecularGlossyMaterial

SpecularGlossyMaterial 类型是 Qt 6.4 加入的,是一种 PBR 镜面反射/光泽度类型工作流的材质,主要特性通过以下 3 类属性来控制:

> 镜面反射:镜面反射颜色 specularColor 属性描述对象表面的镜面反射量和颜色。对于反射材质,主要颜色来自此属性。

> 光泽度:材质的光泽度 glossiness 属性描述对象表面的状态,其值越高意味着对象表面越光滑,反射性也越高。

> 反照率:反照率颜色 albedoColor 属性描述材质的漫反射颜色,与 DefaultMaterial 的 diffuseColor 属性相似。

(项目源码路径:src\07\7-13\mymaterial)下面来看一个例子,在前面例子的基础上进行修改:

```
Model {
    source: "#Sphere"
    materials: [
        SpecularGlossyMaterial {
            albedoColor: "#111111"; specularColor: "red"; glossiness: 0.9
        }
    ]
}
```

通过示例可以看到,SpecularGlossyMaterial 比同样使用镜面反射/光泽度工作流的 DefaultMaterial 在属性设置方面更符合实际效果。Qt 中的 Principled Material Example 示例程序中同样提供了 SpecularGlossyMaterial 的效果展示,读者可以进行参考。

7.6.4　纹理贴图

前面介绍基于图像的照明时曾提到,可以将图像指定到模型特定材质的 lightProbe 属性,该属性由 Material 类型提供,因此所有材质都可以使用该属性。lightProbe 属性与各材质类型中以 Map 结尾的属性都需要设置 Texture 类型的值,本小节将对该类型做简单介绍。

1. Texture 类型介绍

Qt Quick 3D 中的纹理贴图 Texture 类型表示二维图像,通常用来映射到或者环绕三维几何体,以模拟无法在 3D 中有效建模的额外细节,也可以用于模拟反射等其他照明效果。可以通过以下 3 种方式为 Texture 设置图像数据:

> 通过为 source 属性指定一个图片或纹理文件;

> 通过为 sourceItem 属性指定一个 Qt Quick 项目;

> 通过为 textureData 属性指定一个 TextureData 类型对象。

(项目源码路径：src\07\7-14\mymaterial)下面先来看一个例子，直接在前面示例 7-13 的基础上修改：

```
Model {
    source: "#Rectangle"; x: -150
    materials: [
        PrincipledMaterial {
            baseColorMap: Texture {
                source: "side.png"
            }
        }
    ]
}
```

这里使用了 PrincipledMaterial，并使用贴图来提供基色，为了对比效果，读者可以使用相同的材质设置添加球体、立方体，运行效果如图 7-13 所示。

可以看到，使用图片作为纹理是非常简单的。作为纹理贴图的二维图像可以使用 UV 坐标来指定位置，水平方向是 U 坐标，从左(0.0)到右(1.0)；垂直方向是 V 坐标，从下(0.0)到上(1.0)，左下角是(0，0)点。在 Texture 类型中，positionU 和 positionV 属性分别对应 U、V 坐标的映射，默认值为 0；scaleU 和 scaleV 属性分别定义了映射到网格的 UV 坐标时如何缩放 U、V 纹理坐标，当使用平铺模式时，缩放将决定纹理重复的次数；tilingModeHorizontal 和 tilingModeVertical 分别指定了 scaleU 和 scaleV 的值大于 1 时如何映射纹理，可取的值包括平铺 Texture.Repeat(默认值)、镜像平铺 Texture.MirroredRepeat、使用边界值平铺 Texture.ClampToEdge 等。例如：

```
baseColorMap: Texture {
    source: "side.png"; scaleU: 3; scaleV: 3
    tilingModeHorizontal: Texture.MirroredRepeat
}
```

2. 使用纹理贴图实现逼真效果

使用纹理贴图可以让材质更加真实，下面以 PrincipledMaterial 为例进行演示，其他材质也有相应的贴图属性，读者可以自行测试。

(项目源码路径：src\07\7-15\mymaterial)代码片段如下：

```
Model {
    source: "#Sphere"
    materials: [
        PrincipledMaterial {
            baseColorMap: Texture {
                source: "basecolor.jpg"
            }
            metalness: 0.6
            metalnessMap: Texture {
                source: "metallic.jpg"
            }
            roughness: 0.7
```

```
        roughnessMap: Texture {
            source: "roughness.jpg"
        }
    }
    ]
}
```

这里通过设置金属度、粗糙度,配合相应的纹理贴图,实现了生锈的金属球效果,如图 7 - 14 所示。

图 7 - 13　纹理贴图示例效果

图 7 - 14　使用纹理贴图实现锈斑效果

7.7　在 3D 场景中添加 2D 内容

Qt Quick 3D 对同时包含了 3D 和 2D 元素的场景提供了高效的支持。其实,从前面的例子中已经看到,表示 3D 视口的 View3D 对象本身就是一个 Qt Quick 项目,所以它可以放在 Qt Quick 场景的任何地方,下面先来看一个例子(项目源码路径:src\07\7-16\myscene):

```
Window {
    width: 600; height: 400; visible: true

    Image { anchors.fill: parent; source: "bg.png" }

    Text {
        text: "2D Scene"; font.pointSize: 32; color: "red"
        anchors.top: parent.top
        anchors.horizontalCenter: parent.horizontalCenter
    }

    Item {
        width: 300; height: 200; anchors.centerIn: parent

        View3D {
            anchors.fill: parent
            environment: SceneEnvironment {
                backgroundMode: SceneEnvironment.Color
                clearColor: "#00000000"
```

```
                antialiasingMode: SceneEnvironment.MSAA
            }

            PerspectiveCamera { z: 100 }

            PointLight {
                position: Qt.vector3d(0, 300, 0); brightness: 50
            }

            Model {
                source: "#Sphere"
                materials: PrincipledMaterial {
                    baseColor: "red"; metalness: 0.7
                }
                NumberAnimation on y {
                    from: 80; to: 0; duration: 2000
                    easing.type: Easing.InOutBack
                }
            }
        }
    }
}
```

　　这里在 Qt Quick 2D 场景中使用了一张图片作为背景,然后添加了一个标签,表明这是 2D 的世界。然后添加 View3D 对象,将其放置在一个 Item 中,再定位到 2D 场景的中心位置。这里将 3D 场景的 clearColor 设置为透明,从运行效果来看,3D 内容很好地融合到了 2D 场景中,如图 7 - 15 所示。

　　尽管这样的方式可行,在一些应用中可以实现想要的效果,但是这毕竟不是真正的 2D 和 3D 的融合。如果想将 2D 内容完全整合到 3D 场景中,那么一种方法是使用前面讲到的 Texture,将 Qt Quick 项目作为 3D 对象的贴图;另一种方法是在 Node 中添加 Qt Quick 子项目节点。在前面例子的 Model 中添加如下内容:

```
Model {
    Node { //在 3D 场景中添加 2D 内容
        y: 5; z: 80
        Rectangle {
            anchors.horizontalCenter: parent.horizontalCenter
            color: "#44444488"
            width: text3d.width; height: text3d.height
            Text {
                id: text3d; text: "3D Scene";
                font.pointSize: 4; color: "white"
            }
        }
        eulerRotation.y: 45
    }
    ... ...
}
```

　　这里在球体模型上添加了一个矩形和一个标签,并绕 Y 轴旋转 45 度,运行效果如

图 7 - 16 所示。需要说明,将 2D 项目添加到 3D 场景后,2D 项目继续使用 Qt Quick 的坐标系:Y 轴从上到下,单位是像素;而 3D 对象使用三维坐标系:Y 轴指向上,单位是厘米,这个会受相机透视投影的影响。默认情况下,顶部 2D 项目的左上角放置在 3D 节点的原点,所以一般会使用 anchors 将 2D 内容水平居中放置在 3D 节点上。

　　所有 Qt Quick 内容,包括控件、粒子系统等都可以直接添加到 3D 节点,但是 2D 内容不会有光照效果,也不会有阴影。而且,从 Qt 6.0 开始,键盘、鼠标和触摸输入等都不会传递给 2D 项目,也就是说它们是非交互式的。

图 7 - 15　在 2D 场景添加 3D 内容运行效果

图 7 - 16　在 3D 场景中添加 2D 内容运行效果

7.8　实例化渲染

　　Qt Quick 3D 支持模型对象的实例化。实例化是指通过调用一次绘制而多次渲染一个对象的技术,简单来说就是可以同时创建一个 3D 对象的多个副本。实例化 Instancing 对象会指定一个表,该表定义如何渲染每个副本,可修改的内容包括:

> 变换:位置 position、旋转 rotation 或 eulerRotation、缩放 scale。
> 颜色:与模型材质混合的颜色 color。
> 自定义数据:自定义材质 CustomMaterial 可以使用的数据。

可以使用 Instancing 类型的 3 个子类型来提供实例化表:

> InstanceList:在 QML 中手动定义实例表,表中的条目通过 InstanceListEntry 类型表示。在 InstanceListEntry 中可以对具体属性进行绑定并设置动画。这种方式很灵活,但更改一个属性就会导致重新计算整个实例表,因此实例数量巨大时不建议使用这种方式。

> RandomInstancing:可以在定义的范围内生成大量随机实例。实例数量由 instanceCount 属性指定;边界范围由 position、scale、rotation、color 和 customData 等属性使用 InstanceRange 类型指定,其中通过 from、to 指定边界,将 proportional 设置为 true 可以保证属性的组成部分按比例进行变化;随机数生成器种子由 randomSeed 属性指定,默认值为 -1,这时实例表每次生成时都会获得

一个新的随机值,如果需要程序每次启动后实例表都包含相同的内容,那么需要将其设置为其他值。

➤ FileInstancing:从文件中读取实例表。可以先通过 XML 文件定义实例化表,然后使用实例化工具转换为 Qt 指定的二进制格式,具体内容可以查看 FileInstancing 的帮助文档。

下面来看一个例子(项目源码路径:src\07\7-17\myinstancing):

```
Window {
    width: 1280; height: 720; visible: true

    View3D {
        anchors.fill: parent

        environment: SceneEnvironment {
            clearColor: "#111111"
            backgroundMode: SceneEnvironment.Color
            antialiasingMode: SceneEnvironment.MSAA
        }

        PerspectiveCamera {
            position: Qt.vector3d(0, 0, 3000); clipNear: 1.0
            NumberAnimation on z {
                from: 3000; to: 0; duration: 8000
            }
        }

        DirectionalLight {
            eulerRotation.y: -70
            ambientColor: Qt.rgba(0.5, 0.5, 0.5, 1.0)
        }

        InstanceList {
            id: manualInstancing
            instances: [
                InstanceListEntry {
                    position: Qt.vector3d(-100, 0, -200)
                    eulerRotation: Qt.vector3d(-10, 0, 30)
                    color: "red"
                },
                InstanceListEntry {
                    position: Qt.vector3d(50, 100, 100)
                    eulerRotation: Qt.vector3d(0, 180, 0)
                    color: "green"
                }
            ]
        }

        Model {
            instancing: manualInstancing
```

```
            source: "#Cube"
            materials: PrincipledMaterial {
            baseColor: "#ffeecc"; roughness: 0.5
            }

            NumberAnimation on eulerRotation.x {
                from: 0; to: 360; duration: 11000; loops: Animation.Infinite
            }
        }
    }
}
```

这里通过 InstanceList 渲染了 Model 的两个实例，一个红色立方体和一个绿色立方体。注意，使用实例化时需要将 Model 的 instancing 属性值设置为实例化对象，这样 Model 将不会再正常渲染，而是渲染实例表所定义的模型的多个实例。

下面再来看一下随机实例 RandomInstancing 的应用，将前面例子中 InstanceList 对象的定义代码注释或删除，然后添加如下代码：

```
RandomInstancing {
    id: randomInstancing
    instanceCount: 1500

    position: InstanceRange {
        from: Qt.vector3d(-3000, -2000, -5000)
        to: Qt.vector3d(3000, 2000, 5000)
    }
    scale: InstanceRange {
        from: Qt.vector3d(0.1, 0.1, 0.1); to: Qt.vector3d(1, 1, 1)
        proportional: true
    }
    rotation: InstanceRange {
        from: Qt.vector3d(0, 0, 0); to: Qt.vector3d(360, 360, 360)
    }
    color: InstanceRange {
        from: "#222222"; to: "#FFFFFF"
    }
    randomSeed: 2023
}
```

然后将 Model 对象中 instancing 属性的值修改为 randomInstancing：

```
Model {
    instancing: randomInstancing
    ... ...
}
```

现在运行程序，效果如图 7-17 所示。另外，RandomInstancing、InstanceRange 等类型属于 Qt Quick 3D Helpers 模块，所以使用时需要先使用 import QtQuick3D. Helpers 导入该模块。

图 7 - 17　随机实例化运行效果

7.9　3D 粒子系统

第 6 章讲解过 2D 场景中的粒子系统,Qt Quick 3D Particles3D 模块则将粒子系统引入到了 3D 世界。因为在第 6 章已经详细讲述了粒子系统的各个部分,学习 3D 粒子系统时只须对应起来即可,内容都是相似的。比如 2D 场景的 ParticleSystem 对应 3D 场景的 ParticleSystem3D,而发射器 Emitter 对应 ParticleEmitter3D,逻辑粒子渲染器 ParticlePainter 对应 Particle3D 等。在 2D 时经常用的项目粒子 ItemParticle,现在需要改为 ModelParticle3D,就是通过 3D 模型来提供粒子;而 ImageParticle 需要使用 SpriteParticle3D 代替,通过贴图来提供粒子。所有的类型可以在帮助中通过 Qt Quick 3D Particles3D QML Types 关键字查看。

这里不再对相关类型进行介绍,下面将通过一个例子来简单演示 3D 粒子系统的应用。相关代码片段如下(项目源码路径:src\07\7-18\myparticles3d):

```
Window {
    width: 1280; height: 720; visible: true

    View3D {
        ... ...
        ParticleSystem3D { // 粒子系统
            startTime: 15000

            SpriteParticle3D {
                id: snowParticle
                sprite: Texture { source: "snowflake.png" }
                maxAmount: 15000
                color: "#ffffff"
                colorVariation: Qt.vector4d(0.0, 0.0, 0.0, 0.5);
                fadeInDuration: 1000; fadeOutDuration: 1000
            }

            ParticleEmitter3D {
                particle: snowParticle
```

```
                    position: Qt.vector3d(0, 500, -500)
                    depthBias: -100
                    scale: Qt.vector3d(15.0, 0.0, 15.0)
                    shape: ParticleShape3D { type: ParticleShape3D.Sphere }
                    particleRotationVariation: Qt.vector3d(180, 180, 180)
                    particleRotationVelocityVariation: Qt.vector3d(50, 50, 50);
                    particleScale: 2.0
                    particleScaleVariation: 0.5
                    velocity: VectorDirection3D {
                        direction: Qt.vector3d(0, -200, 0)
                        directionVariation: Qt.vector3d(0, -200 * 0.4, 0)
                    }
                    lifeSpan: 6000; lifeSpanVariation: 3000
                    emitRate: 600
                }
            }
        }
    }
```

注意,要使用 import QtQuick3D.Particles3D 语句导入模块,运行效果如图 7-18 所示。可以看到,3D 粒子系统可以直接在 View3D 中进行定义,相关使用方法与 2D 时类似,读者可以修改属性值测试效果。Qt 中还提供了一个 Particles 3D Testbed Example 示例程序,其中对 3D 粒子系统进行了全面演示,读者可以进行参考。

图 7-18　3D 粒子系统运行效果

7.10　Qt Quick 3D 物理模拟

Qt 6.4 开始引入了 Qt Quick 3D Physics 模块,为物理模拟提供了高级 API,在不需要专业知识的情况下也可以完成物理模拟程序。该模块支持模拟交互式刚体以及静态网格和非碰撞体,每个模拟物体都可以有自己的物理属性,如质量、密度和摩擦力。模块中所有类型都是无单位的,但所有物理属性的默认值都是基于厘米的,如添加直径为 1 的球体将使其直径为 1 cm。为了与 Qt Quick 3D 兼容,模块内置几何图形的默认尺寸为 100 cm,默认重力为 981,与地球上的重力相匹配;默认密度为 0.001 kg/cm^3,即 1 000 kg/cm^3。

3D 物理模拟的中心类型是 DynamicsWorld,该类型用于创建物理世界的实例并定义其属性。一个程序只能有一个 DynamicsWorld 对象,QML 代码中的所有碰撞节点都将自动添加到 DynamicsWorld 中。Qt Quick 3D Physics 模块的其他类型主要分为两类:物理节点 CollisionNode 和碰撞形状 CollisionShape,两者都继承自 Node 类型,如图 7-19 所示。CollisionShape 及其子类型主要用于定义不同的碰撞体形状,这个不用过多解释。CollisionNode 是所有物理(碰撞)实体的基本类型,其 collisionShapes 属性需要指定一个 CollisionShape 来指定实体的形状。

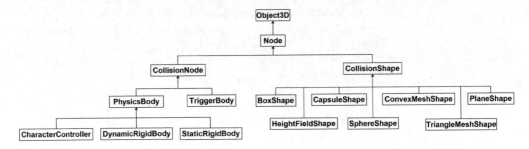

图 7-19   Qt Quick 3D Physics 模块相关类型关系图

触发实体 TriggerBody 作为 CollisionNode 的子类型,是一个不进行物理交互的实体,主要用来检测对象何时相交;其 collisionCount 属性可以返回与触发实体碰撞的实体数量,bodyEntered()和 bodyExited()信号在触发实体与指定实体碰撞和结束碰撞时进行发射。

CollisionNode 的另一个子类型 PhysicsBody 是所有物理实体的基本类型,其physicsMaterial 属性用来指定为 PhysicsMaterial 类型的物理材质。PhysicsMaterial 中包括动态摩擦系数 dynamicFriction(默认值为 0.5)、静态摩擦系数 staticFriction(默认认值为 0.5)和恢复系数 restitution(默认值为 0.5);恢复系数代表撞击前后的速度比,恢复系数为 1 被称为弹性碰撞,小于 1 被称为非弹性碰撞。

角色控制器 CharacterController 类型用于控制角色的运动。角色是在外部控制下移动的实体,但仍受到物理障碍的约束,并且受到重力的影响。对于第一人称视图,相机通常放置在角色控制器内。其 gravity 属性定义应用于角色的重力加速度,默认值为(0,0,0);对于在地面上行走的角色,通常将其设置为 DynamicsWorld. gravity。midAirControl 属性定义角色自由落体时速度属性是否有效,仅在重力不为空时起作用,设置为 true 表示当速度改变时,角色将在空中改变方向;设置为 false 表示角色将在其当前轨迹上继续运动,直到撞击另一个对象。speed 属性定义角色的受控速度,默认值为(0,0,0),这是角色在没有重力且不与其他物理对象交互的情况下移动的速度。此属性并不能反映角色的实际速度,如角色卡在地形中,则移动速度可能低于定义的速度;而如果角色处于自由落体状态,那么它的速度会更快。teleport()方法会立即将角色移动到适当位置,而不检查碰撞。

StaticRigidBody 类型用来表示一个不可移动的静态刚体。从技术上讲,移动静态实体是可能的,但会导致性能损失。此实体允许使用任何碰撞形状。

PhysicsBody 类型用来表示动态刚体。动态刚体是物理场景的核心部分,其行为类似于具有质量和速度的物理对象。需要注意,只有当 isKinematic 为 true 时,TriangleMeshShape、HeightFieldShape 和 PlaneShape 才允许作为碰撞形状。PhysicsBody 类型的属性如表 7-2 所列。另外,该类型还提供了重置 reset()、施加力 applyForce()、施加脉冲 applyImpulse()、施加扭矩 applyTorque() 等多种方法来控制动态刚体的运动。

表 7-2　PhysicsBody 类型属性

属　　性	值类型	描　　述
angularVelocity	vector3d	定义物体的角速度
axisLockAngularX、axisLockAngularY、axisLockAngularZ	bool	是否锁定物体沿 X 轴、Y 轴、Z 轴的角速度
axisLockLinearX、axisLockLinearY、axisLockLinearZ	bool	是否锁定物体沿 X 轴、Y 轴、Z 轴的线速度
centerOfMass Position	vector3d	定义质心相对于主体的位置。注意,仅在 massMode 设置为 DynamicRigidBody. MassAndInertiaTensor 时可用
centerOfMass Rotation	quaternion	定义质心姿态的旋转,它指定了主体的主惯性轴相对于主体的方向。注意,仅在 massMode 设置为 DynamicRigidBody. MassAndInertiaTensor 时可用
density	float	定义了实体的密度。仅在 massMode 设置为 DynamicRigidBody. Density 时可用。当此属性小于或等于零时,此实体将使用默认的 Density 值。默认值为 −1
gravityEnabled	bool	定义对象是否将受重力影响
inertiaMatrix	list<float>	定义惯性张量矩阵。这是一个以列为主顺序的 3×3 矩阵。注意,此矩阵预期是可对角化的,仅在 massMode 设置为 DynamicRigidBody. MassAndInertiaMatrix 时可用
inertiaTensor	vector3d	使用质量空间坐标中指定的参数定义惯性张量矢量。这是 3×3 对角矩阵的对角向量。惯性张量分量必须为正,任何分量中的值为 0 都被解释为沿该轴的无限惯性。注意,仅在 massMode 设置为 DynamicRigidBody. MassAndInertiaTensor 时可用。默认值为 (1,1,1)
isKinematic	bool	定义对象是否为运动学对象。运动学对象不受外力影响,可以视为无限质量的对象。如果设置为 true,则在每个模拟帧中,无论外力如何,物理对象都将移动到其目标位置
linearVelocity	vector3d	定义了物体的线速度

属　性	值类型	描　述
mass	float	定义实体的质量。注意，仅在 massMode 不是 DynamicRigid-Body.Density 时可用。另外，0 被解释为无限质量。不允许使用负数。默认值为 1
massMode	DynamicRigidBody.Density（默认值）	使用指定的密度计算质量和惯性，假设密度均匀。如果密度为非正，则使用 DynamicsWorld 中的 defaultDensity 属性
	DynamicRigidBody.Mass	假设密度均匀，使用指定的质量计算惯性
	DynamicRigidBody.MassAndInertiaTensor	使用指定的质量值和惯性张量
	DynamicRigidBody.MassAndInertiaMatrix	使用指定的质量值并根据指定的惯性矩阵计算惯性

下面来看一个例子(项目源码路径:src\07\7-19\my3dphysics):

```
import QtQuick
import QtQuick3D
import QtQuick3D.Physics

Window {
    width: 720; height: 340; visible: true

    DynamicsWorld {}

    View3D {
        anchors.fill: parent

        environment: SceneEnvironment {
            antialiasingMode: SceneEnvironment.SSAA
            backgroundMode: SceneEnvironment.Color
            clearColor: "#222222"
        }

        PerspectiveCamera {
            position: Qt.vector3d(0, 300, 600)
            eulerRotation.x: - 20
        }

        DirectionalLight {
            eulerRotation: Qt.vector3d(- 45, 45, 0)
            castsShadow: true; brightness: 2
            shadowMapQuality: Light.ShadowMapQualityVeryHigh
        }

        PhysicsMaterial {  //材质
            id: physicsMaterial
            staticFriction: 0.7; dynamicFriction: 0.1; restitution: 0.6
        }
```

```
StaticRigidBody {    //静态地板
    eulerRotation: Qt.vector3d(0, 0, 15)
    scale: Qt.vector3d(20, 0.2, 5)
    physicsMaterial: physicsMaterial
    collisionShapes: BoxShape {}
    Model {
        source: "#Cube"
        materials: DefaultMaterial {
            diffuseMap: Texture { source: "floor.png" }
        }
    }
}

DynamicRigidBody {    //球体
    physicsMaterial: physicsMaterial
    density: 10
    position: Qt.vector3d(700, 300, 0)
    collisionShapes: SphereShape {}
    Model {
        source: "#Sphere"
        materials: PrincipledMaterial {
            baseColorMap: Texture { source: "sphere.png"}
            roughness: 0.3
        }
    }
}

DynamicRigidBody {    //立方体
    physicsMaterial: physicsMaterial
    density: 10
    position: Qt.vector3d(100, 50, 0)
    scale: Qt.vector3d(2, 2, 2)
    collisionShapes: BoxShape {}
    Model {
        source: "#Cube"
        materials: DefaultMaterial {
            diffuseMap: Texture { source: "cube.png"}
        }
    }
}
}
}
```

　　需要先使用 import QtQuick3D.Physics 语句导入该模块。可以看到，进行物理模拟需要创建 DynamicsWorld 对象，但是无须直接在其中添加内容。可以在 View3D 中像添加一般 3D 模型一样添加静态刚体和动态刚体。注意，刚体的运动碰撞效果取决于 collisionShapes 属性指定的碰撞形状，而其中的 Model 只是为了提供一个可视化外观，即便提供一个不相称的网格类型，或者不提供 Model 都是不会影响刚体行为的。运行程序，效果如图 7-20 所示。

图 7 - 20   Qt Quick 3D 物理模拟示例运行效果

7.11　小　结

　　本章对 Qt Quick 3D 模块进行了较为全面的介绍,但该模块涉及大量专业术语和概念,限于篇幅,对一些内容只进行了入门的讲解。学习本章,读者需要多动手,通过实际编程来理解一些新的概念。如果想深入学习相关内容,那么可以多参考 Qt 自带的示例程序,并查看 3D 编程方面的专业书籍。

第**8**章

模型和视图

从 Qt 4 开始,Qt C++提供了一套完整的模型/视图架构进行数据的存储、处理和显示。其核心思想是数据和显示的分离,包含模型、视图和委托三部分,其中,模型用于提供数据,视图负责显示数据,委托负责如何显示模型中具体的每一个数据项。Qt Quick 中也使用模型、视图和委托的概念来显示数据。这种开发架构将可视的数据模块化,从而让开发人员和设计人员能够分别控制数据的不同层面。例如,开发人员可以很方便地在列表视图和表格视图之间进行切换。而将数据实例封装进一个委托,可以使开发人员决定如何显示或处理这些数据。

有关模型和视图的基本概念可以参考《Qt Creator 快速入门(第 4 版)》第 16 章相关内容,这里不再赘述。本章主要介绍模型/视图架构在 Qt Quick 中的实现,可以在帮助中通过 Models and Views in Qt Quick 关键字查看本章相关内容。

8.1 模型/视图架构简介

模型/视图架构中模型(Model)、视图(View)和委托(Delegate)之间的关系如图 8-1 所示。三者简单介绍如下:

➢ 模型:包含数据及其结构,有多种 QML 类型可以创建模型。
➢ 视图:显示数据的容器,数据可以通过列表或者表格的形式显示出来。
➢ 委托:控制数据应该如何在视图中进行显示。委托获取并封装了模型中的每个数据,需要通过委托才能访问到数据。

为了将数据显示出来,需要将视图的 model 属性绑定到一个模型类型,然后将 delegate 属性绑定到一个组件或者其他兼容的类型。为了便于理解,下面先来看一个典型的模型视图的例子(项目源码路径:src\08\8-1\mymodel)。

```
import QtQuick

Item {
    width: 200; height: 50
```

```
ListModel {
    id: myModel
    ListElement { type: "Dog"; age: 8 }
    ListElement { type: "Cat"; age: 5 }
}

Component {
    id: myDelegate
    Text { text: type + ", " + age; font.pointSize: 12 }
}

ListView {
    anchors.fill: parent
    model: myModel; delegate: myDelegate
}
}
```

这里首先创建了一个 ListModel 作为数据模型,然后使用一个 Component 组件作为委托,最后使用 ListView 作为视图,在视图中需要指定模型和委托。运行效果如图 8-2 所示。

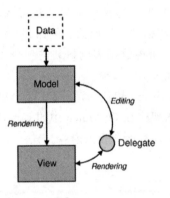

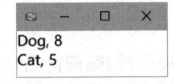

图 8-1　模型/视图架构图　　　　图 8-2　模型视图示例运行效果

ListView 的数据模型 model 用来提供数据,委托 delegate 用来设置数据的显示方式,这里分别指定为 myModel 和 myDelegate 对象。ListModel 中使用了 ListElement 添加数据项。每一个数据项都可以有多种类型的角色,比如这里有两个:type 和 age,并且分别指定了它们的值。委托可以使用一个组件来实现,在其中可以直接绑定数据模型中的角色,比如这里将 type 和 age 的值显示在了一个 Text 文本中。简单来说,就是数据模型中每一个数据项显示的时候,都会使用委托提供的显示方式进行显示。因而,委托可以看作一个数据项显示模板。

如果模型的角色名称和委托的属性名称出现了冲突,那么角色可以通过限定模型名称来访问。例如,如果这里委托中的 Text 元素也有一个 type 或者 age 属性,那么其文本将会显示为它的属性值,而不会是模型中 type 和 age 的值。在这种情况下,可以使用 model.type 和 model.age 来确保委托中可以显示模型中的值。

委托还可以使用一个特殊的 index 角色，它包含了模型中数据项的索引值。注意，如果数据项已经从模型中移除，那么其索引值为－1。所以如果在委托中绑定了 index 角色，那么一定要注意它的值有可能变为－1 的情况。

需要强调的是，如果模型中没有包含任何命名的角色，那么可以通过 modelData 角色来提供数据。对于只有一个角色的模型也可以使用 modelData。这种情况下，modelData 角色与命名角色包含了相同的数据。

8.2　数据模型

Qt Quick 提供的模型类型主要包含在 QtQml. Models 模块中，另外还有一个基于 XML 的 QtQml. XmlListModel 模型，以及现在版本中还处于实验阶段的 TableModel 模型，相关类型如表 8－1 所列。如果这些模型都不能满足需要，那么还可以使用 Qt C ＋＋定义模型，或者使用 QtQuick. LocalStorage 类型来读取和写入 SQLite 数据库。另外，使用 Repeater 类型可以将模型中的数据在定位器 positioners 中进行布局并显示，这个类型已经在 3.2.1 小节介绍过了，这里不再赘述。

表 8－1　Model 相关类型

类　　型	简　　介	导入语句
DelegateModel	封装模型和委托	import QtQml. Models
DelegateModelGroup	对 DelegateModel 中的委托项进行排序和过滤	
Instantiator	可用于控制对象的动态创建，或从模板动态创建多个对象	
ListModel	列表数据模型，其中的数据项由 ListElement 定义	
ListElement	定义使用在 ListModel 中的一个数据项，其中包含了一组角色	
ObjectModel	对象模型，其中的项是一些可视化 Item	
ItemSelectionModel	QItemSelectionModel 的实例化，需要结合模型和视图使用，用于存储被选中的项目，详见《Qt Creator 快速入门（第 4 版）》第 16.3.2 小节	
Package	与 DelegateModel 一起使用，使具有共享上下文的委托能够提供给多个视图	
XmlListModel	用于从 XML 数据创建只读模型	import QtQml. XmlListModel
XmlListModelRole	用于为 XmlListModel 指定角色	
TableModel	表格数据模型，与 TableView 联合使用	import Qt. labs. qmlmodels
TableModelColumn	指定 TableModel 的列	

8.2.1　整数作为模型

最简单的，可以使用整数作为模型。在这种情况下，模型中不包含任何数据角色。

例如,在下面的代码片段中创建了一个包含 5 个数据项的 ListView。(项目源码路径:
src\08\8-2\mymodel)

```
Item {
    width: 200; height: 250
    Component {
        id: itemDelegate
        Text { text: "I am item number: " + index }
    }
    ListView {
        anchors.fill: parent
        model: 5
        delegate: itemDelegate
    }
}
```

需要注意,整数模型中项目的数量不能超过 100 000 000。

8.2.2 ListModel

ListModel 是一个简单的容器,可以包含 ListElement 类型来存储数据。ListModel 的数据项的数量可以使用 count 属性获得。为了维护模型中的数据,该类型还提供了一系列方法,包括追加 append()、插入 insert()、移动 move()、移除 remove()、获取 get()、替换 set()和清空 clear()等。其中一些方法需要接受字典类型(如"cost": 5.95)作为其参数,这种字典类型会被模型自动转换成 ListElement 对象。如果需要通过模型修改 ListElement 中的内容,那么可以使用 setProperty()方法,这个方法可以修改给定索引位置的 ListElement 的属性值。

ListElement 需要在 ListModel 中定义,使用方法同其他 QML 类型基本没有区别,不同之处在于,ListElement 没有固定的属性,而是包含一系列自定义的键值。可以把 ListElement 看作一个键值对组成的集合,其中键被称为 role(角色),它使用与属性相同的语法进行定义,角色既定义了如何访问数据,也定义了数据本身。角色的名字以小写字母开始,并且应当是给定模型中所有 ListElement 通用的名字。角色的值必须是简单的常量:字符串(带有引号,可以包含在 QT_TR_NOOP 调用中)、布尔类型(true 和 false)、数字或枚举类型(如 AlignText.AlignHCenter)。角色的名字供委托获取数据使用,每一个角色的名字都可以在委托的作用域内访问,并且指向当前 ListElement 中对应的值。另外,角色还可以包含列表数据,如包含多个 ListElement。

下面来看一个例子(项目源码路径:src\08\8-3\mymodel)。

```
import QtQuick

Item {
    width: 200; height: 150

    ListModel {
        id: fruitModel

        ListElement {
```

```
                name: "Apple"; cost: 2.45
                attributes: [
                ListElement { description: "Core" },
                    ListElement { description: "Deciduous" }
                ]
        }
        ListElement {
            name: "Orange"; cost: 3.25
            attributes: [
                ListElement { description: "Citrus" }
            ]
        }
        ListElement {
            name: "Banana"; cost: 1.95
            attributes: [
                ListElement { description: "Tropical" },
                ListElement { description: "Seedless" }
            ]
        }
    }

    Component {
        id: fruitDelegate

        Item {
            width: 200; height: 50

            Text { id: nameField; text: name }
            Text { text: '$' + cost; anchors.left: nameField.right }
            Row {
                anchors.top: nameField.bottom; spacing: 5
                Text { text: "Attributes:" }
                Repeater {
                    model: attributes
                    Text { text: description }
                }
            }
            MouseArea {
                anchors.fill: parent
                onClicked: fruitModel.setProperty(index, "cost", cost * 2)
            }
        }
    }

    ListView {
        anchors.fill: parent
        model: fruitModel; delegate: fruitDelegate
    }
}
```

上面的代码使用了一个 ListModel 模型对象，用于存储一个水果信息的列表。

ListModel 包含了 3 个数据项，分别由一个 ListElement 类型表示。每个 ListElement 都有 3 个角色：name、cost 和 attributes，分别表示了水果的名字、售价和特色描述，其中，attributes 角色使用了列表数据。这里使用了 ListView 展示这个模型（也可以使用 Repeater，方法是类似的）。ListView 需要指定两个属性：model 和 delegate。model 属性指定定义的 fruitModel 模型，delegate 指定自定义委托。这里使用 Component 内联组件作为委托，其中，使用 Text、Row 等 Qt Quick 项目定义每个数据项的显示方式，在其中可以直接使用 ListElement 中定义的角色。对于 attributes 角色，这里使用了 Repeater 进行显示。委托还使用了 MouseArea，在其中调用了 setProperty() 函数。每当在一个数据项上单击时，其售价都会翻倍。这里使用了 index 获取模型中被单击的数据项索引。

注意，动态创建的内容一旦设置完成就不能再被修改，setProperty 函数只能修改那些直接在模型中显式定义的数据项的数据。

8.2.3　XmlListModel

XmlListModel 可以从 XML 数据创建只读的模型，即可以作为视图的数据源，也可以为 Repeater 等能够和模型数据进行交互的类型提供数据。由于 XmlListModel 的数据是异步加载的，因此当程序启动、数据尚未加载的时候，界面会显示一段时间的空白。可以使用 XmlListModel::status 属性判断模型加载的状态。该属性可取的值为：

> XmlListModel. Null：模型中没有 XML 数据；
> XmlListModel. Ready：XML 数据已经加载到模型；
> XmlListModel. Loading：模型正在读取和加载 XML 数据；
> XmlListModel. Error：加载数据出错，详细出错信息可以使用 errorString() 获得。

XmlListModel 是只读模型，当原始 XML 数据发生改变时，可以通过调用 reload() 刷新模型数据。

下面通过一个例子进行讲解。例如，在 http://www. people. com. cn/rss/edu. xml 可以查看一个 RSS 源的数据，它是 XML 格式的，其片段如下：

```
<? xml version = "1.0" encoding = "UTF - 8"? >
<rss version = "2.0">
    <channel>
        ...
    <item>
        <title>名校投放新专业抢北京优质生源</title>
        <pubDate>2016 - 04 - 05 08:54:33</pubDate>
        ...
    </item>
    <item>
        <title>北京普通初中校毕业生将有更多机会读优质高中</title>
        <pubDate>2016 - 04 - 05 08:36:17</pubDate>
        ...
    </item>
```

```
    ...
    </channel>
</rss>
```

下面的示例代码展示了如何使用 XmlListModel 在视图中显示这里的 XML 中的数据(项目源码路径:src\08\8-4\mymodel)。

```
import QtQuick
import QtQml.XmlListModel
import QtQuick.Controls

Rectangle {
    width: 300; height: 400

    XmlListModel {
        id: xmlModel
        source: "http://www.people.com.cn/rss/edu.xml"
        query: "/rss/channel/item"

        XmlListModelRole { name: "title"; elementName: "title" }
        XmlListModelRole {name: "pubDate"; elementName: "pubDate" }
    }

    ListView {
        id: view
        anchors.fill: parent
        model: xmlModel
        focus: true
        spacing: 8
        delegate: Label {
            id: label
            width: view.width; height: 50
            verticalAlignment: Text.AlignVCenter
            text: title + ": " + pubDate
            font.pixelSize: 15; elide: Text.ElideRight
            color: label.ListView.isCurrentItem ? "white" : "black"
            background: Image {
            visible: label.ListView.isCurrentItem
                source: "bg.png"
            }
        }
    }
}
```

运行程序,效果如图 8-3 所示。在这段代码中,XmlListModel 的 source 属性定义为一个远程 XML 文档,能够自动获取这个远程数据。这里 query 属性的值设置为"/rss/channel/item",表明 XmlListModel 需要为 XML 文档中的每一个<item>生成一个数据项。

XmlListModelRole 类型用来定义模型中每一个数据项的角色，它包含 3 个属性：name 属性用于指定角色的名称，可以在委托中直接访问该名称；elementName 属性用于指定 XML 元素的名称或 XML 元素的路径；attributeName 属性用于指定 XML 元素的属性。前面例子中通过创建 title、pubDate 两个角色名称分别读取了 XML 文档中 title、pubDate 两个元素的数据，需要注意，角色名称可以随意设置，一般会直接使用元素的名称。要使用 XML 文档中元素属性的数据，例如有如下 XML 文档：

图 8 - 3　**XmlListMode 运行效果**

```
<documents>
    <document title = "Title1"/>
    <document title = "Title2"/>
</documents>
```

则可以通过如下代码来指定 titleRole 角色读取 document 元素的 title 属性的数据：

```
XmlListModelRole {
    name: "titleRole"
    elementName: "document"
    attributeName: "title"
}
```

示例中使用 ListView 作为视图进行数据的显示，主要通过 delegate 指定的委托项目来设置数据项的具体显示，比如这里使用了 Label 控件。在委托中可以通过 title 和 pubDate 两个角色名称来获取模型中的数据进行显示。这里还通过附加到委托根项目的 ListView.isCurrentItem 属性获取了是否为当前项信息，对当前项进行了特殊显示。另外，需要注意只有设置视图的 focus 属性为 true，才可以通过键盘进行导航。相关内容在后面的视图部分会详细讲解。关于 XmlListModel 的使用，还可以参考 Qt 提供的 RSS News 演示程序。

8.2.4　ObjectModel

ObjectModel 包含了用于在视图中进行显示的可视项目，也就是说，该类型可以将 Qt Quick 中的可视化项目作为数据项显示到视图上。与 ListModel 不同，使用 ObjectModel 的视图不需要指定委托，因为 ObjectModel 已经包含了可视化的委托（项目）。可以使用 model 的附加属性 index 获取数据项的索引位置。该类型也提供了追加 append()、插入 insert()、移动 move()、移除 remove()、获取 get() 和清空 clear() 等方法。

下面来看一个例子(项目源码路径：src\08\8-5\mymodel)。

```
import QtQuick
import QtQuick.Controls
import QtQuick.Layouts

Rectangle {
    width: 220; height: 340

    ObjectModel {
        id: itemModel

        Rectangle { height: 30; width: 100; radius:5; color: "red" }
        Label { height: 20; width: 50; text: qsTr("标签控件") }
        Button { height: 30; width: 150; text: qsTr("按钮控件")}
        Switch { checked: true }
        Rectangle {
            height: 30; width: 60; border.width: 3; color: "yellow"
            Text { text: qsTr("文本项目"); anchors.centerIn: parent }
        }
        Frame {
            width: 150
            ColumnLayout {
                anchors.fill: parent
                CheckBox { text: qsTr("E-mail") }
                CheckBox { text: qsTr("Calendar") }
            }
        }
        ScrollView {
            width: 200; height: 70
            Label {
                text: "ABC"
                font.pixelSize: 90
            }
        }
    }

    ListView {
        anchors.fill: parent; anchors.margins: 5
        model: itemModel
        spacing: 10
    }
}
```

运行程序，效果如图 8-4 所示。

8.2.5　DelegateModel

DelegateModel 类型封装了一个模型和用于显示这个模型的委托，可以使用 model 属性指定模型，delegate 属性指定委托。一般情况下并不需要使用 DelegateModel。不过，如果需要将 QAbstractItemModel 的子类作为模型使用的时候，那么使用 Delegate-Model 可以很方便地操作和访问 modelIndex()。另外，DelegateModel 可以与 Package

一起，为多种视图提供委托，也可以与
DelegateModelGroup 一起用于排序和过滤委托项。
DelegateModelGroup 类型提供了一种定位 Delegate-
Model 委托项的模型数据的方法，并且能够对委托项
进行排序和过滤。

　　DelegateModel 可实例化委托项的初始化集合由
items 属性指定的组来表示。这个组通常会直接影响
到分配给 model 属性的模型中的内容。如果把 Del-
egateModel∷groups 属性中定义的 DelegateModel-
Group 对象的 name 属性分配给 DelegateModel∷fil-
terOnGroup 属性，那么初始化集合中的内容会被指
定的 DelegateModelGroup 对象的内容替换。Del-

图 8 - 4　ObjectModel 运行效果

egateModelGroup 定义了模型中数据的一个子集，可以用于对整个模型进行过滤。
DelegateModel 中定义的 DelegateModelGroup 对象会为每一个委托项增加两个附加
属性：DelegateModel. in＜GroupName＞(其中，＜GroupName＞是 DelegateModel-
Group 对象的 name 属性定义的名称)保存该项属于哪一个组，DelegateModel. ＜
groupName＞Index 保存该项在组中的索引。

　　下面来看一个例子(项目源码路径：src\08\8-6\mymodel)。

```
import QtQuick

Rectangle {
    width: 200; height: 100

    DelegateModel {
        id: delegateModel
        model: ListModel {
            ListElement { name: "Apple" }
            ListElement { name: "Orange" }
            ListElement { name: "Banana" }
        }

        groups: [
            DelegateModelGroup { name: "selected" }
        ]

        delegate: Rectangle {
            id: item; height: 25; width: 200
            Text {
                text: {
                    var text = "Name: " + name
                    if (item.DelegateModel.inSelected)
                        text += " (" + item.DelegateModel.selectedIndex + ")"
                    return text;
                }
            }
        }
```

```
                MouseArea {
                    anchors.fill: parent
                    onClicked: item.DelegateModel.inSelected =
                                    ! item.DelegateModel.inSelected
                }
            }
        }

        ListView {
            anchors.fill: parent; model: delegateModel; focus: true
            Keys.onPressed: {
                if (event.key === Qt.Key_S)
                    delegateModel.filterOnGroup = "selected"
                else delegateModel.filterOnGroup = ""
            }
        }
    }
```

这里定义了一个 DelegateModel,使用 ListModel 类型为其 model 属性定义模型,使用 Ractangle 类型为其 delegate 属性提供委托。在 groups 属性中,可以提供一系列 DelegateModelGroup 对象,这里只提供了一个 DelegateModelGroup 实例,并指定了其名称 name 属性为"selected"。因此,每一个委托项都增加了 DelegateModel.inSelected 和 DelegateModel.selectedIndex 两个附加属性。在 MouseArea 的 onClicked 信号处理器中,对委托项是不是在 selected 组的状态进行了设置。委托中的 Text 组件根据该委托项是不是包含在 selected 组中,来更新委托的显示文本。在 ListView 中,设置了使用键盘上的 S 键来过滤 selected 组,这里使用了 filterOnGroup 属性。

DelegateModelGroup 还提供了一系列方法用于处理委托项的信息,例如,使用 get() 可以获取包含的数据项的信息;move() 和 remove() 可以辅助进行数据排序;insert() 可以插入数据,这对在真实的数据准备完成之前添加占位符是非常有用的。

8.2.6　Package

Package 类型可以结合 DelegateModel,实现委托为多个视图提供共享的上下文。在 Package 中的任何项目都会通过 Package.name 附加属性分配一个名称。下面来看一个例子(项目源码路径:src\08\8-7\mymodel)。

```
import QtQuick

Rectangle {
    width: 200; height: 300

    DelegateModel {
        id: delegateModel
        delegate: Package {
            Text { id: listDelegate; width: parent.width; height: 25;
                text: 'in list'; Package.name: 'list'}
            Text { id: gridDelegate; width: parent.width / 2; height: 50;
                text: 'in grid'; Package.name: 'grid' }
```

```
        }
            model: 5
    }

    Rectangle{
        height: parent.height/2;width: parent.width
        color: "lightgrey"
        ListView {
            anchors.fill: parent
            model: delegateModel.parts.list
        }
    }
    GridView {
        y: parent.height/2;
        height: parent.height/2; width: parent.width;
        cellWidth: width / 2; cellHeight: 50
        model: delegateModel.parts.grid
    }
}
```

这里使用 Package 作为 DelegateModel 的委托,里面包含了两个命名 Package. name 的项目:list 和 grid。DelegateModel 类型中包含一个 parts 属性,它可以选取一个 DelegateModel 模型,这个模型中会使用指定名称的项目作为委托。例如,这里在 ListView 中使用了 parts. list 作为模型,该模型就会使用 Package 中的 list 项目作为委托。关于 Package 的使用,还可以参考 Qt 自带的 Photo Viewer 示例程序。

8.2.7 TableModel

TableModel 从 Qt 5.14 引入,在现在的版本中依然需要通过实验模块 Qt. labs. qmlmodels 来提供。在该类型出现以前,要想创建具有多个列的模型,则需要通过 C++中自定义 QAbstractTableModel 子类来实现。而 TableModel 的目的就是实现一个简单的模型,可以将 JavaScript/JSON 对象存储为能与 TableView 一起使用的表格模型的数据,而不再需要子类化 QAbstractTableModel。

下面先来看一个例子:(项目源码路径:src\08\8-8\mytablemodel)

```
import QtQuick
import Qt. labs. qmlmodels

Window {
    width: 400; height: 400
    visible: true

    TableView {
        anchors.fill: parent
        columnSpacing: 1; rowSpacing: 1
        boundsBehavior: Flickable.StopAtBounds

        model: TableModel {
            TableModelColumn { display: "checked" }
```

```
                TableModelColumn { display: "amount" }
                TableModelColumn { display: "fruitType" }
                TableModelColumn { display: "fruitName" }
                TableModelColumn { display: "fruitPrice" }

                rows: [
                    {
                        checked: false,
                        amount: 1,
                        fruitType: "Apple",
                        fruitName: "Granny Smith",
                        fruitPrice: 1.50
                    },
                    {
                        checked: true,
                        amount: 4,
                        fruitType: "Orange",
                        fruitName: "Navel",
                        fruitPrice: 2.50
                    },
                    {
                        checked: false,
                        amount: 1,
                        fruitType: "Banana",
                        fruitName: "Cavendish",
                        fruitPrice: 3.50
                    }
                ]
            }

            delegate: TextInput {
                text: model.display
                padding: 12
                selectByMouse: true

                onAccepted: model.display = text

                Rectangle {
                    anchors.fill: parent
                    color: "#efefef"
                    z: -1
                }
            }
        }
    }
}
```

　　模型中的每个列都是通过声明 TableModelColumn 实例来指定的,其中每个实例的顺序决定了其列索引。使用 rows 属性或通过调用 appendRow()来设置模型的初始行数据。TableModel 设计用于 JavaScript/JSON 数据,其中每一行都是一些简单的键值对。要访问特定行,则可以使用 getRow();也可以通过 rows 属性直接访问模型的

JavaScript 数据,但不能以这种方式修改模型数据。要添加新行,则可以使用 append-Row()和 insertRow();要修改现有行,则可以使用 setRow()、moveRow()、removeR-ow()和 clear()等方法。另外,可以通过委托来修改模型中的数据,如示例中使用了 TextInput 控件。

8.2.8 在委托中使用必需属性来匹配模型角色

第 2 章讲解必需属性时提到,required 关键字声明的必需属性在模型视图程序中扮演特殊角色。为了更好地控制可访问的角色,并使委托在视图之外更为独立和适用,可以借助必需属性。如果委托包含必需属性,那么不用指定角色,QML 引擎将检查所需属性的名称是否与模型角色的名称匹配;如果是,那么该属性将绑定到模型中的相应值。例如:(项目源码路径:src\08\8-9\mymodel)。

```
ListModel {
    id: myModel
    ListElement { type: "Dog"; age: 8; noise: "meow" }
    ListElement { type: "Cat"; age: 5; noise: "woof" }
}

component MyDelegate : Text {
    required property string type
    required property int age
    text: type + ", " + age
}

ListView {
    anchors.fill: parent
    model: myModel
    delegate: MyDelegate {}
}
```

注意,委托中使用了必需属性,那么用到的模型角色都要进行声明,比如这里只声明了 type 和 age 角色,所以现在 noise 无法直接使用;不仅如此,model、index 和 mode-lData 等常用的角色也将无法直接使用,除非明确把它们设置为必需属性,不然会出现类似"ReferenceError: index is not defined"这样的错误提示。

还有一种情况,就是委托中的属性与模型角色名称相同,这时,只需要为相关属性添加 required 关键字即可,例如:

```
ListView {
    anchors.fill: parent

    model: ListModel {
        ListElement { color: "red" ; text: "red" }
        ListElement { color: "green"; text: "green" }
    }

    delegate: Text {
        required color
        required text
    }
}
```

可以看到,在模型视图编程时使用必需属性可以使代码更简洁,而且可以让委托更独立,这对于在单独 qml 文件中声明的委托组件更明显。在 Qt 帮助和自带的示例中,经常可以看见这种用法,读者也可以多使用这种方法。

8.2.9 使用 C++扩展 QML 模型

虽然 QML 已经提供了几种比较常用的模型,但是依然不足以应对应用中可能出现的情况。为了解决这一问题,可以先使用 C++定义模型,然后在 QML 中使用该模型,这有助于将 C++数据模型或其他复杂的数据集暴露给 QML。

C++ 模型类可以是 QStringList、QVariantList、QObjectList 或者 QAbstractItemModel。前面 3 个对于暴露简单数据集非常有用,而 QAbstractItemModel 则为更复杂的模型提供了灵活的解决方案。可以在帮助中通过 Using C++ Models with Qt Quick Views 关键字查看本节相关内容。

1. 基于 QStringList 的模型

QStringList 可以作为一个简单的模型,在视图中使用 modelData 角色读取模型中的数据。为了在视图中使用 QStringList,首先要在 C++代码中创建一个作为模型的 QStringList 对象。下面通过一个例子来进行讲解。

(项目源码路径:src\08\8-10\mymodel)新建 Qt Quick Application 项目,项目名称为 mymodel。创建完成后,打开 main.cpp 文件,修改如下:

```cpp
#include <QGuiApplication>
#include <QQmlApplicationEngine>
#include <QQmlContext>

int main(int argc, char *argv[])
{
    QGuiApplication app(argc, argv);
    QQmlApplicationEngine engine;

    QStringList dataList;
    dataList.append("Item 1");
    dataList.append("Item 2");
    dataList.append("Item 3");
    dataList.append("Item 4");
    QQmlContext *context = engine.rootContext();
    context->setContextProperty("stringListModel",
                                QVariant::fromValue(dataList));

    const QUrl url(u"qrc:/mymodel/main.qml"_qs);
    QObject::connect(&engine, &QQmlApplicationEngine::objectCreated,
            &app, [url](QObject *obj, const QUrl &objUrl) {
        if (!obj && url == objUrl)
            QCoreApplication::exit(-1);
    }, Qt::QueuedConnection);
    engine.load(url);

    return app.exec();
}
```

这里主要是创建了一个 QStringList 对象，并追加了 4 个条目。为了将这个 dataList 对象暴露给视图使用，要利用 QQmlApplicationEngine 获得 QML 引擎，然后使用 rootContext()函数获取引擎的根上下文，最后将这个 dataList 对象设置为上下文的 stringListModel 属性。

经过这样的设置之后就可以在 ListView 中使用 stringListModel 模型了，打开 main. qml 文件，修改内容如下：

```
import QtQuick

Window {
    width: 640; height: 480
    visible: true

    ListView {
        anchors.fill: parent
        model: stringListModel
        delegate: Rectangle {
            height: 25; width: 100
            Text { text: modelData }
        }
    }
}
```

这里可以像使用普通的 QML 模型类型一样来使用 stringListModel。注意，目前版本暂时无法在 QStringList 有变化时通知视图更新，这是与 QML 内置模型的不同之处。所以，如果 QStringList 发生变化，需要重新调用 QQmlContext::setContextProperty()函数；另外，要注意该函数应该在 QQmlApplicationEngine::load()函数之前调用，否则会有警告。

2. 基于 QVariantList 的模型

使用方法与基于 QStringList 的模型类似，读者可以参照前面的内容来使用。

3. 基于 QObjectList 的模型

QObjectList 也就是 QList＜QObject * ＞，列表中对象的属性会作为模型的角色。下面的示例中，定义了一个 DataObject 类，使用的 Q_PROPERTY 的值后面会作为可访问的命名角色暴露给 QML。（项目源码路径：src\08\8-11\objectlistmodel）

```
class DataObject : public QObject
{
    Q_OBJECT

    Q_PROPERTY(QString name READ name WRITE setName NOTIFY nameChanged)
    Q_PROPERTY(QStringcolor READ color WRITE setColor NOTIFY colorChanged)

public:
    DataObject(QObject * parent = 0);
    DataObject(const QString &name, const QString &color, QObject * parent = 0);
```

```
    QString name() const;
    void setName(const QString &name);

    QString color() const;
    void setColor(const QString &color);

signals:
    void nameChanged();
    void colorChanged();

private:
    QString m_name;
    QString m_color;
};
```

类似前面 QStringList，可以定义一个 QList＜QObject ＊＞对象：

```
const QStringList colorList = {"red", "green", "blue", "yellow"};
const QStringList moduleList = {"Core", "GUI", "Multimedia", ... "Quick WebGL"};
QList＜QObject ＊＞dataList;
for (const QString &module : moduleList)
    dataList.append(new DataObject("Qt " + module,
                                   colorList.at(rand() % colorList.length())));
```

下面将 dataList 设置为 QML 中可用的属性：

```
QQuickView view;
view.setInitialProperties({{ "model", QVariant::fromValue(dataList) }});
view.setSource(QUrl("qrc:/objectlistmodel/view.qml"));
view.show();
```

这里没有使用前面示例中默认生成的 QQmlApplicationEngine 类，因为该类不会自动创建根窗口，所以它加载的 QML 文档必须使用 Window 作为根对象。而 QQuickView 类在设置完 QML 文件后可以自动加载并显示 QML 场景，并且不需要一定使用 Window 作为根对象，如下面的代码中使用了 ListView 作为根对象。而且，QQuickView 的 setInitialProperties() 函数可以设置 QML 组件的初始化属性，该函数必须在 setSource() 之前调用，这里将 dataList 设置为了 QML 的 model 属性。下面在 QML 文档中将 model 设置为了 ListView 的必需属性，DataObject 中声明的 name 和 color 属性可以作为模型角色直接在委托中使用：

```
ListView {
    id: listview
    width: 200; height: 320
    required model
    ScrollBar.vertical: ScrollBar { }

    delegate: Rectangle {
        width: listview.width; height: 25

        required color
        required property string name
```

```
            Text { text: parent.name }
        }
    }
```

关于 Q_PROPERTY 的使用方法，可以参考 12.3.3 小节和《Qt Creator 快速入门（第 4 版）》第 7 章的相关内容。读者也可以下载本书源码查看该示例的完整代码。另外，与 QStringList 相同，目前暂时无法在 QObjectList 有变化时通知视图更新。

4. QAbstractItemModel 的子类

可以通过子类化 QAbstractItemModel 来定义一个模型，如果要使用其他方式都无法支持的复杂模型，那么这是最好的选择。与 QStringList 和 QObjectList 不同，QAbstractItemModel 的模型数据在发生变化时可以自动通知 QML 视图。QAbstractItemModel 子类中的角色可以通过重新实现 roleNames() 来暴露给 QML。

下面通过一些代码片段来讲解一下使用 QAbstractItemModel 创建模型的主要过程。首先创建了一个普通的 Animal 数据类：（项目源码路径：src\08\8-12\abstractitemmodel）

```
class Animal
{
public:
    Animal(const QString &type, const QString &size);
    ...
};
```

然后创建一个 AnimalModel 模型类，它继承自 QAbstractListModel，而后者是 QAbstractItemModel 的子类。这里暴露了 type 和 size 两个角色，通过重新实现 roleNames() 来暴露角色名称，从而它们可以被 QML 访问到。

```
class AnimalModel : public QAbstractListModel
{
    Q_OBJECT
public:
    enum AnimalRoles {
        TypeRole = Qt::UserRole + 1,
        SizeRole
    };

    AnimalModel(QObject * parent = nullptr);
    ...
protected:
    QHash<int, QByteArray> roleNames() const;
};
```

其中，roleNames() 函数的实现如下：

```
QHash<int, QByteArray> AnimalModel::roleNames() const {
    QHash<int, QByteArray> roles;
    roles[TypeRole] = "type";
    roles[SizeRole] = "size";
    return roles;
}
```

当需要使用 AnimalModel 时,可以先创建一个 AnimalModel 实例,并将其设置为 QML 中可用的属性:

```
AnimalModel model;
model.addAnimal(Animal("Wolf","Medium"));
model.addAnimal(Animal("Polar bear", "Large"));
model.addAnimal(Animal("Quoll", "Small"));

QQuickView view;
view.setInitialProperties({{"model", QVariant::fromValue(&model)}});
```

经过上面的代码设置之后,就可以在 ListView 中使用该模型了:

```
ListView {
    width: 200; height: 250
    required model
    delegate: Text {
        required property string type
        required property string size
        text: "Animal: " + type + ", " + size
    }
}
```

这里重点讲解了通过子类化 QAbstractItemModel 的方式来创建可以在 QML 中使用的模型的方法,但是具体的子类化 QAbstractItemModel 的过程并不是本书的重点,所以省略了部分代码,相关内容可以参考《Qt Creator 快速入门(第 4 版)》第 16 章,读者也可以下载本书源码查看完整代码。

虽然 QML 视图会在 QAbstractItemModel 发生改变时自动刷新,但如果自定义模型需要获得这种能力,那么必须严格遵守模型约定,在模型数据发生改变时发出 QAbstractItemModel::dataChanged() 等信号来通知视图。

其他更多关于在 QML 中使用 C++模型的内容,比如使用 SQL 模型、更改模型数据等可以参考 Using C++ Models with Qt Quick Views 文档。

8.2.10　LocalStorage

LocalStorage 是一个用于读取和写入 SQLite 数据库的单例类型,可以使用 openDatabaseSync() 打开一个本地存储的 SQL 数据库。这些数据库是特定于用户的,也是特定于 QML 的,但是可以被所有 QML 应用程序访问。数据库保存在 QQmlEngine::offlineStoragePath() 返回的子文件夹 Databases 中。数据库的链接无须手动释放,事实上,它们会被 JavaScript 的垃圾收集器自动关闭。

LocalStorage 模块的 API 与 HTML 5 Web Database API 兼容。模块中所有 API 都是异步的,每一个函数的最后一个参数都是该操作的回调函数。如果不关心这个回调函数,那么可以简单地忽略该参数。可以在帮助中通过 Qt Quick Local Storage QML Types 关键字查看本小节相关内容,还可以在欢迎模式查看 Qt Quick Examples-Local Storage 示例程序。

下面先来看一个例子(项目源码路径:src\08\8-13\mymodel)。

```qml
import QtQuick
import QtQuick.LocalStorage

Rectangle {
    width: 200; height: 100

    Text {
        text: "?"
        anchors.horizontalCenter: parent.horizontalCenter

        function findGreetings() {
            var db = LocalStorage.openDatabaseSync("QQmlExampleDB",
                        "1.0", "The Example QML SQL!", 1000000);
            db.transaction(
                    function(tx) {
                        //如果数据库不存在,则创建数据库
                        tx.executeSql('CREATE TABLE IF NOT EXISTS Greeting
                                (salutation TEXT, salutee TEXT)');
                        //添加一条记录
                        tx.executeSql('INSERT INTO Greeting VALUES(?, ?)',
                                [ 'hello', 'world' ]);
                        //显示内容
                        var rs = tx.executeSql('SELECT * FROM Greeting');

                        var r = ""
                        for(var i = 0; i < rs.rows.length; i++) {
                            r += rs.rows.item(i).salutation + ", "
                                    + rs.rows.item(i).salutee + "\n"
                        }
                        text = r
                    }
            )
        }
        Component.onCompleted: findGreetings()
    }
}
```

1. 打开或创建数据库

```qml
import QtQuick.LocalStorage as Sql

var db = Sql.openDatabaseSync(identifier, version, description,
                    estimated_size, callback(db))
```

使用该模型时,需要先进行导入。openDatabaseSync()函数返回数据库标识符为 identifier 的数据库。如果数据库不存在,那么将会自动创建。回调函数 callback(db) 以该数据库作为参数,当数据库创建失败时,callback()函数才会被回调。参数 description 和 estimatedSize 将被写入 INI 文件,不过这两个参数现在都没有使用。函数可能会抛出异常,异常代码为 SQLException.DATABASE_ERR 或 SQLException. VERSION_ERR。

数据库创建完成之后,系统会创建一个 INI 文件,用于指定数据库的特性,如表 8 - 2 所列。这些数据能够被应用程序工具使用。

表 8 - 2　数据库特性

键	值
Name	传入 openDatabaseSync 函数的数据库名字
Version	传入 openDatabaseSync 函数的数据库版本
Description	传入 openDatabaseSync 函数的数据库描述
EstimatedSize	传入 openDatabaseSync 函数的数据库预计大小(单位:字节)
Driver	现在为 QSQLITE 数据库

2. 更改版本

db.changeVersion(from, to, callback(tx))

该函数使用 openDatabaseSync 的返回值进行调用,允许数据库进行模式升级 (Schema Update)。如果函数正常执行,系统会创建一个事务,并将其作为参数 tx 传给 callback 回调函数。在回调函数中,可以调用参数 tx 的 executeSql() 函数升级数据库。如果当前数据库版本与参数 from 不同,那么函数会抛出异常;异常代码可能是 SQLException. DATABASE_ERR 或 SQLException. UNKNOWN_ERR。下面是示例代码:

```
var db = LocalStorage. openDatabaseSync ( "ActivityTrackDB", "", "Database tracking
                                sports activities", 1000000);
if (db.version == "0.1")
    db.changeVersion("0.1", "0.2", function(tx) {
        tx.executeSql("INSERT INTO trip_log VALUES(?, ?, ?)",
                    [ "01/10/2016","Sylling - Vikersund", "53" ]);
    }
});
```

3. 读/写事务

db. transaction(callback(tx))

该函数使用 openDatabaseSync() 的返回值进行调用,会创建一个可供读/写的事务,并将其传递给 callback 回调函数。在回调函数中,可以调用参数 tx 的 executeSql() 函数读取和修改数据库(SELECT、INSERT、UPDATE 和 DELETE 语句)。如果回调函数抛出异常,那么事务将回滚。例如:

```
{
    var db = LocalStorage. openDatabaseSync("Activity_Tracker_DB", "",
                                "Track exercise", 1000000)
    try {
        db. transaction(function (tx) {
            tx. executeSql('CREATE TABLE IF NOT EXISTS trip_log (date text,
                    trip_desc text, distance numeric)')
        })
```

```
    } catch (err) {
        console.log("Error creating table in database: " + err)
    };
}
```

4. 只读事务

```
db.readTransaction(callback(tx))
```

该函数使用 openDatabaseSync() 的返回值进行调用,会创建一个只读的事务,并将其传递给 callback() 回调函数。在回调函数中,可以调用参数 tx 的 executeSql() 函数读取数据库(SELECT 语句)。

5. 执行 SQL 语句

```
results = tx.executeSql(statement, values)
```

该函数使用一个事务对象进行调用,能够执行一条 SQL 语句 statement,使用? 作为占位符,将 values 参数绑定到 SQL 语句。函数返回值是一个对象,包含的属性如表 8-3 所列。

表 8-3   executeSql()函数返回对象属性

类 型	属 性	值	适用于
int	rows. length	结果集行数	SELECT
var	rows. item(i)	返回结果集第 i 行的数据	SELECT
int	rowsAffected	修改数据时受影响的行数	UPDATE、DELETE
string	insertId	被插入的行的 id	INSERT

该函数可能抛出异常,异常代码是 SQLException. SYNTAX_ERR 或 SQLException. UNKNOWN_ERR。下面是示例代码:

```
function dbReadAll()
{
    var db = dbGetHandle()
    db.transaction(function (tx) {
        var results = tx.executeSql(
        'SELECT rowid,date,trip_desc,distance FROM trip_log order by rowid desc')
        for (var i = 0; i < results.rows.length; i++) {
            listModel.append({
                            id: results.rows.item(i).rowid,
                            checked: " ",
                            date: results.rows.item(i).date,
                            trip_desc: results.rows.item(i).trip_desc,
                            distance: results.rows.item(i).distance
            })
        }
    })
}
```

8.2.11 WorkerScript

WorkerScript 类型可以在新线程中执行一些操作,这样就可以将一些耗时的操作在后台运行,从而避免 GUI 主线程阻塞造成界面卡顿。使用该类型时,新的线程和父线程之间可以使用 sendMessage() 和 onMessage() 处理器来传递信息。传递的参数 message 可以是布尔类型、数字、字符串、JavaScript 对象和数组、ListModel 对象等。可以使用 source 属性指定实现了 onMessage() 处理器代码的 JavaScript 文件的路径。

在模型视图编程中,当进行同步的数据修改等一些非常耗时的操作时,可以将 ListModel 结合 WorkerScript,从多个线程访问列表模型。此时,列表的操作被移动到另外的线程,避免阻塞 GUI 主线程。下面的例子中展示了如何使用 WorkerScript 周期性地向列表模型添加当前时间。(项目源码路径:src\08\8-14\mymodel)

```
import QtQuick

Item {
    width: 150; height: 200

    ListModel { id: listModel }

    Component {
        id: delegate
        Text { id: nameField; text: time}
    }

    ListView {
        anchors.fill: parent
        model: listModel; delegate: delegate
    }

    WorkerScript {
        id: worker; source: "dataloader.js"
    }

    Timer {
        interval: 2000; repeat: true
        running: true; triggeredOnStart: true

        onTriggered: {
            var msg = {'action': 'appendCurrentTime',
                       'model': listModel};
            worker.sendMessage(msg);
        }
    }
}
```

首先使用定时器每隔两秒让 WorkerScript 发出 message 信号。这个信号由 action 和 model 两个键组成。前者用于标识本次动作,后者用于指明针对哪个模型进行操作,而 source 属性引用了 dataloarder.js 文件。这个文件的定义如下:

```
WorkerScript.onMessage = function(msg) {
    if (msg.action === 'appendCurrentTime') {
        var data = {'time': new Date().toTimeString()};
        msg.model.append(data);
        msg.model.sync();    // updates the changes to the list
    }
}
```

在 WorkerScript 的 onMessage 信号处理器中,先判断是不是所需要的 append-CurrentTime 操作。如果是,那么将当前时间转换成字符串,追加到模型后面。最后还调用了 ListModel 类型中的 sync()函数,该函数可以在 WorkerScript 修改了模型以后,将未保存的修改写入 ListModel。

8.3　视图类型

视图作为数据项集合的容器,不仅提供了强大的功能,还可以进行定制来满足样式或行为上的特殊需求。视图类型主要是 Flickable 的几个子类型,包括列表视图 List-View、网格视图 GridView、表格视图 TableView 及其子类型树视图 TreeView。作为 Flickable 的子类型,这几个视图在数据量超出窗口范围时,可以进行拖动以显示更多的数据。除此之外,还有一个路径视图 PathView 类型,可以使模型数据项按照一定的路径进行显示。

8.3.1　ListView

ListView 可以以水平或垂直形式显示列表,前面的示例中已经多次使用过该类型,这里来讲解它的一些特性。

1. 布　局

ListView 中的项目可以使用下面的属性进行布局:

➤ orientation:控制项目的排列,可选值为水平 ListView. Horizontal 或垂直 List-View. Vertical。

➤ layoutDirection:当水平显示列表时,ListView 默认从左向右显示数据,使用该属性可以改变数据的显示方向,可选 Qt. LeftToRight 或 Qt. RightToLeft 两个值,选择后者可以从右向左显示数据。

➤ verticalLayoutDirection:当垂直显示列表时,默认从上向下显示数据,使用该属性可以改变数据的显示方向,可选 ListView. TopToBottom 或 ListView. Bot-tomToTop 两个值,选择后者可以从下向上显示数据。

ListView 允许使用自定义的可视组件作为视图的头部和脚部。如果是水平的 List-View,头部和脚部组件显示在第一个数据项之前和最后一个数据项之后,具体的位置取决于 layoutDirection 属性的值。添加头部和脚部与设置 delegate 类似,只须将组件绑定到 header 属性和 footer 属性,而使用 headerItem 和 footerItem 可以获取头部和

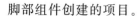

脚部组件创建的项目。

注意,ListView 的 spacing 属性可以设置显示的数据项之间的间距,但是头部和脚部并不使用这个间距,只会紧贴着第一个或最后一个数据项。这意味着,如果需要为头部或脚部添加间距,那么这些间距只能由头部或脚部组件提供。

因为 ListView 继承自 Flickable 类型,所以它默认是可以被拖拽进行滚动的,使用 snapMode 属性可以设置 ListView 的滚动行为。该属性的可选值为:

➢ ListView. NoSnap:默认值,视图可以停止在可视区域的任意位置。

➢ ListView. SnapToItem:视图在滚动停止时,有一个数据项会与视图开始位置对齐。

➢ ListView. SnapOneItem:视图不会快速滚动,而停止时停留的位置比鼠标释放时的可视项目的位置不会多出一个项目。这个模式常用于一次移动一页。

snapMode 不会影响 currentIndex 属性,若要在列表移动时更新当前索引,则可以将 highlightRangeMode 设置为 ListView. StractlyEnforceRange。

2. 重复使用数据项

从 Qt 5.15 开始,ListView 可以支持回收项目,而不是每当新的行被弹入视图时从委托中实例化。这种方法可以提高性能,具体情况要取决于委托的复杂性。默认情况下(出于向后兼容性的原因)该设置没有开启,可以通过将 reuseItems 属性设置为 true 来启用。当项目被弹出时,它会移动到重用池,这是未使用项目的内部缓存,这时将发射 pooled()信号来通知项目。同样,当项目从池中移回时,会发射 reused()信号。当该功能开启时,来自模型的任何数据项属性都会更新,包括索引、行和任何模型角色。如果项目使用了定时器或动画,那么可以在 pooled()信号处理器中暂停它们,这样可以避免将 CPU 资源用于不可见的项目。同样,如果一个项目具有无法重用的资源,那么可以释放这些资源。例如,可以在使用了动画的委托中使用如下代码来暂停和重启动画:

```
ListView.onPooled：rotationAnimation. pause()
ListView.onReused：rotationAnimation. resume()
```

3. 键盘导航和高亮

使用键盘控制视图时,需要设置 focus 属性为 true,以便 ListView 能够接收键盘事件。如果不想视图具有交互性,那么可以设置 interactive 属性为 false,这样视图将无法通过鼠标或键盘进行操作。还有一个 keyNavigationEnabled 属性可以设置是否启用键盘导航,该属性值默认与 interactive 属性进行了绑定,如果明确指定了该属性的值,那么会解除绑定。还可以设置 keyNavigationWraps 属性为 true,这样当使用键盘导航时如果到达列表的最后一个数据项,那么会自动跳转到列表的第一个数据项。

highlight 属性可以设置一个组件作为高亮,实际的组件实例的几何形状是被列表管理的,以便该高亮留在当前项目,除非将 highlightFollowsCurrentItem 属性设置为 false。高亮项目的默认 z 值为 0。默认情况下,ListView 负责移动高亮项的位置。可以自行设置高亮项的移动速度和改变大小的速度,可用的属性有 highlightMoveVelocity 、highlightMoveDuration 、highlightResizeVelocity 和 highlightResizeDuration 。前两个分别以速度值和持续时间设置高亮项移动速度,后两个分别以速度值和持续时间设置高亮项大小改变的速度。默认情况下,速度值为每秒 400 像素,持续时间值为-1。如果同时设置速度值和持续时间,那么取二者之中较快的一个;若要仅设置一个属性,另一个属性可以设置为-1,例如,只设置 highlightMoveDuration,那么需要设置 highlightMoveVelocity 为-1。要使用这 4 个属性,必须保证 highlightFollowsCurrentItem 为 true 才会有效果。移动速度和持续时间属性用于 index 变化而产生的移动,如调用 incrementCurrentIndex(),而当用户轻击 ListView 时,轻击的速度将用于控制移动速度。

ListView 会在委托的根项目中附加多个属性,如 ListView. isCurrentItem。下面来看一个例子(项目源码路径:src\08\8-15\myview)。

```qml
import QtQuick

Item {
    width:120; height: 370

    ListView {
        id: listview; anchors. fill: parent; anchors. margins: 30
        model:5; spacing: 5
        delegate: numberDelegate; snapMode: ListView. SnapToItem
        header: Rectangle {
            width: 50; height: 20; color: "#b4d34e"
            Text {anchors. centerIn: parent; text: "header"}
        }
        footer: Rectangle {
            width: 50; height: 20; color: "#797e65"
            Text {anchors. centerIn: parent; text: "footer"}
        }
        highlight: Rectangle {
                color: "black"; radius: 5
                opacity: 0.3; z:5
        }
        focus: true; keyNavigationWraps :true
        highlightMoveVelocity: -1
        highlightMoveDuration: 1000
    }
    Component {
        id: numberDelegate

        Rectangle {
            id: wrapper; width: 50; height: 50;
            color: ListView. isCurrentItem ? "white" : "lightGreen"
            Text {
                anchors. centerIn: parent;
```

```
                            font.pointSize: 15; text: index
                            color: wrapper.ListView.isCurrentItem ? "blue" : "white"
                    }
                }
            }
        }
```

这里分别使用了两个 Rectangle 项目来作为 header 和 footer。highlight 中使用了一个黑色半透明的矩形，并设置了其 z 值为 5，目的是高亮显示在所有数据项的上面，也可以设置为大于 0 的其他值。这里必须在 ListView 中设置 focus 为 true，才可以使用键盘进行导航。在委托组件的根项目 Rectangle 中可以直接使用 ListView. isCurrentItem 附加属性获取当前项目，而在子对象 Text 中，必须使用 wrapper. ListView. isCurrentItem 才可以使用该属性。

视图的 clip 属性默认是 false，如果想要其他项目或者屏幕对超出的内容进行裁剪，那么需要将该属性设置为 true。例如，将前面例子中的 model 设置为 20，当在 ListView 中设置 clip 为 true 时，视图最下面一个数据项只能显示一部分。

当使用高亮时，可以使用一系列属性控制高亮的行为。preferredHighlightBegin 属性和 preferredHighlightEnd 属性用来设置高亮（当前项目）的最佳范围，前者必须小于后者。它们可以在列表滚动时影响当前项目的位置，如在列表滚动时当前选择的项目要保持在列表的中间，可以将 preferredHighlightBegin 和 preferredHighlightEnd 分别设置为中间的数据项的顶部坐标和底部坐标。不过它们还受到 highlightRangeMode 属性的影响，该属性的可选值为：

> ListView. ApplyRange：视图尝试将高亮保持在设置的范围内，但是在列表的末尾或者与鼠标交互时可以移出设置的范围。

> ListView. StrictlyEnforceRange：高亮不会移出设置的范围。如果使用键盘或者鼠标引起高亮要移出设置的范围，那么当前项可能改变，从而保证高亮不会移出设置的范围。

> ListView. NoHighlightRange：默认值，没有设置范围。

为了获得高亮项更多的控制权，可以将 highlightFollowsCurrentItem 属性设置为 false。这意味着视图不再负责高亮项位置的移动，而是交给高亮组件本身来进行处理。下面来看一个例子（项目源码路径：src\08\8-16\myview）。

```
import QtQuick

Rectangle {
    width: 240; height: 300

    ListView {
        id: listView; anchors.fill: parent; anchors.margins: 20
        clip: true; model: 100; delegate: numberDelegate
        spacing: 5; highlight: highlight
        focus: true; highlightFollowsCurrentItem: false
        preferredHighlightBegin: 100; preferredHighlightEnd:150
```

```
                    highlightRangeMode :ListView.ApplyRange
        }

    Component {
        id: highlight
        Rectangle {
            width: 180; height: 40
            color: "lightsteelblue"; radius: 5
            y: listView.currentItem.y
            Behavior on y {
                SpringAnimation { spring: 3; damping: 0.2 }
            }
        }
    }

    Component {
        id: numberDelegate
        Item {
            width: 40; height: 40
            Text {
                anchors.centerIn: parent
                font.pixelSize: 10; text: index
            }
        }
    }
}
```

视图中对 preferredHighlightBegin 和 preferredHighlightEnd 属性进行了设置,并且将 highlightRangeMode 设置为 ListView. ApplyRange,这样就可以保证当视图滚动时高亮一直在列表的中间位置。这里将 highlightFollowsCurrentItem 属性设置为了 false,所以需要在高亮组件中设置高亮的移动行为。在高亮组件中将 y 值绑定到 list-View. currentItem. y 属性,这保证了高亮项能够始终跟随当前项。然后通过在 y 值添加 Behavior 动画实现高亮的动态移动。

4. 数据分组

ListView 支持数据的分组显示:相关数据可以出现在一个分组中。每个分组还可以使用委托定义其显示的样式。ListView 定义了一个 section 附加属性,用于将相关数据显示在一个分组中,section 是一个属性组,其属性包含:

> section. property:定义分组的依据,也就是根据数据模型的哪一个角色进行分组;

> section. criteria:定义如何创建分组名字,可选值是:

■ ViewSection. FullString:默认,依照 section. property 定义的值创建分组;

■ ViewSection. FirstCharacter:依照 section. property 值的首字母创建分组;

> section. delegate:与 ListView 的委托类似,用于提供每一个分组的委托组件,其 z 属性值为 2。

➤ section.labelPositioning：定义当前或下一个分组标签的位置，可选值是：
- ■ ViewSection.InlineLabels：默认，分组标签出现在数据项之间；
- ■ ViewSection.CurrentLabelAtStart：在列表滚动时，当前分组的标签始终出现在列表视图开始的位置；
- ■ ViewSection.NextLabelAtEnd：在列表滚动时，下一分组的标签始终出现在列表视图末尾。该选项要求系统预先找到下一个分组的位置，因此可能会有一定的性能问题。

ListView 中的每一个数据项都有 ListView.section、ListView.previousSection 和 ListView.nextSection 等附加属性。下面来看一个例子（项目源码路径：src\08\8-17\myview）。

```
import QtQuick

Rectangle {
    id: container; width:150; height: 300

    ListModel {
        id: nameModel
        ListElement { name: "Alice"; team: "Crypto" }
        ListElement { name: "Bob"; team: "Crypto" }
        ListElement { name: "Jane"; team: "QA" }
        ListElement { name: "Victor"; team: "QA" }
        ListElement { name: "Wendy"; team: "Graphics" }
    }

    ListView {
        anchors.fill: parent; model: nameModel
        delegate: Text { text: name; font.pixelSize: 18 }
        section.property: "team"
        section.criteria: ViewSection.FullString
        section.delegate: sectionHeading
    }

    Component {
        id: sectionHeading
        Rectangle {
            width: container.width; height: childrenRect.height
            color: "lightsteelblue"

            Text {
                text: section; font.bold: true; font.pixelSize: 20
            }
        }
    }
}
```

这里使用了模型中的 team 角色进行分组，并且是 FullString 匹配，这样就会按照模型中的 team 角色的值进行分组，将 team 值相同的分在一组进行显示。

8.3.2 GridView

网格视图 GridView 在一块可用的空间中以方格形式显示数据列表。GridView 和 ListView 非常类似，实质的区别在于，GridView 需要在一个二维表格视图中使用委托，而不是线性列表中。相对于 ListView，GridView 并不建立在委托的大小及其之间的间距之上，GridView 使用 cellWidth 和 cellHeight 属性控制单元格的大小，每一个委托所渲染的数据项都会出现在这样一个单元格的左上角。

下面来看一个例子(项目源码路径:src\08\8-18\myview)。

```
import QtQuick

Rectangle {
    width: 200; height: 200

    ListModel {
        id:model
        ListElement { name: "Jim"; portrait: "icon.png" }
        ListElement { name: "John"; portrait: "icon.png" }
        ListElement { name: "Bill"; portrait: "icon.png" }
        ListElement { name: "Sam"; portrait: "icon.png" }
    }

    GridView {
        id: grid; width: 200; height: 200
        cellWidth: 100; cellHeight: 100
        model: model; delegate: contactDelegate
        highlight: Rectangle { color: "lightsteelblue"; radius: 5 }
        focus: true
    }

    Component {
        id: contactDelegate
        Item {
            width: grid.cellWidth; height: grid.cellHeight
            Column {
                anchors.centerIn: parent
                Image { source: portrait; anchors.horizontalCenter:
                                        parent.horizontalCenter }
                Text { text: name; anchors.horizontalCenter:
                                        parent.horizontalCenter }
            }
        }
    }
}
```

这里创建了一个网格视图,视图中每一个单元格的宽度和高度均为 100 像素,而委托中为每一个数据项设置了一个图片和一个文本。运行效果如图 8-5 所示。

GridView 也可以包含头部和脚部以及使用高亮委托,这与 ListView 类似。还可以使用 flow 属性设置 GridView 的方向,可选值为:

> GridView. FlowLeftToRight:默认值,表格从左向右开始填充,按照从上向下的顺序添加行。此时,表格是纵向滚动的。

> GridView. FlowTopToBottom:表格从上向下开始填充,按照从左向右的顺序添加列。此时,表格是横向滚动的。

图 8 - 5　GridView 运行效果

8.3.3　视图过渡

在 ListView 和 GridView 中,因为修改了模型中的数据而需要更改视图上的数据项时,可以指定一个过渡使视图的变化出现动画效果。可以使用过渡的属性有 populate、add、remove、move、displaced、addDisplaced、removeDisplaced 和 moveDisplaced 等。

下面来看一个例子(项目源码路径:src\08\8-19\myview)。

```
import QtQuick

ListView {
    width:160; height: 320
    model: ListModel {}

    delegate: Rectangle {
        width: 100; height: 30; border.width: 1
        color: "lightsteelblue"
        Text { anchors.centerIn: parent; text: name }
    }
    add: Transition {
        NumberAnimation { property: "opacity";
                from: 0; to: 1.0; duration: 400 }
        NumberAnimation { property: "scale";
                from: 0; to: 1.0; duration: 400 }
    }
    displaced: Transition {
        NumberAnimation { properties: "x,y"; duration: 400;
                easing.type: Easing.OutBounce }
    }
    focus: true
    Keys.onSpacePressed: model.insert(0, { "name": "Item "
                                    + model.count })
}
```

每当按下空格键的时候,都会向模型中添加一个数据项。视图中为添加 add 和移位 displaced 操作设置了过渡效果,所以每当添加数据项时都会有动画效果。注意,这里的 NumberAnimation 对象并不需要指定 target 和 to 属性,因为视图已经隐式地将

target 设置为对应的项目,将 to 设置为该项目最终的位置。运行代码,有读者可能发现,快速按下空格键的时候会有些数据项无法正常添加,这个问题会在本小节最后进行讲解。

前面这样只是最简单的应用,如果想要为视图中的单个数据项定制不同的过渡动画,那么需要使用 ViewTransition 附加属性。这个附加属性会为使用了过渡的项目提供如下属性:

- ➢ ViewTransition. item:过渡中的项目;
- ➢ ViewTransition. index:该项目的索引;
- ➢ ViewTransition. destination:该项目要移动到目标位置(x,y);
- ➢ ViewTransition. targetIndexes:目标项目的索引(目标项目可能不止一个);
- ➢ ViewTransition. targetItems:目标项目本身。

例如在前面的例子中,假如只插入 5 个数据项,那么这 5 个项目会在 index 为 0 的位置连续插入。当插入第 5 个项目时,会添加 Item 4 到视图中。这时 add 过渡执行一次,displaced 过渡执行 4 次(已经存在的 4 个项目每个都要执行一次)。对于 displaced 过渡中的 Item 0,ViewTransition 属性值如表 8 - 4 所列。

表 8 - 4   ViewTransition 属性值

属　性	值	说　明
ViewTransition. item	"Item 0"委托实例	"Item 0"Rectangle 对象本身
ViewTransition. index	int 类型数值 4	"Item 0"在模型中的索引
ViewTransition. destination	point 类型值(0,120)	"Item 0"要移动到的位置
ViewTransition. targetIndexes	int 数组,只包含了整数 0	新添加到视图的"Item 4"的索引
ViewTransition. targetItems	对象数组,只包含了"Item 4"委托实例	新添加到视图的"Item 4"的 Rectangle 对象

1. 基于索引的延迟动画

实现效果是为移位的项目提供波纹类型的动画效果。可以通过在 displaced 过渡中延时每一个项目的动画来实现。延时可以通过每个项目的索引(ViewTransition. index)和目标索引(ViewTransition. targetIndexes)之间的差值来设置。例如:

```
displaced: Transition {
    id: dispTrans
    SequentialAnimation {
        PauseAnimation {
            duration: (dispTrans.ViewTransition.index -
                dispTrans.ViewTransition.targetIndexes[0]) * 100
        }
        NumberAnimation { properties: "x,y"; duration: 400;
                        easing.type: Easing.OutBounce }
    }
}
```

2. 项目移向中间的动画效果

视图过渡的 ViewTransition.item 属性提供了应用过渡效果的项目的一个引用，可以通过该引用访问项目的任何特性，如 property 属性值。在前面的延迟动画效果上进行修改，通过在过渡的开始访问每一个项目的 x 和 y 值，实现了每个项目从开始位置动态移动到中间位置，然后回到最终位置的动画效果。例如：

```
displaced: Transition {
    id: dispTrans
    SequentialAnimation {
        PauseAnimation {
            duration: (dispTrans.ViewTransition.index -
                    dispTrans.ViewTransition.targetIndexes[0]) * 100
        }
        ParallelAnimation {
            NumberAnimation {
                property: "x"; to: dispTrans.ViewTransition.item.x + 20
                easing.type: Easing.OutQuad
            }
            NumberAnimation {
                property: "y"; to: dispTrans.ViewTransition.item.y + 50
                easing.type: Easing.OutQuad
            }
        }
        NumberAnimation { properties: "x,y"; duration: 500;
                    easing.type: Easing.OutBounce }
    }
}
```

3. 处理中断动画

一个视图过渡有可能在任意时刻被其他过渡打断。如果只进行简单的过渡，那么无须考虑动画中断的情况。但是，如果过渡中更改了一些属性，那么中断可能会引起不可预料的后果。

例如，在前面示例中快速按下空格键出现的问题，项目 0 通过 add 过渡插入到了 index 0 的位置。这时项目 1 非常快速地插入到 index 0 的位置，而此时项目 0 的过渡还没有结束。项目 1 插入到项目 0 的前面，所以项目 0 要移位，视图就会中断项目 0 的 add 过渡，并开始项目 0 的 displaced 过渡。因为中断的发生，opacity 和 scale 动画没有结束，则会导致项目的 opacity 和 scale 值小于 1.0。要解决这个问题，在 displaced 过渡中要确保项目的属性已经到达了在 add 过渡中设置的值。例如：

```
displaced: Transition {
    NumberAnimation { properties: "x,y"; duration: 400;
                easing.type: Easing.OutBounce }
    //确保 opacity 和 scale 值变为 1.0
    NumberAnimation { property: "opacity"; to: 1.0 }
    NumberAnimation { property: "scale"; to: 1.0 }
}
```

同样的原则适用于任何视图过渡组合。例如，在添加过渡动画没有结束以前就开

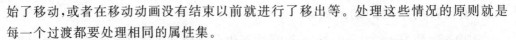

始了移动,或者在移动动画没有结束以前就进行了移出等。处理这些情况的原则就是每一个过渡都要处理相同的属性集。

这一小节中只是为了介绍视图过渡的特性,介绍了一些过渡效果,读者可以根据自己的实际需求设计自己的过渡效果。

8.3.4 TableView 和 TreeView

表格视图 TableView 可以使用常用的 ListModel 和 XmlListModel 模型,但只能填充第一列。要创建具有多个列的模型,可以使用 TableModel 或继承自 QAbstractItemModel 的 C++模型。TableView 与前面讲到的 ListView 有很多相同的设置,如也支持重复使用数据项,只不过 TableView 中该功能是默认开启的,所以支持任何大小的模型,而不会影响性能。

当一个新列被弹入到视图中时,TableView 将通过调用 columnWidthProvider 来确定其宽度,该属性一般会指定一个函数。TableView 不存储行高或列宽,因为它被设计用于支持包含任意行数和列数的大型模型,它会在需要知道的时候进行询问。如果没有显式设置 columnWidthProvider 属性,那么 TableView 会使用项中最大的 implicitWidth 作为列宽,同一列中的所有其他项都将调整为该宽度。从 Qt 5.13 开始,如果要隐藏特定列,那么可以设置该列的 columnWidthProvider 为 0。与列宽对应,行高具有类似的 rowHeightProvider 属性。如果更改了可见的行和列的 rowHeightProvider 或 columnWidthProvider 的值,那么必须调用 forceLayout()方法,通知 TableView 需要重新计算每个可见行和列的大小和位置。

通过将一个 ItemSelectionModel 分配给 selectionModel 属性,可以向 TableView 添加选择支持,它将使用此模型来控制哪些委托项应显示为选中项,以及哪些项应显示当前项,并且会开启键盘导航功能。如果委托中包含 required property bool selected 必需属性,那么 TableView 将使其与选择模型中相应模型数据项的选择状态保持同步;如果委托中包含 required property bool current 必需属性,那么 TableView 将使其与 selectionModel.currentIndex 保持同步。还可以通过 selectionBehavior 来设置选择行为,包括选择单个单元格 TableView.SelectCells、选择行 TableView.SelectRows、选择列 TableView.SelectColumns 以及无法进行选择 TableView.SelectionDisabled。

另外,TableView 中还包含一些实用的属性,例如,rows 获取行数,columns 获取列数,rowSpacing 设置行间距,columnSpacing 设置列间距,currentRow 返回当前项所在的行,currentColumn 返回当前项所在的列,topRow 返回当前可见的最上面的行,bottomRow 返回当前可见的最下面的行,leftColumn 返回当前可见的最左边的列,rightColumn 返回当前可见的最右边的列,alternatingRows 设置是否开启行的背景色交替显示,animate 设置是否开启动画等。TableView 也提供了一些方法,例如,modelIndex()返回一个指定位置单元格的模型索引,cellAtIndex()返回指定索引处单元格的位置,itemAtCell()返回指定位置单元格的委托项目,rowHeight()返回指定行的高度,columnWidth()返回指定列的宽度等。

下面来看一个例子：（项目源码路径：src\08\8-20\mytableview）

```
import QtQuick
import Qt.labs.qmlmodels
import QtQuick.Controls

Window {
    width: 200; height: 150
    visible: true

    TableView {
        id: tableView
        anchors.fill: parent
        columnSpacing: 1; rowSpacing: 1
        clip: true

        model: TableModel {
            TableModelColumn { display: "name" }
            TableModelColumn { display: "color" }

            rows: [
                { "name": "cat", "color": "black" },
                { "name": "dog", "color": "brown" },
                { "name": "bird", "color": "white" },
                { "name": "fish", "color": "blue" },
                { "name": "cattle", "color": "yellow" }
            ]
        }

        delegate: tableViewDelegate

        selectionModel: ItemSelectionModel {  }

        Component {
            id: tableViewDelegate

            Rectangle {
                implicitWidth: 100; implicitHeight: 50
                border.width: 2
                required property bool current

                color: current ? "blue" : "white"

                TableView.onPooled: rotationAnimation.pause()
                TableView.onReused: rotationAnimation.resume()

                Text { id: txt; text: display; anchors.centerIn: parent }

                RotationAnimation {
                    id: rotationAnimation; target: txt
                    duration: (Math.random() * 5000) + 2000
```

```
                              from: 0;   to: 359; running: true
                              loops: Animation. Infinite
                    }
                }
            }

            property var columnWidths: [100, 50]
            columnWidthProvider:function (column) { return columnWidths[column] }

            Timer {
                running: true; interval: 2000

                onTriggered: {
                    tableView.columnWidths[1] = 100
                    tableView.forceLayout();
                }
            }
        }
    }
```

TreeView 继承自 TableView,这意味着即使模型具有父子树结构,TreeView 也会在内部使用代理模型,将该结构转换为可由 TableView 呈现的二维表模型。与 Table-View 不同,TreeView 现在只接受继承自 QAbstractItemModel 的模型。树中的每个节点最终占据表中的一行,其中第一列呈现树本身。为了实现最大的灵活性,Tree-View 本身不会将委托项放置到树结构中,而是通过委托来实现的。Qt Quick Controls 模块中提供了一个现成的 TreeViewDelegate 控件,可以用作委托,其优点是可以开箱即用,并呈现一个遵循应用程序运行平台风格的树。例如:

```
TreeView {
    anchors.fill: parent
    delegate: TreeViewDelegate {}
    model: yourTreeModel
}
```

另外,也可以从头开始创建自定义的委托,因为 TreeView 提供了一组属性,可用于正确定位和渲染树中的每个节点。例如:

```
TreeView {
    anchors.fill: parent
    model: yourTreeModel

    delegate: Item {
        id: treeDelegate

        implicitWidth: padding + label.x + label.implicitWidth + padding
        implicitHeight: label.implicitHeight * 1.5

        readonly property real indent: 20
        readonly property real padding: 5

        required property TreeView treeView
```

```
required property bool isTreeNode
required property bool expanded
required property int hasChildren
required property int depth

TapHandler {
    onTapped: treeView.toggleExpanded(row)
}

Text {
    id: indicator
    visible: treeDelegate.isTreeNode && treeDelegate.hasChildren
    x: padding + (treeDelegate.depth * treeDelegate.indent)
    anchors.verticalCenter: label.verticalCenter
    text: "▲"
    rotation: treeDelegate.expanded ? 90 : 0
}

Text {
    id: label
    x: padding + (treeDelegate.isTreeNode ?
            (treeDelegate.depth + 1) * treeDelegate.indent : 0)
    width: treeDelegate.width - treeDelegate.padding - x
    clip: true
    text: model.display
}
    }
}
```

在委托中设置的必需属性将会由 TreeView 填充，与附加属性类似。通过将它们
标记为 required，委托会通知 TreeView 负责为它们分配值。可以将以下必需属性添加
到委托中：

➤ required property TreeView treeView：指向包含该委托项的 TreeView 对象。

➤ required property bool isTreeNode：如果委托项表示树中的节点，那么为 true。
视图中只有一列将用于绘制树，因此，只有该列中的委托项才会将此属性设置为
true。树中的节点通常根据其深度缩进，如果 hasChildren 为 true，那么显示一
个指示器。其他列中的委托项将此属性设置为 false，并将显示模型中其余列的
数据（通常不会缩进）。

➤ required property bool expanded：如果委托绘制的模型项在视图中展开，那么为
true。

➤ required property int hasChildren：如果委托绘制的模型项在模型中具有子项，
那么为 true。

➤ required property int depth：包含委托绘制的模型项的深度。模型项的深度与
其在模型中的祖先数量相同。

8.3.5　PathView

PathView 是 Qt Quick 提供的最强大最复杂的视图，它能够将所有委托实例在一个特定的路径上布局。基于这个路径，视图还能够进行缩放或进行其他细节调整。使用 PathView 时，需要定义一个委托和一个路径 path。另外，PathView 还提供了一系列属性用于控制视图。例如，pathItemCount 属性定义了在路径上每次显示的项目数量；cacheItemCount 属性定义了路径上缓存的项目数量，缓存一些项目可以使视图滚动更流畅。

PathView 同样可以使用 highlight 属性设置高亮，不过需要在可视组件中将 visible 属性设置为 PathView.onPath 附加属性。这是因为设置了 pathItemCount 以后，一些项目已经被实例化了，但是当前可能没有出现在路径上，一般会将这样的项目设置为不可见。在 PathView 中，preferredHighlightBegin 和 preferredHighlightEnd 两个属性很重要，它们取值范围均为 0.0～1.0。如果需要当前项始终出现在路径的中间，那么可以将两个属性都设置为 0.5，并且在 PathView 中的 highlightRangeMode 默认值为 PathView.StrictlyEnforceRange。

PathView 并不会自动处理键盘导航，因为导航的按键会依赖于路径的形状。要设置导航按键，则需要先设置 focus 属性为 true，然后调用 decrementCurrentIndex() 或 incrementCurrentIndex() 函数。

下面来看一个例子(项目源码路径：src\08\8-21\myview)。

```
import QtQuick

Rectangle {
    width: 360; height: 360

    PathView {
        anchors.fill: parent;
        delegate: delegate; model: 50; pathItemCount: 20
        preferredHighlightBegin: 0.5; preferredHighlightEnd: 0.5
        highlight: Component {
            Rectangle {
                width: 20; height: 20; color: "black"; radius: 5
                visible: PathView.onPath; opacity: 0.4
            }
        }

        path: Path {
            startX: 0; startY: 0
            PathAttribute { name: "itemScale"; value: 1.0 }
            PathAttribute { name: "itemOpacity"; value: 1.0 }

            PathLine { x: 120; y: 120}
            PathPercent { value:0.2 }
            PathAttribute {name: "itemScale"; value: 0.3 }
```

```
            PathAttribute { name: "itemOpacity"; value: 0.3 }

            PathLine { x: 240; y: 120 }
            PathPercent { value:0.6 }
            PathAttribute { name: "itemScale"; value: 0.7 }
            PathAttribute { name: "itemRadius"; value: 6 }

            PathQuad { x: 300; y: 330; controlX: 320; controlY: 180 }
        }

        focus: true
        Keys.onLeftPressed: decrementCurrentIndex()
        Keys.onRightPressed: incrementCurrentIndex()
    }

    Component {
        id: delegate
        Item {
            id: wrapper; width: 16; height: 16
            scale: PathView.itemScale; opacity: PathView.itemOpacity
            Rectangle {
                anchors.fill: parent
                color: wrapper.PathView.isCurrentItem ? "red" : "black"
                radius: wrapper.PathView.itemRadius
            }
        }
    }
}
```

　　这里将模型数据项数量设置为 50，pathItemCount 属性指定了在路径上的项目总数为 20。preferredHighlightBegin 和 preferredHighlightEnd 属性设置为 0.5，保证了当前项一直位于路径的中间。最后设置了按下左右键来进行导航。运行效果如图 8-6 所示。下面将重点讲解 Path 路径相关的内容。

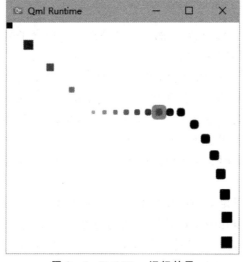

图 8-6　PathView 运行效果

1. 路径 Path

路径 path 属性需要指定一个 Path 类型对象。Path 类型使用 startX 属性和 startY 属性定义路径的起点,具体路径则由被添加到默认属性 pathElements 中的路径元素对象定义。可以被添加到 pathElements 属性的路径元素为:

> PathLine:到给定位置的一条直线。
> PathPolyline:通过位置列表指定的多段线。
> PathMultiline:由多个多段线组成的列表。
> PathQuad:到给定位置的一条二次贝塞尔曲线,包含一个控制点。
> PathCubic:到给定位置的一条三次贝塞尔曲线,包含两个控制点。
> PathArc:到给定的位置的一段弧,包含一个半径。
> PathAngleArc:由中心点、半径和角度指定的弧。
> PathSvg:由 SVG 路径数据字符串定义的一段路径。
> PathCurve:Catmull−Rom 曲线上的一点。
> PathAttribute:路径上给定位置的特性。
> PathPercent:定义在路径上项目的分布方式。

前面几个路径元素对象用于定义实际的路径,最后的 PathPercent 和 PathAttribute 则用于对创建的路径进行调整。

前面示例代码的 path 属性中,第一个是 PathLine,指定坐标为(120,120),结合路径起始点,这定义了第一段路径,从(0,0)坐标到(120,120)的直线。第二个是 PathLine,指定坐标为(240,120),结合上一个路径的终点,定义了第二段路径,从(120,120)到(240,120)的直线。第三个是 PathQuad,指定坐标为(300,330),控制点坐标为(320,180),结合上一个路径的终点,定义了第三段路径,从(240,120)到(300,330),控制点为(320,180)的二次贝塞尔曲线。

2. 路径特征

PathAttribute 类型允许在路径的任意点指定一个包含了名称和值的特性,该特性会作为附加属性暴露给视图的委托。

例如,在前面的代码中开始点(0,0)使用 PathAttribute 设置了 itemScale 为 1.0,itemOpacity 为 1.0。这里定义了两个特性,分别是 itemScale 和 itemOpacity,其值都是 1.0。然后通过直线路径连接到(120,120)点,这里设置了 itemScale 和 itemOpacity 的值均为 0.3。这样在直线路径(0,0)到(120,120)上,itemScale 和 itemOpacity 特性会分别进行线性插值,因而路径中间的点的这两个特性的值会在 1.0~0.3 之间线性变化。

需要说明的是,这里定义的特性并不会真正影响项目的显示。如果要使它们起作用,那么需要在视图的委托中使用这里定义的特性。例如,前面代码中的委托里 scale 和 opacity 属性分别绑定了这里的 PathView.itemScale 和 PathView.itemOpacity 特性。如果在路径中的一些点没有定义相关特性,比如前面代码中最后的 PathQuad 路

径上没有设置 PathAttribute,那么它们会使用默认值,也就是到(300,300)点的时候
scale 和 opacity 的值均为 1.0。

3. 路径分布

PathPercent 类型可以控制路径上项目的间距,从而控制项目的分布密度。该类型
只有一个 value 属性,用来设置到达路径上特定点时项目数量所占的比例。注意,路径
上后面位置设置的 PathPercent 的值一定要比前面位置设置的值大。

例如,在前面的示例代码中,第一个 PathPercent 出现在第一个 PathLine 之后,值
为 0.2,定义了第一个 PathLine 上面的项目应该占路径上所有项目总数的 20%。第二
个 PathPercent 出现在第二个 PathLine 之后,值为 0.6,定义了第二个 PathLine 上面的
项目应该占路径上所有项目总数的 40%(0.6−0.2)。而最后的路径上的项目数量
占 40%。

8.4　委托选择器 DelegateChooser

Qt.labs.qmlmodels 模块中还提供了一个 DelegateChooser 类型,允许视图对模型
中不同类型的项目使用不同的委托。DelegateChooser 中可以封装一组 Delegate-
Choices,使用它们可以根据模型数据项不同角色的值或者索引来提供需要的委托
项目。

DelegateChooser 通常在视图需要显示一组彼此显著不同的委托时使用,一般作为
TableView 的委托。例如:(项目源码路径:src\08\8-22\mydelegatechooser)

```
import QtQuick
import QtQuick.Controls
import Qt.labs.qmlmodels

ApplicationWindow {
    width: 550; height: 150
    visible: true

    TableView {
        anchors.fill: parent
        columnSpacing: 1; rowSpacing: 1
        boundsBehavior: Flickable.StopAtBounds

        model: TableModel {
            TableModelColumn {display: "checked" }
            TableModelColumn { display: "amount" }
            TableModelColumn { display: "fruitType" }
            TableModelColumn { display: "fruitName" }
            TableModelColumn { display: "fruitPrice" }

            rows: [
                {
```

```
                checked: false,
                amount: 1,
                fruitType: "Apple",
                fruitName: "Granny Smith",
                fruitPrice: 1.50
            },
            {
                checked: true,
                amount: 4,
                fruitType: "Orange",
                fruitName: "Navel",
                fruitPrice: 2.50
            },
            {
                checked: false,
                amount: 1,
                fruitType: "Banana",
                fruitName: "Cavendish",
                fruitPrice: 3.50
            }
        ]
    }
    delegate: DelegateChooser {
        DelegateChoice {
            column: 0
            delegate: CheckBox {
                checked: model.display
                onToggled: model.display = checked
            }
        }
        DelegateChoice {
            column: 1
            delegate: SpinBox {
                value: model.display
                onValueModified: model.display = value
            }
        }
        DelegateChoice {
            delegate: TextField {
                text: model.display
                selectByMouse: true
                implicitWidth: 140
                onAccepted: model.display = text
            }
        }
    }
}
```

在 DelegateChoice 中指定 column 属性,可以为该列指定委托。另外,还可以通过 index、row 或者 roleValue 来指定设置委托的位置。如果不指定,那么会作为默认的委托。例如，在 ListView 中通过 roleValue 来设置委托：

```
ListView {
    width: 200; height: 400

    ListModel {
        id: listModel
        ListElement { type: "info"; value: "ListElement1" }
        ListElement { type: "switch"; value: "true" }
    }

    DelegateChooser {
        id: chooser
        role: "type"
        DelegateChoice { roleValue: "info"; ItemDelegate { text: value } }
        DelegateChoice { roleValue: "switch"; SwitchDelegate { checked: value } }
    }

    model: listModel
    delegate: chooser
}
```

这时需要先在 DelegateChooser 中指定 role 属性，然后在 DelegateChoice 中通过 roleValue 来为不同角色提供不同委托项目。

8.5　小　结

利用模型/视图架构可以轻松完成以数据为中心的程序开发，配合动画、状态和过渡等相关类型，可以设计出流畅的数据展示界面。本章讲解了模型、视图、委托相关内容在 QML 编程中的使用，尽可能让读者明白模型/视图框架的基本原理和使用方法，但是并没有对模型视图和 SQLite 等内容进行深入讲解。要了解相关内容可以参考《Qt Creator 快速入门（第 4 版）》的第 16、17 章。

第**9**章

Qt 图表

Qt 图表由 Qt Charts 模块来实现。2012 年，Qt 图表组件首先应用在 Qt 商业版中，第一次出现的是一个技术预览版（Qt Commercial Charts 1.0 Tech Preview）。到 2016 年 Qt 5.7 发布时，由于许可的变更，Qt Charts 模块第一次出现在开源版 Qt 中。Qt Charts 模块可以创建几乎所有常见的图表类型，包括折线图、曲线图、面积图、散点图、柱形图、饼状图、盒须图等，而且还提供了美观时尚的主题界面以及交互功能。Qt Charts 是基于 Qt 图形视图框架（相关内容可以参考《Qt Creator 快速入门（第 4 版）》第 11 章）的，所以生成的图表可以很容易集成到 QWidget、QGraphicsWidget 或 QML 程序中。

要使用 Qt Charts 模块，则需要在安装 Qt 时选择安装 Qt Charts 组件。还需要在项目文件.pro 中添加如下代码：

```
QT += charts
```

要在 Qt Quick 程序中使用 Qt Charts 模块中的 QML 类型，需要使用如下导入语句：

```
import QtCharts
```

本章涉及的类型继承关系如图 9-1 所示。可以在 Qt 帮助中通过 Qt Charts 关键字查看本章相关内容。

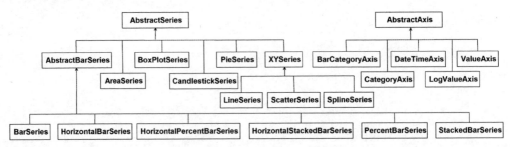

图 9-1　Qt Charts 模块相关类型关系图

9.1　创建一个图表项目

首先来看一下创建 Qt Charts 项目的流程。打开 Qt Creator,选择"文件→New Project"菜单项,模板选择 Application(Qt)分类中的 Qt Quick Application,填写项目名称为 mycharts,后面步骤保持默认即可。(项目源码路径:src\09\9-1\mycharts)

项目创建完成后,将 main. qml 文件的内容更改如下:

```
import QtQuick
import QtCharts

Window {
    visible: true
    width: 640
    height: 480

    ChartView {
        title: "Line"
        anchors.fill: parent
        antialiasing: true

        LineSeries {
            name: "LineSeries"
            XYPoint { x: 0; y: 0 }
            XYPoint { x: 1.1; y: 2.1 }
            XYPoint { x: 1.9; y: 3.3 }
        }
    }
}
```

这里首先导入了 QtCharts 模块。下面代码中的 LineSeries 用来绘制折线图,其实从名称上就可以看出它是一个线系列,就是使用直线将一系列的数据点进行相连。其中,name 属性就是系列的名称,会显示为该系列的图例,支持 HTML 格式;另外,还有 capStyle 端点风格、count 数据点数量、style 画笔风格、width 线宽等属性。XYPoint 对象用来提供静态坐标数据,这里一共设置了 3 个点。所有的系列都需要放到 Chart-View 类型中进行显示,该类型用来控制图表的系列、图例和轴的图形显示,这里的 title 属性用来设置图表名称,支持 HTML 格式;antialiasing 属性用于抗锯齿,使折线更平滑。

要想编译运行该程序,则还需要做一些设置。从 Qt Creator 3.0 开始,使用 Qt Quick Application 向导创建的项目会基于 Qt Quick 2 模板,默认使用 QGuiApplication,而 Qt Charts 依赖于 Qt 的 Graphics View Framework 图形视图框架进行渲染,需要使用 QApplication。所以,需要将 main. cpp 文件中的:

```
#include <QGuiApplication>
```

更改为:

```
#include <QtWidgets/QApplication>
```

然后将 main() 函数中的：

```
QGuiApplication app(argc, argv);
```

更改为：

```
QApplication app(argc, argv);
```

下面再到 mycharts.pro 项目文件中，添加模块调用：

```
QT += widgets charts
```

程序运行效果如图 9-2 所示。

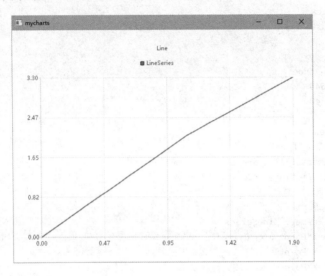

图 9-2   折线图运行效果

9.2   坐标轴 Axes

坐标轴可以用来显示刻度线、网格线和阴影等，Qt Charts 支持下面这几种坐标轴类型，它们全部继承自 AbstractAxis 类型：

➢ 数值坐标轴 ValueAxis：数值轴会直接向轴上添加实际的数值，该数值显示在刻度线的位置；

➢ 分类坐标轴 CategoryAxis：分类轴可以使用分类标签来区分基础数据，类别范围的宽度可以自由指定，分类标签显示在刻度线之间；

➢ 柱形图分类坐标轴 BarCategoryAxis：柱形图分类轴与分类轴类似，但是所有类别的范围宽度是一样的，分类标签显示在刻度线之间；

➢ 日期时间坐标轴 DateTimeAxis：在标签上可以显示日期或者时间信息，日期时间可以指定显示格式；

➢ 对数数值坐标轴 LogValueAxis：对数数值轴上的刻度是非线性的，它依赖于使用的数量级，轴上的每一个刻度数值都是前一个刻度数值乘以一个值。

同一个图表可以使用多个不同类型的坐标轴,它们可以设置在图表的上、下、左、右等不同方向。

9.2.1　数值坐标轴和对数数值坐标轴

下面通过代码来看一下数值坐标轴的应用。在前面例子的基础上,将 ChartView 对象中的子对象更改如下(项目源码路径:src\09\9-2\mycharts):

```
ValueAxis {
    id: xAxis
    min: 0; max: 1000
    labelFormat: " %.1f"
    minorTickCount: 1
    tickCount : 5
}

LineSeries{
    name: "LineSeries"
    axisX: xAxis

    XYPoint { x: 0; y: 0 }
    XYPoint { x: 100; y: 200 }
    XYPoint { x: 300; y: 500 }
    XYPoint { x: 600; y: 400 }
}

MouseArea {
    anchors.fill: parent
    onClicked: {
        xAxis.applyNiceNumbers()
    }
}
```

这里使用数值坐标轴 ValueAxis 作为 LineSeries 的横轴,可以通过 axisX 属性来指定系列的横坐标轴。对于 ValueAxis 对象,min、max 属性可以设置轴的最小值和最大值;labelFormat 属性可以设置标签格式,支持标准 C++库函数 printf() 提供的各种格式控制符,如 d、i、o、x、X、f、F、e、E、g、G、c 等;minorTickCount 属性用来指定次要刻度线的数量,就是在主要刻度线之间的网格线的数量,默认为 0;tickCount 属性用来指定轴上的刻度线数量,默认值是 5,不能小于 2。下面的 MouseArea 中调用了 Value-Axis 对象的 applyNiceNumbers() 函数,它可以修改刻度线的数量和范围,从而使刻度值变为 10^n 的倍数。现在运行程序,然后在界面上单击鼠标并查看效果。

通过运行结果可以看出,这里默认显示的刻度值是将最大值减去最小值,然后根据刻度线的数量进行均分。当调用 applyNiceNumbers() 函数后,为了使刻度值更美观,则自动调整刻度线的数量。其实,刻度值显示有两种类型,由 tickType 属性指定,默认的这种是 ValueAxis.TicksFixed,还有一种动态的 ValueAxis.TicksDynamic,它会根据 tickAnchor 和 tickInterval 两个属性来设置刻度线的位置。下面在 ValueAxis 对象中添加如下代码：

```
tickInterval : 300
tickAnchor : 100
tickType : ValueAxis.TicksDynamic
```

这里 tickAnchor 用来指定动态设置刻度线的基值，tickInterval 指定动态设置刻度线的间隔；要使用动态设置刻度线，必须通过 tickType 属性指明。读者可以运行程序查看效果。

对数数值坐标轴 LogValueAxis 用法与数值坐标轴 ValueAxis 相似，只需要指定对数的底数 base 属性即可，它不需要指定刻度线数量，其 tickCount 属性为只读属性，可以用来获取刻度线数量。

9.2.2 分类坐标轴

继续在前面的程序中添加代码，在 ValueAxis 对象定义的下面添加如下代码：

```
CategoryAxis {
    id: yAxis
    min: 0; max: 700
    labelsPosition : CategoryAxis.AxisLabelsPositionOnValue

    CategoryRange {
        label: "critical"
        endValue: 200
    }
    CategoryRange {
        label: "low"
        endValue: 400
    }
    CategoryRange {
        label: "normal"
        endValue: 700
    }
}
```

分类坐标轴 CategoryAxis 中可以使用 CategoryRange 子对象来指定标签和范围，标签默认显示在范围中间，可以通过 labelsPosition 属性让其显示在刻度值处。另外，CategoryAxis 类型中还提供了 startValue 属性用来指定第一个分类的最小值，categoriesLabels 属性用来获取所有标签的字符串列表，count 属性用来获取分类数量，append()、remove() 和 replace() 等函数用来修改分类。

下面在 LineSeries 中指定纵轴：

```
axisY: yAxis
```

9.2.3 柱形图分类坐标轴

柱形图分类坐标轴 BarCategoryAxis 用于柱形图中，其使用也很简单，下面先看一个例子。将前面例子中 ChartView 对象定义代码更改如下（项目源码路径：src\09\9-3

\mycharts)：

```
ChartView {
    title: "BarSeries"
    anchors.fill: parent
    antialiasing: true

    BarSeries {
        axisX: BarCategoryAxis { categories: ["2007", "2008", "2009",
                "2010", "2011", "2012" ] }
        BarSet { label: "Bob"; values: [2, 2, 3, 4, 5, 6] }
        BarSet { label: "Susan"; values: [5, 1, 2, 4, 1, 7] }
        BarSet { label: "James"; values: [3, 5, 8, 13, 5, 8] }
    }
}
```

这里使用 BarSeries 来创建一个柱形图,BarCategoryAxis 做为柱形图的横坐标轴,在其中一般只需要设置分类信息 categories 属性即可,它是一个字符串列表。柱形图中使用 BarSet 子对象来为各个分类提供数据集,包括了名称和各个分类对应的值。运行程序,效果如图 9 - 3 所示。

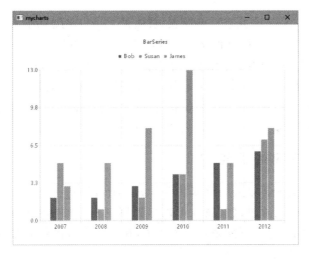

图 9 - 3　使用柱形图分类坐标轴效果

9.2.4　日期时间坐标轴

日期时间坐标轴 DateTimeAxis 可以将日期时间作为刻度值,下面来看一个例子,将前面例子中 ChartView 对象定义代码更改如下(项目源码路径:src\09\9-4\mycharts)

```
ChartView {
    title: "LineSeries"
    anchors.fill: parent
    antialiasing: true


    DateTimeAxis {
```

```
        id: xAxis
        format: "MM - dd"
        tickCount: 5
        min: new Date(2019, 0, 15)    // 2019 - 1 - 15
        max: new Date(2019, 2, 1)     // 2019 - 3 - 1
    }

    LineSeries {
        name: "LineSeries"
        axisX: xAxis

        XYPoint { x: toMsecsSinceEpoch(new Date(2019, 0, 20)); y: 12 }
        XYPoint { x: toMsecsSinceEpoch(new Date(2019, 1, 13)); y: 18 }
        XYPoint { x: toMsecsSinceEpoch(new Date(2019, 1, 20)); y: 30 }
    }
}

function toMsecsSinceEpoch(date) {
    var msecs = date.getTime();
    return msecs;
}
```

使用 DateTimeAxis 有几点需要注意,首先是 format 用来设置刻度标签显示格式,这个可以在 QDateTime 类的帮助文档中找到详细介绍;然后是使用 JavaScript 的 Date 对象来设置日期时间时,中间表示月份的参数介于 0～11 之间,所以 1 月份需要设置为 0;LineSeries 上的点只能用数值表示,所以需要将日期时间格式转换为数值,这个可以通过 JavaScript 的 getTime()方法来获取,它返回从 1970 年 1 月 1 日至今的毫秒数,为了更加清晰,这里自定义了一个 toMsecsSinceEpoch()函数。

9.2.5　坐标轴的共有属性

前面提到的所有坐标轴类型全部继承自 AbstractAxis 类型,所以它们都可以使用 AbstractAxis 的属性。通过这些属性可以单独控制坐标轴的各种元素,包括轴线、标题、标签、网格线、阴影等。下面来看一个例子,在上一小节代码中 DateTimeAxis 对象里面继续添加如下代码:

```
color: "blue"
gridLineColor: "lightgreen"
labelsAngle: 90
labelsColor: "red"
labelsFont { bold: true; pixelSize: 15 }
shadesVisible: true
shadesColor: "lightgrey"
titleText: "date"
titleFont { bold: true; pixelSize: 30 }
```

通过 color 属性可以设置坐标轴和刻度的颜色,gridLineColor 用于设置网格线的颜色,labelsAngle 可以设置刻度值标签的角度,titleText 可以指定坐标轴的标题。另外,可以使用 gridVisible、labelsVisible、lineVisible、shadesVisible、titleVisible、visible

分别设置网格线、标签、坐标轴线、阴影、标题和坐标轴本身是否可见。

9.3　图例 Legend

Legend 类型用来显示图表的图例，Legend 对象可以通过 ChartView 进行引用，当图表中系列改变时，ChartView 会自动更新图例的状态。Legend 类型包含的属性如表 9-1 所列，但是并没有提供用于修改图例标记的接口，如果想修改图例标记可以创建自定义图例，相关内容可以参考 Qml Custom Legend 示例程序。

表 9-1　Legend 类型的属性

属　　性	描　　述	值
alignment	图例在图表中的位置	Qt. AlignLeft、Qt. AlignRight、Qt. AlignBottom 或 Qt. AlignTop（默认值）
backgroundVisible	图例的背景是否显示	true 或 false（默认值）
borderColor	边框颜色	color
color	背景颜色	color
font	图例标记的字体	Font
labelColor	标签的颜色	color
markerShape	图例标记的形状	Legend. MarkerShapeRectangle（默认值）、Legend. MarkerShapeCircle、Legend. MarkerShapeFromSeries
reverseMarkers	图例标记是否使用反向顺序	true 或 false（默认值）
showToolTips	当文本被截断时是否显示提示	true 或 false（默认值）
visible	是否显示图例	true（默认值）或 false

Legend 类型的属性可以附加到 ChartView 类型，下面通过代码来看一下如何修改图例属性（项目源码路径：src\09\9-5\mycharts）：

```
ChartView {
    title: "Bar series"
    anchors.fill: parent
    antialiasing: true
    legend {
        alignment: Qt.AlignBottom
        backgroundVisible: true
        color: "lightblue"
        borderColor: "blue"
        font.bold: true
        font.pointSize: 15
        labelColor: "gold"
        markerShape: Legend.MarkerShapeCircle
    }

    BarSeries {
```

```
        id: mySeries
        axisX: BarCategoryAxis { categories: ["2007", "2008", "2009" ] }
        BarSet { label: "Bob"; values: [2, 2, 3 ] }
        BarSet { label: "Susan"; values: [5, 1, 2 ] }
        BarSet { label: "James"; values: [3, 5, 8 ] }
    }
}
```

程序运行,效果如图 9-4 所示。

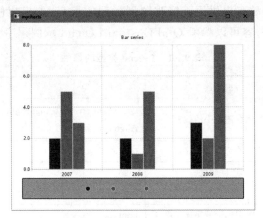

图 9-4　修改图例属性效果

9.4　ChartView

前面已经看到可以通过 ChartView 来显示一个图表,其实,是由 ChartView 将系列、坐标轴、图例等元素组合到一起形成了一个完整的图表。下面在前面例 9-1 的基础上添加代码,来看一下 ChartView 的基本设置。(项目源码路径:src\09\9-6\mycharts)

```
ChartView {
    title: qsTr("我的图表")
    titleColor: Qt.lighter("blue")
    titleFont{ bold: true; pointSize: 20}
    plotAreaColor: "lightgrey"
    backgroundColor: Qt.lighter("red")
    backgroundRoundness: 25
    dropShadowEnabled: true

    anchors.fill: parent
    anchors.margins: 20
    antialiasing: true

    LineSeries {
        name: "LineSeries"
        XYPoint { x: 0; y: 0 }
        XYPoint { x: 1.1; y: 2.1 }
        XYPoint { x: 1.9; y: 3.3 }
    }
}
```

可以使用 title 属性来设置图表的标题,titleColor 和 titleFont 用来设置标题的颜色和字体;plotAreaColor 用来设置中间绘图区的颜色;backgroundColor 设置整个图表的背景色,如果没有设置 plotAreaColor,那么中间的绘图区也显示背景色;backgroundRoundness 可以设置图表背景矩形的圆角弧度;dropShadowEnabled 设置图表背景是否使用阴影效果。

另外,还可以对 ChartView 使用图形效果,这里以 Glow 类型为例进行说明。为了使效果突出,一般把 ChartView 背景设置为透明:

```
backgroundColor: "transparent"
```

然后将 Window 背景设置为黑色:

```
color: "black"
```

最后添加 Glow 对象定义:

```
Glow {
    id:glow
    anchors.fill: chartView
    radius:15
    samples: 37
    color: Qt.rgba(200, 200, 200, 150)
    source: chartView
}
```

注意,使用 Glow 类型需要先安装并导入图形效果模块:

```
import Qt5Compat.GraphicalEffects
```

关于 GraphicalEffects 模块,可以参考第 6 章相关内容。

9.4.1　设置主题

虽然可以使用属性来简单自定义图表外观,但组合一个漂亮的主题还是需要费些功夫的。ChartView 中提供了几个内建的主题,如表 9 - 2 所列,ChartView 的主题会涉及图表的所有可视化元素,包括系列、坐标轴和图例的颜色、画笔、画刷、字体等。

表 9 - 2　ChartView 中提供的主题

主　题	描　述
ChartView. ChartThemeLight	默认主题,是一个浅色主题
ChartView. ChartThemeBlueCerulean	天蓝色主题
ChartView. ChartThemeDark	深色主题
ChartView. ChartThemeBrownSand	沙褐色主题
ChartView. ChartThemeBlueNcs	自然色彩系统(Natural Color System,NCS)蓝色主题
ChartView. ChartThemeHighContrast	高对比度主题
ChartView. ChartThemeBlueIcy	冰蓝色主题
ChartView. ChartThemeQt	Qt 主题

要使用这些主题,只需要指定 theme 属性即可,比如在前面示例代码 ChartView

对象中添加如下一行代码：

```
theme: ChartView.ChartThemeBrownSand
```

这样就使用了沙褐色主题，但是需要注意，如果使用了 backgroundColor、plotAreaColor 等属性设置，那么主题颜色便不再起作用。读者可以查看 Chart Themes Example 示例程序，其中对所有主题效果进行了演示。

9.4.2 启用动画

ChartView 还可以选择是否启用动画效果，包括系列动画和网格轴动画，由 animationOptions 属性指定，其取值如表 9 - 3 所列。另外，可以使用 animationDuration 属性指定动画的持续时间，使用 animationEasingCurve 设置缓和曲线，所有可用的缓和曲线可以在 PropertyAnimation 类型的帮助文档查看。

表 9 - 3　ChartView 中的动画选项

动画选项	描　述
ChartView.NoAnimation	默认值，不启用动画效果
ChartView.GridAxisAnimations	启用网格和轴的动画效果
ChartView.SeriesAnimations	启用系列的动画效果
ChartView.AllAnimations	启用所有动画效果

继续在前面代码 ChartView 对象中添加如下代码：

```
animationOptions: ChartView.AllAnimations
animationDuration: 5000
animationEasingCurve: Easing.InQuad
```

9.5　使用数据动态创建图表

前面对图表的基本构成元素进行了介绍，示例中只是使用了现成的数据直接创建的系列，但是实际应用中大多是从外部读取数据来动态创建图表。这一节通过一个简单的例子，从模型中动态读取数据来创建图表，其中会对前面没有涉及的一些方法和属性进行介绍。

（项目源码路径：src\09\9-7\mycharts）新创建一个项目，完成后将 main.qml 文件内容更改如下：

```
import QtQuick
import QtCharts
import QtQml.Models

Window {
    visible: true
    width: 640; height: 480
    property int currentIndex: - 1
```

```
ChartView {
    id: chartView
    anchors.fill: parent
    title: qsTr("我的网站访问量")
    theme: ChartView.ChartThemeBlueCerulean
    antialiasing: true
}
}
```

　　这里定义了一个 ChartView 对象,其中没有直接添加系列的定义,所以运行程序,只是空白的界面。下面通过一个 ListModel 来模拟数据源,其中提供了一些现成数据。继续在 main.qml 文件中添加代码:

```
ListModel {
    id: listModel

    ListElement { month: 1; pv: 205864 }
    ListElement { month: 2; pv: 254681 }
    ListElement { month: 3; pv: 306582 }
    ListElement { month: 4; pv: 284326 }
    ListElement { month: 5; pv: 248957 }
    ListElement { month: 6; pv: 315624 }
}
```

　　这里使用 ListModel 提供了 month 和 pv 数据。下面通过开启定时器来创建系列:

```
Timer {
    id: timer
    interval: 1500; repeat: true
    triggeredOnStart: true; running: true
    onTriggered: {
        currentIndex + + ;
        if (currentIndex < listModel.count) {
            var lineSeries = chartView.series("2018");
            //第一次运行时创建曲线
            if (! lineSeries) {
                lineSeries = chartView.createSeries(ChartView.SeriesTypeSpline, "2018");
                chartView.axisY().min = 200000;
                chartView.axisY().max = 320000;
                chartView.axisY().tickCount = 6;
                chartView.axisY().titleText = qsTr("PV");
                chartView.axisX().visible = false
                lineSeries.color = "#87CEFA"
                lineSeries.pointsVisible = true
                lineSeries.pointLabelsVisible = true
                lineSeries.pointLabelsFormat = qsTr("@xPoint 月份 PV:@yPoint")
                chartView.animationOptions = ChartView.SeriesAnimations
            }

            lineSeries.append(listModel.get(currentIndex).month,
                              listModel.get(currentIndex).pv);
```

```
        if (listModel.get(currentIndex).month > 3) {
            chartView.axisX().max =
                    Number(listModel.get(currentIndex).month) + 1;
            chartView.axisX().min = chartView.axisX().max - 5;
        } else {
            chartView.axisX().max = 5;
            chartView.axisX().min = 0;
        }
        chartView.axisX().tickCount = chartView.axisX().max
                - chartView.axisX().min + 1;
    } else {
        timer.stop();
        chartView.axisX().min = 0;
    }
    }
}
```

　　这段代码有几个关键点,首先是通过 listModel.count 进行循环添加数据点;通过 chartView.series("2018")来获取名称为"2018"的系列,判断该系列是否已经存在;因为如果是第一次运行,那么需要先来创建"2018"系列,这里通过 chartView.create-Series(ChartView.SeriesTypeSpline, "2018")创建了类型为 SplineSeries、名称为"2018"的曲线系列。下面的 pointsVisible 属性用来显示数据点,pointLabelsVisible 设置用来显示数据点的标签,pointLabelsFormat 用于设置数据点标签的显示格式,这里可以通过@xPoint 和@yPoint 来获取该点的 X、Y 坐标值;创建完曲线后通过 append (real x, real y)来为曲线添加数据点;最后面的判断语句用来在不同情况下设置 X 坐标轴的范围,读者也可以根据实际情况自行进行设置。程序运行效果如图 9-5 所示。

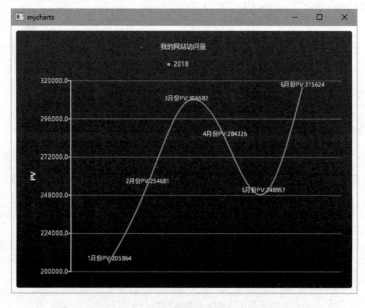

图 9-5　使用数据动态创建图表效果

9.6 常用图表类型

9.6.1 折线图、曲线图和散点图

折线图 LineSeries、曲线图 SplineSeries 和散点图 ScatterSeries 都继承自 XYSeries,它们的共同特点是显示的信息都是由 XYPoint 指定的数据点。XYSeries 类型中定义的属性、信号和方法在这 3 个图表类型中都可以使用。

前面的示例中已经演示了折线图和曲线图,另外的散点图用法也是类似的,下面来看一个例子。(项目源码路径:src\09\9-8\mycharts)将前面例 9 – 1 中的 ChartView 定义修改如下:

```
ChartView {
    title: "Scatter"
    anchors.fill: parent
    antialiasing: true

    ScatterSeries {
        id: scatter1
        name: "Scatter1"
        markerShape: ScatterSeries.MarkerShapeRectangle
        markerSize: 20
        XYPoint { x: 1.51; y: 1.5 }
        XYPoint { x: 1.5; y: 1.6 }
        XYPoint { x: 1.57; y: 1.55 }
        XYPoint { x: 1.55; y: 1.55 }
        onPressed: (point) => console.log("onPressed: "
                                            + point.x + ", " + point.y);
        onReleased: (point) => console.log("onReleased: "
                                            + point.x + ", " + point.y);
    }

    ScatterSeries {
        id: scatter2
        name: "Scatter2"
        borderColor: "black"
        borderWidth: 5
        XYPoint { x: 1.52; y: 1.56 }
        XYPoint { x: 1.55; y: 1.58 }
        XYPoint { x: 1.53; y: 1.54 }
        XYPoint { x: 1.54; y: 1.59 }
        onClicked: (point) => console.log("onClicked: "
                                            + point.x + ", " + point.y);
    }
}
```

散点图与前面讲到的折线图和曲线图用法相似,既可以像这里一样直接指定 XYPoint,也可以通过函数来动态添加数据点。数据点默认使用圆形标记,可以通过

markerShape 属性设置为使用矩
形,还可以通过 markerSize 设置
标记的大小,borderColor 设置标
记的边框颜色,borderWidth 设
置标记边框的宽度。代码中分别
使用 onPressed、onReleased 和
onClicked 对按压、释放、点击标
记时相关信号进行了处理,运行
程序,效果如图 9-6 所示。

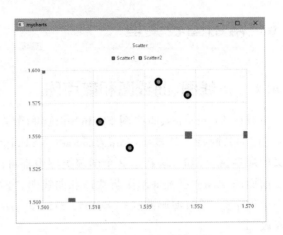

图 9-6　散点图运行效果

9.6.2　面积图

　　面积图 AreaSeries 用来显示
一定量的数据,强调数据随时间
变化的程度。面积图基于折线图,可以通过 upperSeries 属性来指定一个折线系列作为
区域的上边界,默认的下边界是可绘制区域的下边界,然后填充颜色。当然,也可以通
过 lowerSeries 来指定另外一个折线系列作为图形的下边界。下面来看一个例子(项目
源码路径:src\09\9-9\mycharts)。

```
ChartView {
    title: "AreaSeries"
    anchors.fill: parent
    antialiasing: true

    ValueAxis {
        id: valueAxis
        min: 2000; max: 2011; tickCount: 12; labelFormat: "%.0f"
    }

    AreaSeries {
        name: "Area1"
        axisX: valueAxis
        upperSeries: LineSeries {
            XYPoint { x: 2000; y: 1 }
            XYPoint { x: 2001; y: 4 }
            XYPoint { x: 2002; y: 3 }
            XYPoint { x: 2003; y: 2 }
            XYPoint { x: 2004; y: 1 }
            XYPoint { x: 2005; y: 0 }
            XYPoint { x: 2006; y: 1 }
        }
        onClicked: (point) => console.log("onClicked: "
                                + point.x + ", " + point.y);
    }

    AreaSeries {
```

```
        name："Area2"
        axisX：valueAxis
        upperSeries：LineSeries {
            XYPoint { x：2007；y：1 }
            XYPoint { x：2008；y：4 }
            XYPoint { x：2009；y：3 }
            XYPoint { x：2010；y：2 }
            XYPoint { x：2011；y：1 }
        }

        lowerSeries：LineSeries {
            XYPoint { x：2007；y：0 }
            XYPoint { x：2008；y：2 }
            XYPoint { x：2009；y：1 }
            XYPoint { x：2010；y：1 }
            XYPoint { x：2011；y：0 }
        }
    }
}
```

程序运行效果如图 9 - 7 所示。

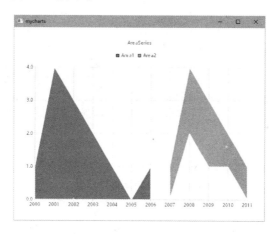

图 9 - 7　面积图运行效果

9.6.3　柱形图、堆积柱形图、百分比堆积柱形图

柱形图通过水平或垂直的按类分组的柱形条来表示数据，前面示例中已经看到柱形图 BarSeries 类型可以使用按类分组的垂直柱形条来表示数据，每一类（categories）都包含了所有柱形集 BarSet 的一个柱形条；而在堆积柱形图 StackedBarSeries 中，一类柱形条会堆积在一个垂直柱形条上，每个柱形集中对应分类的柱形条都作为这个垂直柱形条的一段；百分比堆积柱形图 PercentBarSeries 与堆积柱形图类似，只是所有堆积柱形条都是等长的，而其中的分段柱形会根据代表的数值在总值中的占比绘制为不同的长度。下面通过一个具体的例子来看一下 3 种不同柱形图的区别。（项目源码路

径:src\09\9-10\mycharts)

```
ChartView {
    title: "Bar series"
    anchors.fill: parent
    legend { alignment: Qt.AlignBottom }
    antialiasing: true

    BarSeries {
        axisX: BarCategoryAxis { categories: ["2007", "2008", "2009"] }
        BarSet { label: "Bob"; values: [2, 2, 3] }
        BarSet { label: "Susan"; values: [5, 1, 2] }
        BarSet { label: "James"; values: [3, 5, 8] }
    }
}
```

这里先使用了 BarSeries 类型,如果要使用其他两种类型,那么只需要更改这里的类型名称即可。运行程序,效果如图 9-8 所示。与这 3 个类型对应的还有 Horizontal-BarSeries,HorizontalStackedBarSeries 和 HorizontalPercentBarSeries 这 3 个类型,可以用来实现相应的水平柱形图。

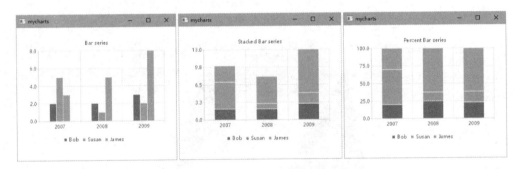

图 9-8 柱形图运行效果

9.6.4 饼状图

饼状图 PieSeries 由 PieSlice 类型定义的切片组成,PieSeries 可以通过计算一个切片在总切片中占的百分比来决定该切片在饼状图中的大小。默认的,饼状图被定义为一个完整的饼状,也可以通过设置开始角度 startAngle 和结束角度 endAngle 来创建部分饼图。一个完整的饼图为 360 度,12 点钟方向为 0。下面来看一个例子(项目源码路径:src\09\9-11\mycharts)。

```
ChartView {
    id: chart
    title: "PieSeries"
    anchors.fill: parent
    legend { alignment: Qt.AlignBottom }
    antialiasing: true

    PieSeries {
```

```
        id: pieSeries
        PieSlice { label: "Volkswagen"; value: 13.5 }
        PieSlice { label: "Toyota"; value: 10.9 }
        PieSlice { label: "Ford"; value: 8.6 }
        PieSlice { label: "Skoda"; value: 8.2 }
        PieSlice { label: "Volvo"; value: 6.8 }
    }
}

Component.onCompleted: {
    pieSeries.append("Others", 52.0);
    var pieSlice = pieSeries.find("Volkswagen");
    pieSlice.exploded = true;
    pieSlice.labelVisible = true;
}
```

可以通过 find(string label)或者 at(int index)来获取一个指定的切片,切片的 exploded 属性可以设置该切片与饼状图分离,从而突出显示。运行程序,效果如图 9-9 所示。

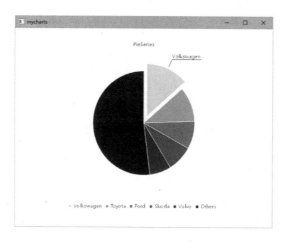

图 9-9　饼状图运行效果

9.6.5　盒须图(箱形图)

盒须图 BoxPlotSeries 又称为箱形图,因其形状如箱子而得名,常用于品质管理。盒须图中的盒须项由 BoxSet 类型指定,它由 5 个不同数值的图形表示,这 5 个数值按最小值、下四分位数、中位数、上四分位数和最大值的顺序进行指定。下面来看一个例子(项目源码路径:src\09\9-12\mycharts)。

```
ChartView {
    id: chart
    title: "Box Plot series"
    anchors.fill: parent
    legend { alignment: Qt.AlignBottom }
    antialiasing: true
```

```
    BoxPlotSeries {
        id: plotSeries
        name: "Income"
        BoxSet { label: "Jan"; values: [3, 4, 5.1, 6.2, 8.5] }
        BoxSet { label: "Feb"; values: [5, 6, 7.5, 8.6, 11.8] }
        BoxSet { label: "Mar"; values: [3.2, 5, 5.7, 8, 9.2] }
        BoxSet { label: "Apr"; values: [3.8, 5, 6.4, 7, 8] }
        BoxSet { label: "May"; values: [4, 5, 5.2, 6, 7] }
    }
}
```

程序运行效果如图 9-10 所示。

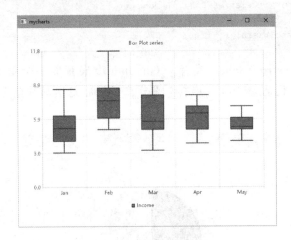

图 9-10 盒须图运行效果

9.6.6 蜡烛图(K 线图)

蜡烛图 CandlestickSeries 又称为 K 线图,常用于股市和期货市场。蜡烛图中的蜡烛项由 CandlestickSet 类型指定,它是 5 个数值的图形表示:open、high、low、close 和 timestamp。需要注意的是,在一个蜡烛图中,每个 timestamp 必须是唯一的。下面来看一个例子(项目源码路径:src\09\9-13\mycharts)。

```
ChartView {
    id: chart
    title: "Box Plot series"
    anchors.fill: parent
    legend { alignment: Qt.AlignBottom }
    antialiasing: true

    CandlestickSeries {
        name: "Acme Ltd. "
        increasingColor: "green"
        decreasingColor: "red"

        CandlestickSet { timestamp: 1435708800000; open: 690;
```

```
        high: 694; low: 599; close: 660 }
    CandlestickSet { timestamp: 1435795200000; open: 669;
        high: 669; low: 669; close: 669 }
    CandlestickSet { timestamp: 1436140800000; open: 485;
        high: 623; low: 485; close: 600 }
    CandlestickSet { timestamp: 1436227200000; open: 589;
        high: 615; low: 377; close: 569 }
    CandlestickSet { timestamp: 1436313600000; open: 464;
        high: 464; low: 254; close: 254 }
    }
}
```

程序运行效果如图 9 - 11 所示。

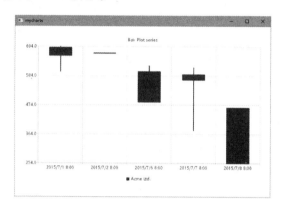

图 9 - 11　蜡烛图运行效果

9.6.7　极坐标图

极坐标图 PolarChartView 在一个圆图中来展示数据,在这个圆图中的数据点通过一个夹角和一段相对于极点(中心点)的距离来表示。PolarChartView 是对 ChartView 类型的特例化,支持折线系列、曲线系列、面积系列和散点系列,以及这些系列所支持的坐标轴类型,每一个坐标轴既可以作为径向轴也可以作为角轴。下面来看一个例子(项目源码路径:src\09\9-14\mycharts)。

```
PolarChartView {
    title: "PolarChart"
    anchors.fill: parent
    legend { visible: false }
    antialiasing: true

    ValueAxis { id: axisAngular; min: 0; max: 20; tickCount: 9 }
    ValueAxis { id: axisRadial; min: - 0.5; max: 1.5 }

    SplineSeries {
        id: series1
        axisAngular: axisAngular
        axisRadial: axisRadial
```

```
        pointsVisible: true
    }

    ScatterSeries {
        id: series2
        axisAngular: axisAngular
        axisRadial: axisRadial
        markerSize: 10
    }
}

Component.onCompleted: {
    for (var i = 0; i <= 20; i++) {
        series1.append(i, Math.random());
        series2.append(i, Math.random());
    }
}
```

程序运行效果如图 9-12 所示。

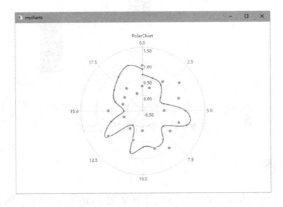

图 9-12　极坐标图运行效果

9.7　小　结

　　本章对 Qt 图表模块在 QML 中的应用做了详细介绍,虽然图表类型众多,但是基本使用方法和思路是相通的,只需要在实践中对一两个图表熟练应用,其他图表类型也会很快上手。其实使用图表时真正的难点在于数据的整合,一旦获取了要展示的数据,那么就可以按照自己的想法用图形显示出来。

## 第 10 章

Qt Data Visualization 数据可视化

前一章讲解的 Qt Charts 模块可以用来显示图表,这是在 2D 层面的数据可视化。从 Qt 5.7 开始,开源版 Qt 中与 Qt Charts 模块同时引入的还包含一个 Qt Data Visualization 模块,它可以通过 3D 柱形图、3D 散点图、3D 曲面图的形式来展示数据。Qt Data Visualization 模块擅长于对深度图或者从多个传感器接收到的大量快速变化的数据进行可视化,可以用于需要分析的行业,如学术研究、医学等。而且,数据可视化模块还可以实现在 3D 视图和 2D 视图之间进行切换,从而最大限度地利用 3D 可视化数据的价值。

要使用 Qt Data Visualization 模块,则需要在安装 Qt 时选择安装 Qt Data Visualization 组件。还需要在项目文件.pro 中添加如下代码:

```
QT += datavisualization
```

另外,Qt Data Visualization 模块需要 OpenGL 的支持。由于 OpenGL 不再是 Qt 6.x 中的默认渲染后端,因此有必要在环境变量或应用程序主体中明确定义渲染后端。可以在 main()函数的开头添加如下一行代码:

```
qputenv("QSG_RHI_BACKEND", "opengl");
```

要在 Qt Quick 程序中使用 Qt Data Visualization 模块中的 QML 类型,还需要使用如下导入语句:

```
import QtDataVisualization
```

可以在 Qt 帮助索引中通过 Qt Data Visualization 关键字查看本章相关内容。

10.1　3D 柱形图

3D 柱形图是对柱形图表的 3D 化,也就是通过按类分组的 3D 柱形条来表示数据。Qt Quick 中的 Bars3D 类型用来创建 3D 柱形图,Bar3DSeries 和 BarDataProxy 用来为图形设置数据并控制图形的可视化属性。BarDataProxy 作为 3D 柱形图的数据代理,可以处理数据行的添加、插入、更改、移除等操作,但是该类型无法直接创建,编程中要使用其子类型 ItemModelBarDataProxy。

下面通过一个例子来看一下如何创建 3D 柱形图。打开 Qt Creator,选择"文件→ New Project"菜单项,模板选择 Qt Quick Application,填写项目名称为 mydatavisualization,后面步骤保持默认即可。(项目源码路径:src\10\10-1\mydatavisualization)

先到 mydatavisualization. pro 项目文件中,添加模块调用:

```
QT += datavisualization
```

然后到 main. cpp 文件中,在 main()函数最前面添加如下代码:

```
qputenv("QSG_RHI_BACKEND", "opengl");
```

将 main. qml 文件的内容更改如下:

```
import QtQuick
import QtDataVisualization

Window {
    visible: true
    width: 640; height: 480

    Bars3D {
        width: parent.width
        height: parent.height

        Bar3DSeries {
            itemLabelFormat: "@colLabel, @rowLabel: @valueLabel"

            ItemModelBarDataProxy {
                itemModel: dataModel
                rowRole: "year"
                columnRole: "city"
                valueRole: "expenses"
            }
        }
    }

    ListModel {
        id: dataModel
        ListElement{ year: "2012"; city: "Oulu"; expenses: "4200"; }
        ListElement{ year: "2012"; city: "Rauma"; expenses: "2100"; }
        ListElement{ year: "2013"; city: "Oulu"; expenses: "3960"; }
        ListElement{ year: "2013"; city: "Rauma"; expenses: "1990"; }
    }
}
```

Bars3D 类型用来渲染 3D 柱形图,在其中需要使用 Bar3DSeries 来设置数据系列; Bar3DSeries 除了管理可视化元素以外,还需要通过数据代理 ItemModelBarDataProxy 来设置系列的数据。

Bar3DSeries 中通过 itemLabelFormat 属性指定了系列中数据项的标签格式,当数据项(就是一个 3D 柱形)被选中后会通过指定的标签格式显示内容,这里使用的@col-

Label、@rowLabel 和@valueLabel 是格式标记。可用的格式标记如表 10 - 1 所列。

表 10 - 1　Bar3DSeries 的 itemLabelFormat 属性中可用的标记

标　记	描　　述
@rowTitle	行坐标轴的标题
@colTitle	列坐标轴的标题
@valueTitle	数值坐标轴的标题
@rowldx	可见的行索引
@colldx	可见的列索引
@rowLabel	行坐标的标签
@colLabel	列坐标的标签
@valueLabel	数值坐标的值
@seriesName	系列名称
%<format spec>	项目数值使用指定的格式,支持标准 C++库函数 printf()提供的各种格式控制符,如 d、i、o、x、X、f、e、E、g、G、c 等

　　这里的数据是通过 ListModel 提供的,在 ItemModelBarDataProxy 中由 itemMod-el 属性指定了数据模型,然后通过 rowRole、columnRole 和 valueRol 这 3 个属性将模型中的角色与 3D 柱形系列的行、列和数值进行映射。

　　运行程序,按住鼠标右键拖动图形可以实现旋转,从而调整角度,滚动鼠标滚轮可以对图形进行缩放。

　　在 Bars3D 类型中,可以使用 barThickness 来设置 3D 柱形的宽窄,其取值为行和列宽度的比值;barSpacing 可以设置在行和列上两个 3D 柱形之间的空隙;还有一个 floorLevel 属性可以设置水平面的位置,默认为 0,大于其值的柱形会绘制在上面,小于该值的柱形会绘制在平面下面。例如,在 Bars3D 中设置如下属性值:

```
barThickness: 0.8
barSpacing: Qt.size(1.0, 3.0)
floorLevel: 2700
```

10.1.1　3D 坐标轴

　　Qt Data Visualization 中支持数值坐标轴 ValueAxis3D 和分类坐标轴 Catego-ryAxis3D,它们都继承自 AbstractAxis3D 类型。与 Qt Charts 类似,如果没有明确指定坐标轴,那么会创建一个没有标签的临时默认坐标轴。但是如果在一个方向上指定了坐标轴,那么该方向上的默认坐标轴就会被销毁。

　　下面通过一个例子来进行讲解,在前面例程的基础上修改代码如下(项目源码路径:src\10\10-2\mydatavisualization):

```
Window {
    visible: true
    width: 640; height: 480
```

```
Bars3D {
    width: parent.width
    height: parent.height
    rowAxis: rAxis; columnAxis: cAxis; valueAxis: vAxis

    Bar3DSeries {
        itemLabelFormat: "@colLabel, @rowLabel: @valueLabel"

        ItemModelBarDataProxy {
            itemModel: dataModel
            rowRole: "year"; columnRole: "month"; valueRole: "income"
        }
    }
}

ValueAxis3D {
    id: vAxis
    title: "Y - Axis"; titleVisible: true
    min: 0; max: 30
    subSegmentCount: 2
    labelFormat: "%.1f"
}

CategoryAxis3D {
    id: rAxis
    title: "Z - Axis"; titleVisible: true; labelAutoRotation: 30
}

CategoryAxis3D {
    id: cAxis
    title: "X - Axis"; titleVisible: true
    labels: ["January", "February"]
    labelAutoRotation: 30
}

ListModel {
    id: dataModel
    ListElement{ year: "2018"; month: "01";  income: "16"   }
    ListElement{ year: "2018"; month: "02";  income: "28"   }
    ListElement{ year: "2019"; month: "01";  income: "22"   }
    ListElement{ year: "2019"; month: "02";  income: "25"   }
}
}
```

这里通过 ValueAxis3D 和两个 CategoryAxis3D 定义了 3 个坐标轴,分别设置为了 Bars3D 的行坐标轴、列坐标轴和数值坐标轴。对于 ValueAxis3D,它与 Qt Charts 中的 ValueAxis 类似;CategoryAxis3D 与 Qt Charts 中的 CategoryAxis 也很类似,这里在 cAxis 中还设置了其 labels 属性,因为该轴上对应的数据 month 为数值,显示不够友好,所以这里进行了设置;而 labelAutoRotation 属性可以设置标签的可旋转角度,最大值为 90,这样当视角改变时,标签可以自动旋转,从而更好地显示内容。运行程序,效果如图 10-1 所示。

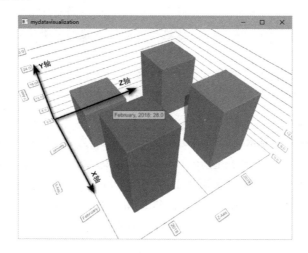

图 10-1　自定义坐标轴效果

大多数情况下都会使用 rowAxis、columnAxis 和 valueAxis 来区分 3 个坐标轴,也可以通过 orientation 属性来获取坐标轴的方向,这里特意在图 10-1 中加入了一个 X、Y、Z 坐标轴的示意。除了垂直的 Y 轴以外,根据视角的不同,X 轴和 Z 轴很容易混淆,最好的区分方法还是通过行和列的概念,比如这里的行是年份、列是月份。

10.1.2　数据代理

在前面的示例中已经看到,需要通过数据代理将模型中的数据映射到图表上。除了前面在 Bar3DSeries 中使用的 ItemModelBarDataProxy,后面要讲到的 3D 散点图、3D 曲面图也有自己的数据代理,相关类型的继承关系如图 10-2 所示。这一小节以 ItemModelBarDataProxy 为例,对数据代理进行讲解。

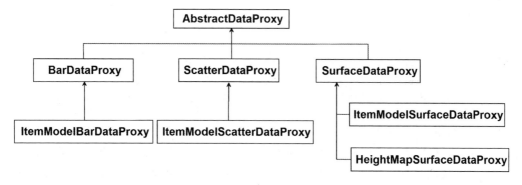

图 10-2　数据代理相关类型关系图

通过 ItemModelBarDataProxy 可以使用 AbstractItemModel 派生出的模型作为 3D 柱形图 Bars3D 的数据源,当映射或模型改变时,数据会进行异步解析。在前面的示例中已经看到,默认情况下映射的数据会自动生成行分类和列分类,但有时候可能只想显示某些分类的内容,这时可以通过 ItemModelBarDataProxy 类型的 rowCategories 和 columnCategories 来明确指定需要显示的行、列分类;同时还需要设置 autoRowCat-egories、autoColumnCategories 为 false,这样才能使设置的分类生效。例如,在示例 10 -2 代码中添加如下代码:

```
rowCategories: ["2019"]
autoRowCategories: false
columnCategories: ["01"]
autoColumnCategories: false
```

这样就会只解析并显示 year 为 2019 的行,month 为 01 的列。有时候模型提供的数据并不是直接可用的,比如角色 timestamp 的值为 2006 - 01,而我们需要的是里面的年份 2006 和月份 01,这时就需要对这个 timestamp 的数据进行处理。ItemModel-BarDataProxy 中提供了 rowRolePattern 和 columnRolePattern 来使用正则表达式分别对行和列映射来的数据进行查找和替换,然后再作为分类使用。rowRolePattern 和 columnRolePattern 属性可以指定一个正则表达式来找到需要替换的那部分数据,而对应的 rowRoleReplace 和 columnRoleReplace 两个属性则用来指定具体要替换的内容。下面来看一个例子,在例 10 - 2 的基础上进行更改(项目源码路径:src\10\10-3\mydat-avisualization):

```
ItemModelBarDataProxy {
    itemModel: dataModel
    rowRole: "timestamp"
    columnRole: "timestamp"
    valueRole: "income"
    rowRolePattern: /^(\d\d\d\d). * $ /
    columnRolePattern: /^. * - (\d\d) $ /
    rowRoleReplace: "\\1"
    columnRoleReplace: "\\1"
    multiMatchBehavior: ItemModelBarDataProxy.MMBCumulative
}
```

将数据模型修改为:

```
ListModel {
    id: dataModel
    ListElement{ timestamp: "2006 - 01"; expenses: " - 4"; income: "5" }
    ListElement{ timestamp: "2006 - 02"; expenses: " - 5"; income: "6" }
    ListElement{ timestamp: "2006 - 02"; expenses: " - 5"; income: "4" }
}
```

这里行和列需要的年、月信息都包含在 timestamp 角色中,所以 rowRole 和 columnRole 都指定为了该角色,然后通过设置搜索表达式和替换字符串来获取 times-tamp 中需要的那部分字段。具体来说,对于 rowRole,这里获取了 timestamp 字符串中第一个捕获的 2006,然后使用 2006 把整个 timestamp 字符串进行替换,这样就只保留了年份信息;类似的,对于 columnRole 只保留了月份信息。这里 rowRoleReplace 和 columnRoleReplace 的具体用法可以参见 QString::replace(const QRegularExpres-sion & rx, const QString & after)的帮助文档。关于正则表达式的使用,可以参考《Qt

Creator 快速入门(第 4 版)》第 7 章相关内容。

这里还设置了 multiMatchBehavior 属性,该值可以指定当多个数据被相同的行/列组合匹配到的时候的操作,比如这里有两个 2006 - 02,这里指定的 ItemModelBarDataProxy. MMBCumulative 表明会使用所有匹配到的数据的总和作为条形的数值。multiMatchBehavior 属性取值如表 10 - 2 所列。

表 10 - 2　multiMatchBehavior 属性取值

常　量	描　述
ItemModelBarDataProxy. MMBFirst	选择匹配到的第一个值
ItemModelBarDataProxy. MMBLast	(默认)选择匹配到的最后一个值
ItemModelBarDataProxy. MMBAverage	选择所有匹配到的值的平均值
ItemModelBarDataProxy. MMBCumulative	选择所有匹配到的值的总值

10.1.3　3D 系列

3D 柱形系列 Bar3DSeries 以及后面要讲到的 Scatter3DSeries、Surface3DSeries 都继承自 Abstract3DSeries。Abstract3DSeries 中定义了一些基本的属性,比如颜色、项目标签、高亮颜色等,其中,mesh 属性指定了 3D 图形中单个项目的形状,其可选值如表 10 - 3 所列。另外,可以设置 meshSmooth 为 true 来显示 3D 图形的光滑版本。

表 10 - 3　mesh 属性取值

常　量	描　述
Abstract3DSeries. MeshUserDefined	用户自定义,需要通过 userDefinedMesh 属性来指定一个 Wavefront OBJ 格式的文件
Abstract3DSeries. MeshBar	基本的矩形条
Abstract3DSeries. MeshCube	基本的立方体
Abstract3DSeries. MeshPyramid	四面金字塔
Abstract3DSeries. MeshCone	基本的锥形
Abstract3DSeries. MeshCylinder	基本的圆柱形
Abstract3DSeries. MeshBevelBar	略有斜角的矩形条
Abstract3DSeries. MeshBevelCube	略有斜角的立方体
Abstract3DSeries. MeshSphere	球形
Abstract3DSeries. MeshMinimal	三角形金字塔,只适用于 Scatter3DSeries
Abstract3DSeries. MeshArrow	向上的箭头,只适用于 Scatter3DSeries
Abstract3DSeries. MeshPoint	2D 点,只适用于 Scatter3DSeries

(项目源码路径: src \ 10 \ 10-4 \ mydatavisualization)例如,在例 10 - 1 的 Bar3DSeries 对象中添加如下代码:

```
mesh：Abstract3DSeries.MeshPyramid
baseColor："gold"
singleHighlightColor："lightgreen"
itemLabelVisible：false
meshAngle：30
```

10.2　自定义 3D 场景

　　通过 Scene3D 类型可以设置 3D 场景,其中包含了一个由 Camera3D 指定的相机和一个由 Light3D 指定的光源,光源位置始终与相机相对应,默认情况下,光源位置会自动跟随相机。在代码中,一般可以通过 scene.activeCamera 来获取图形关联的场景的活动相机,从而进行相关设置。对于 Camera3D,其 cameraPreset 属性可以设置预设的相机位置,提供了 20 多个现成的位置进行设置,可以参考 Q3DCamera::CameraPreset;如果没有通过 cameraPreset 设置相机位置,那么也可以使用 xRotation 和 yRotation 来设置相机的角度。另外,使用 zoomLevel 可以设置相机的缩放比例,默认值为100,可以由 minZoomLevel 和 maxZoomLevel 设置最小值和最大值,默认值分别为10.0 和 500.0f,注意最小值不能小于 1.0。例如,在 Bars3D 中设置如下属性(项目源码路径:src\10\10-5\mydatavisualization):

```
scene{
    activeCamera.cameraPreset：Camera3D.CameraPresetIsometricRightHigh
    activeCamera.zoomLevel：120
}
```

　　这样就会使用预设的角度和缩放来显示图形了。当然,也可以通过设置旋转角度来改变相机:

```
scene{
    activeCamera.xRotation： - 30
    activeCamera.yRotation：45
    activeCamera.zoomLevel：120
}
```

10.3　设置主题

　　Qt Data Visualization 中可以通过 Theme3D 类型来设置主题,其中内建了 9 种现成的主题,如表 10 - 4 所列。这些主题是通过一些可视元素的样式设置的集合,其中包含了颜色、字体、光照强度、环境光强度等。

表 10 - 4　Theme3D 中的主题类型

常　　量	描　　述
Theme3D.ThemeQt	以绿色为基的浅色主题
Theme3D.ThemePrimaryColors	以黄色为基的浅色主题

续表 10 - 4

常　量	描　述
Theme3D. ThemeDigia	以灰色为基色的浅色主题
Theme3D. ThemeStoneMoss	以黄色为基色的中等深色主题
Theme3D. ThemeArmyBlue	以蓝色为基色的中等浅色主题
Theme3D. ThemeRetro	以棕色为基色的中等浅色主题
Theme3D. ThemeEbony	以白色为基色的深色主题
Theme3D. ThemeIsabelle	以黄色为基色的深色主题
Theme3D. ThemeUserDefined	用户自定义主题

在编程中可以直接使用现成的主题,也可以在这些主题的基础上进行修改;如果对所有主题都不满意,那么可以直接(不指定主题时,默认使用 Theme3D. ThemeUserDefined)从头来创建一个主题。默认主题的各属性值如表 10 - 5 所列。

表 10 - 5　Theme3D 默认主题属性取值

属　性	默认值
ambientLightStrength	0.25(取值范围 0.0~1.0)
backgroundColor	"black"
backgroundEnabled	true
baseColors	"black"
baseGradients	线性渐变,基本上全黑
colorStyle	Theme3D. ColorStyleUniform
font	标签字体
gridEnabled	true
gridLineColor	"white"
highlightLightStrength	7.5(取值范围 0.0~10.0)
labelBackgroundColor	"gray"
labelBackgroundEnabled	true
labelBorderEnabled	true
labelTextColor	"white"
lightColor	"white"
lightStrength	5.0(取值范围 0.0~10.0)
multiHighlightColor	"blue"
multiHighlightGradient	线性渐变,基本上全黑
singleHighlightColor	"red"
singleHighlightGradient	线性渐变,基本上全黑
windowColor	"black"

这里的 colorStyle 用于设置图形颜色的样式，取值如下：

➤ Theme3D. ColorStyleUniform：使用单一颜色进行渲染，使用的颜色会在 baseColors、singleHighlightColor 和 multiHighlightColor 属性中指定；

➤ Theme3D. ColorStyleObjectGradient：无论对象多高都使用完整的渐变进行渲染，渐变通过 baseGradients、singleHighlightGradient 和 multiHighlightGradient 属性指定；

➤ Theme3D. ColorStyleRangeGradient：使用完整渐变的一部分进行渲染，该部分由对象的高度及其在 Y 轴上的位置决定，渐变通过 baseGradients、singleHighlightGradient 和 multiHighlightGradient 属性指定。

另外，baseColors、baseGradients 属性可以设置多个值，这些值会按照顺序应用到不同的系列上。

下面来看一个例子（项目源码路径：src\10\10-6\mydatavisualization ）。

```
ThemeColor {
    id: dynamicColor
    color: "gold"
}
ThemeColor {
    id: dynamicColor2
    color: "lightgreen"
}
Theme3D {
    id: userDefinedTheme
    ambientLightStrength: 0.5
    backgroundColor: "transparent"
    backgroundEnabled: true
    baseColors: [dynamicColor, dynamicColor2]
    colorStyle: Theme3D.ColorStyleUniform
    font.pointSize: 35
    font.bold: true
    gridLineColor: "grey"
    highlightLightStrength: 0.5
    labelBackgroundColor: "transparent"
    labelBorderEnabled: false
    labelTextColor: "white"
    lightColor: "white"
    lightStrength: 7.0
    singleHighlightColor: "lightblue"
    windowColor:"black"
}
Bars3D {
    width: parent.width
    height: parent.height
    theme: userDefinedTheme
    ...
}
```

这里使用 Theme3D 自定义了一个全新的主题，然后应用到 Bars3D 对象上，程序

运行效果如图 10 - 3 所示。当然,也可以在现成的主题上稍作修改进行使用,例如:

```
Bars3D {
    ...
    theme: Theme3D {
        type: Theme3D.ThemeRetro
        labelBorderEnabled: true
        font.pointSize: 35
        labelBackgroundEnabled: false
    }
    ...
}
```

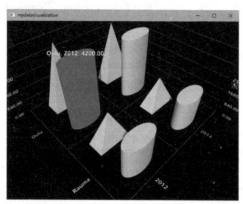

图 10 - 3　使用自定义主题效果

10.4　选择模式和切片视图

　　所有可视化类型都支持使用鼠标、触摸和编程的方式来选择单个数据项,被选中的项目会进行突出显示。3D 柱形图和 3D 曲面图还支持切片选择模式,可以将选中的行或列以伪 2D 图形的形式绘制在分离出来的视图中,这样可以很方便地查看单个行或列的实际值。3D 柱形图还支持在不打开切片视图的情况下突出显示所选柱形的整个行或列。通过设置选择模式,3D 柱形图中还支持通过单击轴标签来选择整个行或列。

　　AbstractGraph3D 中可以通过 selectionMode 属性来设置选择模式,可取的值如表 10 - 6 所列,其中的枚举值还可以通过或运算符来组合使用。

表 10 - 6　AbstractGraph3D 选择模式

常　　量	描　　述
AbstractGraph3D.SelectionNone	选择模式不可用
AbstractGraph3D.SelectionItem	选择突出显示单个项目
AbstractGraph3D.SelectionRow	选择突出显示单个行

常　量	描　述
AbstractGraph3D.SelectionItemAndRow	相当于 SelectionItem丨SelectionRow,使用不同颜色同时突出显示项目和行
AbstractGraph3D.SelectionColumn	选择突出显示单个列
AbstractGraph3D.SelectionItemAndColumn	相当于 SelectionItem丨SelectionColumn,使用不同颜色同时突出显示项目和列
AbstractGraph3D.SelectionRowAndColumn	相当于 SelectionRow丨SelectionColumn,同时突出显示行和列
AbstractGraph3D.SelectionItemRowAndColumn	相当于 SelectionItem丨SelectionRow丨SelectionColumn,同时突出显示项目、行和列
AbstractGraph3D.SelectionSlice	使用此模式会让图形自动处理切片视图,另外,还必须设置 SelectionRow 或 SelectionColumn 两者中的一个才能生效。只有 3D 柱形图和 3D 曲面图支持该模式。如果不想自动处理切片视图,那么不要设置该模式,可以使用 Scene3D 来显示切片视图
AbstractGraph3D.SelectionMultiSeries	同一位置的所有系列的项目都会突出显示,只有 3D 柱形图和 3D 曲面图支持该模式

(项目源码路径:src\10\10-7\mydatavisualization)要实现 2D 切片视图,则只需要在 Bars3D 对象中添加如下一行代码:

```
selectionMode: AbstractGraph3D.SelectionItemAndRow丨AbstractGraph3D.SelectionSlice
```

程序运行效果如图 10-4 所示。

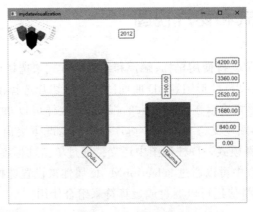

图 10-4　2D 切片视图效果

10.5　3D 散点图

3D 散点图 Scatter3D 通过一系列点来展示数据,与其对应的系列和数据代理分别是 Scatter3DSeries 和 ScatterDataProxy。3D 散点图的 3 个轴 axisX、axisY 和 axisZ 都是 ValueAxis3D 类型的。下面来看一个例子(项目源码路径:src\10\10-8\mydatavisualization）。

```
Window {
    visible: true
    width: 640; height: 480

    Scatter3D {
        width: parent.width; height: parent.height
        axisX: xAxis; axisY: yAxis; axisZ: zAxis

        scene{
            activeCamera.cameraPreset: Camera3D.CameraPresetIsometricRightHigh
            activeCamera.zoomLevel: 120
        }
        theme: Theme3D {
            type: Theme3D.ThemeStoneMoss
            font.pointSize: 35
        }
        Scatter3DSeries {
        ItemModelScatterDataProxy {
                itemModel: dataModel
                xPosRole: "xPos"; yPosRole: "yPos"; zPosRole: "zPos"
            }
        }
    }

    ValueAxis3D {
        id: xAxis
        title: "X - Axis"; titleVisible: true
        min: 1; max: 5; subSegmentCount: 2
        labelFormat: "%.2f"; labelAutoRotation: 45
    }

    ValueAxis3D {
        id: yAxis
        title: "Y - Axis"; titleVisible: true
        min: 1; max: 3; subSegmentCount: 2
        labelFormat: "%.2f"; labelAutoRotation: 45
    }

    ValueAxis3D {
        id: zAxis
        title: "Z - Axis"; titleVisible: true
        min: 1; max: 5; subSegmentCount: 2
        labelFormat: "%.2f"; labelAutoRotation: 45
    }

    ListModel {
        id: dataModel
        ListElement{ xPos: "2.754"; yPos: "1.455"; zPos: "3.362"; }
        ListElement{ xPos: "3.164"; yPos: "2.022"; zPos: "4.348"; }
        ListElement{ xPos: "4.564"; yPos: "1.865"; zPos: "1.346"; }
        ListElement{ xPos: "1.068"; yPos: "1.224"; zPos: "2.983"; }
        ListElement{ xPos: "2.323"; yPos: "2.502"; zPos: "3.133"; }
    }
}
```

运行程序,效果如图 10 - 5 所示。

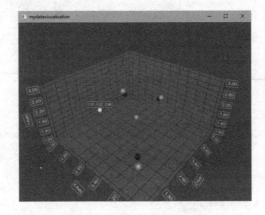

图 10 - 5　3D 散点图运行效果

10.6　3D 曲面图

3D 曲面图 Surface3D 通过设置点形成一个曲面来展示数据,与其对应的系列和数据代理分别是 Surface3DSeries 和 SurfaceDataProxy。3D 曲面图的 3 个轴也都是 ValueAxis3D 类型的。下面来看一个例子(项目源码路径:src\10\10-9\mydatavisualization)。

```
Surface3D {
    width: parent.width
    height: parent.height

    Surface3DSeries {
        itemLabelFormat: "Pop density at (@xLabel N, @zLabel E): @yLabel"
        ItemModelSurfaceDataProxy {
            itemModel: dataModel
            rowRole: "longitude"
            columnRole: "latitude"
            yPosRole: "pop_density"
        }
    }
}
ListModel {
    id: dataModel
    ListElement{ longitude: "20"; latitude: "10"; pop_density: "4.75"; }
    ListElement{ longitude: "21"; latitude: "10"; pop_density: "3.00"; }

    ListElement{ longitude: "20"; latitude: "11"; pop_density: "2.55"; }
    ListElement{ longitude: "21"; latitude: "11"; pop_density: "2.03"; }

    ListElement{ longitude: "20"; latitude: "12"; pop_density: "1.37"; }
    ListElement{ longitude: "21"; latitude: "12"; pop_density: "2.98"; }
```

```
        ListElement{ longitude: "20"; latitude: "13"; pop_density: "4.34"; }
        ListElement{ longitude: "21"; latitude: "13"; pop_density: "3.54"; }
    }
```

　　运行效果如图 10-6 所示。在一些情况下,水平方向上的轴网格会被曲面覆盖,这时可能将水平轴网格显示到曲面上方效果会更好。Surface3D 中的 flipHorizontalGrid 属性可以设置水平轴网格的显示位置,默认值为 false,如果需要将水平轴网格显示到曲面上方,可以将其设置为 true。

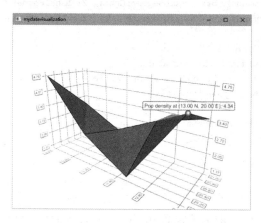

图 10-6　3D 曲面图运行效果

　　3D 曲面图中还有一个 HeightMapSurfaceDataProxy 数据代理,它可以将一个高度图可视化为一个 3D 曲面图从而显示出 3D 地形图的效果。这个代理使用起来也非常简单,只需要指定一个高度图路径即可。下面来看一个例子(项目源码路径:src\10\10-10\mydatavisualization)

```
Window {
    visible: true
    width: 640
    height: 480

    ColorGradient {
        id: layerGradient
        ColorGradientStop { position: 0.0; color: "black" }
        ColorGradientStop { position: 0.31; color: "tan" }
        ColorGradientStop { position: 0.32; color: "green" }
        ColorGradientStop { position: 0.40; color: "darkslategray" }
        ColorGradientStop { position: 1.0; color: "white" }
    }

    Surface3D {
        width: parent.width
        height: parent.height
        theme: Theme3D {
            type: Theme3D.ThemeEbony
```

```
            font.pointSize: 35
            colorStyle: Theme3D.ColorStyleRangeGradient
    }
    shadowQuality: AbstractGraph3D.ShadowQualityNone
    selectionMode: AbstractGraph3D.SelectionRow
                    | AbstractGraph3D.SelectionSlice
    scene{ activeCamera.cameraPreset: Camera3D.CameraPresetIsometricLeft}
    axisY{ min: 20; max: 200; segmentCount: 5;
            subSegmentCount: 2; labelFormat: "%i"}
    axisX{ segmentCount: 5; subSegmentCount: 2; labelFormat: "%i"}
    axisZ{ segmentCount: 5; subSegmentCount: 2; labelFormat: "%i"}

    Surface3DSeries {
        baseGradient: layerGradient
        drawMode: Surface3DSeries.DrawSurface
        flatShadingEnabled: false

        HeightMapSurfaceDataProxy {
            heightMapFile: ":/layer.png"
        }
    }
  }
 }
}
```

为了显示效果更好,一般需要设置 drawMode 为 Surface3DSeries. DrawSurface,这样只绘制曲面而不再绘制网格;flatShadingEnabled 设置为 false 可以使图像更加圆润。运行程序,效果如图 10 - 7 所示。

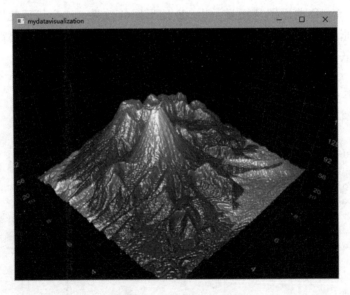

图 10 - 7　3D 地形图效果

10.7　小　结

　　本章对 Qt Data Visualization 模块进行了全面介绍,对其中涉及的 3D 柱形图、3D 散点图和 3D 曲面图及其相关的概念进行了剖析讲解。可以看到,在 Qt Quick 中实现 3D 数据可视化是非常简单的。本章的内容和相关概念与前一章 Qt Charts 联系紧密, 建议将两章内容结合起来学习和使用。

第**11**章

多媒体应用

从 Qt 5 开始,Qt 中使用了全新的 Qt Multimedia 模块实现多媒体应用。Qt Multimedia 是一个附加模块,提供了丰富的接口,可以轻松实现音视频播放、相机和麦克风录制等多媒体功能。该模块分别提供了一组 QML 类型和一组 C++类来处理多媒体内容,本章只讲解 QML 中的实现,相关功能以及需要使用的 QML 类型如表 11 - 1 所列。

表 11 - 1　多媒体功能及相关 QML 类型

功　能	QML 类型
播放音效	SoundEffect
播放编码音频(MP3、AAC 等)	MediaPlayer
录制编码音频数据	CaptureSession、AudioInput、MediaRecorder
发现音频和视频设备	MediaDevices、audioDevice、cameraDevice
播放视频	MediaPlayer、VideoOutput、Video
捕获音频和视频	CaptureSession、Camera、AudioInput、VideoOutput
拍照	CaptureSession、Camera、ImageCapture
视频录制	CaptureSession、Camera、MediaRecorder

Qt 的多媒体接口建立在底层平台的多媒体框架之上,这就意味着对于各种编解码器的支持依赖于使用的平台。要使用多媒体模块,则需要在项目文件.pro 中添加如下代码:

```
QT += multimedia
```

在 QML 代码中使用该模块,还需要添加如下导入语句:

```
import QtMultimedia
```

可以在 Qt 帮助中通过 Qt Multimedia 关键字查看本章相关内容。

11.1　播放音频

11.1.1　播放压缩音频

MediaPlayer 类型可以用来播放压缩音频或者视频。要播放音频,则需要为 MediaPlayer 的 audioOutput 属性设置一个 AudioOutput 对象;然后通过 source 属性指定音频文件的路径,最后在需要的地方调用 play()来开始播放。例如:(项目源码路径:src\11\11-1\myaudio)

```
import QtQuick
import QtMultimedia

Window {
    width: 640; height: 480
    visible: true

    MediaPlayer {
        audioOutput: AudioOutput {}
        source: "music.mp3"
        Component.onCompleted: { play() }
    }
}
```

MediaPlayer 可以通过 play()、pause()和 stop()等方法进行播放、暂停和停止等操作。进行完这些操作时会发射 playbackStateChanged()信号,如果发生错误,那么会发射 errorOccurred()信号。使用 duration 属性可以获取音频的持续时间,单位是毫秒。使用 position 属性可以获取当前的播放位置。通过 loops 属性可以设置播放的循环次数,当设置为 0 或 1 时只会播放一次,当设置为 MediaPlayer::Infinite 时会无限循环播放,其默认值为 1。playbackRate 属性可以用来设置播放速率,设置的值为默认播放速率的倍数,默认值为 1.0。使用 metaData 属性组可以获取媒体相关的信息,比如专辑的艺术家 Author、专辑标题 Title 等。mediaStatus 属性保存了媒体加载的状态,可以取如下值:

➤ NoMedia:还没有设置媒体文件;

➤ LoadingMedia:媒体文件当前正在被加载;

➤ LoadedMedia:媒体文件已经被加载;

➤ BufferingMedia:指定的媒体文件是缓冲数据;

➤ StalledMedia:媒体文件是缓冲数据,播放已经被中断;

➤ BufferedMedia:媒体包含缓冲数据;

➤ EndOfMedia:媒体文件已经播放到了末尾;

➤ InvalidMedia:媒体文件不能被播放。

当使用 MediaPlayer 播放音频文件时,首先需要为其设置一个音频输出对象 AudioOutput。该类型的 device 属性可以指定音频输出设备；volume 属性可以获取或者设置音量的大小，取值范围是 0.0～1.0，默认值是 1.0；如果需要静音，那么可以设置 muted 属性为 true。

下面来看一个例子(项目源码路径：src\11\11-2\myplayer)。

```
import QtQuick
import QtMultimedia
import QtQuick.Controls
import QtQuick.Layouts
import Qt.labs.platform

ApplicationWindow {
    id: window; width: 250; height: 200; visible: true

    header: ToolBar {
        RowLayout {
            anchors.fill: parent
            ToolButton { text: qsTr("播放"); onClicked: player.play() }
            ToolButton { text: qsTr("暂停"); onClicked: player.pause() }
            ToolButton{ text: qsTr("停止"); onClicked: player.stop() }
            ToolButton { text: qsTr("打开"); onClicked: fileDialog.open() }
        }
    }

    Frame {
        anchors.fill: parent

        ColumnLayout {
            spacing: 10; anchors.fill: parent

            RowLayout {
                Text { text: qsTr("进度:") }
                Slider {
                    Layout.fillWidth: true
                    to: player.duration; value: player.position
                    onMoved: player.position = value
                }
            }

            RowLayout {
                Text { text: qsTr("音量:") }
                Slider {
                    Layout.fillWidth: true
                    to: 1.0; value: audio.volume
                    onMoved: audio.volume = value
                }
            }

            RowLayout {
                Layout.alignment: Qt.AlignHCenter
```

```
                Text { text: qsTr("循环次数:") }
                SpinBox { value: 1; onValueChanged: player.loops = value }
            }

            RowLayout {
                Layout.alignment: Qt.AlignHCenter
                Text { text: qsTr("播放速度:") }
                SpinBox { value: 1;   stepSize: 1
                    onValueChanged: player.playbackRate = value }
            }
        }
    }

    MediaPlayer {
        id: player
        audioOutput: AudioOutput { id: audio }
        source: fileDialog.file
    }

    FileDialog {
        id: fileDialog
        folder: StandardPaths.writableLocation(
                        StandardPaths.DocumentsLocation)
    }
}
```

　　这里在工具栏添加了控制播放的几个按钮,然后对播放进度、音量大小、循环次数和播放速度进行了设置。

11.1.2　播放未压缩音频

　　SoundEffect 类型允许使用低延迟的方式播放未压缩的音频文件(通常的 WAV 文件),适合于用作响应用户操作的"反馈"声音,如虚拟键盘的声音、弹出对话框或游戏的声音。如果不需要低延迟,那么建议使用 MediaPlayer 类型,因为其支持更多的媒体格式并且消耗更少的资源。

　　一般 SoundEffect 类型播放的声音都是会被多次使用的,它允许提前进行解析并且准备完毕,在需要的时候只需要触发即可。可以声明一个 SoundEffect 实例,然后在任意位置引用它。

　　下面来看一个例子(项目源码路径:src\11\11-3\mysoundeffect)。

```
import QtQuick
import QtMultimedia

Text {
    text: "Click Me!";
    font.pointSize: 24;
    width: 150; height: 50;

    SoundEffect {
```

```
        id: playSound
        source: "soundeffect.wav"
    }
    MouseArea {
        id: playArea; anchors.fill: parent
        onPressed: { playSound.play() }
    }
}
```

因为 SoundEffect 需要一些资源实现低延迟播放，一些平台可能会限制同时播放的数量。

11.2 播放视频

11.2.1 使用 MediaPlayer 播放视频文件

要使用 MediaPlayer 播放视频，除了指定音频输出，还需要使用 videoOutput 属性指定视频输出对象 VideoOutput。VideoOutput 类型中有一个 orientation 属性，可以设置视频的方向，通过指定一个度数（需要是 90 的倍数）来旋转视频，逆时针方向为正值。另外，该类型还包含一个 fillMode 属性，用来定义视频如何缩放来适应窗口，可以取以下值：

➤ VideoOutput.Stretch：视频进行缩放来适应窗口大小；
➤ VideoOutput.PreserveAspectFit：默认值，视频宽高按比例进行缩放，不会进行裁剪；
➤ VideoOutput.PreserveAspectCrop：视频宽高按比例进行缩放，在必要时会进行裁剪。

下面来看一个例子（项目源码路径：src\11\11-4\myvideo）。

```
import QtQuick
import QtMultimedia
import QtQuick.Controls

Window {
    width: 800; height: 600; visible: true

    Item {
        id: item; anchors.fill: parent

        MediaPlayer {
            id: player
            source: "video.wmv"
            audioOutput: AudioOutput {}
            videoOutput: videoOutput
        }

        VideoOutput { id: videoOutput; anchors.fill: parent }
```

```
        focus: true
        Keys.onSpacePressed: player.playbackState === MediaPlayer.PlayingState
                            ? player.pause() : player.play()
        Keys.onLeftPressed: player.position = player.position - 5000
        Keys.onRightPressed: player.position = player.position + 5000
    }

    Slider {
        width: parent.width; anchors.bottom: item.bottom
        to: player.duration; value: player.position
    }
}
```

这里使用空格来控制视频的播放和暂停,使用左右方向键来实现播放的快进和快退。除了 MediaPlayer 类型外,还有一个 Video 类型结合了 MediaPlayer 和 VideoOutput 的功能,可以直接用来播放视频。

11.2.2 对视频使用图形效果

第 6 章讲到的图形效果可以应用到 VideoOutput 上,从而使视频产生某种特殊效果。下面来看一个例子(项目源码路径:src\11\11-5\myvideo)。

```
import QtQuick
import QtMultimedia
import Qt5Compat.GraphicalEffects

Item {
    width: 500; height: 170

    MediaPlayer {
        id: player
        source: "video.wmv"
        audioOutput: AudioOutput {}
        videoOutput: videoOutput
    }

    VideoOutput {
        id: videoOutput; y:10; width: 240; height: 150
    }

    FastBlur {
        x:250; y:10; width: 240; height: 150;
        source: videoOutput; radius: 32
    }

    MouseArea {
        anchors.fill: parent
        onClicked: player.play()
    }
}
```

这里使用了快速模糊 FastBlur 类型，将 VideoOutput 作为源对视频进行了渲染，运行效果如图 11 - 1 所示。

图 11 - 1　在视频上使用快速模糊效果

前面的例子中，原视频和模糊后的效果是同时显示的。可以在 VideoOutput 中设置 visible 为 false，就可以只显示使用图形效果后的视频了。例如，下面的例子中使用了阈值遮罩，可以设置视频的显示区域。（项目源码路径:src\11\11-6\myvideo）

```
import QtQuick
import QtMultimedia
import Qt5Compat.GraphicalEffects

Item {
    width: 250; height: 170

    MediaPlayer {
        id: player
        source: "video.wmv"
        audioOutput: AudioOutput {}
        videoOutput: videoOutput
    }

    VideoOutput {
        id: videoOutput; anchors.fill: parent
        fillMode: VideoOutput.Stretch
        visible: false
    }

    Image {
        id:mask; source: "mask.png"
        sourceSize: Qt.size(parent.width, parent.height)
        smooth: true; visible: false
    }

    ThresholdMask {
        anchors.fill: parent
        source: videoOutput; maskSource: mask
        threshold: 0.45; spread: 0.2
    }
```

```
MouseArea {
    anchors.fill: parent
    onClicked: player.play()
}
```

11.3　媒体捕获

11.3.1　CaptureSession 和 MediaDevices

CaptureSession 是管理本地设备上媒体捕获的中心类型,用于捕获的输入输出设备通过该类型进行统一管理,例如,将相机和音频输入对象指定给相关属性,可以将其绑定到 CaptureSession。该类型的属性包括 audioInput 指定音频输入对象、audioOutput 指定音频输出对象、camera 指定相机、imageCapture 指定图形捕获对象、recorder 指定音视频录制对象、videoOutput 指定视频输出对象。

MediaDevices 类型用于提供可用多媒体设备和系统默认值的信息,它主要监控音频输入设备(麦克风)、音频输出设备(扬声器、耳机)和视频输入设备(摄像头)。该类型可以通过 audioInputs、audioOutputs 和 videoInputs 等属性来获取相应设备组的列表,也可以通过 defaultAudioInput、defaultAudioOutput 和 defaultVideoInput 等属性来获取相应设备组的系统默认设备。

11.3.2　相机 Camera

Camera 类型可以在 CaptureSession 中用于视频录制和图像拍摄。可以使用 MediaDevices 获得可用的相机并指定要使用的相机,然后调用 start() 来开启相机,调用 stop() 来关闭相机。Camera 提供了多个属性来控制拍摄和图像的处理,可以通过 supportedFeatures 来获取当前相机支持的特色。主要设置包括:

(1) 聚焦和缩放

Camera 中可以通过 focusMode 来设置焦点策略,其值包括 Camera.FocusModeAuto、Camera.FocusModeInfinity 等。其中的 Camera.FocusModeAutoNear 允许对靠近传感器的物体进行成像,这在条形码识别或者名片扫描等应用上非常有用。另外,Camera 还可以使用 zoomFactor 或 zoomTo() 来设置缩放,可以通过 minimumZoomFactor 和 maximumZoomFactor 来获取允许缩放的范围。

(2) 曝光和闪光灯

有许多设置会影响到照射到相机传感器上的光亮,从而影响最终生成图像的质量。对于自动成像而言,最重要的是设置曝光模式和闪光模式。在 Camera 中,可以分别使用 exposureMode 和 flashMode 来设置。另外,可以通过 torchMode 来设置火炬模式,为低光条件下录制视频提供连续的光源。这些属性具体的取值可以在 Camera 的帮助文档中查看。

(3) 白平衡

可以通过 Camera 类的 whiteBalanceMode 来设置白平衡模式,各种白平衡模式由 QCamera∷WhiteBalanceMode 枚举类型进行定义。当使用 QCamera∷WhiteBalance-Manual 手动白平衡模式时,则可以使用 colorTemperature()来设置色温。

11.3.3　使用 ImageCapture 进行拍照

虽然需要使用 Camera 进行图像输入,但具体拍照和录像等功能是分别由单独的类型来完成的。ImageCapture 类型用来捕获静止图像,并在图像已经捕获或成功保存时发射信号。使用该类型时需要先在 CaptureSession 中进行绑定,然后调用 capture()来捕获图像;一旦捕获成功,就可以使用 preview 属性获取捕获图像的路径并通过 Image 进行预览,或者通过 saveToFile(location)保存到指定的位置。另外,也可以通过 captureToFile(location)直接完成捕获和保存操作。当图像捕获成功或者保存成功时会分别发射 imageCaptured()和 imageSaved()信号,如果出现问题,那么会发射 errorOccurred()信号。

下面来看一个例子。(项目源码路径:src\11\11-7\myimagecapture)

```
import QtQuick
import QtMultimedia
import QtQuick.Controls
import Qt.labs.platform

Rectangle {
    width: 480; height: 360; color: "black"

    MediaDevices { id: mediaDevices }
    Camera { id: camera; cameraDevice: mediaDevices.defaultVideoInput }
    ImageCapture { id: imageCapture }
    VideoOutput { id: videoOutput; anchors.fill: parent }

    CaptureSession {
        imageCapture: imageCapture
        camera: camera
        videoOutput: videoOutput
    }

    Button {
        id: openBtn
        text: camera.active ? qsTr("关闭") : qsTr("打开")
        anchors.bottom: parent.bottom
        anchors.horizontalCenter: parent.horizontalCenter
        onClicked: camera.active ? camera.stop() : camera.start()
    }
}
```

这里首先使用 MediaDevices 获取了默认的相机设备,并在 CaptureSession 中分别绑定了图像捕获、相机和视频输出等对象。然后添加了一个按钮控件,根据相机是否可用来打开和关闭相机。下面继续添加代码来完成拍照功能：

```
Button {
    id: imageCaptureBtn
    text: qsTr("拍照")
    visible: camera.active
    anchors.left: openBtn.right
    anchors.verticalCenter: openBtn.verticalCenter
    onClicked: {
        imageCapture.capture()
        popup.open()
    }
}

Popup {
    id: popup
    width: 400; height: 300
    modal: true; focus: true
    anchors.centerIn: Overlay.overlay

    Image {
        anchors.fill: parent
        source: imageCapture.preview
    }

    Button {
        text: qsTr("保存")
        onClicked: fileDialog.open()
    }

    FileDialog {
        id: fileDialog
        folder: StandardPaths.writableLocation(
                            StandardPaths.DocumentsLocation)
        fileMode: FileDialog.SaveFile
        currentFile: "untitled.png"
        onAccepted: imageCapture.saveToFile(file)
    }
}
```

这里添加了一个按钮来进行图像捕获，并在弹出框中显示捕获的图像，可以通过按钮打开保存对话框对图像进行保存。

11.3.4　使用 MediaRecorder 进行音视频录制

MediaRecorder 可以绑定到 CaptureSession 中，对相机和麦克风捕获的视频和音频进行录制。可以通过 isAvailable 属性判断录制服务是否可用，通过 quality 指定录制质量，通过 metaData 指定元数据，通过 outputLocation 指定输出路径。然后调用 record()开始录制，调用 pause()暂停录制，调用 stop()停止录制；每当调用一个方法，就会发射 recorderStateChanged()信号，可以通过 recorderState 获取录制状态。可以通过 duration 获取录制时长,单位是毫秒,每当 duration 的值改变时都会发射 dura-tionChanged()信号。

下面继续在前面例子的基础上添加代码,从而实现视频录制功能。(项目源码路径:src\11\11-8\mymediarecorder)

```
CaptureSession {
    ... ...
    audioInput: AudioInput {}
    recorder: MediaRecorder { id: recorder }
}
```

首先在 CaptureSession 中绑定音频输入和多媒体录制对象。然后继续添加如下代码:

```
Button {
    id: recordBtn
    text: qsTr("录像")
    visible: camera.active
    anchors.left: imageCaptureBtn.right
    anchors.verticalCenter: openBtn.verticalCenter
    onClicked: {
        if( recorder.duration === 0 ||
                recorder.recorderState === MediaRecorder.StoppedState ) {
            recordDialog.open()
        }
        else {
            recorder.stop()
            text = qsTr("录像")
            timeLabel.visible = false
            console.log(recorder.duration)
        }
    }
}

FileDialog {
    id: recordDialog
    folder: StandardPaths.writableLocation(StandardPaths.DocumentsLocation)
    fileMode: FileDialog.SaveFile
    currentFile: "untitled.mp4"
    onAccepted: {
        recorder.outputLocation = file
        recorder.record()
        timeLabel.visible = true
        recordBtn.text = qsTr("停止")
    }
}

Label {
    id: timeLabel
    visible: false
    anchors.horizontalCenter: videoOutput.horizontalCenter
    text: recorder.duration / 1000
}
```

这里添加了一个按钮来进行视频捕获,捕获前先打开一个文件保存对话框选择视频保存的路径,然后再执行录制操作,录制时通过一个标签来显示时长。整个程序运行效果如图 11-2 所示。

图 11-2　多媒体捕获示例运行效果

11.4　小　结

本章简单介绍了 Qt Multimedia 模块中音视频播放和捕获的操作。可以看到,通过 QML 代码可以很容易地实现相应的功能。另外,还可以将其他控件或图形动画效果与音视频播放进行整合,从而实现一些特殊效果。

第**12**章

QML 与 C++的集成

QML 被设计为能够使用 C++方便地进行扩展,QML 模块中的类能够帮助开发人员从 C++加载、维护 QML 对象。QML 引擎与 Qt 元对象系统的集成,使得在 QML 中可以直接调用 C++的功能。这种机制允许将 QML、JavaScript 和 C++三者进行混合开发。QML 与 C++的集成提供了下面这些优势:

> 将用户界面代码与应用程序逻辑代码分离:用户界面可以基于 QML 和 JavaScript 实现,程序逻辑则可以使用 C++实现。

> 在 QML 中调用 C++功能,例如,调用程序逻辑、使用由 C++实现的数据模型或者调用第三方 C++库中的一些函数等。

> 使用 Qt QML 或 Qt Quick 模块中的 C++ 接口,例如,使用 QQuickImageProvider 来动态生成图像。

> 使用 C++实现自定义的 QML 对象类型,既可以在自己指定的应用程序中使用,也可以分配给其他程序使用。

只有 QObject 派生的类才能将数据或函数提供给 QML 使用。由于 QML 引擎集成了 Qt 元对象系统,由 QObject 派生的所有子类的属性、方法和信号等都可以在 QML 中访问。QObject 的子类可以通过多种方式将功能暴露给 QML:

> C++类可以被注册为一个可实例化的 QML 类型,这样它就可以像其他普通 QML 对象类型一样在 QML 代码中被实例化使用。

> C++类可以被注册为一个单例类型,这样可以在 QML 代码中导入这个单例对象实例。

> C++类的实例可以作为上下文属性或上下文对象嵌入到 QML 代码中。

除了可以从 QML 中访问 C++的功能,Qt QML 模块中也提供了多种方式在 C++代码中操作 QML 对象。另外,还可以创建 C++插件与 QML 模块集成,然后导入到 QML 代码中使用;关于这部分内容可以在帮助中通过 Creating C++ Plugins for QML 关键字查看,也可以参考 QML Plugin Example 示例程序。本章将详细介绍如何实现 QML 和 C++的混合编程,其中的内容涉及了对象系统、属性系统、元对象系统等 Qt 核心内容,如果没有相关基础,那么可以参考《Qt Creator 快速入门(第 4 版)》第 7 章相关内容。可以在 Qt 帮助中通过 Overview－QML and C＋＋ Integration 关键字查看本章相关内容。

12.1　QML 运行时的 C＋＋类

Qt QML 模块提供了一些实现了 QML 框架的 C＋＋类,客户端可以使用这些类与 QML 运行时进行交互(如向对象注入数据,或者调用对象的方法),并且从 QML 文档实例化对象层次结构。

一个使用 C＋＋作为切入点的典型 QML 应用程序构成一个 QML 客户端。在启动时,客户端会初始化一个 QQmlEngine 类作为 QML 引擎,然后使用 QQmlComponent 对象加载 QML 文档。QML 引擎会提供一个默认的 QQmlContext 对象作为顶层执行上下文,用来执行 QML 文档中定义的函数和表达式。这个上下文可以通过 QQmlEngine::rootContext( )函数获取,利用 QML 引擎可以对其进行修改等操作。如果在加载 QML 文档时没有发生任何错误,那么 QML 文档定义的对象层次结构将使用 QQmlComponent 对象的 create( )函数进行创建。当所有对象全部创建完毕时,客户端会将控制权移交给应用程序的事件循环,此时,用户输入事件才能够被提交并被应用程序处理。

本节讲述的几个 C＋＋类都包含在 Qt QML 模块中,它们提供了 QML 运行环境的基础和 QML 的核心概念。可以在帮助中索引 Important C＋＋ Classes Provided By The Qt QML Module 关键字查看本节相关内容。

12.1.1　QQmlEngine、QQmlApplicationEngine 和 QQuickView

QQmlEngine 类提供了一个 QML 引擎,用于管理由 QML 文档定义的对象层次结构。QML 引擎提供了一个默认的 QML 上下文,也就是根上下文。该上下文是表达式的执行环境,并且保证在需要时对象属性能够被正确更新。QQmlEngine 允许将全局设置应用到其管理的所有对象,例如,用于网络通信的 QNetworkAccessManager 以及用于永久存储的文件路径等。

在创建 Qt Quick 应用程序时,我们常见的是 QQmlApplicationEngine 类,它是 QQmlEngine 的子类。QQmlApplicationEngine 结合了 QQmlEngine 和 QQmlComponent 的功能,提供了一种简便的方式实现了从一个单一的 QML 文件加载一个应用程序,并且为 QML 提供了一些核心应用程序功能,而这些功能在 C＋＋/QML 混合程序中一般由 C＋＋进行控制。

当新建一个 Qt Quick Application 时,main.cpp 文件的主函数中一般可以使用如下代码来加载 QML 文件:

```
QQmlApplicationEngine engine;
engine.load(QUrl(QStringLiteral("qrc:/main.qml")));
```

这里的 load()函数会自动加载给定的文件并立即创建文件中定义的对象树。需要注意,就像我们使用 Qt Creator 的模板创建的 Qt Quick Application 项目中所见到的那样,加载的 main.qml 中需要使用 Window 或其子类型 ApplicationWindow 作为根对象。这是因为 QQmlApplicationEngine 不会自动创建根窗口,如果使用了 Qt Quick 中的可视化项目,那么需要将它们放置在 Window 中。

如果想直接显示一个根对象不是 Window 的 QML 文件,如其根对象为 Item 或者 Rectangle,那么可以使用 QQuickView 类型。该类型位于 Qt Quick 模块,它提供了 QML 运行时和显示 QML 应用程序的可视窗口,当给定 QML 文件的 URL 时,将自动加载并显示 QML 场景。例如:

```
int main(int argc, char * argv[])
{
    QGuiApplication app(argc, argv);

    QQuickView * view = new QQuickView;
    view ->setSource(QUrl::fromLocalFile("myqmlfile.qml"));
    view ->show();
    return app.exec();
}
```

12.1.2   QQmlContext

QQmlContext 提供了对象实例化和表达式执行所需的运行时上下文。所有对象都要在一个特定的上下文中实例化,所有表达式都要在一个特定的上下文中执行。QQmlContext 类在 QML 引擎中定义了这样一个上下文,允许数据暴露给由 QML 引擎实例化的 QML 组件。

QQmlContext 包含了一系列属性,能够通过名字将数据显式绑定到上下文。可以使用 QQmlContext::setContextProperty()函数来定义、更新上下文中的属性。下面的代码片段展示了如何在 QML 中使用 C++模型。

```
QQmlEngine engine;
QStringListModel modelData;
QQmlContext * context = engine.rootContext();
context ->setContextProperty("stringModel", &modelData);
```

第 8 章详细讲解了如何在 QML 中使用 C++模型,本节的重点是讲解 QQmlContext 本身。需要注意的是,QQmlContext 的创建者有责任销毁其创建的 QQmlContext 对象。例如下面的代码:

```
QQmlEngine engine;
QStringListModel modelData;
QQmlContext * context = new QQmlContext(engine.rootContext());
context ->setContextProperty("stringModel", &modelData);

QQmlComponent component(&engine);
component.setData("import QtQuick; ListView{ model: stringModel }", QUrl());
QObject * window = component.create(context);
```

与之前的代码不同,这里并没有直接使用根上下文对象,而是由根上下文创建了一个新的上下文对象。modelData 被添加到新的上下文中,并且该上下文作为动态创建的组件的上下文。在这段代码中,window 对象销毁之后,context 对象也就不再需要。此时,必须显式销毁 context 对象。最简单的方法是利用 Qt 的对象层次结构,将 window 作为 context 的父对象。

为了简化和维护较大的数据集,可以在 QQmlContext 上设置一个上下文对象,上下文对象的所有属性都可以在 context 中通过名称进行访问,就好像它们是通过调用 QQmlContext::setContextProperty()单独设置的一样。属性值的改变可以通过属性的通知信号获知。使用上下文对象要比一个个手工添加并维护上下文属性值简单快捷得多。下面的代码片段与前面的代码功能一样,只是使用了上下文对象:

```
class MyDataSet : public QObject {
    // ...
    Q_PROPERTY(QAbstractItemModel * myModel READ model NOTIFY modelChanged)
    // ...
};

MyDataSet myDataSet;
QQmlEngine engine;
QQmlContext * context = new QQmlContext(engine.rootContext());
context ->setContextObject(&myDataSet);

QQmlComponent component(&engine);
component.setData("import QtQuick; ListView{ model: myModel }", QUrl());
component.create(context);
```

注意,使用 QQmlContext::setContextProperty()显式设置的属性会优先于上下文对象的属性。

上下文之间会组成层次结构,这个层次结构的根就是 QML 引擎的根上下文。子上下文会继承父上下文的上下文属性;如果在子上下文中设置的上下文属性在父上下文中已经存在了,那么会覆盖父上下文中的属性值。例如下面的代码:

```
QQmlEngine engine;
QQmlContext * context1 = new QQmlContext(engine.rootContext());
QQmlContext * context2 = new QQmlContext(context1);

context1 ->setContextProperty("a", 12);
context1 ->setContextProperty("b", 12);

context2 ->setContextProperty("b", 15);
```

这段代码中创建了两个上下文:context1 和 context2。context2 是 context1 的子上下文,因此具有 context1 的全部属性,包括 a 和 b。context2 重新设置了 b 的值为 15,覆盖了继承自 context1 的值。

注意,这里的"子上下文"并不意味着父上下文持有子上下文,仅仅说明它们之间的绑定是继承的。当一个上下文销毁时,其绑定的所有属性都会停止计算。

　　设置上下文对象或在上下文中创建了一个对象以后再添加新的上下文属性等操作都是非常耗时的,这往往意味着需要将所有绑定重新计算一遍。所以,要尽可能完全设置上下文属性之后再使用它创建对象。

12.1.3　QQmlComponent

　　动态对象实例化是 QML 的核心概念之一,QML 文档定义的对象类型可以在运行时使用 QQmlComponent 类进行实例化。QQmlComponent 实例既可以使用 C++直接创建,也可以通过 Qt. createComponnet()函数在 QML 代码中创建。

　　组件是可重用的、具有定义好的对外接口的封装 QML 类型。QQmlComponent 封装了 QML 组件(component)的定义,可以用于加载 QML 文档。它需要 QQmlEngine 实例化 QML 文档中定义的对象层次结构。

　　下面来看一个例子(项目源码路径:src\12\12-1\myqmlcomponent)。首先创建一个新的 Qt 控制台应用(Qt Console Application),项目名称为 myqmlcomponent,其他保持默认设置。完成后向项目中添加一个新的 QML 文件(新建文件,模板选择 Qt 分类中的 QML File),名称为 main. qml。然后将 main. qml 更改如下:

```
import QtQuick

Item {
    width: 200
    height: 200
}
```

　　为了在项目中可以使用 Qt QML 模块和 Qt Quick 模块中的类,需要先在 myqmlcomponent. pro 文件中添加如下一行代码并进行保存:

```
QT += qml quick
```

　　然后打开 main. cpp 文件,首先添加头文件:

```
# include <QQmlEngine>
# include <QQuickItem>
# include <QDebug>
```

　　然后修改主函数代码如下:

```
int main(int argc, char * argv[])
{
    QCoreApplication a(argc, argv);

    QQmlEngine engine;
    QQmlComponent component(&engine,
                QUrl::fromLocalFile("../myqmlcomponent/main.qml"));
    QObject * myObject = component.create();
    QQuickItem * item = qobject_cast<QQuickItem * >(myObject);
    qreal width = item ->width();
    qDebug() << width;

    return a.exec();
}
```

这时运行程序,就可以输出 width 属性的值了。

如果 QQmlComponent 需要从 URL 加载网络资源,或者 QML 文档引用了网络资源,那么在创建对象之前,QQmlComponent 都要先获取这些网络数据。此时,QQml-Component 会变成 Loading 状态,只有其状态变成 Ready 之后,QQmlComponent::create()才能够被调用,在此之前,应用程序需要一直等待。

下面的代码片段显示了如何从一个网络位置加载 QML 文件。创建了 QQml-Component 之后,程序需要检查组件的状态。如果组件处于 Loading 状态,那么需要连接 QQmlComponent::statusChanged()信号;否则,直接调用 continueLoading()函数。之所以这么做,是因为如果网络组件已经被缓存并且马上处于就绪状态,那么 QQmlComponent::isLoading()也可能是 false。

```cpp
MyApplication::MyApplication()
{
    // ...
    component = new QQmlComponent(engine,
                          QUrl("http://www.example.com/main.qml"));
    if (component->isLoading()) {
        QObject::connect(component,&QQmlComponent::statusChanged,
                          this, &MyApplication::continueLoading);
    } else {
        continueLoading();
    }
}

void MyApplication::continueLoading()
{
    if (component->isError()) {
        qWarning() << component->errors();
    } else {
        QObject * myObject = component->create();
    }
}
```

12.1.4　QQmlExpression

动态执行表达式也是 QML 的核心概念之一。QQmlExpression 允许客户端在 C++中,利用一个特定的 QML 上下文执行 JavaScript 表达式。表达式的执行结果以 QVariant 的形式返回,并且遵守 QML 引擎确定的转换规则。比如下面的 main.qml 文件:

```qml
import QtQuick

Item {
    width: 200; height: 200
}
```

可以使用下面的 C++代码,在一个上下文中执行 JavaScript 表达式:

```
QQmlEngine * engine = new QQmlEngine;
QQmlComponent component(engine, QUrl::fromLocalFile("main.qml"));

QObject * object = component.create();
QQmlExpression * expr = new QQmlExpression(engine->rootContext(),
                                    object, "width * 2");
int result = expr->evaluate().toInt();  // result = 400
```

12.2 在 QML 类型系统中注册 C++类型

使用 C++代码扩展 QML 时,可以通过将一个 C++类注册到 QML 类型系统,以便在 QML 代码中将其作为一个数据类型。要在 QML 中访问 QObject 派生类的属性、函数和信号,则该派生类就必须先在 QML 类型系统中进行注册。

QObject 的子类可以注册到 QML 类型系统,而无论该类是否可实例化。注册一个可实例化的 C++类,意味着将这个类定义为一个 QML 对象类型,允许在 QML 代码中创建这种类型的对象。同时,QML 对象类型通过这种注册能够获得这种类型的元数据,能够将这种类型用于 QML 与 C++之间进行数据交换的属性值、函数参数和返回值以及信号参数等。注册一个不可实例化的 C++类,意味着这种类型不能够被实例化。有时这个是很有用的,例如,一个类型包含的枚举要暴露给 QML 但是这个类型本身不需要被实例化。

可以在 Qt 帮助中索引 Defining QML Types from C++关键字查看本节相关内容。

12.2.1 不再推荐使用的 qmlRegisterType()相关函数

在 Qt 5.14 以及之前的版本,为了在 QML 类型系统注册 QObject 的子类,只能使用 qmlRegisterType()、qmlRegisterSingletonType()、qmlRegisterUncreatableType()等相关的一些函数。例如,下面的代码片段中,Message 类有一个 author 属性:

```
class Message : public QObject
{
    Q_OBJECT
    Q_PROPERTY(QString author READ author WRITE setAuthor NOTIFY authorChanged)
public:
    // ...
};
```

使用 qmlRegisterType()可以将其注册到 QML 类型系统。qmlRegisterType()函数需要一个合适的命名空间和一个版本号。例如,下面的代码片段将 Message 类注册到命名空间 com.mycompany.messaging,版本号为 1.0:

```
qmlRegisterType<Message>("com.mycompany.messaging", 1, 0, "Message");
```

注册成功之后,就可以在 QML 中声明和创建这个类型的对象,并使用其属性:

```
import com.mycompany.messaging

Message {
    author: "Amelie"
}
```

可以看到,虽然使用 qmlRegisterType()函数可以很简单地将一个 QObject 派生类注册到 QML 类型系统并在 QML 文档中使用,但是使用该类函数存在一些问题:一是这种手动进行注册的方式,需要始终保持类型注册与实际类型同步,但实际编程中很容易忘记将哪些类型注册到了哪些模块中,如果进行了修订需要让属性在不同版本中可用,那么这个问题会更加明显;二是任何 QML 工具都无法很好地判断哪些类型在哪个导入中可用,因为没有从 C++注册的类型的信息,所以无法很好地分析代码。鉴于此,从 Qt 5.15 开始提供了一种向 QML 注册 C++类型的改进方法——基于宏的注册方式。

12.2.2　基于宏的注册方式

Qt 5.15 中重新设计了类型注册系统,不再需要调用 qmlRegisterType()相关函数,而是使用一组可以添加到类定义中的宏,这些宏会将类型标记为导出到 QML。这些宏中最重要的是 QML_ELEMENT,它可以将所在类提供给 QML 作为一个类型,而类型名称就是类名。如果不想使用类名,而是自定义类型名称,那么可以使用对应的 QML_NAMED_ELEMENT(name)宏,通过参数 name 来指定类型名称。下面通过一个例子来讲解如何通过 QML_ELEMENT 宏将 QObject 派生类注册为可实例化的 QML 对象类型。

(项目源码路径:src\12\12-2\mybackend)新建 Qt Quick Application 项目,这里将项目名称设置为 mybackend。创建完成后,使用 Ctrl+N 快捷键向项目中添加新的 C++类,类名为 BackEnd。完成后将 backend.h 文件内容更改如下:

```
#ifndef BACKEND_H
#define BACKEND_H

#include <QObject>
#include <QString>

#include <QtQml/qqmlregistration.h>   //添加头文件

class BackEnd : public QObject
{
    Q_OBJECT
    Q_PROPERTY(QString userName READ userName WRITE setUserName
                NOTIFY userNameChanged)

    QML_ELEMENT //添加宏

public:
```

```
    explicit BackEnd(QObject * parent = nullptr);

    QString userName();
    void setUserName(const QString &userName);

signals:
    void userNameChanged();

private:
    QString m_userName;
};

#endif // BACKEND_H
```

要使用 QML_ELEMENT 等宏,需要添加 #include <QtQml/qqmlregistration.h>头文件,然后在类定义的私有区添加 QML_ELEMENT 宏;一般在开始处添加,这样会声明这个 BackEnd 类可以作为 QML 的 BackEnd 类型。这里还使用 Q_PROPERTY 宏声明了一个 userName 属性,该属性可以从 QML 访问。下面修改 backend.cpp 内容如下:

```
#include "backend.h"

BackEnd::BackEnd(QObject * parent) :
    QObject(parent)
{
}

QString BackEnd::userName()
{
    return m_userName;
}

void BackEnd::setUserName(const QString &userName)
{
    if (userName == m_userName)
        return;

    m_userName = userName;
    emit userNameChanged();
}
```

每当 m_userName 的值改变时,setUserName()函数都会发射 userNameChanged()信号,该信号可以在 QML 中通过 onUserNameChanged 信号处理器进行处理。

下面需要在项目文件 mybackend.pro 中添加代码:

```
CONFIG += qmltypes
QML_IMPORT_NAME = io.qt.examples.backend
QML_IMPORT_MAJOR_VERSION = 1
```

这样可以使用构建系统在类型命名空间 io.qt.examples.backend 中注册主版本为1的类型。次要版本将从附加到属性、方法或信号的任何修订中派生出来,默认次要版本为 0。通过将 QML_ADDED_IN_minor_VERSION() 宏添加到类定义中,可以显式地将类型限制为仅在特定的次要版本中可用,这个会在后面的内容详细介绍。

现在 BackEnd 被注册为一个 QML 类型,可以在 QML 中通过导入 io. qt. examples. backend 来访问该类型。最后修改 main. qml 文件内容如下:

```
import QtQuick
import QtQuick.Controls
import io.qt.examples.backend

ApplicationWindow {
    id:root
    width: 300; height: 480
    visible: true

    BackEnd {
        id:backend
        onUserNameChanged:console.log(backend.userName)
    }

    Column {
        spacing: 10
        anchors.centerIn:parent

        TextField {
            placeholderText:qsTr("User name")
            onTextChanged:backend.userName = text
        }

        Label {
            text: backend.userName
            width: 200; font.pointSize: 20
            background: Rectangle {
                color: "lightgrey"
            }
        }
    }
}
```

这里通过导入 io. qt. examples. backend 使得可以在 QML 中使用 BackEnd 类型。运行程序,在 TextField 中可以修改 userName 属性的值,然后会同步显示到 Label 控件中。当然,也可以在 C＋＋端对 userName 的值进行各种复杂的处理,从而体现集成 C＋＋的优势。

对这个注册机制的实现感兴趣的读者,可以查看一下程序编译生成的 mybackend. qmltypes、mybackend_metatypes. json 和 mybackend_qmltyperegistrations. cpp 等文件的内容。例如,mybackend. qmltypes 文件的内容如下:

```
import QtQuick.tooling 1.2

Module {
    Component {
```

```
            file: "backend.h"
            name: "BackEnd"
            accessSemantics: "reference"
            prototype: "QObject"
            exports: ["io.qt.examples.backend/BackEnd 1.0"]
            exportMetaObjectRevisions: [256]
            Property {
                name: "userName"
                type: "QString"
                read: "userName"
                write: "setUserName"
                notify: "userNameChanged"
                index: 0
            }
            Signal { name: "userNameChanged" }
        }
    }
```

通过这个例子可以看到,使用 QML_ELEMENT 等宏将 QObject 派生类注册为 QML 对象类型时,一般需要做如下工作:

> 在类的.h 头文件中添加 ♯include ＜QtQml/qqmlregistration.h＞,并在类定义的私有部分添加 QML_ELEMENT 等宏;

> 将 CONFIG＋＝qmltypes、QML_IMPORT_NAME 和 QML_IMPORT _MA-JOR_VERSION 添加到.pro 项目文件中;

> 在 QML 文件中通过导入 QML_IMPORT_NAME 指定的名称,就可以使用以类名为名称的类型,以及其属性、函数和信号。

12.2.3 注册值类型

具有 Q_GADGET 宏的任何类都可以注册为 QML 值类型。一旦在 QML 类型系统中注册,它就可以用作 QML 代码中的属性类型,任何值类型的属性和方法都可以从 QML 代码访问。

 提示:Q_GADGET 宏是 Q_OBJECT 宏的简化版,适用于不从 QObject 派生但仍希望使用 QMetaObject 提供的一些相关功能的类。就像 Q_OB-JECT 宏一样,它必须出现在类定义的私有部分中,可以使用 Q_ENUM、Q_PROPERTY 和 Q_INVOKABLE,但不能使用信号和槽。

需要注意,与对象类型不同,值类型的名称需要小写。注册值类型的首选方式是使用 QML_VALUE_TYPE 或 QML_ANONYMOUS 宏,其过程与前面讲到的对象类型的注册非常相似。例如,下面的代码片段中注册的值类型的名称为 person:

```
class Person
{
    Q_GADGET
    Q_PROPERTY(QString firstName READ firstName WRITE setFirstName)
```

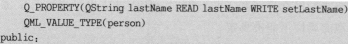

```
    Q_PROPERTY(QString lastName READ lastName WRITE setLastName)
    QML_VALUE_TYPE(person)
public:
    // ...
};
```

12.2.4　注册不可实例化的对象类型

有时需要将 QObject 派生类注册为不可实例化的对象类型,适用于符合下面的情况的 C++类:

> 是一个接口类型,不应该被实例化。
> 是不需要向 QML 公开的基类。
> 仅声明一些可以从 QML 访问的枚举。
> 是一种应通过单例提供给 QML 的类型,不应从 QML 实例化。

Qt QML 模块提供了几个用于注册非实例化类型的宏:

> QML_ANONYMOUS 宏注册不可实例化且无法从 QML 引用的 C++类。无法在 QML 中创建或使用该类型来声明属性。
> QML_INTERFACE 宏注册 Qt 接口类型,该类型不能从 QML 实例化,不过,在 QML 中使用这种类型的 C++属性将执行预期的接口强制转换。
> QML_UNCREATABLE(reason)宏要与 QML_ELEMENT 或 QML_NAMED_ ELEMENT 结合使用,注册一个命名的 C++类型,该类型不可实例化,但可以被 QML 类型系统识别。如果类型的枚举或附加属性应该可以从 QML 访问,但类型本身不应该是可实例化的,这时候可以使用这种方式来实现。如果检测到从 QML 创建类型的尝试,那么参数 reason 将作为错误消息被发出,从 Qt 6.0 开始,参数可以指定为""来使用一个标准的消息。
> QML_SINGLETON 宏要与 QML_ELEMENT 或 QML_NAMED_ELEMENT 结合使用,注册一个可以从 QML 导入的单例类型。

需要注意的是,所有注册到 QML 类型系统的 C++类型都必须是 QObject 派生的,即便是不可实例化的对象类型也必须如此。

12.2.5　注册单例类型

单例允许 QML 使用命名空间访问其属性值、信号和函数,而不需要 QML 客户端手动实例化一个对象实例。QObject 单例类型对于提供工具方法或全局属性值尤其有用。单例类型不需要关联 QQmlContext,因为它们会被 QML 引擎中所有上下文共享。QObject 单例类型由 QQmlEngine 构造并持有,直到引擎销毁时才会被销毁。

与 QObject 单例类型进行交互的方式与其他 QObject 或实例基本相同,但是需要注意一点,QObject 单例类型只有一个实例,只能通过这种类型的名称访问,而不能使用 id 进行访问。QObject 单例类型的 Q_PROPERTY 属性可以使用绑定,Q_INVOK-ABLE 函数也能够用于信号处理器表达式。这使得 QObject 单例类型尤其适合实现样式或主题,存储全局状态或提供全局函数。与此同时,QJSValue 也可以作为单例类型使用,但是这种单例类型的属性不能被绑定。

一旦注册成功,QObject 单例类型就可以像其他 QObject 实例一样在 QML 中使用。下面的代码片段展示了这一点。在这段代码中,ThemeModule 命名空间的版本号为 1.0,其中,注册了一个 QObject 单例类型,包含一个 QColor 类型的属性 color:

```
import ThemeModule 1.0 as Theme

Rectangle {
    color: Theme.color // 绑定
}
```

12.2.6 类型的修订和版本

很多类型都需要提供一个注册类型的版本号。类型的修订和版本允许类型在新版本与旧版本保持兼容的同时,向类型中增加新的属性或函数。

比如下面两个 QML 文件:

```
// main.qml
import QtQuick 1.0

Item {
    id: root
    MyType {}
}

// MyType.qml
import MyTypes 1.0

CppType {
    value: root.x
}
```

其中,CppType 对应着 C++类 CppType。假设在新的版本中,CppType 的维护者为 CppType 类增加了一个 root 属性,使用现在版本的代码就会发生歧义。因为在该版本中,root 是顶层组件的 id。针对这种情况,CppType 的维护者应该指出,从这个特定的版本起,root 重新定义为一个全新的属性。这种机制确保新属性和其他特性能够在不破坏现有程序的前提下得以成功添加。

为了解决这一问题,使用 REVISION 宏标签标记新增的 root 属性的修订版本号为 1。使用 Q_INVOKABLE 标记的函数、信号和槽也可以使用 Q_REVISION(x)宏。例如:

```
class CppType : public BaseType
{
    Q_OBJECT
    Q_PROPERTY(int root READ root WRITE setRoot
            NOTIFY rootChanged REVISION 1)
    QML_ELEMENT
```

```
signals:
    Q_REVISION(1) void rootChanged();
};
```

以这种方式给出的修订将自动解释为.pro 项目文件中 QML_IMPORT _MAJOR_ VERSION 给出的主要版本的次要版本。在这种情况下,仅在导入 MyTypes 1.1 或更高版本时 root 属性才可用,MyTypes 1.0 版的导入不受影响。

出于同样的原因,在更高版本中引入时应使用 QML_ADDED_in_MINOR_VER-SION 宏进行标记,这样如果该类型所属的 QML 模块的导入版本低于以这种方式确定的版本,那么 QML 类型不可见。

通过这种机制,新版本可以在不破坏已有系统的基础之上进行修改。不过,这种机制要求 QML 模块维护人员确保将 minor 版本的更改及时更新到文档中,模块使用人员则要在更新导入语句之前进行检查如果更新应用程序是否还能够正确工作。注意,如果对类型所依赖的基类进行修订,那么在注册类型本身时会自动注册,这在从别人提供的基类派生类型时很有用。

12.3　定义 QML 特定类型和属性

12.3.1　提供附加属性

在 QML 语言语法中,有一个附加属性和附加信号处理器的概念,是附加到一个对象的额外的特性。这类特性由一个附加类型实现和提供,可以被附加到另外的类型。例如,下面代码片段中,Item 使用了附加属性和附加信号处理器:

```
import QtQuick

Item {
    width: 100; height: 100

    focus: true
    Keys.enabled: false
    Keys.onReturnPressed: console.log("Return key was pressed")
}
```

这里,Item 对象可以访问、设置 Keys. enabled 和 Keys. onReturnPressed,这些额外的特性对于 Item 已有特性是一种扩展。这个例子中需要注意以下几个方面:

➤ 一个匿名的附加对象类型(anonymous attached object type)的实例,包含一个 enabled 属性和一个 returnPressed 信号,被附加到 Item 对象,使其能够访问和设置这些特性。

➤ Item 对象是被附加的对象(attachee),也就是附加对象附加到的那个对象。

➤ Keys 是当前附加类型(attaching type),使用命名限定符 Keys 提供给被附加对象,通过这个名字可以引用到被附加对象类型的特性。

当 QML 引擎处理这段代码时,它会创建一个附加对象类型的实例,将其附加到 Item 对象,由此允许 Item 对象使用其 enabled 和 returnPressed 特性。

提供附加对象的机制可以通过 C++实现,提供类实现附加对象类型和当前附加类型。附加对象类型可以是 QObject 的子类,定义了能够让被附加对象访问的各种特性。当前附加类型则是满足以下条件的 QObject 的子类:

① 实现了一个静态的 qmlAttachedProperties()函数,该函数签名如下:

```
static <AttachedPropertiesType> * qmlAttachedProperties(QObject * object);
```

该函数应该返回一个附加对象类型的实例。QML 引擎通过这个函数获得附加对象类型的实例,将其与 object 参数指定的被附加对象关联起来。按照惯例,虽然并没有硬性规定,但是该函数的实现通常会将返回值的 parent 指针指向参数 object,以此避免内存泄露。

QML 引擎会为每一个被附加对象调用这个函数最多一次,因为引擎会缓存函数返回值指针。一般而言,直到 object 被销毁,附加对象才应该被销毁。

② 通过将 QML_ATTACHED(ATTACHED_TYPE)宏添加到类定义中,声明其为附加类型。参数是附加对象类型的名称。

下面通过一个例子来看一下如何实现附加对象。例如,Message 类的代码片段如下:

```
class Message : public QObject
{
    Q_OBJECT
    Q_PROPERTY(QString author READ author WRITE setAuthor
                NOTIFY authorChanged)
    Q_PROPERTY(QDateTime creationDate READ creationDate
                WRITE setCreationDate NOTIFY creationDateChanged)
    QML_ELEMENT
public:
    // ...
};
```

假设我们需要这样一个需求:当消息 Message 被发布到消息板时,Message 对象需要发出一个信号。另外,当消息板上面的消息过期时,Message 对象也需要进行追踪。这个需求很常见,但是直接为 Message 类增加特性却显得不合适。因为这些特性与消息板上下文更为密切。这类特性可以使用附加特性实现:为 Message 类增加一个使用 MessageBoard 修饰的附加特性。按照前面所说的概念,这里的情况如下:

➢ MessageBoardAttachedType,作为一个匿名的附加对象类型,用于提供 published 信号和消息过期 expired 属性。

➢ Message 对象,也就是被附加对象(attachee)。

➢ MessageBoard 类型,作为当前附加类型(attaching type),供 Message 对象使用,访问附加特性。

按照前面的分析,首先要有一个匿名的附加对象类型。这个附加对象类型需要提供可以让被附加对象访问的属性和信号。这里设置为 MessageBoardAttachedType:

```cpp
class MessageBoardAttachedType : public QObject
{
    Q_OBJECT
    Q_PROPERTY(bool expired READ expired WRITE setExpired NOTIFY expiredChanged)
    QML_ANONYMOUS
public:
    MessageBoardAttachedType(QObject * parent);
    bool expired() const;
    void setExpired(bool expired);
signals:
    void published();
    void expiredChanged();
};
```

当前附加类型 MessageBoard 必须声明一个 qmlAttachedProperties()函数,该函数返回由 MessageBoardAttachedType 实现的附加对象。另外,MessageBoard 必须通过 QML_ATTACHED()宏声明为一个附加类型:

```cpp
class MessageBoard : public QObject
{
    Q_OBJECT
    QML_ATTACHED(MessageBoardAttachedType)
    QML_ELEMENT
public:
    static MessageBoardAttachedType * qmlAttachedProperties(QObject * object)
    {
        return new MessageBoardAttachedType(object);
    }
};
```

这样,在 QML 文档中,Message 类型就可以访问附加对象类型的属性和信号:

```qml
Message {
    author: "Amelie"
    creationDate: new Date()

    MessageBoard.expired: creationDate < new Date("January 01, 2015 10:45:00")
    MessageBoard.onPublished: console.log("Message by", author,
                                          "has been published!")
}
```

另外,C++代码可以使用 qmlAttachedPropertiesObject()函数访问任意附加对象实例。例如:

```cpp
Message * msg = someMessageInstance();
MessageBoardAttachedType * attached =
        qobject_cast<MessageBoardAttachedType * >
                            (qmlAttachedPropertiesObject<MessageBoard>(msg));

qDebug() << "Value of MessageBoard.expired:" << attached->expired();
```

12.3.2　属性修饰符类型

属性修饰符是一种特殊的 QML 对象类型,可以作用于一个 QML 对象实例的属

性。目前,主要有两种类型的属性修饰符:

> 属性值设置拦截器:在属性被设置时用于过滤或改变设置值。目前,唯一支持的属性值设置拦截器是由 Qt Quick 模块提供的 Behavior 类型。

> 属性值源:随着时间的推移,自动更新属性值。用户可以自定义属性值源。由 Qt Quick 模块提供的属性动画类型都是典型的属性值源。

属性修饰符类型实例使用<ModifierType> on <propertyName>语法创建并应用到一个 QML 对象的属性,这通常称为"on"语法。例如:

```
import QtQuick

Item {
    width: 400; height: 50

    Rectangle {
        width: 50; height: 50; color: "red"

        NumberAnimation on x {
            from: 0; to: 350; duration: 2000
            loops: Animation.Infinite
        }
    }
}
```

目前,用户可以自定义属性值源类型的属性修饰符,不允许自定义属性值设置拦截器类型的属性修饰符。

使用 C++定义属性值源时需要继承 QQmlPropertyValueSource,并实现随时间推移能够写入不同属性值。当使用<PropertyValueSource> on <property>语法设置属性值源时,会由引擎创建该属性的一个引用,由此更新该属性的值。

下面通过一个例子进行讲解。首先创建一个 RandomNumberGenerator 类,这是一个属性值源类型的属性修饰符,因此可以作用于一个 QML 属性。这个类每隔 500 ms 将其作用到的属性值更新为一个随机数,并且还接受一个 maxValue 属性,用于设置生成随机数的上限。RandomNumberGenerator 类的实现如下:

```
class RandomNumberGenerator : public QObject, public QQmlPropertyValueSource
{
    Q_OBJECT
    Q_INTERFACES(QQmlPropertyValueSource)
    Q_PROPERTY(int maxValue READ maxValue WRITE setMaxValue
                NOTIFY maxValueChanged);
    QML_ELEMENT
public:
    RandomNumberGenerator(QObject * parent)
        : QObject(parent), m_maxValue(100)
    {
        QObject::connect(&m_timer, SIGNAL(timeout()), SLOT(updateProperty()));
        m_timer.start(500);
```

```
    }

    int maxValue() const;
    void setMaxValue(int maxValue);

    virtual void setTarget(const QQmlProperty &prop) { m_targetProperty = prop; }

signals:
    void maxValueChanged();

private slots:
    void updateProperty() {
        m_targetProperty.write(
                    QRandomGenerator::global()->bounded(m_maxValue));
    }

private:
    QQmlProperty m_targetProperty;
    QTimer m_timer;
    int m_maxValue;
};
```

当 QML 引擎将 RandomNumberGenerator 作为属性值源时,会调用 Random-NumberGenerator::setTarget()函数,将需要作用到的属性引用传递给 RandomNum-berGenerator 对象。当 RandomNumberGenerator 开始工作时,其内部定时器每隔 500 ms,就会将生成的新的值写入指定的属性。

RandomNumberGenerator 类在 QML 类型系统中注册后,可以从 QML 中将其用作属性值源。下面的代码片段中实现了每隔 500 ms 更改一次矩形的宽度:

```
Item {
    width: 300; height: 300

    Rectangle {
        RandomNumberGenerator on width { maxValue: 300 }

        height: 100
        color: "red"
    }
}
```

属性值源修饰符与其他 QML 类型没有什么区别,它也可以有自己的属性、信号、函数等,只不过它可以通过<PropertyValueSource> on <property>语法作用到某一个属性上面。将一个属性值源对象赋值给一个属性时,QML 首先尝试按照普通 QML 类型那样进行赋值操作。只有 QML 引擎调用了 setTarget()函数时,这种普通的赋值才会失败。正是由于这种行为,属性值源才可以像普通 QML 类型一样使用,而不仅仅作为一种属性修饰符。

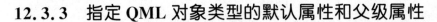

12.3.3　指定 QML 对象类型的默认属性和父级属性

　　任何注册为可实例化 QML 对象类型的 QObject 派生类都可以为该类型指定一个默认属性。对于没有明确指定赋值给哪个属性的子对象，都会自动赋值给默认属性。

　　使用 Q_CLASSINFO() 宏结合指定的 DefaultProperty 值即可指定默认属性。例如，下面的代码片段中，MessageBoard 将 messages 属性作为默认属性：

```cpp
class MessageBoard : public QObject
{

    Q_OBJECT
    Q_PROPERTY(QQmlListProperty<Message> messages READ messages)
    Q_CLASSINFO("DefaultProperty", "messages")
    QML_ELEMENT
public:
    QQmlListProperty<Message> messages();

private:
    QList<Message *> messages;
};
```

　　当没有为 MessageBoard 子对象指定赋值给哪个属性时，这些子对象将自动赋值给 messages 属性。例如：

```qml
MessageBoard {
    Message { author: "Naomi" }
    Message { author: "Clancy" }
}
```

　　如果没有将 messages 属性作为默认属性，那么 Message 对象就必须被显式地分配给 messages 属性，这就是默认属性的作用：

```qml
MessageBoard {
    messages: [
        Message { author:"Naomi" },
        Message { author: "Clancy" }
    ]
}
```

　　另外，还可以使用 Q_CLASSINFO() 指定 ParentProperty 值来告知 QML 引擎哪个属性应该表示 QML 层次结构中的父对象，例如：

```cpp
class Message : public QObject
{

    Q_OBJECT
    Q_PROPERTY(QObject * board READ board BINDABLE boardBindable)
    Q_PROPERTY(QString author READ author BINDABLE authorBindable)
    Q_CLASSINFO("ParentProperty", "board")
    QML_ELEMENT

public:
    Message(QObject * parent = nullptr) : QObject(parent) { m_board = parent; }
```

```
QObject * board() const { return m_board.value(); }
QBindable<QObject *> boardBindable() {
                        return QBindable<QObject *>(&m_board); }

QString author() const { return m_author.value(); }
QBindable<QString> authorBindable() {
                        return QBindable<QString>(&m_author); }

private:
    QProperty<QObject *> m_board;
    QProperty<QString> m_author;
};
```

12.3.4　接收对象初始化通知

有些 QML 对象类型需要在对象创建完成之后进行其数据的延迟初始化。例如，一个 QML 对象，当其所有子对象全部初始化完毕之后，才开始自己的初始化操作。此时，需要提供一种机制，接收到对象初始化的通知。Qt QML 模块提供了 QQmlParser-Status 类，通过继承这个类来实现这一目的。

在使用 QQmlEngine 初始化对象时，QQmlParserStatus 类提供了一种机制，用于获得当前的初始化过程处于哪一个处理状态。这个类通常用于性能优化，因为它可以延迟一个耗时的操作直到所有的属性都设置完毕。例如，QML 的 Text 类型利用解析器状态，将文本布局延迟到其属性赋值完毕。否则，Text 类型会在其 text 属性赋值完毕之后调用一次布局，在其 font 属性赋值完毕之后调用一次布局，在其 width 属性赋值完毕之后再调用一次布局，这无疑非常耗时，也没有必要。

注意，QQmlParserStatus 的函数仅在类由 QQmlEngine 初始化时才会被调用。也就是说，如果直接在 C++中进行初始化操作，那么这些函数是不会被自动调用的。为了避免这一问题，可以在 classBegin 函数中进行延迟初始化，而不是在构造函数中。

使用 QQmlParserStatus 必须同时继承 QObject 和 QQmlParserStatus，并且使用 Q_INTERFACES()宏。例如下面的代码片段所示：

```
class MyQmlType : public QObject, public QQmlParserStatus
{
    Q_OBJECT
    Q_INTERFACES(QQmlParserStatus)
    QML_ELEMENT
public:
    virtual void componentComplete()
    {
        // Perform some initialization here now that the object is fully created
    }
};
```

12.3.5　使用 Qt Quick 模块定义可视化项目

使用 Qt Quick 模块构建用户界面时,所有可视化 QML 对象都必须从 Item 类型派生,因为它是 Qt Quick 中所有可视化对象的基类型。而 Item 类型由 QQuickItem 类实现,该类属于 Qt Quick 模块,因此,想要通过 C++实现可集成到 QML 用户界面的可视化类型时,应继承自 QQuickItem 类。相关内容可以在帮助中通过 QQuickItem 或 Writing QML Extensions with C++关键字查看。

12.4　在 QML 中使用 C++特性

得益于 QML 引擎和 Qt 元对象系统的紧密集成,QML 可以非常方便地通过 C++进行扩展。QML 可以直接访问 QObject 子类或 Q_GADGET 类型的属性、方法和信号:属性可以在 QML 中读取和修改,方法可以直接通过 JavaScript 调用,信号处理函数则根据信号自动创建。

一般而言,QML 可以直接访问 C++类的特性,不管这个类是不是向 QML 类型系统进行注册。但是,如果 QML 引擎需要使用这个类的额外类型信息,比如这个类需要作为某个函数的参数或者属性,那么就需要向 QML 类型系统进行注册。另外,Q_GADGET 类型必须注册,如果没有注册,那么它们的属性和方法将无法访问。

可以在 Qt 帮助中索引 Exposing Attributes of C++ Types to QML 关键字查看本节相关内容。

12.4.1　数据类型处理和拥有权

数据从 C++转移到 QML,数据的所有权依然在 C++。该规则的一个例外情形是,一个显式的 C++函数调用返回一个 QObject 类型时,QML 引擎获得该对象的所有权。如果此时还想让 C++保留对象所有权,那么可以显式调用 QQmlEngine::setObjectOwnership()并指定参数为 QQmlEngine::CppOwnership。

此外,QML 引擎尊重 Qt C++对象的 QObject 父对象拥有权语义,永远不会删除具有父级的 QObject 实例。

12.4.2　数据类型的转换

QML 中使用的任何 C++数据,不管是属性值、函数参数或返回值等,都必须能够被 QML 引擎识别。默认情况下,QML 引擎支持大多数 Qt C++类型,能够自动将其转换成合适的形式。C++类还可以通过注册的方式,通知 QML 类型系统增加新的数据类型。可以在帮助中通过 Data Type Conversion Between QML and C++关键字查看本小节相关内容。

1. 基本数据类型

一般的,QML 能够正确识别出 Qt 数据类型,并将其转换成对应的 QML 值类型。

Qt 类型与 QML 值类型的对应关系如表 12 - 1 所列。

表 12 - 1　Qt 类型与 QML 值类型对照表

Qt 类型	QML 值类型
bool	bool
unsigned int、int	int
double	double
float, qreal	real
QString	string
QUrl	url
QColor	color
QFont	font
QDateTime	date
QPoint、QPointF	point
QSize、QSizeF	size
QRect、QRectF	rect
QMatri×4×4	matri×4×4
QQuaternion	quaternion
QVector2D、QVector3D、QVector4D	vector2d、vector3d、vector4d
使用 Q_ENUM()或 Q_ENUMS()声明的枚举	enumeration

为了方便起见,许多类型可以通过字符串值或 QtQml::Qt 对象提供的相关方法在 QML 中指定。例如,Image::sourceSize 属性的类型为 size(自动转换为 QSize 类型),可以由格式为"宽×高"的字符串值指定,也可以由 Qt.size()函数指定:

```
Item {
    Image { sourceSize: "100x200" }
    Image { sourceSize: Qt.size(100, 200) }
}
```

2. QObject 派生类型

任何 QObject 子类都可以作为 QML 与 C＋＋之间数据交换的类型,不过,这些类需要向 QML 类型系统进行注册。QML 引擎既可以注册实例化类型,也可以注册未实例化的类型。后面的内容将详细介绍有关在 QML 类型系统注册 C＋＋类型的内容。

3. C＋＋与 JavaScript 类型之间的转换

在 QML 和 C＋＋之间传输数据时,QML 引擎内置了将一些 Qt 类型与 JavaScript 对应类型相互转换的能力,这允许在 C＋＋或 JavaScript 中自由使用相关的类型和数据。注意,QML 中的 JavaScript 环境修改了原生的 JavaScript 对象原型,包含了 String、Date 和 Number 等类型,还添加了一些额外的特色,详细内容可以参考第 2 章相关内容。

Qt 类型与 JavaScript 数据类型的对应关系如表 12－2 所列。

表 12－2 Qt 类型与 JavaScript 类型对照表

Qt 类型	JavaScript 类型
QVariantList	Array
QVariantMap	Object
QDateTime	Date
QList＜int＞、QList＜qreal＞、QList＜bool＞、QList＜QString＞、QStringList、QList＜QUrl＞、QVector＜QString＞、QVector＜int＞、QVector＜qreal＞、QVector＜bool＞、QVector＜QUrl＞、std∷vector＜QString＞、std∷vector＜int＞、std∷vector＜qreal＞、std∷vector＜bool＞、std∷vector＜QUrl＞、......	Array
QByteArray	ArrayBuffer

对于表 12－2，需要说明：

① QML 引擎提供了 QVariantList、JavaScript 数组之间以及 QVariantMap、JavaScript 对象之间的自动类型转换。例如下面的例子，在 QML 中定义的函数需要两个参数，一个数组和一个对象，并输出了它们的内容：

```
// MyItem.qml
Item {
    function readValues(anArray, anObject) {
        for (var i = 0;i＜anArray.length; i++)
            console.log("Array item:", anArray[i])

        for (var prop in anObject) {
            console.log("Object item:", prop, " = ", anObject[prop])
        }
    }
}
```

而在 C++代码中调用此函数，传递 QVariantList 和 QVariantMap，它们分别自动转换为 JavaScript 数组和对象值：

```
// C++
QQuickView view(QUrl::fromLocalFile("MyItem.qml"));

QVariantList list;
list ＜＜ 10 ＜＜ QColor(Qt::green) ＜＜ "bottles";

QVariantMap map;
map.insert("language", "QML");
map.insert("released", QDate(2010, 9, 21));

QMetaObject::invokeMethod(view.rootObject(), "readValues",
        Q_ARG(QVariant, QVariant::fromValue(list)),
        Q_ARG(QVariant, QVariant::fromValue(map)));
```

代码输出结果如下：

```
Array item: 10
Array item: #00ff00
Array item: bottles
Object item: language = QML
Object item: released = TueSep 21 2010 00:00:00 GMT+1000 (EST)
```

② QML 引擎提供了 QDateTime 和 JavaScript Date 对象之间的自动类型转换。例如下面的示例，在 QML 中定义的函数需要一个 JavaScript Date 对象，并且返回一个带有当前日期和时间的新 Date 对象：

```
// MyItem.qml
Item {
    function readDate(dt) {
        console.log("The given date is:", dt.toUTCString());
        return new Date();
    }
}
```

下面用 C++代码调用此函数，传递一个 QDateTime 值，该值在传递给 readDate() 函数时由引擎自动转换为 Date 对象。反过来，readDate() 函数返回一个 Date 对象，当在 C++中接收到该对象时，该对象会自动转换为 QDateTime 值：

```
// C++
QQuickView view(QUrl::fromLocalFile("MyItem.qml"));

QDateTime dateTime = QDateTime::currentDateTime();
QDateTime retValue;

QMetaObject::invokeMethod(view.rootObject(), "readDate",
        Q_RETURN_ARG(QVariant, retValue),
        Q_ARG(QVariant, QVariant::fromValue(dateTime)));

qDebug() << "Value returned from readDate():" << retValue;
```

注意，JavaScript 中 1~12 月的范围是 0~11，而 Qt 中 1~12 月的范围是 1~12，数字相差 1。

③ 除了表中提到的 QList＜QString＞等序列类型，还有所有已注册的 QList、QVector、QQueue、QStack、QSet、std::list、std::vector 等包含标记为 Q_DECLARE_METATYPE 的类型，QML 中支持使其行为类似于 JavaScript 数组类型。通常有两种方法将它们暴露给 QML：使用 Q_PROPERTY 宏修饰或作为 Q_INVOKABLE 函数的返回值，这二者是有区别的，应该引起注意。如果使用 Q_PROPERTY 宏暴露给QML，那么索引访问序列类型中任意值都会要求从 QObject 属性中读取这个序列类型，然后再读取具体值。类似的，在修改任意值时，首先要读取数据，修改之后再写回QObject 的属性。如果作为 Q_INVOKABLE 函数的返回值暴露给 QML，那么访问和修改则比上面的方式更廉价。因为这种情况下不会发生从 QObject 属性读取或写回的操作。这种情形下，C++数据能够被直接访问和修改。

这里给出的序列类型是可以被 QML 引擎直接支持的，其余类型均不能直接支持，当需要使用其他的序列类型时,可以使用 QVariantList 替代。

另外,通过转换获得的顺序 Array 类型与 JavaScript 的原生 Array 有细微差别。事实上,这是由于顺序 Array 底层还是使用 C++ 存储实现的。从 Array 中删除元素时,原生 Array 会将被删除元素的位置置为 undefined,而顺序 Array 则会使用默认构造函数重新构造该位置的元素。类似的,将 Array 的 length 属性设置更大值时,顺序 Array 同样使用默认构造函数构造对象进行填充,而不是 undefined。最后,顺序 Array 支持有符号整型索引,而不是无符号的;所以,当访问大于 INT_MAX 的索引时,程序会失败。

如果需要移除元素,而不是简单地将其位置替换为由默认构造函数构造的默认值,那么不应该使用 delete 运算符(delete array[i]),而应该使用 splice 函数(array.splice (startIndex, deleteCount))。

4. 枚举类型

为了使用自定义枚举作为数据类型,必须将类进行注册,并且其中的枚举使用 Q_ENUM()宏进行声明,从而将其注册到 Qt 元对象系统。例如下面的代码片段中 Message 类的 Status 枚举:

```
class Message : public QObject
{
    Q_OBJECT
    Q_PROPERTY(Status status READ status NOTIFY statusChanged)
public:
    enum Status {
        Ready,
        Loading,
        Error
    };
    Q_ENUM(Status)
    Status status() const;
signals:
    void statusChanged();
};
```

如果该类已在 QML 类型系统中注册,那么其状态枚举可以在 QML 中使用:

```
Message {
    onStatusChanged: {
        if (status == Message.Ready) {
            console.log("Message is loaded!")
        }
    }
}
```

如果需要在 QML 中调用那些使用了枚举作为参数的 C++ 信号或函数,那么需要保证枚举与这个信号或函数都在同一个类中,或者枚举值在 Qt 命名空间进行了声明。另外,如果使用枚举作为参数的 C++ 信号,那么需要通过 connect() 函数与 QML 函数连接,且这个枚举必须使用 qRegisterMetaType() 函数进行注册。

对于 QML 信号,参数中的枚举类型可以直接声明为 int。例如下面的代码:

```
Message {
    signal someOtherSignal(int statusValue)

    Component.onCompleted: {
        someOtherSignal(Message.Loading)
    }
}
```

12.4.3 使用 C++属性

QObject 的子类或包含 Q_GADGET 宏的类的所有属性都能够被 QML 访问。可以使用 Q_PROPERTY()宏定义一个属性,该宏的作用是向 Qt 元对象系统注册类的属性。一个类的属性就是类的数据成员,通常会有一个用于读取的 READ 函数和一个可选的用于修改的 WRITE 函数。

例如下面的代码片段中,Message 类有一个 author 属性。使用 Q_PROPERTY()宏设置该属性的读函数是 author(),写函数是 setAuthor():

```
class Message : public QObject
{
    Q_OBJECT
    Q_PROPERTY(QString author READ author WRITE setAuthor
                    NOTIFY authorChanged)
public:
    void setAuthor(const QString &a) {
        if (a != m_author) {
            m_author = a;
            emit authorChanged();
        }
    }
    QString author() const {
        return m_author;
    }
signals:
    void authorChanged();
private:
    QString m_author;
};
```

使用时,可以将 Message 类的一个实例作为加载 QML 文档 MyItem.qml 的上下文属性:

```
int main(int argc, char * argv[]) {
    QGuiApplicationapp(argc, argv);

    QQuickView view;
    Message msg;
    view.engine()->rootContext()->setContextProperty("msg", &msg);
    view.setSource(QUrl::fromLocalFile("MyItem.qml"));
```

```
    view.show();

    return app.exec();
}
```

然后,就可以在 MyItem.qml 中直接操作 author 属性:

```
import QtQuick

Text {
    width: 100; height: 100
    text: msg.author    //会调用 Message::author()

    Component.onCompleted: {
        msg.author = "Jonah"   //调用 Message::setAuthor()
    }
}
```

　　为了尽可能增强与 QML 的可交互性,任何可写属性都应该关联一个 NOTIFY 信号。当属性值发生改变时,发射该信号。这种机制使得该属性能够应用于属性绑定,而属性绑定正是 QML 最强大的功能之一。在上面的例子中,属性 author 有一个 NOTIFY 信号 authorChanged()。当 setAuthor() 函数修改了 author() 属性的值时,该信号就会发射。如果没有这个信号,那么就不能将 author 属性应用于属性绑定。NOTIFY 信号通常会以＜property＞Changed 的形式命名,其中＜property＞就是属性的名字。此时,与此关联的信号处理器的名字就是 on＜Property＞Changed。这是 QML 中最常见的属性更改信号的名字,这种命名方式可以避免一定歧义。

　　在添加属性值的改变信号时应该尤其注意,只有当属性值真正改变时,才发射相应的信号。另外,如果一个属性或属性组极少被用到,那么就可以尝试使用一个信号来表示多个属性值的改变。不过,这种情况需要注意可能会产生的性能隐患,NOTIFY 信号会产生小的开销。有些属性值仅在对象构造时设置,之后就再也不会被修改,属性组通常就是这种例子,组中的属性会在对象构造时分配一次,直到对象销毁时才会释放。此时,在属性声明时应该使用 CONSTANT 特性而不是 NOTIFY 信号。CONSTANT 特性应该仅被用于那些只在构造函数中设置值并且之后不会被修改的属性。而所有可能会被绑定的属性都应该使用 NOTIFY 信号。

1. 对象类型的属性

　　如果对象类型成功注册到 QML 类型系统,那么就可以在 QML 中访问对象类型的属性。例如,Message 有一个 MessageBody * 类型的 body 属性:

```
class Message : public QObject
{
    Q_OBJECT
    Q_PROPERTY(MessageBody * body READ body WRITE setBody
              NOTIFY bodyChanged)
public:
    MessageBody * body() const;
    void setBody(MessageBody * body);
```

```
};

class MessageBody : public QObject
{
    Q_OBJECT
    Q_PROPERTY(QString text READ text WRITE text NOTIFY textChanged)
// ...
}
```

如果 Message 类型已经注册到 QML 类型系统,那么我们可以直接在 QML 使用这个类型:

```
Message {
    // ...
}
```

如果 MessageBody 同样被注册到 QML 类型系统,那么可以直接在 QML 中给 Message 的 body 属性进行赋值:

```
Message {
    body: MessageBody {
        text: "Hello, world!"
    }
}
```

2. 对象列表类型的属性

如果属性包含 QObject 子类的列表,那么也可以在 QML 中访问。但是,为了在 QML 中访问 QObject 子类的列表属性,必须使用 QQmlListProerty 作为属性的类型,而不是 QList<T>。这是因为 QList 不是 QObject 的子类,不能通过 Qt 元对象系统获得 QML 所必须的一些特征,比如 NOTIFY 信号等。

QQmlListProperty 是一个模板类,可以直接通过 QList 构造。例如,Message-Board 类有一个 messages 属性,用于存储 Message 对象列表。这个属性应该是 QQmlListProperty 类型的:

```
class MessageBoard : public QObject
{
    Q_OBJECT
    Q_PROPERTY(QQmlListProperty<Message> messages READ messages)
public:
    QQmlListProperty<Message> messages() const;

private:
    static void append_message(QQmlListProperty<Message> * list,
                               Message * msg);

    QList<Message *> m_messages;
};
```

MessageBoard::messages()函数返回一个由 QList<Message *> m_messages 构造的新的 QQmlListProperty 对象,其代码实现如下:

```
QQmlListProperty<Message> MessageBoard::messages()
{
    return QQmlListProperty<Message>(this, 0,
                         &MessageBoard::append_message);
}

void MessageBoard::append_message(QQmlListProperty<Message> * list,
                             Message * msg)
{
    MessageBoard * msgBoard = qobject_cast<MessageBoard * >
                         (list->object);
  if (msg)
        msgBoard->m_messages.append(msg);
}
```

注意,在这种情形下,Message 必须在 QML 类型系统中注册。

3. 属性组

任何只读对象类型属性都可以在 QML 代码中作为属性组进行访问。属性组用于描述一个类型的相关特征。例如,Message::author 属性是 MessageAuthor 类型的,包含 name 和 email 两个子属性:

```
class MessageAuthor : public QObject
{
    Q_PROPERTY(QString name READ name WRITE setName)
    Q_PROPERTY(QString email READ email WRITE setEmail)
public:
    ...
};

class Message : public QObject
{
    Q_OBJECT
    Q_PROPERTY(MessageAuthor * author READ author)
public:
    Message(QObject * parent)
        : QObject(parent), m_author(new MessageAuthor(this))
    {
    }
    Message * author() const {
        return m_author;
    }
private:
    Message * m_author;
};
```

此时,在 QML 中,author 属性应该使用属性组的语法:

```
Message {
    author.name: "Alexandra"
    author.email: "alexandra@mail.com"
}
```

与对象类型属性不同,属性组是只读的,只能在父对象的构造阶段进行初始化。属性组中每个子属性都可以被修改,但是属性组本身不能改变,例如上例中,author 的 name 和 email 属性的值可以改变,但是 author 只能有两个子属性,这一点不可改变;而对象类型属性则可以在任意时刻赋予新的值。因此,属性组的生命周期受到 C++父对象实现的严格控制,而对象类型属性则可以在 QML 代码中自由创建或销毁。

12.4.4　使用函数和槽

QML 可以有条件地访问 QObject 子类的函数。这些条件是:
➤ 使用 Q_INVOKABLE 宏标记的 public 函数;
➤ public 槽函数(使用 slots 标记)。

例如,MessageBoard 有一个用 Q_INVOKABLE 宏标记的函数 postMessage()和一个 public 槽函数 refresh():

```cpp
class MessageBoard : public QObject
{
    Q_OBJECT
public:
    Q_INVOKABLE bool postMessage(const QString &msg) {
        qDebug() << "Calledthe C++ method with" << msg;
        return true;
    }

public slots:
    void refresh() {
        qDebug() << "Called the C++ slot";
    }
};
```

如果需要在 QML 文档中使用一个 MessageBoard 实例,那么就需要将其作为上下文数据传递给这个 QML 文档。例如,下面的代码动态加载一个 MyItem.qml 文件,并且将 MessageBoard 实例 msg 作为其上下文数据:

```cpp
int main(int argc, char *argv[]) {
    QGuiApplication app(argc, argv);

    MessageBoard msgBoard;
    QQuickView view;
    view.engine()->rootContext()->setContextProperty("msgBoard", &msgBoard);
    view.setSource(QUrl::fromLocalFile("MyItem.qml"));
    view.show();

    return app.exec();
}
```

下面就可以在 MyItem.qml 中使用这个实例:

```qml
import QtQuick

Item {
    width: 100; height: 100

    MouseArea {
```

```
        anchors.fill: parent
        onClicked: {
            var result = msgBoard.postMessage("Hello from QML")
            console.log("Result of postMessage():", result)
            msgBoard.refresh();
        }
    }
}
```

如果 C++函数的参数类型是 QObject *类型,那么在 QML 中可以使用 id 或者 JavaScript 的 var 类型引用。QML 支持 C++函数重载,如果多个 C++函数具有同一名字但是分别具有不同参数列表,那么 QML 同样会根据参数数量和参数类型来区分调用哪一个函数。类似的,C++函数的返回值也可以直接用于 QML 中的 JavaScript 表达式。

12.4.5 使用信号

QML 代码可以使用 QObject 子类的任意 public 信号。QML 引擎会为每一个来自 QObject 派生类的信号自动创建一个信号处理器。这些信号处理器具有相对统一的名字:on<Signal>,其中,<Signal>即信号的名字,首字母大写。信号传递的参数通过其名字在信号处理器中使用。

在下面的代码片段中,MessageBoard 有一个带有一个参数的 newMessagePosted ()信号:

```
class MessageBoard : public QObject
{
    Q_OBJECT
public:
    // ...
signals:
    void newMessagePosted(const QString &subject);
};
```

如果 MessageBoard 已经注册到 QML 类型系统,那么就可以在 QML 中使用 onNewMessagePosted 信号处理器处理这个信号,并且用 subject 名字获取参数值:

```
MessageBoard {
onNewMessagePosted: (subject) => console.log("New message received:",
                                             subject)
}
```

为了正确处理参数值,信号的参数必须能够被 QML 引擎支持。值得注意的是,如果使用了 QML 引擎不支持的参数类型,那么程序也不会报错,只是参数值不能在信号处理函数中被访问到。C++类可能具有参数列表不同的多个同名信号,但是只有最后一个信号才能被 QML 访问到。使用相同名称不同参数的信号是不能被区分开的。这一点与前面提到的函数重载不同。

12.5　在 C++中使用 QML 对象

前面介绍了如何在 QML 中使用 C++代码以及如何使用 C++扩展 QML。QML 对象类型也可以在 C++中被实例化，从而使 C++对象可以访问其属性、方法以及对象。这是由于所有 QML 对象类型，无论是 QML 引擎内部实现的还是第三方库定义的，都是 QObject 派生的类型，因此才能够允许 QML 引擎使用 Qt 元对象系统动态实例化任何 QML 对象类型。这一特性对在 C++代码中创建 QML 对象非常有用，它允许我们直接在 C++代码中创建可视的 QML 组件、集成非可视的 QML 数据、调用 QML 方法以及接收 QML 信号。

虽然在 C++中可以操作 QML 对象，但是一般情况下并不推荐这样使用。重构 QML 要比重构 C++容易得多，为了减少后期维护成本，建议尽量减少在 C++端处理 QML 内容。

可以在 Qt 帮助中索引 Interacting with QML Objects from C++关键字查看本节相关内容。

12.5.1　使用 C++加载 QML 对象

QML 文档可以使用 QQmlComponent 或 QQuickView 进行加载。QQmlComponent 读取 QML 文档，将其转换成 C++对象，此后即可通过 C++代码进行修改。QQuickView 执行类似的操作，但是因为 QQuickView 是 QWindow 的子类，所以被加载的对象还可以进行可视化渲染。因此，QQuickView 通常用于将一个可视化的 QML 对象与应用程序的图形用户界面进行整合。

下面新建一个 Qt Quick Application，项目名称为 myqml。创建完程序以后，修改 main.qml 的内容如下(项目源码路径：src\12\12-3\myqml)：

```
import QtQuick

Item {
    width: 100; height: 100
}
```

这里可以使用 QQmlComponent 或 QQuickView 的相关 C++代码进行加载。当使用 QQmlComponent 时，要求通过 QQmlComponent::create()函数创建一个组件的实例。例如，将 main.cpp 文件的主函数更改如下：

```
# include <QGuiApplication>
# include <QQmlEngine>
# include <QQmlComponent>
# include <QQmlProperty>
# include <QQuickItem>

int main(int argc, char * argv[])
{
```

```
QGuiApplication app(argc, argv);

//使用 QQmlComponent 进行加载
QQmlEngine engine;
QQmlComponent component (&engine,
                        QUrl::fromLocalFile("../myqml/main.qml"));
QObject * object = component.create();
// ...进行其他操作
delete object;

return app.exec();
}
```

获得这个实例后，就可以利用 QObject::setProperty()函数或者 QQmlProperty 类对其进行修改：

```
object->setProperty("width", 500);
qDebug() << object->property("width");
QQmlProperty(object, "width").write(600);
qDebug() << object->property("width");
```

另外，也可以将对象转换成其实际类型。这样做的好处是可以在调用函数时获得编译期检查。在这个例子中，main.qml 是 Item 类型的，Item 由 QQuickItem 类进行定义。因此，我们可以使用下面的代码：

```
QQuickItem * item = qobject_cast<QQuickItem * >(object);
item->setWidth(800);
qDebug() << object->property("width");
```

当使用 QQuickView 时，QQuickView 会自动创建一个实例，通过 QQuickView::rootObject()函数即可访问这个实例，将 main.cpp 文件的主函数更改如下：

```
# include <QGuiApplication>
# include <QQmlApplicationEngine>
# include <QQuickView>
# include <QQuickItem>

int main(int argc, char * argv[])
{
    QGuiApplication app(argc, argv);

    QQuickView view;
    view.setSource(QUrl::fromLocalFile("../myqml/main.qml"));
    view.show();
    QQuickItem * object = view.rootObject();
    object->setWidth(500);
    qDebug() << object->width();

    return app.exec();
}
```

这里可以直接使用 QQuickView 类型的 rootObject()函数来获取根对象，返回值是 QQuickItem 类型的，可以使用 QQuickItem 自带的函数来操作对象属性。

12.5.2　使用对象名字访问加载的 QML 对象

QML 组件可以被认为是可以嵌套的对象树,其子对象具有兄弟姐妹和自己的子对象。QML 组件的子对象可以使用 QObject::findChild()函数访问到,这个函数需要使用 QObject::objectName 作为参数。例如下面的代码中,根项目 MyItem.qml 有一个子项目 Rectangle:

```
import QtQuick

Item {
    width: 100; height: 100

    Rectangle {
        anchors.fill: parent
        objectName: "rect"
    }
}
```

那么就可以使用下面的 C＋＋代码定位到这个 Rectangle 项目:

```
QObject * rect = object ->findChild<QObject * >("rect");
if (rect) {
    rect ->setProperty("color", "red");
}
```

注意,objectName 属性值并不是唯一的,可能有多个子项目具有同一个名字。例如,ListView 可以创建多个委托,用于渲染模型中的数据,而每一个委托都具有相同的 objectName。在这种情况下,QObject::findChildren()函数将返回所有具有 object-Name 名字的子项目。

注意,尽管使用 C＋＋访问和维护 QML 对象树在代码上是可行的,但是,这并不意味着应该这么做。QML 与 C＋＋整合的目的在于,使 QML 能够单纯地进行界面的渲染,而由 C＋＋完成业务逻辑和数据集。这种架构能够将 QML 与 C＋＋分别作为表现层和数据层而达到清晰地解耦。但是,如果将 C＋＋的触角伸到 QML 核心,直接使用 C＋＋维护 QML 对象树,就轻易打破了这种解耦。例如,使用 C＋＋维护需要使用objectName,但是 C＋＋开发人员并不能保证每一个 QML 组件都设置了 objectName,这就要求 C＋＋开发人员再去了解 QML 文档,无疑将这种原本清晰地层次关系打乱。所以,更好地做法是,尽量少用 C＋＋直接操作 QML 对象树。

12.5.3　使用 C＋＋访问 QML 对象成员

1. 属　性

QML 对象声明的属性均可在 C＋＋中访问。例如下面的 QML 项目:

```
// MyItem.qml
import QtQuick

Item {
    property int someNumber: 100
}
```

在 C++中,MyItem 的 someNumber 属性既可以通过 QQmlProperty 读取和设置,也可以利用 QObject::setProperty()和 QObject::property()两个函数:

```
QQmlEngine engine;
QQmlComponent component(&engine, "MyItem.qml");
QObject * object = component.create();

qDebug() << "Property value:"
         << QQmlProperty::read(object, "someNumber").toInt();
QQmlProperty::write(object, "someNumber", 5000);

qDebug() << "Property value:"
         << object ->property("someNumber").toInt();
object ->setProperty("someNumber", 100);
```

值得注意的是,虽然在 C++中可以直接访问 QML 对象的属性,但是在实际开发时,应当始终使用 QObject::setProperty()、QQmlProperty 或者 QMetaProperty::write()来改变 QML 属性值,以便保证 QML 引擎能够获知属性值的改变。例如,自定义项目 PushButton 有一个 buttonText 属性,可以使用 C++直接访问这个属性:

```
QQmlComponent component(engine, "PushButton.qml");
PushButton * button = qobject_cast<PushButton * >(component.create());
button ->m_buttonText = "Click me";
```

但并不建议这样做。因为属性值是使用 C++语句直接修改的,绕过了 Qt 元对象系统,QML 引擎并不知道属性值已经发生改变。这意味着,所有绑定了 buttonText 的语句都不会得到更新,onButtonTextChanged 信号处理器也不能被调用。

2. 调用 QML 方法

所有 QML 方法都被暴露给 Qt 元对象系统,可以使用 QMetaObject::invoke-Method()在 C++中调用这些方法。QML 方法参数和返回值的类型被自动转换成对应的 QVariant 值。下面的代码片段展示了如何调用方法,MyItem.qml 定义了一个myQmlFunction()方法:

```
// MyItem.qml
import QtQuick

Item {
    function myQmlFunction(msg: string) : string {
        console.log("Got message:", msg)
        return "some return value"
    }
}
```

调用 MyItem. qml 的 myQmlFunction()方法的对应 C++代码如下：

```
// main.cpp
QQmlEngine engine;
QQmlComponent component(&engine, "MyItem.qml");
QObject * object = component.create();

QString returnedValue;
QString msg = "Hello from C + +";
QMetaObject::invokeMethod(object, "myQmlFunction",
        Q_RETURN_ARG(QString, returnedValue),
        Q_ARG(QString, msg));

qDebug() << "QML function returned:" << returnedValue;
delete object;
```

注意,如果类型被省略或在 QML 中被指定为 var,那么 Q_RETURN_ARG()和 Q_ARG()两个宏的参数必须是 QVariant 类型,因为这是 QML 函数的参数类型和返回值的一般数据类型。

3. 连接 QML 信号

所有 QML 信号都可以在 C++中直接使用,和普通 C++信号一样,可以使用 QObject::connect()函数进行连接。反过来,任何 C++信号都可以由 QML 对象使用信号处理器接收。

下面的 MyItem. qml 有一个 qmlSignal 信号,该信号有一个字符串类型的参数：

```
// MyItem.qml
import QtQuick

Item {
    id: item
    width: 100; height: 100

    signal qmlSignal(msg: string)

    MouseArea {
        anchors.fill: parent
        onClicked: item.qmlSignal("Hello from QML")
    }
}
```

可以使用 C++的 QObject::connect()函数,将这个信号与 C++槽进行连接。下面是 C++相关代码：

```
class MyClass : public QObject
{
    Q_OBJECT
public slots:
    void cppSlot(const QString &msg) {
        qDebug() << "Called the C + + slot with message:" << msg;
    }
```

```
};

// connect …
int main(int argc, char * argv[]) {
    QGuiApplication app(argc, argv);

    QQuickView view(QUrl::fromLocalFile("MyItem.qml"));
    QObject * item = view.rootObject();

    MyClass myClass;
    QObject::connect(item, SIGNAL(qmlSignal(QString)),
                     &myClass, SLOT(cppSlot(QString)));

    view.show();
    return app.exec();
}
```

当使用 QML 对象类型作为信号参数时，在 C++信号参数中的 QML 对象类型将被转换为指向类的指针：

```
// MyItem.qml
import QtQuick

Item {
    id: item
    width: 100; height: 100

    signal qmlSignal(anObject: Item)

    MouseArea {
        anchors.fill: parent
        onClicked: item.qmlSignal(item)
    }
}
```

此时，C++中的代码应该修改为：

```
class MyClass : public QObject
{
    Q_OBJECT
public slots:
    void cppSlot(QQuickItem * item) {
        qDebug() << "Called the C++ slot with item:" << item;

        qDebug() << "Item dimensions:" << item->width()
                 << item->height();
    }
};

// connect …
int main(int argc, char * argv[]) {
```

```
QGuiApplication app(argc, argv);

QQuickView view(QUrl::fromLocalFile("MyItem.qml"));
QObject * item = view.rootObject();

MyClass myClass;
QObject::connect(item, SIGNAL(qmlSignal(QVariant)),
                 &myClass, SLOT(cppSlot(QVariant)));

view.show();
return app.exec();
}
```

　　注意,这里的代码使用了 Qt 4 风格的 connect()函数,这是因为 Qt 5 的信号槽新语法要求一个静态的 C＋＋类,需要使用类名获取信号对应的函数指针。但是在 QML 实例化一个项目时,QML 引擎会动态生成一个对应 C＋＋类。由于这个类是动态生成的,无法使用取址运算符获取信号函数指针,也就不能使用 Qt 5 新语法。要理解这一点,可以在 C＋＋代码中输出 item 对象的类型,就会看到一个动态生成的类的名字:

```
qDebug() << item->metaObject()->className(); //输出 MyItem_QMLTYPE_0
```

12.6　小　结

　　本章介绍了 QML 与 C＋＋混合编程的一些基本方法,着重从两个方面进行介绍:在 QML 中使用 C＋＋对象和在 C＋＋中使用 QML 对象,前者是重点要学习的,后者作为了解内容。需要说明,进行混合编程的目的是要将表现层 QML 与业务逻辑层 C＋＋实现更好地分离。除此目的之外,并不应该在 C＋＋中过多地操作 QML 对象。

第 **13** 章
Qt 移动开发入门

Qt 支持移动应用程序的开发和部署。对于 Android 平台,可以将 Qt 6.4 程序运行在 Android 6.0(API Level 23)以上版本中。对于 iOS 平台,允许为 iOS 设备(iPhone、iPad、iPod Touch 等)开发应用程序,目前支持 iOS13、iOS14 和 iOS15。

除了极少数和平台特定的一些模块外,几乎所有 Qt 模块都支持 Android 和 iOS 平台。Qt Widgets 项目也可以在移动平台运行,但是 Qt Quick 更适合开发手机移动界面。本章以开发 Android 平台的 Qt Quick 项目为例进行讲解。可以通过 Mobile Development 关键字查看本章相关内容。

13.1　Qt Android 开发配置

需要说明的是,进行 Android 开发需要在安装 Qt 时选择安装 Android 组件;如果在安装时没有选择,那么可以先到 Qt 安装目录(笔者这里是 C:\Qt)运行 MaintenanceTool. exe 工具,然后选择"添加或移除组件"(如果有更新,那么需要先进行更新组件才可以添加组件),这时在组件列表选中自己已安装版本中的 Android 组件,如图 13 - 1 所示。如果列表中没有该组件,可以先选中右侧的 Archive 复选框,然后单击下面的"筛选"按钮即可。

可以在帮助中通过 Connecting Android Devices 关键字查看本节相关内容。

13.1.1　工具软件的下载和安装

打开 Qt Creator,选择"编辑→Preferences"菜单项,在弹出的首选项对话框左侧选择"设备",在这里可以对 Android 开发环境进行配置。可以看到,主要需要 3 个工具软件,分别是 JDK、Android SDK、Android NDK,下面先来下载安装必要的软件,然后进行配置。

为了避免因开发环境的版本差异产生不必要的问题,推荐在学习本章前下载和本章相同的软件版本;如果读者无法打开提供的链接,或者无法找到相同的版本,那么可

Present

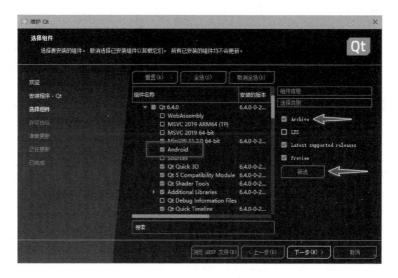

图 13-1　安装 Android 组件

以到 Qt 开源社区(www. qter. org)的下载页面进行下载。

　　首先手动下载 OpenJDK,地址为 https://adoptium. net/zh－CN/temurin/relea-ses/? version＝11,下载文件 OpenJDK11U－jdk_x64_windows_hotspot_11. 0. 17_8. zip。然后将下载的文件进行解压缩,比如解压缩到 D:\Android 目录下。在 Qt Crea-tor 首选项对话框中设置好 JDK 的位置,然后单击 Android SDK 路径后面的 Set Up SDK 按钮,如图 13-2 所示。

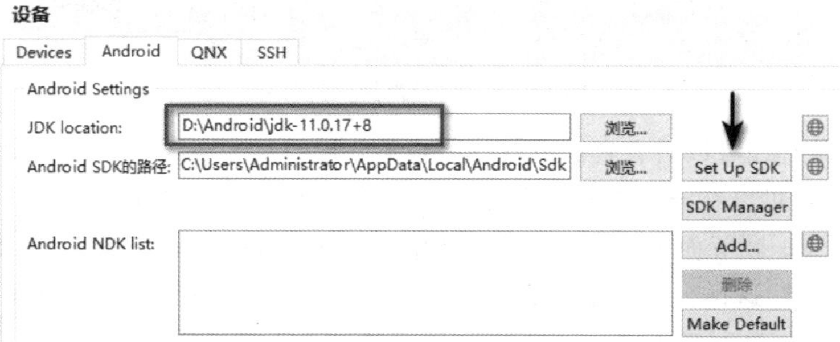

图 13-2　设置 JDK

　　然后会弹出下载 SDK Tools 对话框,提示将 Android SDK Tools 安装到 C:\Users\Administrator\AppData\Local\Android\Sdk;这里是默认的路径,读者可以选择其他目录,建议保持默认。下面单击"是"按钮开始下载 SDK Tools,如图 13-3 所示。

　　安装完成后自动弹出 Android SDK Changes 对话框,提示缺少必要的 Android SDK 软件包,需要进行安装。单击详情按钮可以看到具体需要安装的软件包列表,这里单击"确定"按钮选择安装,如图 13-4 所示。这时会弹出 Android SDK Manager 对话框,首先需要接受一些许可,这里需要多次单击"是"按钮接受完所有许可,如图 13 - 5 所示。

图 13 - 3 下载 SDK Tools 对话框   **图 13 - 4 安装 Android SDK 相关文件对话框**

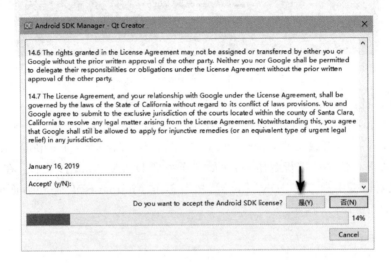

图 13 - 5 选择接受相关许可

接受完所有许可以后会直接下载安装相关软件包。完成后还会自动设置好下面的
Android NDK,可以在详情页面看到已经完成了所有设置,如图 13 - 6 所示。

在图 13 - 6 最下面可以看到,默认选中了 Automatically create kits for Android
tool chains 选项,这样会自动生成 Android 构建套件。在首选项对话框左侧选择 Kits,
可以看到这里自动生成了 Android 相关的套件,如图 13 - 7 所示。下面就可以开始
Android 开发了。

13. 1. 2 使用手机运行 Qt Android 程序

Qt Android 程序可以在虚拟机上进行测试,但是因为运行缓慢,而且很多功能无
法测试,所以这里不再讲解这种方式,而是直接将程序部署到 Android 手机上进行测
试。首先新建一个项目,建议同时选择桌面套件和 Android 套件,可以先编译运行桌面
版程序测试效果,没有问题后再编译运行 Android 版程序,部署到手机上进行测试。下
面通过一个例子进行讲解。

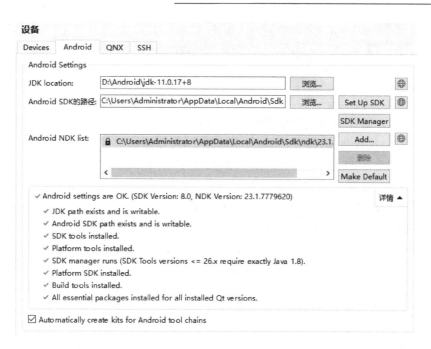

图 13 - 6　安装完成后 Android 设备界面

图 13 - 7　查看自动生成的构建套件

（项目源码路径：src\13\13-1\helloandroid）下面新建项目，模板选择 Qt Quick Application，名称设置为 helloandroid，在 Kit Selection 页面除了默认选择的桌面版套件，再选中 Android Qt 6. 4. 0 Clang arm64-v8a 套件用于编译 Android 版程序。完成后，先将 main. qml 内容更改如下：

```
import QtQuick

Window {
    visible: true
    width: 640; height: 480

    Text {
        anchors.centerIn:parent
        text:qsTr("Hello Android")
    }
}
```

```
MouseArea {
    anchors.fill:parent
    onClicked:Qt.quit()
}
```

　　然后在目标选择器中将构建套件选择为 Desktop 版本,直接按下 Ctrl+R 快捷键运行一次程序,这样会编译运行桌面版本的程序,可以测试是否可以正常运行。

　　这里使用小米 11 手机进行演示,其系统是基于 Android 12 的 MIUI 13 稳定版。要在 Qt Creator 中将程序部署到手机上运行,需要在手机设置的开发者选项中开启 USB 调试。笔者这里的开启方式是依次选择"设置→更多设置→开发者选项→USB 调试、USB 安装"(注意,在 MIUI 13 稳定版中需要进入"设置→我的设备→全部参数",在"MIUI 版本"上多次单击才能进入开发者模式,这样才会出现开发者选项)。使用 USB 数据线将手机连接到计算机,这时手机端会弹出对话框询问是否允许 USB 调试,选择"一律允许"即可。注意,要通过这种方式在手机上安装运行程序,需要先保证可以通过 USB 数据线将计算机与自己的手机进行连接并识别。

　　下面在目标选择器中将构建套件选择为 Android 版本,如图 13-8 所示。可以看到,在上面的 Device 处已经自动选择了相应的手机设备,这里的 M2102K1C 是手机的认证型号,可以在手机"设置→我的设备→全部参数"中查看。如果想更改这个名称,那么可以单击右侧的 Manage 按钮或者选择"编辑→Preferences"菜单项,在打开的首选项对话框中设备页面的 Devices 选项卡进行修改。

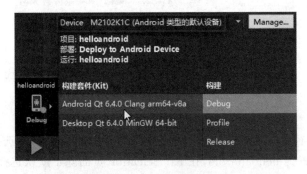

图 13-8　选择构建套件

　　再次按下 Ctrl+R 运行程序,第一次编译运行时间会比较长,须耐心等待。当部署完成时,手机上可能会弹出是否允许 USB 安装应用的提示,需要选择"继续安装"。这时就会在手机上自动运行 helloandroid 程序,退出程序后可以看到,已经在手机上安装了一个 helloandroid 应用。而编译好的 APK 文件,可以在源码目录中编译生成的目录的 android-build\build\outputs\apk\debug 子目录中查看。当然,这里只是 Debug 版本,发布时需要选择编译 Release 版本。

13.2　创建演示程序

为了更好地帮助读者创建移动应用,这里通过一个实例程序来演示常用的应用功能,其中通过菜单实现了拍照、多点触控、重力感应等功能。这些功能只做简单演示,不做深入讲解。整个应用的主界面如图 13−9 所示。读者可以参照该示例将以前学习的内容也集成进来,进一步丰富该应用。

这是Qt Quick安卓版演示程序,欢迎访问Qt开源社区获取更多内容!也可以使用微信扫描上方图片关注公众号!

图 13−9　程序效果

13.2.1　创建应用主窗口

1. 将 QML 文件放入自定义资源文件

(项目源码路径:src\13\13-2\helloandroid)新建项目,模板选择 Qt Quick Application,名称设置为 helloandroid,在 Kit Selection 页面除了默认选择的桌面版套件,再选中 Android Qt 6.4.0 Clang arm64-v8a 套件。创建完成后,先来添加一个资源文件,用于管理所有的 QML 文件和图片等资源。

在源码目录中新建一个 qml 文件夹,将 main.qml 文件移入其中,建议后面所有的 QML 文件都放入该文件夹中。然后往项目中添加新文件,模板选择 Qt 分类中的 Qt 资源文件 Qt Resource File,名称设置为 resource.qrc。完成后,首先单击 Add Prefix 按钮添加前缀,将前缀更改为“/”,然后单击 Add Files 按钮添加文件,选中源码目录中新建的 qml 文件夹中的 main.qml。最后按下 Ctrl＋S 保存对 resource.qrc 文件的更改。

下面打开 helloandroid.pro 文件,将下面两行自动生成的代码注释或者删除掉:

```
resources.files = main.qml
resources.prefix = / $ $ {TARGET}
```

然后将:

```
RESOURCES += resources \
    resource.qrc
```

修改为:

```
RESOURCES += resource.qrc
```

按下 Ctrl＋S 保存修改。这样做的目的就是删除这里用于生成资源文件的代码,因为我们想用自己创建的 resource.qrc 资源文件来管理 main.qml 等文件。下面到 main.cpp 文件,更改 main()函数代码如下:

```
int main(int argc, char * argv[])
{
    QGuiApplication app(argc, argv);

    QQmlApplicationEngine engine;
```

```
engine.load(QUrl("qrc:/qml/main.qml"));

    return app.exec();
}
```

这里就是对通过 QQmlApplicationEngine 加载 QML 文件的代码进行了简化,并且加载了 resource.qrc 中的 main.qml 文件。现在可以先选择桌面构建套件运行程序,然后连接手机测试。都没有问题后,再继续下面代码的编写。

2. 创建主窗口界面

因为程序中要使用一些图片,所以还需要在源码目录中创建一个 images 文件夹,然后向其中复制 drawer.png 和 menu.png 两张图片。下面将图片放入资源文件中,在 resource.qrc 上右击,选择 Open in Editor,然后单击 Add Files 将 images 文件夹中的图片添加进来,最后按下 Ctrl+S 保存修改。下面将 main.qml 文件内容更改如下:

```
import QtQuick
import QtQuick.Layouts
import QtQuick.Controls.Material

ApplicationWindow {
    id: window
    visible: true
    width: 360; height: 480

    header: ToolBar {
        Material.primary: "#41cd52"
        Material.foreground: "white"

        RowLayout {
            spacing: 20
            anchors.fill: parent

            ToolButton {
                contentItem: Image {
                    fillMode: Image.Pad
                    horizontalAlignment: Image.AlignHCenter
                    verticalAlignment: Image.AlignVCenter
                    source: "qrc:/images/drawer.png"
                }
                onClicked: drawer.open()
            }

            Label {
                id: titleLabel
                text: qsTr("示例程序")
                font.pixelSize: 20
                elide: Label.ElideRight
                horizontalAlignment: Qt.AlignHCenter
                verticalAlignment: Qt.AlignVCenter
                Layout.fillWidth: true
```

```
                    }

                    ToolButton {
                        contentItem: Image {
                            fillMode: Image.Pad
                            horizontalAlignment: Image.AlignHCenter
                            verticalAlignment: Image.AlignVCenter
                            source: "qrc:/images/menu.png"
                        }
                        onClicked: optionsMenu.open()

                        Menu {
                            id: optionsMenu
                            x: parent.width - width
                            transformOrigin: Menu.TopRight
                            MenuItem {
                                text: qsTr("关于")
                                onTriggered: aboutDialog.open()
                            }
                            MenuItem {
                                text: qsTr("退出")
                                onTriggered: Qt.quit()
                            }
                        }
                    }
                }
            }

    Drawer {
        id: drawer
    }

    StackView {
        id: stackView
    }

    Popup {
        id: aboutDialog
    }
}
```

这里使用 ApplicationWindow 作为主窗口,然后使用 ToolBar 控件作为其头部
header,并添加了 Drawer、StackView 和 Popup 等控件。在 ToolBar 中使用行布局
RowLayout 添加了两个 ToolButton 和一个 Label:左边的 ToolButton 用来显示抽屉
菜单面板,会打开 drawer 对象,并在堆栈视图 stackView 中显示抽屉菜单对应的界面;
中间的 Label 用于显示提示信息,开始显示程序的名称,后面用于显示抽屉菜单对应的
标题;右边的 ToolButton 用于显示选项菜单,里面提供了"关于"菜单和"退出"菜单,前
者使用 aboutDialog 显示一个弹出对话框,后者用于退出程序。

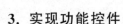

3. 实现功能控件

（项目源码路径：src\13\13-3\helloandroid）为了实现后续的功能，现在来添加 Drawer、StackView 和 Popup 等控件的定义。首先将 Drawer 的定义更改如下：

```
Drawer {
    id: drawer
    width: Math.min(window.width, window.height) / 3 * 2
    height: window.height

    ListView {
        id: listView
        currentIndex: -1
        anchors.fill: parent

        delegate: ItemDelegate {
            width: parent.width
            text: model.title
            highlighted: ListView.isCurrentItem
            onClicked: {
                if (listView.currentIndex !== index) {
                    listView.currentIndex = index
                    titleLabel.text = model.title
                    stackView.replace(model.source)
                }
                drawer.close()
            }
        }

        model: ListModel {} //后面添加的页面都在这里添加

        ScrollIndicator.vertical: ScrollIndicator {}
    }
}
```

这里主要是在 drawer 抽屉控件中使用 ListView 添加了一个列表，该列表用于显示后面添加的菜单项。委托中设置了高亮显示当前条目，当单击一个条目时，界面顶部标签显示条目名称，并在 stackView 中显示条目指定的页面。下面来添加 StackView 的定义：

```
StackView {
    id: stackView
    anchors.fill: parent

    initialItem: Pane {
        id: pane
        Image {
            id: logo
            width: pane.availableWidth / 2
            height: pane.availableHeight / 2
            anchors.centerIn: parent
```

```
            anchors. verticalCenterOffset: - 50
            fillMode: Image. PreserveAspectFit
            source: "qrc:/images/weixin.png"
        }
    Label {
            text: qsTr("这是 Qt Quick 安卓版演示程序,欢迎访问 Qt 开源社区"
            + "获取更多内容! 也可以使用微信扫描上方图片关注公众号!")
            anchors.margins: 20
            anchors. top: logo. bottom
            anchors. left: parent. left
            anchors. right: parent. right
            horizontalAlignment: Label. AlignHCenter
            verticalAlignment: Label. AlignVCenter
            wrapMode: Label. Wrap
        }
    }
}
```

栈视图 stackView 中主要是创建了初始页面,这里显示了一张图片和提示信息。因为使用了图片,所以还需要将该图片放到源码目录 images 文件夹中,并添加到资源文件。

最后添加 Popup 控件的定义,它用来实现一个对话框:

```
Popup {
    id: aboutDialog
    modal: true
    focus: true
    x: (window.width - width) / 2
    y: window. height / 6
    width: Math.min(window.width, window.height) / 3 * 2
    contentHeight: aboutColumn. height

    Column {
        id: aboutColumn
        spacing: 20
        Label {
            text: qsTr("关于")
            font. bold: true
        }
        Label {
            width: aboutDialog. availableWidth
            text: qsTr("请关注 Qt 开源社区(www.qter.org)!")
            wrapMode: Label. Wrap
            font. pixelSize: 12
        }
    }
}
```

这里设置了对话框的大小,然后使用两个标签显示了需要展示的内容。可以先运行桌面版程序,如果没有问题,就可以选择 Android 构建套件,然后在手机上运行程序查看效果。可以看到,现在已经基本形成了一个标准的 APP 主界面。

13.2.2 拍照功能

每一个功能页面都由一个单独的 QML 文件来定义,通过将其添加到前面代码的 ListModel 中来显示到列表视图即抽屉菜单中,下面首先添加拍照功能。

(项目源码路径:src\13\13 4\helloandroid)这里使用单独的组件来定义每一个功能,每一个功能页面都是一个单独的 QML 文件。因为程序中 QML 文件都是放在资源文件中的,所以这里需要往资源文件中添加 QML 文件。在编辑模式左侧项目树形视图的 resource.qrc 下的 qml 目录上右击,然后在弹出的菜单中选择"添加新文件",如图 13 - 10 所示。

图 13 - 10　添加新的 QML 文件

在弹出的对话框中选择 Qt 分类下的 QML File(Qt Quick 2)作为模板,文件名称设置为 MyCamera.qml。完成后,将文件内容更改如下:

```qml
import QtMultimedia
import QtQuick
import QtQuick.Controls

Item {
    id: rootItem

    MediaDevices {
        id: mediaDevices
    }

    Camera {
        id: camera
        cameraDevice: mediaDevices.defaultVideoInput
    }

    ImageCapture {
        id: imageCapture
    }
```

```qml
    VideoOutput {
        id: videoOutput
        anchors.fill: parent
        fillMode: VideoOutput.PreserveAspectCrop
    }

    CaptureSession {
        imageCapture: imageCapture
        camera: camera
        videoOutput: videoOutput

        onCameraChanged: camera.stop()
    }

    Popup {
        id: photoDialog
        visible: false
        width: parent.width
        height: parent.height

        Image {
            id: photoPreview
            source: imageCapture.preview
            anchors.fill: parent
        }
        MouseArea {
            anchors.fill: parent;
            onClicked: { photoDialog.close() }
        }
    }

    Button {
        id: openBtn
        text: camera.active ? qsTr("关闭") : qsTr("打开")
        anchors.bottom: parent.bottom
        anchors.horizontalCenter: parent.horizontalCenter
        onClicked: camera.active ? camera.stop() : camera.start()
    }

    Button {
        anchors.bottom: parent.bottom
        anchors.right: parent.right
        text: qsTr("拍照")
        onClicked: {
            imageCapture.capture()
            photoDialog.open()
        }
    }
}
```

为了可以在抽屉菜单中显示该页面项,需要将 MyCamera.qml 文件作为列表数据条目，就是将 main.qml 文件中 ListView 的 model 定义修改如下：

```
model: ListModel {
    ListElement { title: qsTr("照相"); source: "qrc:/qml/MyCamera.qml" }
}
```

现在可以在手机上运行程序，然后打开照相页面测试效果。手机一般都有前置相机，下面再添加代码实现前后相机的切换，在 MyCamera.qml 代码后面继续添加如下代码：

```
Button {
    anchors.bottom: parent.bottom
    anchors.left: parent.left
    text: qsTr("切换")
    onClicked: {
        if(camera.cameraDevice.position == 1)
            camera.cameraDevice = mediaDevices.videoInputs[1]
        else camera.cameraDevice = mediaDevices.videoInputs[0]
    }
}
```

13.2.3　多点触控

MultiPointTouchArea 项目可以用来跟踪多个触控点，触控点使用 TouchPoint 类型来指定，它包含了触控点的具体信息，比如当前位置、压力和面积等。MultiPoint-TouchArea 与 MouseArea 类似，本身是不可见的。

（项目源码路径：src\13\13-5\helloandroid）继续向 resource.qrc 中添加新的 Touch.qml，然后将其内容修改如下：

```
import QtQuick

Item {
    Rectangle {
        id: background
        anchors.fill: parent
        color: "white"
    }

    MultiPointTouchArea {
        anchors.fill: parent
        touchPoints: [
            TouchPoint { id: point1 },
            TouchPoint { id: point2 }
        ]
        onPressed: {
            if(point1.pressed && point2.pressed)
                background.color = "red"
            else background.color = "white"
        }
    }
}
```

```
Rectangle {
    width: 30; height: 30
    color: "green"
    x: point1.x
    y: point1.y
}

Rectangle {
    width: 30; height: 30
    color: "yellow"
    x: point2.x
    y: point2.y
}
}
```

这里同时按下两个手指会使背景变为红色,如果只是按下一个手指,那么背景为白色,而且还使用了两个不同颜色的小方块来显示触控点的移动。下面到 main.qml 中向 ListModel 中添加一个条目:

```
ListElement { title: qsTr("多点触控"); source: "qrc:/qml/Touch.qml" }
```

在手机上运行程序,然后分别使用一个手指和两个手指按压屏幕测试效果。

13.2.4　传感器

Qt 现在提供了对加速度、光感、温度等十几种传感器的支持,提供了 C++和 QML 两种访问接口。本小节通过一个滚动球的例子来介绍加速度传感器 Accelerometer 的应用,其他传感器的使用可以参照进行,通过 Qt Sensors 关键字可以查看所有传感器。

(项目源码路径:src\13\13-6\helloandroid)继续向 resource.qrc 中添加新的 Sensor.qml 文件,修改其内容如下:

```
import QtQuick
import QtQuick.Controls
import QtSensors

Item {
    id: mainWindow
    visible: true

    Accelerometer {
    id: accel
        dataRate: 100
        active:true
        onReadingChanged: {
            var newX = (bubble.x + calcRoll(accel.reading.x,
                        accel.reading.y, accel.reading.z) * .1)
            var newY = (bubble.y - calcPitch(accel.reading.x,
                        accel.reading.y, accel.reading.z) * .1)
            if (isNaN(newX) || isNaN(newY))
                return;
```

```
            if (newX < 0)
                newX = 0
            if (newX > mainWindow.width - bubble.width)
                newX = mainWindow.width - bubble.width
            if (newY < 18)
                newY = 18
            if (newY > mainWindow.height - bubble.height)
                newY = mainWindow.height - bubble.height
            bubble.x = newX
            bubble.y = newY
        }
    }

    function calcPitch(x,y,z) {
        return - (Math.atan(y / Math.sqrt(x * x + z * z)) * 57.2957795);
    }
    function calcRoll(x,y,z) {
        return - (Math.atan(x / Math.sqrt(y * y + z * z)) * 57.2957795);
    }

    Image {
        id: bubble
        source: "qrc:/images/Bluebubble.svg"
        smooth: true
        property real centerX: mainWindow.width / 2
        property real centerY: mainWindow.height / 2
        property real bubbleCenter: bubble.width / 2
        x: centerX - bubbleCenter
        y: centerY - bubbleCenter
        Behavior on y {
            SmoothedAnimation {
                easing.type: Easing.Linear
                duration: 100
            }
        }
        Behavior on x {
            SmoothedAnimation {
                easing.type: Easing.Linear
                duration: 100
            }
        }
    }
}
```

这里使用了一个 SVG 图片，需要将 Bluebubble.svg 图片放到源码 images 文件夹下并添加到资源文件中。要正常显示 SVG 图片，还需要在 helloandroid.pro 文件中添加如下代码：

```
QT += svg
```

最后在 main.qml 的 ListModel 中添加 Sensor.qml 文件：

```
ListElement { title: qsTr("传感器"); source: "qrc:/qml/Sensor.qml" }
```

现在可以运行程序查看效果。

13.3　发布项目

现在程序已经编写完成了,为了发布程序,需要编译 Release 版本的程序。如果是桌面版程序,那么编译生成的可执行文件可以直接发布。如果是编译 Android 版本,那么可以通过以下两种方式进行部署:

> APK(Application Packages):这是一个独立的可分发的应用程序包,可以直接在手机上安装运行。
> AAB(Android App Bundles):这是 Google 向 Android 引入的新的 App 动态化框架,可以完成动态加载,大幅度减少应用体积。从 Qt 5.14.0 开始,如果要在 Google Play 商店进行发布,那么可以使用该方式。

可以在帮助中通过 Deploying Applications to Android Devices 关键字查看本节相关内容。

下面按 Ctrl+5 快捷键打开项目模式。在左侧选择 Android 构建套件下的 Build 进行构建设置,右侧在 Build 的步骤中选择 Build Android APK 项,如图 13-11 所示;单击其后的"详情"来对构建 APK 进行设置,如图 13-12 所示。

图 13-11　项目构建设置

图 13-12　Build Android APK 设置界面

下面分别进行介绍:

> Applications Signature:该部分用于应用程序签名,可以选取现有的密钥存储库,也可以单击 Create 按钮创建新的密钥存储库和证书,如图 13-13 所示。在商店更新应用时需要使用到和以前版本一致的签名,所以一定要保存好创建的文件。

图 13 - 13   创建密钥存储库和证书

生成的证书具有 X. 509 v3 数字证书的结构,包含证书的版本、序列号和有效期、用于加密数据的算法 ID、颁发证书的组织以及证书的主体(所有者)的信息。对于自签名证书,证书的颁发者和所有者是相同的。密钥存储库需要设置密码进行保护,也可以使用每个别名的单独密码来保护每个别名。签署 Android 应用程序时,必须从密钥库中选择包含证书和证书别名的密钥库。别名的公钥(证书)在签名期间会嵌入到 APK 中。

➢ Android buildplatform SDK:这里选择用于构建应用程序的 API 级别,现在默认是 android-31,也就是前面 Android SDK Manager 下载的 SDK 的 API Level 为 31。如果有多个选择,那么一般选择可用的最高 API 级别。

➢ Android customization:可以单击后面的 Create Templates 按钮来创建并设置清单文件 AndroidManifest. xml。首先会弹出对话框来设置源码目录,这里保持默认即可,如图 13 - 14 所示。

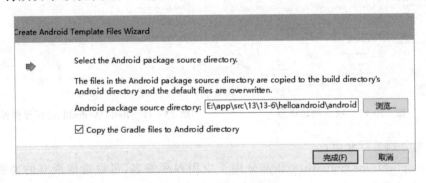

图 13 - 14   选择保存目录

单击"完成"按钮以后,则在编辑模式打开 AndroidManifest. xml 配置界面,如

图 13 - 15 所示,这里可以设置程序包名称、版本信息、需要的最低 SDK 版本、目标 SDK 版本、应用程序名称、屏幕方向、不同 DPI 的图标和启动画面等。如果想直接修改 XML 文件,那么可以单击上方的 XML Source。

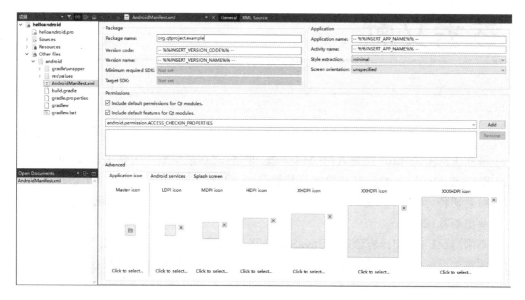

图 13 - 15　创建清单文件

> Advanced Actions:选中 Build Android App Bundle 可以生成 .aab 文件;选中 Open package location after build 可以设置编译完成后打开包所在目录;选中 Verbose output 可以设置在"编译输出"窗口中查看有关 androiddeployqt 工具 的详细输出信息,该工具用于使用配置好的信息创建 APK。

> Additional Libraries:可以添加额外需要的库文件,如 OpenSSL 库等。

13.4　小　结

本章简单介绍了使用 Qt 开发 Android 程序的环境搭建、典型应用以及发布设置 等内容,意在抛砖引玉,为初学者展示 Qt 开发 Android 程序的流程。可以看到,使用 Qt 进行移动开发是非常简单的,至于将其他内容移植到移动设备或者进行 iOS 开发, 也是非常方便的,读者可以参照本章的内容自己去尝试一下。

参考文献

[1] 霍亚飞. Qt Creator 快速入门[M]. 4 版. 北京:北京航空航天大学出版社,2022.

[2] 霍亚飞. Qt 及 Qt Quick 开发实战精解[M]. 北京:北京航空航天大学出版社,2012.

[3] 布兰切特,萨墨菲尔德. C++ GUI Qt 4 编程[M]. 闫锋欣,译. 2 版. 北京:电子工业出版社,2008.

[4] 李刚. 疯狂 HTML 5/CSS 3/JavaScript 讲义[M]. 北京:电子工业出版社,2012.

[5] 施莱尔. OpenGL 编程指南[M]. 王锐,译. 8 版. 北京:机械工业出版社,2014.